悦读科学丛书

大师的发现

118种化学元素漫谈

陈志谦 编著

清华大学出版社

北京

内 容 简 介

本书介绍了118种化学元素的发现、命名、用途及其构成的化合物的功用和危害，同时对化学史上做出杰出贡献的巨匠：玻意耳、贝采里乌斯、拉姆塞、迈特纳等，也进行了详细叙述。

2000多年来，没有哪个领域的发现像化学元素的发现这样激动人心而又跌宕起伏。118种元素的发现和随后由此合成的化合物（新材料），构成人类历史上一首绝无仅有的交响曲。本书以元素为起点，逐步延伸，如铱，从它的发现、应用延伸到穆斯堡尔效应；如碳，延伸到石墨烯、维生素和青蒿素等。

本书可作为高中生、大学生和成年人了解化学元素的读物。阅读本书，能在最短的时间内读到更多关于元素的故事。

图书在版编目（CIP）数据

大师的发现：118种化学元素漫谈 / 陈志谦编著. —北京：清华大学出版社，2023.9
（悦读科学丛书）
ISBN 978-7-302-62361-8

Ⅰ.①大…　Ⅱ.①陈…　Ⅲ.①化学元素－普及读物　Ⅳ.①O611-49

中国国家版本馆CIP数据核字（2023）第012940号

责任编辑：鲁永芳
封面设计：常雪影
责任校对：赵丽敏
责任印制：宋　林

出版发行：清华大学出版社
　　　　网　　址：http://www.tup.com.cn，http://www.wqbook.com
　　　　地　　址：北京清华大学学研大厦A座　　　邮　　编：100084
　　　　社 总 机：010-83470000　　　　　　　　邮　　购：010-62786544
　　　　投稿与读者服务：010-62776969，c-service@tup.tsinghua.edu.cn
　　　　质量反馈：010-62772015，zhiliang@tup.tsinghua.edu.cn
印 装 者：三河市人民印务有限公司
经　　销：全国新华书店
开　　本：185mm×260mm　　印　　张：23.25　　　字　　数：481千字
版　　次：2023年9月第1版　　　　　　　　　　印　　次：2023年9月第1次印刷
定　　价：128.00元

产品编号：091432-01

3 年前，我为陈志谦教授的书《大师的足迹：从泰勒斯到桑格（公元前 624—公元 2013 年）》（以下简称《大师的足迹》）（清华大学出版社，2020.6）作了序。如今志谦教授又有新书问世，而且是《大师的足迹》的姊妹篇——《大师的发现：118 种化学元素漫谈》（以下简称《大师的发现》）。

《大师的发现》以 118 种化学元素的发现和应用为导线，从远古的碳和古代的金、银、铜、铁到 2010 年俄罗斯科学家发现的础（Ts），以科普的方式向读者介绍了这些世界一流的顶级"大师"和他们的发现，以及他们为人类做出的巨大贡献。

这部《大师的发现》像讲故事一样，从"三四五"即古希腊的"三元素说"（水、空气、土），"四元素说"（水、空气、土、火）和中国古代的"五行学说"（金、木、水、火、土）开始，讲述了人类对于化学元素的逐步认识和认知过程，以及迄今为止 118 种化学元素的发现过程。讲述过程并没有按照元素发现的时间顺序或者元素在化学元素周期表上的顺序，而是按照气体（氢和稀有气体）、非金属和卤族、半金属和主族金属、碱金属和碱土金属，把世人熟知的金、银、铜、铁、锡五金放在同一章，贵金属单独成章，进而过渡到过渡族金属以及稀土元素。中间穿插读者常常耳熟却不能详的近三十位化学巨匠的有趣人生故事、学术故事和他们的特殊贡献。这样的安排有逻辑、有趣味。书末尾的四个附录（元素发现的顺序、化学元素的命名、历届诺贝尔化学奖获得者以及金属元素之最），不仅有趣而且非常有参考价值。

这本书把元素周期表上元素的发现和相关的历史人物讲得栩栩如生，其间穿插的人物画像、各种插图以及时间线很有价值。一个物理学教授竟然把化学故事讲得如此有生活气息又不失严谨，实属难得。本书是一本科普读物，又好像不仅仅只是一本科普读物。

开始学化学而接触到元素的中学生如果能够配以这本书的相关故事内容，学习兴趣和热忱定会大增，所以这本书很适合化学老师作为故事来源。虽然这本书谈的是化学元素，但其中的一切和我们生活的世界又那么密不可分。因此，这本书不仅适合于青少年了解化学、了解人类文明，对成年人也不失为一本不错的参考书和趣味书。

国际薄膜学会会长、新加坡南洋理工大学终身教授、西南大学特聘教授

张善勇（Sam Zhang）

2023 年 5 月 21 日于嘉陵江畔缙云山麓

前言

化学研究物质的组成、结构、性质及其变化规律。人类从最早的生产生活活动以来，就对此不断探索。可以说，自人类使用火以后，就自觉和不自觉地开始了化学的实践活动。从古希腊和中国古代对自然模糊的认识，提出万物的起源和构成，到后来的炼丹术和炼金术，以及金属冶炼、制作陶瓷、造纸和火药制造，最后经过漫长坎坷的探寻，终于走上近代化学的正道，形成我们今天课堂里的化学。

"化学"一词产生于文艺复兴时期，英文为"chemistry"、德语为"chemie"，在中古时期为"alchemy"，而"alchemy"源于阿拉伯文"alkimya"。"alkimya"及"alchemy"的本意是炼丹术或炼金术，而炼丹术就是化学的原始形态。在拉丁文里，化学意为迷惑、隐藏。

118 种化学元素，像是自然界绝无仅有的音符，化学家用它们谱成了一首宏伟的交响曲。这些化学元素的发现，既激动人心，又跌宕起伏。随后化合物（新材料）的合成、化学规律的建立，余音袅袅，延续不断。

本书从化学元素的发现开始漫谈，介绍了化合物的合成、化学规律的发现，同时专门介绍了二十多位大师巨擘的生平贡献。

化学的体系复杂而庞大，内容宽广而深邃。今天从塑料到药品、从生产资料到生活用具，每个人都离不开化学，甚至都是化学活动的参与者。如今几乎人人都在使用的智能手机，在生产过程中使用了 40 多种化学元素，有些还是稀有元素。因此，人人都应该多了解一些化学知识，多了解一些化学物质的功用和危害，以便在生活中趋利避害。

在本书的编撰过程中，郑绍辉、李庆提出了诸多宝贵意见，陈乐濛对全书文字语法和标点符号进行了校对。感谢责任编辑鲁永芳博士以及众多编审的大力帮助。同时，本书参考了大量书籍和文献，但无法全部列出，作者衷心感谢。由于作者知识水平的限制，书中难免存在诸多差误，抛砖引玉，唯望指正。

陈志谦

2023 年 6 月 12 日

目录

大师的发现
——118 种化学元素漫谈

VIII

先声

元素——从自然哲学到化学

元素思想的起源很早，古巴比伦和古埃及曾经把水（后来又把空气和土）看成是世界的主要组成元素，形成了三元素说。古印度有四大种学说[①]，古代中国也有五行学说。

关于元素的学说，即把元素看成构成自然界中一切实在物体的最简单的组成部分的学说，早在远古就已经产生了。不过，在古代把元素看作是物质的一种具体形式的这种近代观念是不存在的。无论在中国古代的哲学中还是在印度或西方古代的哲学中，都把元素看作是抽象的、原始精神的一种表现形式，或是物质所具有的基本性质。

中国早在春秋时期就出现了一些万物本源的论说，如《老子·道德经》中写道："道生一，一生二，二生三，三生万物。"《管子·水地》中说："水者，何也？万物之本原也。"

五行中的相生相克

中国的五行学说可分为"阴阳"与"五行"，然而两者互为辅成，五行必合阴

---

① 四大种学说：原是古印度用以分析和认识物质世界的传统说法，佛教加以改造。指地、水、火、风为四种构成物质的基本元素，又名四界。界，是种类的意思，谓地、水、火、风四种物体均能保持各自的形态，不相紊乱。种，有能生的作用，如种子。佛教认为一切物质都是四大种所生，又把物质世界称为色法。色，分能造色和所造色两类，四大种为能造色，其余一切物体为所造色。

阳，阴阳必兼五行。阴阳，指世界上一切事物中都具有的两种既互相对立又互相联系的力量；五行由"木、火、土、金、水"五种基本物质的运行和变化所构成，它强调整体概念。中国的五行学说最早出现在《尚书》中，原文是："五行：一曰水，二曰火，三曰木，四曰金，五曰土。水曰润下，火曰炎上，木曰曲直，金曰从革，土曰稼穑。"（五行：一是水，二是火，三是木，四是金，五是土。水的性质润物而向下，火的性质燃烧而向上，木的性质可曲可直，金的性质可以熔铸改造，土的性质可以耕种收获。）"天有五行，水、火、金、木、土，分时化育，以成万物。"五行相生：金生水，水生木，木生火，火生土，土生金。五行相克：金克木，木克土，土克水，水克火，火克金。

在古希腊，先哲们也在思索物质的起源。

大约自公元前6世纪起的希腊，开始出现了对于事物构成来源的讨论与说法。首先，古希腊第一位哲人泰勒斯（Thales，公元前624—公元前547年）根据观察及推论，认为水是万物之源。但泰勒斯认为他的结论并非就是真理，并告诉学生："这是我的看法，我的想法，你们要努力改进我的教导。"

米利都派哲学家阿那克西曼德（Anaximander，公元前610—公元前545年）则认为万物都出于一种简单的原始物质，但是那并不是泰勒斯所提出的水，或者是我们所知道的任何其他的元质。阿那克西曼德的学生阿那克西美尼（Anaximenes，公元前588—公元前524年）进一步解析基本元素是气，气稀释成了火，浓缩则成了风，风浓缩成了云，云浓缩成了水，水浓缩成了石头，然后由这些构成了万物。

诗人兼哲学家赫拉克利特（Heraclitus，公元前554—公元前480年）认为以太火才是基本元素或实在。这是一种灵魂材料，一切都用它造成，也都要回到它那里去。赫拉克利特主张火与万物可以相互转化，世界的原初状态是火，火转化为万物，万物又转化为火。

著名数学家兼哲学家毕达哥拉斯（Pythagoras，公元前560—公元前480年）和他的学派放弃了单一元素的观念，提出了最初的四元素说。他们以为物质是由土、水、气、火四者组成，而这四者又由冷、热、湿、燥四种基本物性两两组合而成，例如水是冷与湿的组合，火是热与燥的组合。毕达哥拉斯并认为，宇宙中所有的事物都遵循着一个规则，而数字的规律正是这个规则中心。这个说法后来演变为数字学。

"元素"（stoicheia）这个词首先为柏拉图（Plato，公元前427—公元前347年）使用，他假定事物都是由无形式的原始物质取得"形式"后产生的。每个元素的微细颗粒各有其特殊的形状：火为四面体，空气为八面体，水为二十面体，土为立方体。这些元素可以通过分解成三角形再把这些三角形重新结合起来而使它们按一定比例互相转变。《柏拉图对话集》中的《蒂迈欧篇》（Timaeus）包括无机物和有机物的组成的一些论述，这是最原始的化学论著。

四元素的说法，则是经过亚里士多德（Aristotle，公元前384—公元前322年）的发扬光大，才得以系统地确立。亚里士多德认为一切物质都由土、水、空气和火组成，它们被视为具有干、湿、冷和暖等特征的结合体。干和冷产生土，而水的成分是湿和冷。亚里士多德认为，空气是暖和湿的混合物，而暖和干形成火。

亚里士多德在这四种物质元素之外，又加上第五种（非物质）元素，在以后的著作中称为"第五要素"（quintessence）。这个元素就是"以太"。

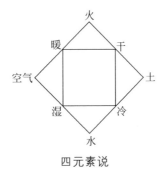

四元素说

四元素学说渗透进了西方传统学术的各个方面，影响最为深远的，是西方医学之父希波克拉底（Hippocrates，公元前460—公元前370年）据此提出的四体液学说。他认为人体有四种体液分别与四种元素相对应：由肝制造的血液（对应空气），由肺制造的黏液（对应水），由胆囊制造的黄胆汁（对应火）和由脾制造的黑胆汁（对应土）。西方古代医学用整体的观念看待人体和疾病，主要用草药入药，认为不同的草药有不同的冷 - 暖、干 - 湿属性，可以借助它们让体液恢复平衡。处方往往同时用很多味草药，讲究不同草药之间的相互搭配。这些观念和做法都与中国传统医学很相似。

希波克拉底认为，人的肌体是由血液（blood）、黏液（phlegm）、黄胆汁（yellow bile）和黑胆汁（black bile）这四种体液组成的。这四种体液在人体内的混合比例是不同的，从而使人具有不同的气质类型：多血质、黏液质、胆汁质和抑郁质。疾病正是由四种液体的不平衡引起的，而体液的失调又是外界因素影响的结果。他对人的气质的成因的解释虽然并不正确，但是提出的气质类型的划分以及名称，却一直沿用下来。

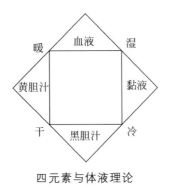

四元素与体液理论

前面所谈的一元素、四元素或五元素，很大程度上是哲学意义上的，很多结论往往是从逻辑推理得出的。

13—14世纪，西方的炼金术士们对亚里士多德提出的元素又作了补充，增加了3种元素：水银、硫磺和盐。这就是炼金术士们所称的三本原。但是，他们所说的水银、硫磺、盐只是表现着物质的性质：水银——金属性质的体现物，硫磺——可燃性和非金属性质的体现物，盐——溶解性的体现物。

15—16世纪，瑞士医生、炼金术士和占星师帕拉塞尔苏斯（Paracelsus，公元1493—1541年）把炼金术士们的"三本原"应用到他的医学中。他提出物质是由三种元素——盐（肉体）、水银（灵魂）和硫磺（精神）按不同比例组成的，疾病产生的原因是有机体中缺少了上述三种元素之一。为了医病，就要在人体中注入所缺少的元素。

第一个认真地质疑四元素学说和炼金术士们的三本原的学者是英国化学家罗伯特·玻意耳（Robert Boyle，公元1627—1691年），他在1661年出版了《怀疑的化学家》（书名常常被译为《怀疑派化学家》）。该书对古代元素学说的否定，可以视为现代化学创建的一个标志。

玻意耳在说明究竟哪些物质是原始的和简单的时，强调实验是十分重要的。他把那些无法再分解的物质称为简单物质，也就是元素。

此后在很长的一段时期里，元素被认为是用化学方法不能再分的简单物质。这就把元素和单质两个概念混淆或等同起来了。

而且，在后来的一段时期里，由于缺乏精确的实验材料，究竟哪些物质应当归属于化学元素，或者说究竟哪些物质是不能再分的简单物质，这个问题也未能获得解决。

安托万-洛朗·拉瓦锡（Antoine-Laurent de Lavoisier，公元1743—1794年）在1789年出版的《化学概要》一书中列出了他制作的化学元素表，一共列举了30多种化学元素，分为5类：

（1）属于气态的简单物质：光、热、氧气、氮气、氢气。

（2）能氧化成酸的简单非金属物质：硫、磷、碳、盐酸基、氢氟酸基、硼酸基。

（3）能氧化成盐的简单金属物质：锑、砷、银、钴、铜、锡、铁、锰、汞、钼、金、铂、铅、钨、锌。

（4）能成盐的简单土质：石灰、苦土、重土、矾土、硅土。

（5）其他：以太。

从这个化学元素表可以看出，拉瓦锡不仅把一些非单质列为元素，而且把光和热也当作元素了。

拉瓦锡所以把盐酸基、氢氟酸基以及硼酸基等列为元素，是根据他自己创立的学说即一切酸中皆含有氧。盐酸，他认为是盐酸基和氧的化合物，也就是说，是一种简单物质和氧的化合物，因此盐酸基就被他认为是一种化学元素了。氢氟酸基和硼酸基也是如此。他之所以在"简单非金属物质"前加上"能氧化成酸的"的道理也在于此。在他认为，既然能氧化，当然能成酸。

至于拉瓦锡元素表中的"土质"，在 19 世纪以前，它们被当时的化学研究者们认为是元素，是不能再分的简单物质。"土质"在当时表示具有这样一些共同性质的简单物质，如具有碱性，加热时不易熔化，也不发生化学变化，几乎不溶解于水，与酸相遇不产生气泡。这样，石灰（氧化钙）就是一种土质，重土—氧化钡，苦土—氧化镁，硅土—氧化硅，矾土—氧化铝，在今天它们是属于碱土族元素或土族（现在称为硼族）元素的氧化物。

19 世纪初，才华横溢的英国科学家汉弗里·戴维（Humphry Davy，公元 1778—1829 年）进入英国皇家研究院，主持科学讲座。在讲座之余，他把大量的时间投入科学研究，第一个发明了用电解提炼金属单质元素的方法。采用这种方法，他成为当时发现元素最多的科学家。为了提炼钾和钠，戴维甚至被化学药品炸瞎了一只眼睛。

19 世纪初，约翰·道尔顿（John Dalton，公元 1766—1844 年）创立了化学中的原子学说，并着手测定相对原子质量，化学元素的概念开始和相对原子质量联系起来，使每一种元素成为具有一定（质）量的同类原子。

1841 年，永斯·贝采里乌斯（Jöns Berzelius，公元 1779—1848 年）根据已经发现的一些元素，如硫、磷能以不同的形式存在的事实（硫有菱形硫、单斜硫，磷有白磷和红磷），创立了同（元）素异形体的概念，即相同的元素能形成不同的单质。这就区分开了元素和单质的概念。

19 世纪后半叶，德米特里·门捷列夫（Dmitry Mendeleyev，公元 1834—1907 年）在建立化学元素周期系的时间里，明确指出元素的基本属性是相对原子质量。他认为元素之间的差别集中表现在不同的相对原子质量上。他提出应当区分单质和元素的不同概念，指出在红色氧化汞中并不存在金属汞和气体氧，只是元素汞和元素氧，它们以单质存在时才表现为金属和气体。

19 世纪末，电子、X 射线和放射性相继被发现，从此科学家们开始对原子的结构进行研究。1913 年，英国化学家弗里德里克·索迪[1]（Frederick Soddy，公元 1877—1956 年）提出同位素（Isotope）[2]的概念。同位素是具有相同核电荷数而相对原子质量不同的同一元素的异体，它们位于化学元素周期表中同一方格位置上。

今天，化学元素定义为具有相同的核电荷数（核内质子数）的一类原子的总称。一些常见元素的例子有氢、氮和碳等。到目前为止，共有 118 种元素被发现，其中 94 种存在于地球上。原子序数大于或等于 83（铋元素及其后）的元素的原子核都

---

[1] 弗里德里克·索迪于 1910 年提出了同位素假说，1913 年他发现了放射性元素的位移规律，为放射化学、核物理学这两门新学科的建立奠定了重要基础，并荣获了 1921 年度诺贝尔化学奖。

[2] 同位素是具有相同质子数，不同中子数的同一元素的不同核素。如氢有三种同位素，氕（H）、氘（D，又称为重氢）、氚（T，又称为超重氢）；碳有多种同位素，^{12}C、^{13}C 和 ^{14}C（有放射性）等，它们在元素周期表上占有同一位置，化学性质几乎相同（氕、氘和氚的性质有些微差异），但原子质量或质量数不同。同位素的表示是在该元素符号的左上角注明质量数（例如碳 -14，一般用 ^{14}C 来表示）。

不稳定，会放射衰变。43号和61号元素（锝和钷）没有稳定的同位素，会进行衰变。自然界现存最重的元素是93号（镎），可是，即使是原子序数高达95，没有稳定原子核的元素都一样能在自然界中找到，这就是铀和钍的自然衰变。自然界理论上能合成的最大原子序数的元素是98号元素（锎）；但是更重的元素不断地被合成，现在已经合成到了118号元素氭。元素周期表的尽头在哪里还没有明确的答案，现在最被广泛支持的是到173号，那样的话会被扩展到第9周期。

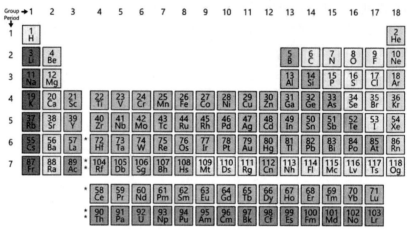

截至目前发现的118种元素

氢 细 谈

氢（H，hydrogen）

概述

130亿—150亿年前，从一个体积无限小、密度无限大、温度无限高、时空曲率无限大的奇点，发生了一次空前绝后的"大爆炸"。"盘古挥起巨斧，开天辟地"，从此宇宙从无到有诞生了。

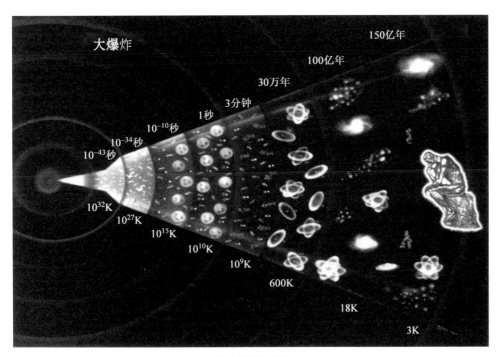

宇宙大爆炸示意图

一切的一切，那些聚集在奇点中的物质分散开来，像面粉一样向四处极速飞去。在宇宙诞生的这千亿分之一秒内，宇宙飞速膨胀又骤然冷却，在大爆炸中甩出电子、光子、中子和质子。质子就是氢原子核，宇宙大爆炸首先产生的是氢原子核。经过

70万年的冷却后，质子俘获一个电子便成为氢原子。在大爆炸的高温高压下（大爆炸后 10^{-43}s，即普朗克时间，温度达 10^{32}℃），宇宙中的中子和质子开始组合，并发生聚变，产生了如氕、氘、氦、锂等各种原子。元素就这样诞生了。

宇宙中含量最多的元素是氢。氢元素几乎占宇宙中人类能够观测到的物质总质量的92%。而氦、氧、碳等其他元素才占 8%。氢通常的单质形态是氢气，它是无色、无味、无嗅（嗅不出味道）的极易燃烧的双原子气体，也是最轻的气体。氢原子存在于水、所有有机化合物和生命体中。氢的导热能力特别强，可以跟氧化合成水。

在地球上和地球大气中只存在极稀少的游离状态的氢。在地壳里，如果按质量计算，氢只占地壳总质量的1%，而如果按原子百分数计算，则占17%。氢在自然界中分布很广，水便是氢的"仓库"——水中含11%的氢；泥土中约有1.5%的氢；石油、天然气、动植物体也含氢。在空气中，氢气倒不多，约占总体积的两百万分之一。据研究，在太阳的大气中，按原子百分数计算，氢占93%。在宇宙空间中，氢原子的数量是其他所有元素原子数量总和的100倍。

水由两个氢原子和一个氧原子构成

发现

1766年，英国化学家和物理学家卡文迪什（Henry Cavendish，公元1731—1810年）从锌、铁、锡等多种金属溶解在盐酸或稀硫酸后放出的气体中多次发现了氢。卡文迪什非常喜欢化学实验，在一次实验中，他不小心把一个铁片掉入盐酸中，正当他为自己的粗心而懊恼时，却发现盐酸溶液中有气泡产生，这个情景一下子吸引了他。他又做了几次实验，把一定量的锌和铁分别投到充足的盐酸和稀硫酸中（每次硫酸和盐酸的质量是不同的），发现所产生的气体量是固定不变的。这说明，这种新的气体的产生与所用酸的种类没有关系，与酸的浓度也没有关系。

卡文迪什用排水法收集了新气体，他发现这种气体不能帮助蜡烛燃烧，也不能帮助动物呼吸，如果把它和空气混合在一起，一遇到火星就会爆炸。卡文迪什经过多次实验，终于发现了这种新气体与普通空气混合后发生爆炸的极限。他在论文中写道：如果这种可燃性气体的含量在9.5%以下或65%以上，点火时虽然会燃烧，但不会发出震耳的爆炸声。

不久他测出了这种气体的密度，接着又发现这种气体燃烧后的产物是水，无疑这种气体就是氢气了。卡文迪什的研究已经比较细致，他只需对外界宣布他发现了一种新元素并给它起一个名称就行了。但卡文迪什受"燃素"说的影响，坚持认为水是一种元素，不承认自己无意中发现了一种新元素。

后来拉瓦锡听说了这件事，他重复了卡文迪什的实验，认为水不是一种元素而是氢和氧的化合物。直到 1785 年，拉瓦锡将锌与硫酸作用得到的"可燃性空气"在氧气中燃烧得到水，又将铁屑与水在高温下反应分离出"可燃性空气"，才明确指出这是一种新元素，正是它与氧共同组成了水。这是人类发现的第 18 种元素，拉瓦锡为其命名的拉丁文名称为 hydrogenium。本名来自希腊文 hydrogen，意思是"水之源"，后缀"-ium"，是元素名称统一的词缀。选用拉丁名称第一个字母的大写体作为氢的元素符号：H。

氢是人类所发现的元素中最轻的，排在元素周期表第一位。它的核内只有一个质子，核外只有一个电子，具有最简单的原子结构。中国古代本无此字，汉语命名时取轻从气，专门新造一个形声字：氢。

核外只有一个电子的氢

氢在自然界中存在的同位素有：①氕 [piē]（氢 -1，H），②氘 [dāo]（氢 -2，重氢，D），③氚 [chuān]（氢 -3，超重氢，T），另外，以人工方法合成的同位素有：氢 -4、氢 -5、氢 -6、氢 -7。

氢是现今唯一的其同位素有不同名称的元素（历史上每种元素的不同同位素都有不同的名称，但现已不再使用），D 和 T 也可以用作氘（deuterium）和氚（tritium）的符号。因 P 已作为磷的符号，故不再作为氕（protium）的符号。按照国际纯粹与应用化学联合会（International Union of Pure and Applied Chemistry，IUPAC）的建议，D 或 ^{2}H 和 T 或 ^{3}H 都可以使用，但推荐使用 ^{2}H 和 ^{3}H。

应用

氢气是重要的工业原料，比如，氢气可以合成氨和甲醇，也可以用来提炼石油，氢化有机物质作为收缩气体，用在氧氢焰熔接器和火箭燃料中。在高温下用氢气将金属氧化物还原以制取金属，较之其他方法，产品的性质更易控制，同时金属的纯度也更高。氢气还广泛用于钨、钼、钴、铁等金属粉末和锗、硅的生产。由于氢气很轻，人们利用它来制作氢气球。氢气与氧气化合时，放出大量的热，被用来进行切割金属。

利用氢的同位素氘和氚的原子核聚变时产生的能量能生产杀伤和破坏性极强的氢弹，其威力比原子弹大得多。

氢气还是清洁能源，用作汽车等的燃料。

科学家发现，在实验室把气体液化就能得到更低的温度。如氧气液化得到约 90K（−183℃）[①]，氮气液化得到约 77K（−196℃）的低温。法拉第（Michael

———————

① K（开）是热力学温度（绝对温度）的单位，0K 相当于 −273.15℃。根据热力学第三定律，绝对零度不可能达到。水的冰点 0℃相当于 273.15K。

Faraday，公元 1791—1867 年）在气体液化方面做了很多工作，后来由此发展出低温物理学。1898 年，英国物理学家詹姆斯·杜瓦爵士（Sir James Dewar，公元 1842—1923 年），使氢气成功液化，得到 20K（−253℃）左右的低温。氢气的液化在科学史上是一个重大事件。

2016 年 1 月，英国爱丁堡大学的科学家利用钻石对顶砧制造出某种极端高压状态，生成"第五状态氢"，即氢的固体金属状态。这种状态的氢通常存在于大型行星或太阳内核之中，分子分离成单原子，电子的行为特征像金属电子一样。

液氢与液氧组成的双组元低温液体推进剂的能量极高，已广泛用于发射通信卫星、宇宙飞船和航天飞机等运载火箭中。液氢还能与液氟组成高能推进剂。另外，液氢还可用作新能源汽车的燃料，如宝马公司的氢动力汽车 Hydrogen 7，除配有一个容量为 74L 的普通油箱外，还配有一个额外的燃料罐，可容纳约 8kg 的液态氢。双模驱动为宝马氢能 7 系汽车提供了超过 700km 的总行驶里程：氢驱动，200km 以上；汽油驱动，500km。

早在第二次世界大战期间（后文简称"二战"），氢即用作 A-2 火箭发动机的液体推进剂。1960 年，液氢首次用作航天动力燃料。1970 年，美国发射的"阿波罗"号飞船登月使用的运载火箭也是以液氢为燃料。

亨利·卡文迪什（Henry Cavendish，公元 1731—1810 年）

亨利·卡文迪什

卡文迪什，英国化学家、物理学家，1731 年 10 月 10 日出生于撒丁王国尼斯（意大利境内撒丁岛），1749—1753 年，在剑桥大学彼得学院求学。定居伦敦后，进入父亲的实验室当助手，做了大量电学、化学方面的研究工作。他的实验研究持续达 50 年之久。1760 年，他被选为伦敦皇家学会会员，1803 年又成为法国科学院的 18 名外籍会员之一。

卡文迪什的一生大部分时间都在实验室和图书馆中度过，他在化学、热学、电学方面进行过许多实验探索。但由于他对荣誉看得很轻，所以对于发表实验结果以及得到发现优先权很少关心，致使其许多成果一直未公开发表。直到 19 世纪中叶，人们才从他的手稿中发现了一些极其珍贵的资料，证实了他对科学发展作出的巨大贡献。

1766 年卡文迪什发表了他的第一篇论文《论人工空气》。"人工空气"一词为玻意耳首创，是指存在于某种物质中，通过化学反应可以释放出来的气体，如约瑟夫·普利斯特利（Joseph Priestley，1733—1804 年）通过碳酸盐与酸反应生成的二氧化碳。在论文中卡文迪什在严格保持温度和压强条件的前提下，对当时已知的各种气体的物理性质，特别是密度进行了严谨而细致的研究，这篇论文使他获得英国皇家学会的科普利奖章（Copley medal）。1784 年左右，卡文迪什研究了空气的组成，发现普通空气中氮气占 4/5，氧气占 1/5。他确定了水的成分，肯定了水不是元素而是化合物。他还发现了硝酸。

卡文迪什于 1781 年采用铁与稀硫酸反应而首先制得"可燃空气"（即氢气），他使用排水集气法并对产生的气体进行了多步干燥和纯化处理。随后他测定了该气体的密度，研究了它的性质。他使用"燃素"说来解释，认为在酸和铁的反应中，酸中的"燃素"被释放出来，形成了纯的"燃素"——"可燃空气"。之后当他得知普利斯特利发现空气中存在"脱燃素空气"（即氧气）后，就将空气和"可燃空气"混合，用电火花引发反应，得出这样的结果："在不断的实验之后，我发现可燃空气可以消耗掉大约 1/5 的空气，在反应容器上有水滴出现。"随后卡文迪什继续研究氢气和氧气反应时的体积比，得出了 2.02 ∶ 1 的结论。对于氢气在氧气中燃烧可以生成水这一点的发现权，当时曾引起了争论，因为普利斯特利、詹姆斯·瓦特（James Watt，公元 1736—1819 年）和卡文迪什都做过类似的实验。1785 年，在瓦特被选为英国皇家学会会员后，这场争论才以当事人的和解而告终。

卡文迪什敏锐地注意到，在生成的水中有少量的硝酸存在。他认为这是因为反应用的氧气中含有新物质（主要是氮气）。1785 年，卡文迪什在氧气和空气混合物中引入电火花，使空气中的氧气和氮气化合，然后用氢氧化钠溶液来吸收生成的氮氧化物，发现空气中残留下一小部分，大约 1/120，无法与氧气反应生成化合物被氢氧化钠吸收。经过几百次的实验和分析，他得出在今天看来都很精确的结论，空气中有 20.833% 的体积是"脱燃素空气"（测量值是氧气占 20.95%）和 79.167% 的"燃素空气"，在"燃素空气"中有占空气总体积的 1/120 的不易和其他气体反应的"浊气"。

卡文迪什指出，收集"固定空气"（二氧化碳）必须用汞代替水，并用物理方法测出了"固定空气"的密度是空气密度的 1.57 倍。他从实验上证明了"固定空气"能溶解于同体积的水中，且与动物呼出的、木炭燃烧后产生的气体相同。他还发现普通空气中，若"固定空气"的含量占到总体积的 1/9，燃烧的蜡烛在其中就会熄灭。 他测出了酸从石灰石、大理石、珍珠灰等物质中排出"固定空气"的质量，从而计算出这些物质中"固定空气"的含量。这些实验研究使人们对二氧化碳的性质有了更多的了解。

他还有一项工作，是过了 100 年以后，才得到承认的，那就是关于稀有元素的存在问题。

一直到 1894 年瑞利（Rayleigh，公元 1842—1919 年）和威廉·拉姆塞（William Ramsay，公元 1852—1916 年）发现稀有气体氩，才证实了卡文迪什的推测。

在拉瓦锡提出氧化说后，卡文迪什赞成氧化说的简洁，认为这有利于化学的发展，但也不愿轻易放弃自己一直采用的"燃素"说，随后他将自己的研究重点转向了物理学领域。

卡文迪什公开发表的论文并不多，他没有写过一本书，在长长的 50 年中，发表的论文也只有 18 篇。卡文迪什生前在物理学方面发表的论文为数极少，他在 1777 年向英国皇家学会提交论文，认为电荷之间的作用力可能呈现与距离的平方成反比的关系，后来被库仑通过实验证明，成为库仑定律。他和法拉第共同主张电容器的电容会随着极板间介质的不同而变化，提出了介电常数的概念，并推导出平板电容器的公式。他第一个将电势概念大量应用于对电学现象的解释中，并通过大量实验，提出了电势与电流成正比的关系，这一关系于 1827 年被乔治·欧姆（Georg Ohm，公元 1787—1854 年）重新发现，即欧姆定律。

卡文迪什对电学的研究成果基本都没有发表。1810 年 2 月 24 日，卡文迪什在伦敦逝世，终身未婚。他的侄子乔治把卡文迪什遗留下的 20 捆实验笔记完好地放进了书橱里，再也没有去动它。谁知这些手稿在书橱里一放竟是 60 年。

后来，他的后代亲属德文郡八世公爵斯宾塞·卡文迪什[①]（Spencer Cavendish，公元 1833—1908 年）将自己的一笔财产捐赠给剑桥大学以修建实验室——卡文迪什实验室。此时，另一位物理大师詹姆斯·麦克斯韦（James Maxwell，公元 1831—1879 年）应聘为剑桥大学教授并负责筹建卡文迪什实验室，这些充满了智慧和心血的笔记才获得了重返人间的机会。麦克斯韦仔细阅读了前辈在 100 年前的手稿，不由大惊失色，连声叹服说：“卡文迪什也许是有史以来最伟大的实验物理学家，他几乎预料到电学上的所有伟大事实。这些事实后来通过库仑和法国哲学家的著作闻名于世。”此后麦克斯韦决定搁下自己的研究课题，呕心沥血地整理这些手稿，使卡文迪什的光辉思想流传了下来。卡文迪什在物理特别是电学上的成果才使世人知晓。

1879 年，经麦克斯韦整理，《卡文迪什的电学研究》出版。书出版后不久，麦克斯韦也离开人世，但卡文迪什实验室的光辉一直闪耀。

氢原子光谱

1859 年，德国化学家罗伯特·本生（Robert Bunsen，公元 1811—1899 年）和物理学家古斯塔夫·基尔霍夫（Gustav Kirchhoff，公元 1824—1887 年）创立了光谱分析法，被称为“化学家神奇的眼睛”。通过这种方法，科学家在实验室里发现了很多新的元素。此外，光谱分析可以鉴别和确定物质的化学组成，为物理学家深入探究原子世界打开了一扇大门。

氢原子光谱指的是氢原子内的电子在不同能级跃迁时所发射或吸收不同波长、能量的光子而得到的光谱。氢原子光谱为不连续的线光谱，在无线电波、微波、红外光、可见光到紫外光区段都可能有其谱线。根据电子跃迁后所处的能阶，可将光谱分为不同的线系。理论上有无穷多个线系，前 6 个常用线系以发现者的名字命名。

依其发现的科学家以及谱线所在波长范围可将其划分为以下系列，系列中各谱线用 α、β 等希腊字母来命名。

---

① 斯宾塞·卡文迪什：英国政治家，曾就读于剑桥大学三一学院。1866 年任陆军大臣，1868—1871 年任邮政总长，1877—1880 年任爱丁堡大学校长，1892—1907 年任曼彻斯特大学校长。

（1）莱曼系。

主量子数 n 大于或等于 2 的电子跃迁到 $n=1$ 的能级，产生的一系列光谱线称为"莱曼系"，由西奥多·莱曼（Theodore Lyman，公元 1874—1954 年）于 1906 年发现，此系列谱线波长位于紫外光波段。

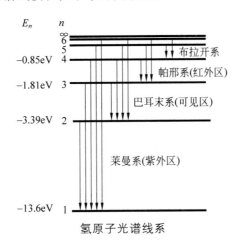

氢原子光谱线系

（2）巴耳末系。

主量子数 n 大于或等于 3 的电子跃迁到 $n=2$ 的能级，产生的一系列光谱线称为"巴耳末系"。巴耳末系有四条谱线处于可见光波段，所以是最早被发现的线系。

1884 年，瑞士数学教师约翰·巴耳末（Johan Balmer，公元 1825—1898 年）将位于可见光波段，波长于 410.12nm、434.01nm、486.07nm、656.21nm 等谱线，以下列经验公式表示：$\lambda_m = 364.56 m^2 / (m^2 - 4)$，$m = 3,4,5,6,\cdots$，此式称为巴耳末公式。

（3）帕邢系。

主量子数 n 大于或等于 4 的电子跃迁到 $n=3$ 的能级，产生的一系列光谱线称为"帕邢系"，由弗里德里希·帕邢（Friedrich Paschen，公元 1865—1947 年）于 1908 年发现，位于红外光波段。

（4）布拉开系。

主量子数 n 大于或等于 5 的电子跃迁到 $n=4$ 的能级，产生的一系列光谱线称为"布拉开系"，由布拉开（Frederick Brackett，公元 1896—1972 年）于 1922 年发现，位于近红外光波段。

（5）普丰系。

主量子数 n 大于或等于 6 的电子跃迁到 $n=5$ 的能级，产生的一系列光谱线称为"普丰系"，由普丰（August Pfund，公元 1879—1949 年）于 1924 年发现，位于红外光波段。

（6）韩福瑞系。

主量子数 n 大于或等于 7 的电子跃迁到 $n=6$ 的能级，产生的一系列光谱线称为"韩福瑞系"，由柯蒂斯·韩福瑞（Curtis Humphrey，公元 1898—1986 年）于 1953 年发现，位于远红外光波段。

1889 年，瑞典物理学家约翰内斯·里德伯（Johannes Rydberg，公元 1854—1919 年）在巴耳末公式的基础上，总结出氢原子各系列谱线的经验公式：

$$\frac{1}{\lambda} = R\left(\frac{1}{n^2} - \frac{1}{m^2}\right), \quad n=1,2,3,\cdots, \quad m=n+1, \quad n+2, \quad n+3, \cdots$$

其中，R 称为里德伯常量，实验值为 $R = 1.0967758 \times 10^7 \mathrm{m}^{-1}$。

约翰·巴耳末（Johann Balmer，公元 1825—1898 年）

约翰·巴耳末

这里，值得一谈的是巴耳末。

1825 年 5 月 1 日，巴耳末出生于瑞士洛桑，大学时期曾留学于德国的卡尔斯鲁厄大学和柏林大学，攻读数学。1846 年回到瑞士，在他中学时期的母校巴塞尔中学担任工程制图教师。1849 年，巴耳末以关于摆线的论文在巴塞尔大学获得博士学位。1859 年起，在巴塞尔女子中学担任数学教师，1865—1890 年，兼任巴塞尔大学讲师。1868 年，和克里斯汀（Christine）结婚，先后生育了 6 个孩子。1887 年，出版了专著《投影几何学教程》。1898 年，在巴塞尔去世，终年 73 岁。

巴耳末在巴塞尔大学兼任讲师期间，受该校一位研究光谱的物理学教授哈根巴赫（E. Hagenbach）的鼓励，开始试图寻找氢原子光谱的规律。巴耳末开始研究工作时，可见光区域的 4 条氢谱线已经过埃姆斯特朗等较精确的测定，紫外区的 10 条谱线也在恒星光谱中发现。但是，当时这些数据是零散的，它们的波长规律尚不为人所知。

巴耳末首先否定了把谱线类比声音的做法，而从寻找可见光区域 4 条氢谱线波长的公共因子和比例系数入手。他说："看到前面叙述的三个波长（指 H_α、H_β、H_δ）的数字以后，就可以看出它们之间存在着一定的数字比例，就是说这些数字包含有一个公共因子。"

最初，为寻找这一公共因子，巴耳末用数字试探的方法寻找谱线之间的和谐关系，顺利地找到了一个他认为不十分小的因子（30.38mm/10），但是，这一因子反映不出各波长之间的实际规律，只好放弃。巴耳末擅长投影几何，对建筑结构、几何素描均有浓厚兴趣，受透视图中圆柱排列的启示，他改用几何方法，巧妙地利用几何图形为这些谱线的波长确定了另一个公共因子，然后用最简便的方法显示了这些波长的数量关系。

巴耳末公式计算出的波长与实际测量值的误差不超过波长的 1/40000，吻合得非常好。随后巴耳末又继续推算出当时已发现的氢原子全部 14 条谱线的波长，结果与实验值完全符合。1884 年 6 月 25 日，巴耳末在巴塞尔自然科学协会的演讲中公布了这个公式，同年又将其发表在当地一个刊物《物理和化学纪要》上。几年后，巴耳末又发表了有关氦光谱和锂光谱的各谱线频率之间的类似关系。

巴耳末原为一名默默无闻的数学教师，直到年届 60 岁才取得重要的成就，被视为"大器晚成"的典范，他的事迹也因此为人们所称道。巴耳末对于原子光谱的工作，特别是巴耳末公式的建立，对近代原子物理学的发展产生了重大影响。

巴耳末公式是一个经验公式。它对原子光谱理论和量子物理的发展有很大的影响，为所有后来把光谱分成线系，找出红外和紫外区域的氢光谱线系（如莱曼系、帕邢系、布拉开系等）竖起标杆，对尼尔斯·玻尔（Niels Bohr，公元 1885—1962年）建立氢原子理论也起了重要的作用。

为纪念巴耳末，人们把氢光谱中符合巴耳末公式的谱线系命名为巴耳末系。月球表面的一个环形山也以他的名字命名。

 # 氘（D，deuterium）

概述

氘是氢的同位素，又称重氢（D 或 ^2H），由一个质子、一个中子和一个电子组成。常温下氘气是一种无色、无味的可燃性气体，在地球上的丰度为 0.015%，它在氢中的含量只有 0.02%，在大自然的含量约为氢的 1/7000，且大多以重水（D_2O）即氧化氘形式存在于海水与普通水中。海水中氘的质量浓度大约为 30mg/L。氘气在军事、核能和光纤制造上均有广泛的应用。

氘气被称为"未来的天然燃料"。

发现

1932 年，就在詹姆斯·查德威克[①]（James Chadwick，公元 1891—1974 年）宣布发现中子的论文送交《自然》杂志的第二天，美国的《物理学报》收到了美国哥伦比亚大学教授哈罗德·尤里等的一篇重要文章，报告说已经发现了原子量为 2 的氢的同位素氘。

关于天然元素的同位素问题，从 1913 年开始科学家就进行了研究，当时研究的目的主要是想精确测量原子量。后来人们仔细研究了某些元素的带光谱，在氧和氮中发现了稀有的同位素。尤里和他的同事们重新考虑了氢，他们用分馏液态氢的方法浓缩稀有同位素，终于从光谱上显示出了氘。氘是核物理学中一种异常重要的同位素，它在核反应堆的研发工作中得到了实际的应用。由于发现了氘，尤里获得了1934 年的诺贝尔化学奖。

应用

常温下，氘气是一种无色、无味、无毒、无害的可燃性气体。它可用于核能、可控核聚变反应、氘化光导纤维、氘润滑油、激光器、灯泡、实验研究、半导体材料韧化处理以及核医学、核农业等方面；另外在军事上，它也有一些重要的用途，

---

① 詹姆斯·查德威克：英国物理学家，1935 年因发现中子获诺贝尔物理学奖。

比如制造氢弹、中子弹和激光武器。

热核聚变实验堆一旦研究成功，就能利用海水发电，1L 海水中提取的氘经过聚变反应释放的能量相当于 300L 石油。

氢灯和氘灯是紫外区的常用光源，它们在 180 ～ 375nm 波长范围内产生连续辐射，在相同操作条件下，氘灯的发射强度约是氢灯的 4 倍。玻璃对这段波长范围内的辐射有强烈吸收，必须采用石英光窗。紫外可见分光光度计同时配有紫外和可见两种光源。

含氘量较低的水，称为低氘水，它对维护人体健康、治疗癌症和心血管疾病等具有一定作用。俄罗斯医学科学院癌症科研所与俄罗斯科学院医学生物问题研究所进行的动物实验研究发现，长期饮用低氘水，可在一定程度上抑制动物恶性肿瘤的发展，并延长动物的寿命。医学专家在进行了大量的临床研究后揭示了低氘水活化人体细胞的分子机制。他们认为，低氘水是生命的激活剂，能激活人体细胞及机能，改善新陈代谢。

哈罗德·尤里（Harrod Urey，公元 1893—1981 年）

哈罗德·尤里

尤里出生于美国印第安纳州的沃克顿，在他 6 岁的时候，在乡间当牧师的父亲去世了。后来，母亲改嫁，继父也是一位牧师，他帮助尤里完成了幼年的教育。1911 年，尤里中学毕业，由于拿不出足够的学费，无法继续上大学。

碰巧，乡下的一所学校缺少一名教师，尤里觉得当教师既可以解决目前的生活问题又可以筹集上大学所需的费用。于是他成了一名乡村学校的教师，一干就是 3 年。

1914 年，尤里进入蒙大拿大学，开始学的专业是动物学，后来改读化学。上大学之后，困扰尤里的仍然是经济问题，为此尤里伤透了脑筋。为了节约开支，他没有租公寓住，而是在学校的空地上自己搭了一个帐篷，在里面学习和生活。他还尽可能地利用假期到外面去做工以解决学费的不足。

尤里毕业的时候，正值第一次世界大战期间，他先在费城一家化工厂当化学分析员。工作两年后，他又回到母校当起化学讲师。1921 年，他进入加利福尼亚大学攻读博士学位，他的指导教师是吉尔伯特·路易斯（Gilbert Lewis，公元 1875—1946 年）[1]。路易斯曾预言自然界存在着原子量是普通氢原子量两倍的氢的同位素，这一观点明显地影响了尤里，对他发现重氢起到了推动作用。他的博士论文就是研

---

[1] 吉尔伯特·路易斯美国化学家：美国加利福尼亚大学伯克利分校教授、前伯克利化学院院长，曾 41 次获得诺贝尔化学奖提名，而他从未获奖也成为诺贝尔奖历史上的巨大争议之一。路易斯是化学热力学的创始人之一，提出了电子对共价键理论、酸碱电子理论等，化学中的"路易斯结构式"即是以其名字命名，他还在同位素分离、光化学领域作出了贡献，并于 1926 年命名了"光子（photon）"。在伯克利任教期间，路易斯培养、影响了众多诺贝尔奖得主，包括哈罗德·尤里、威廉·吉奥克、格伦·西博格、威拉得·利比、梅尔文·卡尔文等，使得伯克利成为世界上最重要的化学中心之一。

究双原子气体性质。他以优异的成绩取得了博士学位。1923 年，他得到斯堪的纳维亚基金学会奖学金的资助，去丹麦哥本哈根大学理论物理研究所跟玻尔教授专门研究原子结构理论。

1931 年，有物理学家根据实验结果，提出氢除含有原子量大约为 1 的一些原子外，还含有原子量大约为 2 的一些原子，后者与前者之比约为 1/4500。

尤里对这一假说非常感兴趣。因为他对这个问题已经思考过很长时间了，他认为，如果让液态氢在低温下蒸发，很可能使原子量为 2 的氢得到富集。尤里知道这件事的第二天就开始设计寻找氢同位素的实验，他设计了用分馏的方法来寻找重氢。

秋日的某一天，美国标准计量局的布里克维吉把蒸发了大量液氢之后剩下的最后几滴氢装在容器里，送给尤里做实验。尤里通过光谱分析，终于分辨出两种不同的氢。

他通过光谱分析，发现了一些新的谱线，位置正好与预期原子量为 2 的氢谱线一致，从而发现了重氢。根据尤里的建议，重氢被命名为 "deuterum"（中文名为氘），在希腊文中是 "第二" 的意思。

1934 年，在尤里发现氘之后的第三年，他被授予诺贝尔化学奖。这一年他才 41 岁。一个发现在短短的 3 年内就为科学所接受并授予诺贝尔奖，这种情况在历史上并不多见。

第二次世界大战期间，尤里参加了研制原子弹的 "曼哈顿计划"。尤里掌握的同位素化学方面的丰富知识，对生产第一颗原子弹起了很大作用。

制造原子弹必须把铀 -235 和铀 -238 分离开来。尤里负责研究分离方法。他的办法是，首先使铀变成铀的氯化物，使它以气态存在。然后使这些气体通过钻有许多细孔的板，当它们通过细孔时，较轻的铀 -235 分子扩散的速度要比较重的铀 -238 稍快一些。这样一来，在通过多孔板之后，气体中铀 -235 的含量就会提高，连续通过约 5000 道多孔板，铀 -235 的含量就达到所需要的标准了。

第一颗原子弹所用的铀就是用这种方法分离出来的。

尤里当初是怀着对德意日法西斯强烈的愤恨而加入 "曼哈顿计划" 的。他和其他科学家一道努力制造出了原子弹。但是原子弹的巨大破坏力给平民带来了可怕的灾难，因此，尤里坚决反对使用原子武器。特别是在他人生的最后十多年，他通过公开讲演和发表文章呼吁禁止核武器，他在临终之前还一再强调，原子能只能用于和平的目的。

战后，尤里拿出相当一部分精力从事宇宙化学方面的研究。他研究了地球、陨石、太阳及其他恒星的元素丰度和同位素丰度。1953 年，他与学生米勒设计了一套仪器，模拟原始地球大气的成分和条件，在甲烷、氨、氢和水蒸气混合物中，连续进行了一星期的火花放电后，形成了十多种氨基酸。这说明在原始大气中产生蛋白质（protein）是可能的，这为生命起源的研究提供了一个方向。

3 氚（T, tritium）

概述

氚，亦称超重氢，是氢的同位素之一，元素符号为 T 或 ^3H。它的原子核由一个质子和两个中子组成，原子质量为 3.016U。氚会发射 β 射线而衰变成氦 -3，半衰期[①] 为 12.5 年。在天然氢中，氚的含量为 $1 \times 10^{-15}\%$。自然界的氚是宇宙射线与上层大气间作用，通过核反应生成的。氚的性质与氢十分相似。

发现

1934 年，英国科学家欧内斯特·卢瑟福（Ernest Rutherford，公元 1871—1937 年）等在加速器上用加速的氘核轰击氘靶，通过核反应发现氚，美国科学家 W.W. 洛齐尔等证实重水中存在氚。1939 年，美国科学家 L. W. 阿耳瓦雷等证明氚有放射性。但是由于氚的 β 衰变只会放出高速移动的电子，不会穿透人体，因此只有大量吸入氚才会对人体有害。

应用

氚及其标记化合物在军事、工业、水文、地质，以及各个科学研究领域里均起着重要的作用；在生命科学的许多研究工作中，氚标记化合物都是必不可少的研究工具。例如，酶的作用机理和分析、细胞学、分子生物学、受体结合研究、放射免疫分析、药物代谢动力学，以及癌症的诊断和治疗等，都离不开氚标记化合物。在使用氚标记化合物进行示踪实验时，必须注意氢的同位素效应、自辐解和在实验条件下氚标记化合物的稳定性问题，以求获得正确的实验结果。

氚水（超重水）是水的特别理想的放射性示踪剂，在地下水分布的测定、水库渗漏的测定、河流、湖泊、泉水流动的跟踪、1954—1963 年期间大气层的氢弹试验、冰川运动的观测以至水文学各方面的研究工作中应用很广。氚和氚标记化合物对于化学反应的研究，尤其是生物、医学、生化、生命科学等的研究特别有用。

---

① 半衰期为放射性元素的原子核有半数发生衰变时所需的时间，叫做半衰期（half-life）。也可以认为是放射性原子核衰变到只剩下一半时的时间。半衰期越短，代表其原子越不稳定，每颗原子发生衰变的概率也越高。

稀有气体夜谈

本章介绍稀有气体，历史上叫惰性气体。为尊重历史原貌，除少数概述外，都称惰性气体。

稀有气体（rare gases）是元素周期表中 0 族元素所组成的气体。在常温常压下，它们都是无色无味的单原子气体，很难进行化学反应。稀有气体共有七种，它们是氦（He）、氖（Ne）、氩（Ar）、氪（Kr）、氙（Xe）、氡（Rn，放射性元素）、氭（Og，放射性人造元素）。其中 Og 是人工合成的稀有气体，原子核非常不稳定，半衰期很短，只有 5ms。根据元素周期律，估计 Og 比 Rn 更活泼。此外，碳族元素铁（Fl）表现出与稀有气体相似的性质。

稀有气体在 19 世纪被化学家发现以来，由于人们对其性质不断深入的了解而多次改名。最初，它们被称为稀有气体，因为化学家认为它们是很罕见的。不过，这种说法只适用于其中部分元素，并非所有的都很少见。例如，氩气（Ar，argon）在地球大气层的含量为 0.923%，胜过二氧化碳（0.03%）；而氦气（He，helium）在地球大气层的含量确实很少，但在宇宙中的含量却是相当丰沛。后来，化学家又改称其为惰性气体（又称钝气，inert gases），表示它们的反应性很低，不曾在自然中出现过化合物。不过，最近的研究指出，它们是可以和其他元素结合成化合物（此即稀有气体化合物）的，只是需要借助人工合成的方式。故又改称为贵重气体（又称为贵族气体、贵气体或高贵气体，noble gases），这个称呼源自德文的 edelgas，是由雨果·埃德曼（Hugo Erdmann，公元 1862—1910 年）于 1898 年定名。"noble"与黄金等"贵金属"类似，表示它们不易发生化学反应，但并非不能产生任何化合物。

1898 年发现了三种新元素：氪、氖和氙。"氪"源自希腊语"κρυπτ"（kruptós），意为"隐藏"；"氖"源自希腊语"νο"（neos），意为"新的"；"氙"源自希腊语"ξνο"（xenos），意为"陌生"。1902 年，德米特里·门捷列夫接纳了氦和氩元素，并将这些稀有气体纳入他的元素排列之内，分类为 0 族。

稀有气体的发现有助于对原子结构一般理解的发展。1895 年，法国化学家亨利·莫瓦桑（Henry Moissam，公元 1852—1907 年）尝试进行氟（电负性最高的元素）与氩（稀有气体）之间的反应，但没有成功。直到 20 世纪末，科学家仍无法制备出氩的化合物，但这些尝试有助于发展新的原子结构理论。由这些实验结果，丹麦物理学家玻尔在 1913 年提出，在原子中的电子以电子层形式围绕原子核排列，除了氦气以外的所有稀有气体元素的最外层的电子层总是包含 8 个电子。1916 年，路易斯制定了八隅体规则①，指出最外电子层上有 8 个电子是任何原子最稳定的排布；此电子排布使它们不会与其他元素发生反应，因为它们不需要更多的电子以填满其最外层电子层。

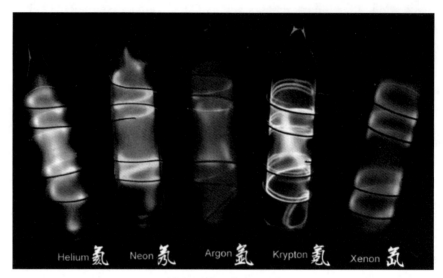

稀有气体发出的彩光

稀有气体，一旦通电，都会发出美丽的彩光，因此最适合夜谈。下面，我们根据元素周期表中原子序数的顺序，分别对氦、氖、氩、氪、氙、氡等稀有气体的发现、性质和应用慢慢夜谈。最后，对发现稀有气体作出杰出贡献的科学家威廉·拉姆塞作简单介绍。

 氦（He，helium）

概述

氦，稀有气体的一种。氦在通常情况下为无色、无味的气体，是唯一不能在标准大气压下固化的物质。氦是最不活泼的元素。氦的应用主要是作为保护气体、气冷式核反应堆的工作流体和超低温冷冻剂。此外，由于密度比空气小且性质稳定，氦还可以作为浮升气体。

1868 年 8 月 18 日，法国天文学家皮埃尔·詹森（Pierre Janssen，公元 1824—

---

① 八隅体规则是化学中一个简单的规则，它指出各个原子趋向组合，令各个原子的价层都拥有 8 个电子，与稀有气体拥有相同的电子排列。主族元素，如碳、氮、氧、卤素、钠、镁都依从这个规则。简单而言，当一个元素的价层拥有 8 个电子时，它会被填满和变得稳定；这也是稀有气体不活跃的原因。

1907年）赴印度观察日全食，利用分光镜观察日珥[①]——从黑色月盘背面突出的红色火焰，看见有彩色的亮条，是太阳喷射出来的炽热的光谱。他发现一条黄色谱线，接近于钠光谱中的D1和D2线。日蚀后，他同样在太阳光谱中观察到这条黄线，称为D3线，波长为587.49nm。1868年10月20日，约瑟夫·洛克耶（Joseph Lockyer，公元1836—1920年）[②]也发现了这样的一条黄线。

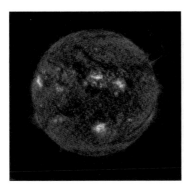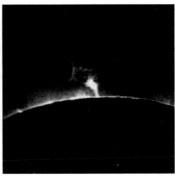

日珥（左图右上）和1992年日全食期间拍到的日珥（右图）

经过进一步研究，他认识到这是一条不属于任何已知元素的新线，是由一种新的元素产生的。在詹森从太阳光谱中发现氦时，洛克耶认为这种物质在地球上还没有发现，因此定名为helium（氦），源自希腊语ήλιος，意为"太阳"，元素符号定为He。氦是人类发现的第64种元素。这是第一个在地球以外，在宇宙中发现的元素。为了纪念这件事，当时铸造了一块金质纪念牌，一面雕刻着驾着四匹马战车的传说中的太阳神阿波罗（Apollo）[③]像，另一面雕刻着詹森和洛克耶的头像，下面写着：1868年8月18日太阳突出物分析。

1881年，意大利物理学家路易吉·帕尔米耶里（Luigi Palmieri，公元1807—1896年）在分析维苏威火山的岩浆时发现了氦的D3线，这是氦在地球上的首次发现记录。

---

① 太阳的周围镶着一个红色的环圈，上面跳动着鲜红的火舌，这种火舌状物体就叫作日珥。日珥是在太阳的色球层上产生的一种非常强烈的太阳活动，是太阳活动的标志之一。它像是太阳面的"耳环"。大的日珥高于日面几十万千米，还有无数被称为针状体的高温等离子小日珥，针状体高9000多千米，宽约1000km，平均寿命5min。日珥的爆发最为壮观，爆发前是一团密密实实的"冷气团"，温度只有7000℃，悬浮在一百万摄氏度的日冕中。日珥在大小、形状和运动方面差别很大，有活动日珥和宁静日珥两种主要类型。活动日珥快速喷发，持续几分钟至几小时。活动日珥与黑子群有关，在数量和活动上都同太阳活动周期紧密相关。宁静日珥喷发平缓，减退更慢，可延续几个月。

② 约瑟夫·洛克耶：英国天文学家，对太阳特别感兴趣，倡导了太阳光谱的研究。他第一个研究了太阳黑子光谱，并对日珥也感兴趣。1869年入选英国皇家学会，1897年被授予爵士。1869年创办英国著名的杂志《自然》，并且主编了半个世纪之久直到去世。

③ 阿波罗是古希腊神话中的光明、预言、音乐和医药之神，消灾解难之神，同时也是人类文明、迁徙和航海者的保护神，还是宙斯和勒托之子。在著名的《荷马史诗》（公元前8世纪）的记载中，阿波罗被称为弓箭之王、远射神、金剑王。

1895 年，拉姆塞将钇铀矿（一种沥青铀矿，其质量的 10% 为稀土元素）用酸处理，发现了一种神秘的气体。拉姆塞当时在寻找氩，他用硫酸处理矿物，分离释放出的气体中的氮和氧。在剩下的气体中，他发现了一条与太阳光谱中的 D3 线吻合的黄色谱线。但由于他没有仪器测定谱线在光谱中的位置，只能求助于当时最优秀的光谱学家之一的伦敦物理学家威廉·克鲁克斯（William Crookes，公元 1832—1919 年）。克鲁克斯证明了这种气体就是氦，是非金属元素。在拉姆塞分离氦之前，美国地质化学家威廉·希尔布兰德（William Hillebrand）同样注意到一份沥青铀矿样品中的一条不寻常的谱线，并从中分离出氦；但他认为这些谱线来自氮气。他致拉姆塞的贺信是科学史上"发现"和"临近发现"的一个有趣例子。这样氦在地球上也被发现了。

但是，在发现氦和研究氦的历史上谁的功劳最大呢？是天文学家詹森和洛克耶吗？是化学家拉姆塞和物理学家克鲁克斯吗？是发明分光镜的本生与基尔霍夫吗？当然还要考虑把空气、氢气以及氦气液化的杜瓦、卡末林·昂尼斯（Kamerlingh Onnes，公元 1853—1926 年）等的功劳，很难说。在人类认识氦的历史上，他们都有着自己的贡献。氦仅仅是一种元素，但是发现和认识它，是许多学科——物理学、天文学、化学、地质学等的共同胜利，绝不是某一个人的力量能够完成的。

在 20 世纪初的几十年里，世界各国都在寻找氦气资源，在当时主要是为了充飞艇。但是到了 21 世纪，氦不仅用在飞行上，尖端科学研究、现代化工业技术都离不开氦，而且用的常常是液态的氦，而不是气态的氦。液态氦把人们引到一个新的领域——低温物理。

英国物理学家杜瓦在 1898 年首先得到了液态氢。就在同一年，荷兰的物理学家昂尼斯也得到了液态氢。液态氢的沸点是 −253℃，在这样低的温度下，其他绝大多数气体不但变成液体，而且变成了固体。只有氦是最后一个无法变成液体的气体，当时被科学家称为"永久气体"。但包括杜瓦和昂尼斯在内的科学家们绝不妥协，决心把氦气也变成液体。

1908 年，荷兰物理学家昂尼斯在著名的莱顿实验室取得成功，氦气变成了液体，他第一次得到了 320cm³ 的液态氦。这是一个改变世界的历史性时刻，从此人类可以接近绝对零度，探索物质在绝对零度附近的物理和化学性质。

要得到液态氦，必须先把氦气压缩并且冷却到液态空气的温度，然后让它膨胀，使温度进一步下降，氦气就变成了液体。液态氦是一种与众不同的液体，其沸点为 −269℃。在这样低的温度下，氢也变成了固体，与空气接触时，空气会立刻在液态氦的表面冻结成一层坚硬的覆盖层。

1934 年，在英国卢瑟福那里学习的苏联科学家彼得·卡皮查（Peter Kapitza，公元 1894—1984 年）发明了新型的液氦机，每小时可以制造 4L 液态氦。以后，液态氦才在各国的实验室中得到广泛的研究和应用。

物理学家不仅仅得到了液态氦，还得到了固态氦，他们正在向绝对零度进军。

今天，我们在实验室能得到多低的温度？按照热力学第三定律，绝对零度是不可能达到的，但是可以不断接近它。液态氢的沸点是热力学温度 20.2K，液态氦的沸点是热力学温度 4.2K。在热力学温度 2.18K 的时候，氦Ⅰ变为氦Ⅱ。1935 年，利用"绝热去磁"法，使液态氦冷到热力学温度 0.0034K；1957 年，达到 0.00002K；目前已达到 2.4×10^{-11}K 了。

氦在元素周期表上是稀有气体的第一个元素。氦是可观察宇宙中第二轻且含量第二高的元素，在全宇宙的质量丰度 23%，是其他氢以外双原子分子的 12 倍。它的丰度在太阳或木星内的丰度十分相似。这是因为与接下来三个元素（锂、铍、硼）比较起来，氦-4 有非常高的核结合能。而它的高结合能也能解释为何它是核聚变与核衰变的产物。氦-4 是宇宙中氦最主要的同位素，最广泛的来源是大爆炸。而新的氦形成于恒星内部的核聚变反应。

1907 年，卢瑟福与托马斯·罗伊兹（Thomas Roiz）让 α 粒子穿透玻璃壁进入真空管，向管中放电后观察管内气体的发射光谱，证明 α 粒子就是氦核。1908 年，荷兰物理学家昂内斯将氦冷却至不到 1K 的低温，从而首次制得液态氦。他还试着将氦固化，但是氦没有固、液、气三相平衡的三相点，因此他的尝试没有成功。1926 年，昂内斯的学生威廉·科索姆在低温下向氦加压，制得了 $1cm^3$ 的氦晶体。

1938 年，卡皮查发现氦-4 在接近绝对零度时几乎没有黏度，从而发现了今天所说的超流体。这一现象和玻色-爱因斯坦凝聚[①] 有关。1972 年，美国物理学家道格拉斯·奥谢罗夫（Douglas Osheroff，公元 1945—   ）、戴维·李（David Lee，公元 1931—   ）、罗伯特·理查德森（Robert C.Richardson，公元 1937—   ）[②] 发现氦-3 也有超流动性现象，但所需的温度比氦-4 低得多。氦-3 的超流体现象被认为与氦-3 费米子配对形成玻色子有关，这种配对与超导体中电子形成的库珀对类似。

2017 年，中国科学家王慧田（公元 1964—   ）、周向锋（公元 1979—   ）等在 *Nature Chemistry* 上发表了"在高于 113GPa 压力下热力学稳定的 Na_2He，并且可能存在 15GPa 条件下结构类似的 Na_2HeO"的论文，结束了氦元素无化合物的历史。

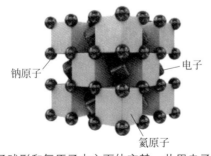

钠原子 —— 电子

—— 氦原子

Na_2He 的晶体结构：钠原子球形和氦原子大六面体交替，共用电子小六面体存在于其间的区域

---

① 玻色-爱因斯坦凝聚，即所有原子的量子态都束聚于一个单一的量子态的状态。是玻色子（自旋为零或整数的粒子称为玻色子）原子在冷却到接近绝对零度时所呈现出的一种气态的、超流性的物质状态（物态），最早由萨特延德拉·玻色（Satyendra Bose，公元 1894—1974 年）提出。玻色本人未获得过诺贝尔物理学奖，但因玻色-爱因斯坦凝聚的相关研究获得的诺贝尔奖不止一个——最近的是 2001 年的物理学奖。

② 三人因发现氦-3 的超流动性共同分享了 1996 年度的诺贝尔物理学奖。

已知的氦同位素有 8 种，包括氦 -3 ～氦 -10，但只有氦 -3 和氦 -4 是稳定的，其余的均带有放射性。在自然界中，氦同位素中以氦 -4 最多，多是由其他放射性物质的 α 衰变，放出氦 -4 原子核而来。而在地球上，氦 -3 的含量极少，它们均是由超重氢（氚）的 β 衰变所产生。

氦 -2: 它的原子核只有 2 个质子，只是假想粒子，但如果强核力增强 2%，它就有可能存在。

氦 -5，是氦的同位素之一，它的原子核由 2 个质子和 3 个中子所组成。并带有放射性，会放出中子，其半衰期为 0.6s。

氦 -6: 原子核包含 2 个质子和 4 个中子，非常不稳定。

氦 -7: 原子核包含 2 个质子和 5 个中子，会衰变成氦 -6，非常不稳定。

氦 -8: 原子核包含 2 个质子和 6 个中子，非常不稳定。

氦 -9: 原子核包含 2 个质子和 7 个中子，非常不稳定。

氦 -10: 原子核包含 2 个质子和 8 个中子，非常不稳定。

氦存在于整个宇宙中，质量百分数为 23%，仅次于氢。但在自然界中主要存在于天然气或放射性矿石中。在地球的大气层中，氦的浓度十分低，只有 0.0002%。在地球上的放射性矿物中所含有的氦是放射性物质 α 衰变的产物。氦在某些天然气中含有在经济上值得提取的量，最高可达 7%；在地表的空气中每立方米含有 4.6cm³ 的氦，大约占整个体积的 0.0005%，密度只有空气的 13.9%，是除了氢以外密度最小的气体。

应用

氦气用来代替氮气作人造空气，供深海潜水员呼吸，因为在压强较大的深海里，用普通空气呼吸，会有较多的氮气溶解在血液里。当潜水员从深海处上升，体内逐渐恢复常压时，溶解在血液里的氮气释放而形成气泡，对微血管起阻塞作用，引起"气塞症"。氦气在血液里的溶解度比氮气小得多，用氦跟氧的混合气体（人造空气）代替普通空气，就不会发生上述现象。温度在 2.2K 以上的液氦是一种正常液态，具有一般液体的通性。温度在 2.2K 以下的液氦则是一种超流体，具有许多反常的性质。例如具有超导性、低黏滞性等。它的黏度变得只有氢气黏度的 1%，并且这种液氦能沿着容器的内壁向上流动，再沿着容器的外壁慢慢流下。这种现象对研究和验证量子理论很有意义。

而液态氦则用于低温，是氦的最大用途，占 1/4，特别是在超导磁体的冷却中，主要的商业应用是在磁共振成像（MRI）扫描仪中。在工业上，氦气有许多用途。例如，作为加压和吹扫气体、电弧焊接时的保护气体，以及参与制造晶体的化学反应过程（如制造硅晶圆时，氦气占所产生气体的一半）。日常生活中的小用途则是作为气球或飞艇的浮升气体。与密度和空气密度不同的任何气体一样，吸入少量氦气会暂时改变人的声调。

液态氦在现代技术上也有重要的应用。例如，要接收宇宙飞船发来的传真照片或接收卫星转播的电视信号，就必须用液态氦。接收天线末端的参量放大器要保持在液氦的低温下，否则就不能收到图像。

由于化学性质极其稳定，一般不与其他物质发生反应，氦气也用于防腐，许多伟人的水晶棺内充的就是氦气。

卡末林·昂尼斯（Kamerlingh Onnes，公元 1853—1926 年）与超导体的发现

超导电性的发现，是人类不断探求低温的必然结果。

卡末林·昂尼斯

1823 年，法拉第第一次观察到液化氯，其后各种气体的液化和更低温度的实现一直是实验物理学的重要课题，但实验的规模始终不能满足需要。

1873 年，范德瓦耳斯（Van der Waals，公元 1837—1923 年）在他的博士论文《气态和液态的连续性》中，提出了包括气态和液态的"物态方程"，即范德瓦耳斯方程。

1877 年，盖勒德（L. Caillettet）和毕克特（P. Pictet）分别在法国和瑞士同时实现了氧气的液化。

1880 年，范德瓦耳斯又提出了"对应态定律"，进一步得到物态方程的普遍形式。在他的理论指导下，英国皇家研究院的杜瓦于 1898 年实现了氢气的液化和固化。

1895 年，德国人林德（Carl von Linde，公元 1842—1934 年）和英国人威廉·汉普逊（William Hampson）利用焦耳 - 汤姆孙效应（即节流膨胀效应）开始大规模地生产液氧和液氮。著名的"林德机"成了低温技术的基本设备。

但是经过多年反复的努力，人们用了许多办法都未能实现氦气的液化。

1908 年 7 月 10 日是一个具有历史意义的日子。这一天，昂尼斯和他的同事在精心准备之后，集体攻关，终于使氦成功液化。它标志着 20 世纪"大科学"首次登台。为了做好这个实验，昂尼斯的准备工作极其细致，他事先对氦的液化温度作了理论估算，预计在 5 ～ 6K。并大量储备氦气。液氢是自制的，在实验前一天，他制备了 75L 液态空气备用。凌晨 5 时许，20L 液态氢已准备好，逐渐灌入氦液化器中。用液氢预冷要极其小心，如果有微量的空气混入系统就会前功尽弃。

下午 1 时半，氦全部灌进液化器后开始循环。液化器中心的恒温器开始进入从未达到过的低温，这个温度只有靠氦气温度计指示。然而，很长时间看不到温度计有任何变化。人们调节压力、改变膨胀活塞，用各种可能采取的措施促进液化器工作，温度计都似动非动，很难作出判断。这时液氢已近告罄，仍然没有观察到液氦的迹象。

晚 7 时半，眼看实验要以失败告终，有一位闻讯前来观看的教授向昂尼斯建议，会不会是氦温度计本身的氦气也液化了，是不是可以从下面照亮容器，看看究竟如何？昂尼斯茅塞顿开，立即照办。结果使他喜出望外，原来中心恒温器中几乎充满了液体，光的反射使人们看到了液面。这次昂尼斯共获得了 60cm³ 的液氦，达到了 4.2K 的低温。他们又经过多次实验，第二年达到 1.38 ～ 1.04K。

然而，昂尼斯的目标不仅在于获得更低的温度、实现气体的液化和固化，他还注意探讨在极低温条件下物质的各种特性。金属的电阻就是他的研究对象之一。当时对金属电阻在接近绝对零点时的变化，众说纷纭，猜测不一。根据经典理论，纯金属的电阻应随温度的降低而逐渐降低，在绝对零度时达到零。有人认为，这一理论不一定适用于极低温。当温度降低时，金属电阻可能先变为一极小值，再重新增加，因为自由电子也许会凝聚在原子上。按照这种看法，绝对零度下的金属电阻有可能无限增加。两种看法的预言截然相反，孰是孰非，唯有通过实验才能作出判断。

昂尼斯先是用铂丝作测试样品，测量电阻靠的是惠斯通（Charles wheat stone，公元1802—1875年）电桥。测出的铂电阻先是随温度下降，但是到液氦温度（4.3K）以下时，电阻的变化却开始平缓。于是昂尼斯和他的学生克莱（Clay）在1908年发表论文讨论了这一现象。他们认为是杂质对铂电阻产生了影响，致使铂的电阻与温度无关；如果金属纯粹到没有杂质，它的电阻应该缓慢地趋近于零。

为了检验自己的判断是否正确，昂尼斯寄希望于比铂和金更纯的汞。汞在常温下是液体，是采用连续蒸馏法得到的最高纯度的金属。1911年4月的一天，昂尼斯让他的助手霍尔斯特（G. Holst）进行这项实验。汞样品浸于氦恒温槽中，恒定电流流过样品，测量样品两端的电位差。出乎他们的预料，当温度降至氦的沸点（4.2K）以下时，电位差突然降到了零。会不会是线路中出现了短路？在查找短路原因的过程中，霍尔斯特发现当温度回升到4K以上时，短路立即消失。再度降温，仍出现短路现象。即使重接线路也无济于事。于是他立即向昂尼斯报告。昂尼斯起初也不相信，自己又多次重复这个实验，终于认识到这正是电阻消失的真正效应。

昂尼斯在1911年4月28日宣布了这一发现。此时他还没有看出这一现象的普遍意义，仅仅当成是有关汞的特殊现象。11月25日，他作了"汞电阻消失速度的突变"的报告，明确地给出了汞电阻（与常温下电阻相比较）随温度变化的曲线。他在报告中说："在4.21K与4.19K之间，电阻减少得极快，在4.19K处完全消失。"

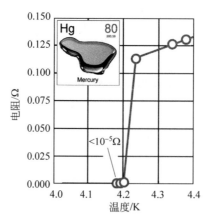

汞在低温下的电阻变化

1912—1913年，昂尼斯又发现了锡（Sn）在3.8K电阻突降为零的现象，随后发现铅也有类似效应，转变温度估计为6K（后来证实为7.2K）。1913年，昂尼斯宣称，这些材料在低温下"进入了一种新的状态，这种状态具有特殊的电学性质"。他把这种金属在极低温下电阻小到实际测不出来的性质称为超导电性。低于某一温度出现超导电性的物质称为超导体。

由于对低温物理所作出的突出贡献，昂尼斯获得1913年的诺贝尔物理学奖。

从昂尼斯发现超导电性距今已经有100多年的历史，但是，超导电性要走出实验室，大规模大范围进入工业生产或者社会生活，即发现或合成常温（室温）超导体，似乎还有很长的路要走。

 ## 2 氖（Ne，neon）

概述

氖是一种无色的稀有气体，在空气中含量很少，化学性质极不活泼，为稀有气体的成员之一。

拉姆塞在发现氩和氦后，发现它们的性质与已发现的其他元素都不相似，于是提议在化学元素周期表中列入一族新的化学元素。他根据门捷列夫提出的关于元素周期分类的假说，推测出该族还应该有一个原子量为20的元素。

1896—1897年，拉姆塞在特拉威斯的协助下，试图用找到氦的方法，加热稀有金属矿物来获得他预言的元素。他们试验了大量矿石，但都没有找到。最后他们想到了从空气中分离出这种气体。但要将空气中的氩除去是很困难的，化学方法基本无法使用。只有把空气先变成液体状态，然后利用各组分的沸点不同，让它们先后变成气体，一个一个地分离出来。1898年5月24日，拉姆塞获得英国人汉普逊送来的少量液态空气。拉姆塞和特拉威斯从液态空气中首先分离出了氪。接着他们又对分离出来的氩气进行了反复液化、挥发，收集其中易挥发的组分。1898年6月12日，他们终于找到了氖，元素符号定为Ne，来自希腊文neos（意为"新的"）。

氖是人类发现的第79种元素。

氖为无色、无嗅、无味的单原子气体，原子序数是10，属0族第2周期的元素。熔点为24.55K（−248.6℃），沸点为27.07K（−246.08℃），密度为0.89994g/L。

氖的核外电子排布式为$1s^2 2s^2 2p6$，属于稳定的8电子构型，同时氖原子较小，原子核对电子束缚力较强，导致氖元素的化学性质极不活泼。

氖元素通电后会发出橙红色的光，在所有稀有气体中氖的放电在同样电压和电流情况下是最强烈的。

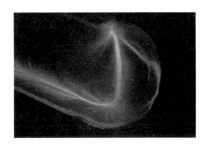

氖气在通电时发出橙红色的光

应用

世界上第一盏霓虹灯是填充氖气制成的（霓虹灯的英文原意是"氖灯"）。氖灯射出的红光，在空气里透射力很强，可以穿过浓雾。因此，氖灯常用在机场、港口、水陆交通线的灯标上。

日常生活中使用的试电笔中也是充入氖气，这是利用了氖放电发光以及其电阻很大的特性。使用试电笔时，电流从电笔一端流入，经过氖气后，电流强度降至人体安全范围，再到达尾部，经人体导入大地。当试电笔中间的氖气窗亮起橘红色时，就证明被检验电路通电良好。

 3 氩（Ar，argon）

概述

氩于1785年由卡文迪什制备出来，但当时却没发现这是一种新的元素。1882年，纽威尔（H. Newell）和沃尔特·哈特莱（Walter Hartley，公元1845—1913年）从两个独立的实验中观测空气的光谱颜色时，发现存在已知元素光谱无法解释的谱线，但并没有意识到是由氩气产生的。

19世纪末，英国物理学家瑞利发现利用空气除杂制得的氮气和用氨制得的氮气的密度有大约千分之一的差别。他在当时很有名望的英国《自然》杂志上发表了他的发现，并请大家分析其中的原因。伦敦大学化学教授拉姆塞推断空气中的氮气里可能含有一种较重的未知气体。

1894年，瑞利和拉姆塞通过实验确定氩是一种新元素。他们首先将从空气样本中去除氧、二氧化碳、水汽等后得到的氮气与从氨分解制得的氮气比较，结果发现从氨里分解出的氮气比从空气中得到的氮气轻1.5%。虽然这个差异很小，但是已经大到误差范围之外。所以他们认为空气中应该含有一种不为人知的新气体。

拉姆塞将在空气中提取的氮气与热的镁反应，形成固态的氮化镁，从而移除了所有的氮。他之后得到了一种不发生反应的气体，当他检查其光谱后，看到了一组新的红色和绿色的线，从而确认这是一种新的元素。

1894年8月13日，英国皇家科学协会在牛津开会，瑞利作报告。根据马丹（H. Madan）主席的建议，把新的气体叫作argon（希腊文意思是"不工作""懒惰"），元素符号为Ar。当然，当时发现的氩，实际上是氩和其他惰性气体的混合气体，正是因为氩在空气中存在的惰性气体中的含量占绝对优势，所以它作为惰性气体的代表被首先发现。氩的发现是从千分之一微小的差别，即从小数点右边第三位数字的差别引起的。许多化学元素的发现，科学技术的发明创造，都是从这种微小的差别开始的。

氩是人类发现的第76种元素。

氩为无色、无味的气体，原子序数是 18，属 0 族第 3 周期的元素。化学性质极不活跃，一般不生成化合物，但可与水、氢醌等形成笼状化合物。

Ar 有 24 种同位素，其中 ^{40}Ar、^{36}Ar、^{38}Ar 是稳定的，而 ^{40}Ar 占氩族元素的 99.6%。

氩元素通电后会发出红紫色的光。

1973 年，"水手号"太空探测器飞过水星时，发现它稀薄的大气中有 70% 的氩气，科学家相信这些氩气是由水星岩石本身的放射性同位素衰变而成的。"卡西尼 - 惠更斯号"在土星最大的卫星，也就是泰坦上，也发现了少量的氩气。

应用

氩气最主要的用处就是利用它的惰性，保护一些容易与周围物质发生反应的材料。虽然其他的稀有气体也有这些特性，但是氩气在空气中的含量最多（相比于其他稀有气体），也最容易取得，因此相对就比较便宜，具有经济效益。另外氩气便宜还因为它是制造液氧和液氮的副产品，由于液氧和液氮都是工业上重要的原料，生产很多，所以每年都有很多的液氩副产品。

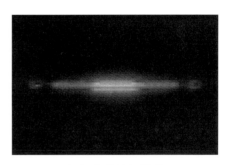

氩气发出的红紫光

氩气可用来制所谓氩灯。氩灯里填充的是纯氩气。这种灯光度较弱，耗电量低。氩气常被注入灯泡内，因为氩气即使在高温下也不会与灯丝发生化学反应，从而可延长灯丝的寿命。在不锈钢、锰、铝、钛和其他特种金属电弧焊接、钢铁生产时，氩气也用作保护气体，这种焊接工艺称为氩弧焊。

 4　氪（Kr，krypton）

概述

1898 年，拉姆塞和特拉威斯用光谱分析液态空气蒸发氧气、氮气、氩气后所剩下的残余气体时，发现了氪。

1898 年 5 月 24 日，拉姆塞获得汉普逊送来的少量液态空气。拉姆塞和特拉威斯让液态空气蒸发，易挥发的就是沸点较低的组分，留下不易挥发的，也就是沸点较高的组分。他们又用赤热的铜和镁将沸点较高的组分中残留的氧和氮除去，研究残余气体的光谱，发现除氩线外，还有两条明亮的谱线：一条黄的，一条绿的。黄色的那条线比氦线略带绿色，这是以前从未见过的。这表明，在这个残余气体中，除氩外，还有另一种新的气体。拉姆塞将它命名为氪 krypton（Kr），源自希腊文 krptos，意思是"隐藏"，即隐藏在空气中多年才被发现。根据实验记录，这个时间是 1898 年 5 月 30 日。他们测定了氪气的密度约等于 41g/cm³，相对原子质量约等于 82，应当把它放置在元素周期表中金属铷的前面。

氪气正如其他稀有气体一样，不易与其他物质发生化学反应。在 1962 年首次合成出氙的化合物后，二氟化氪（KrF_2）也在 1963 年成功合成。

氪是人类发现的第 78 种元素。

氪气是一种无色、无嗅、无味的稀有气体。熔点为 -156.6℃，沸点为 -152.3℃，气体密度为 0.00374g/cm³，晶体为面心立方晶胞，外层电子排布为 $4s^24p^6$。

氪放电时呈橙红色，在大气中含有痕量，可通过分馏从液态空气中分离，氪的多条谱线使离子化的氪气放电管呈白色，注入氪气的电灯泡是很光亮的白色光源，常用于制作荧光灯。

从氪的沸点看，它比氦、氖、氮、氩和氧的沸点都高，只是低于氙，因而留在沸点较高的组分中被发现。

应用

氪有约 30 个已知的不稳定同位素和同质异能素。氪 -81 半衰期为 230 年，是大气反应的产物，可以与其他天然氪同位素一同制备。氪在接近地表水时极易挥发，但氪 -81 可用于鉴定地下水的年代（可推算 5 万至 80 万年前）。

有一些白炽灯泡中填充的是氪气。机场跑道的照明也是用氪灯。氪气广泛用于电子、电光源工业，还用于气体激光器和等离子流中。因其透射率特别高，大量用作矿灯、越野车照射灯。医学上，氪的同位素常用作显踪剂。

稳定的氪 -86 中有一橙红色谱线，由于该谱线极锐，1960—1983 年期间其波长用作长度米的国际标准（1 米等于该谱线波长的 1650763.73 倍）。

 氙（Xe，xenon）

概述

氙气是一种稀有气体，化学符号为 Xe。元素周期表中第 0 族元素之一，原子序数为 54。无色、无嗅、无味，化学性质极不活泼。存在于空气中（每 100mL 空气含氙 0.0087mL），也存在于温泉的气体中。

1898 年 7 月 12 日，拉姆塞和特拉威斯在液态空气的最后残留中发现了氙，氙是人类发现的第 80 种元素。拉姆塞将其命名为 xenonum，该名源于希腊文 xenos，意为 "陌生"。

氙的电子构型非常稳定，且它的电离能相对较大，因此在化学上显惰性，只与强的氧化剂发生反应。

应用

氙广泛用于电子、光电源工业，还用于气体激光器和等离子流中。充氙气的灯泡与相同功率的充氩气的灯泡相比，具有发光率高、体积小、寿命长、省电等优点。氙灯有极高的发光强度，一盏 60000W 的氙灯的亮度，相当于 900 只 100W 的普通灯泡。由于氙具有几乎连续的光谱，因此可以在高压电弧放电作用下产生类似日光的明亮白光，这种长弧氙灯俗称"人造小太阳"。氙闪光灯的色彩好，可用于拍摄彩色电影。

氙灯可以放出紫外线，医疗上经常应用。氙的同位素被用于测量脑血流量与研究肺功能、计算胰岛素分泌量等。氙灯在凹面聚光后可生成 2500℃高温，可用于焊接或切割难熔金属，如钛、钼等。

氙还是一种无副作用的深度麻醉剂，它能溶于细胞质的油脂中，引起细胞的膨胀和麻醉，从而使神经末梢的作用暂时停止。人们曾试用 4/5 的氙气和 1/5 的氧气组成混合气体作为麻醉剂，效果很好。只是由于氙气很少，这种方法不能广泛应用。

6 氡（Rn，radon）

概述

氡，是一种化学元素，符号 Rn。氡通常的单质形态是氡气，为无色、无嗅、无味的稀有气体，具有放射性。氡的化学性质不活泼，不易形成化合物。因为氡气是放射性气体，当人吸入后，氡衰变的 α 粒子可对人的呼吸系统造成辐射损伤，引发肺癌。建筑材料是室内氡的最主要来源。如花岗岩、砖砂、水泥及石膏，特别是含放射性元素的天然石材，最容易释放出氡。

1899 年，英国电气工程师罗伯特·欧文斯（Robert Owens）在研究钍的放射性时，发现了一种质量很大的稀有气体，因其从钍中放射出来，便称之为"钍射气"；1900 年，德国物理学家弗里德里希·道恩（Friedrich Dorn，公元 1848—1916 年）在研究镭的放射性时，又从镭的衰变产物中发现了一种类似的气体，便称之为"镭射气"；1902 年，德国化学家吉赛尔（F. O. Giesel，公元 1852—1927 年）和法国化学家安德烈-路易·德贝尔恩（André-Louis Debierne，公元 1874—1949 年）在分别研究锕的化合物时，也各自从锕的衰变产物中发现了一种类似的气体，便称之为"锕射气"。但当时他们谁都不知道这是一种新元素。1903 年，拉姆塞与素迪从溴化镭的放射性产物中获得 0.1mm³ 的"镭射气"；又与罗伯特·怀特洛-格雷（Robert Whytlaw-Gray，公元 1877—1958 年）合作对"镭射气""锕射气"和"钍射气"进行长时间的综合研究，在 1908 年确认它们都是同一种新元素的不同的放射性同位素。而且根据质量最大的同位素在黑暗中会发出亮光，用希腊文称之为 niton，意思是"发光"。这是人类发现的第 84 种元素。1923 年，国际纯粹与应用化学会议（IUPAO）不同意如此命名，而是根据该元素的最稳定同位素名称，正式给它命名为 radon，该名源于拉丁文 radon，意思是"镭射气"。并用拉丁文名称第一个字母的大写与最后一个字母的小写组成它的元素符号——Rn。

氡元素原子序数是 86，位于元素周期表中 0 族第六周期。氡气分子是氡原子的单原子分子，氡气是稀有气体中最重的一种。

熔点为 −71℃，沸点为 −61.8℃，密度为 9.73kg/m³，电子组态为（Xe）$4f^{14}5d^{10}6s^26p^6$。

已知氡的放射性同位素有 $^{200}Rn \sim {}^{226}Rn$，共 27 种。其中，通常所指最重要寿命最长的是 ^{222}Rn，半衰期为 3.82 天，放出的 α 粒子能量为 5.489MeV，经衰变后产生一系列子体，最后变成稳定的 ^{206}Pb。

氡气是密度最高的稀有气体，也是室温下密度最高的气体之一。虽然在标准温度和压力下无色，但它在冷却至凝固点 202K 以下后会因放射性发光，随温度降低而从黄色渐变为橘红色。

应用

由于氡具有放射性，衰变后成为放射性钋和 α 粒子，所以可供医疗用。用于癌症的放射治疗：用充满氡气的金针插入癌变的组织，可杀死癌细胞。通常从辐射源泵中提取并密封于小玻璃瓶中，然后植入患者体内的肿瘤部位，人们称这种氡粒子为"种子"。

 ## 7 威廉·拉姆塞（William Ramsay，公元 1852—1916 年）

拉姆塞 1852 年 10 月 2 日生于英国格拉斯哥。

拉姆塞从小喜欢大自然，极善音律，爱读书也爱收藏书，而且很喜欢学习外语。他幼年时的许多行为，使成年人都感到吃惊。人们总看见他在阅读《圣经》，走近一看才发现，小拉姆塞看的不是英文版的，而是法文版，有时又是德文版。

1866 年，他 14 岁，被格拉斯哥大学破格录取。

1869 年，他开始攻读化学。

1870 年，拉姆塞大学毕业。毕业后，去德国海德堡大学拜本生为师继续学习。一年后，由本生推荐到蒂宾根大学继续深造。

1872 年，在蒂宾根大学因研究硝基苯甲酸获哲学博士学位。

1880—1887 年，任布里斯托尔大学化学教授。

1882 年，剑桥大学教授瑞利研究空气的成分，他经过极为精密的定量分析发现，由氨制得的氮气，总比由空气制得的氮气轻 1.5%，反复研究不得其解。于是，他将这一研究事实，刊登在英国《自然》杂志上，遍请读者解答，但没能得到满意的答复。

拉姆塞得知瑞利的研究以后，在征得了瑞利的允许后，也开始研究大气中氮的成分，他研究的方法是让空气在红热的镁上通过，让镁吸收空气中的氧和氮。经过反复作用，原空气体积的 79/80 都被吸收，只余下 1/80。起初，拉姆塞认为余下的气体是氮的一种变种，可能是类似臭氧的物质。但他经过精密的光谱分析发现，余下的气体，除了氮的谱线，尚有原来人们不知道的红色和绿色等谱线，经威廉·克鲁克斯分析，剩余气体的谱线多达 200 余条。

1887—1913 年，拉姆塞任伦敦大学化学教授。

1888 年，他当选为英国皇家学会会员。

1894 年 5 月 24 日，拉姆塞给瑞利的信中写道："您可曾想到，在周期表第一行最末的地方，还有空位留给气体元素这一事实吗？"之后，正值英国科学协会在牛津开会，拉姆塞和瑞利向大会宣布，发现了一种"惰性气体"。与会学者都很吃惊这一发现，主席马丹提议，定名为氩（argon），即"懒惰的"气体。

元素氩发现以后，拉姆塞在他开发的领域继续深入研究，1895 年 3 月 17 日，他把自己研究太阳元素氦的情况，写信给布坎南（Bachanan），信中说："那种沥青铀矿经无机酸处理以后，放出的惰性气体，克鲁克斯认为它的光谱是新的，而我从处理方法上来看，我敢确定它不是氩，现在正忙于继续制取。数日以后，我希望能制得足量的做密度测定。我想，也许这就是寻求已久的氦吧。"不到一周，拉姆塞就证明了这种物质是氦。

1895 年 3 月 24 日，拉姆塞在给他夫人的信中写道："先讲一个最新的消息吧，我把新气体先封入一个真空管，这样装好以后，就能在分光器上看到它的光谱。同时也看到氩的光谱，这气体中是含有氩的。但是忽又见到一种深黄色的明线，光辉灿烂，和钠的光线虽不重合，可也相差不远，我惶惑了，开始觉得可疑。我把这事告诉了克鲁克斯，直到星期六早晨，克鲁克斯拍来电报。电文如下：从钒铀矿中分离出的气体，为氩和氦两种气体的混合物。"

拉姆塞在继续发现各种稀有气体过程中，得到了特拉威斯的帮助，他们设法取得了 1L 的液态空气，然后小心地分步蒸发，在大部分气体沸腾而去后，留下的残余部分，氧和氮仍占主要部分。他们进一步用红热的铜和镁吸收残余部分的氧和氮，最后剩下 25mL 气体。他们把 25mL 气体封入玻璃管中，来观察其光谱，看到了一条黄色明线，比氦线略带绿色，有一条明亮的绿色谱线，这些谱线，绝对不与已知元素的谱线重合。

拉姆塞和特拉威斯在 1898 年 5 月 30 日，把他们新发现的气体命名为氖。他们当晚测定了这种气体的密度、相对原子质量，同时发现，这种稀有气体应排在溴和铷两元素之间。为此，他们一直工作到深夜，特拉威斯竟把第二天他自己要进行的博士论文答辩忘得一干二净。

拉姆塞和特拉威斯用减压法继续分馏残留空气，收集了从氩气中挥发出的部分，他们发现这种轻的部分，"具有极壮丽的光谱，带着许多条红线，许多条淡绿线，还有几条紫线，黄线非常明显，在高度真空下，依旧显著，而且呈现着磷光"。他们深信，又发现了一种新的气体。特拉威斯说："由管中发出的深红色强光，已叙述了它自己的身世，凡看过这种景象的人，永远也不会忘记。过去两年的努力，以及在全部研究完成以前所必须克服的一切困难，都不算什么。这种未经前人发现的新气体，是以喜剧般的形式出现的，至于这种气体的实际光谱如何，尚无关紧要，因为就要看到，世界上没有别的东西，能比它发出更强烈的光来。"

拉姆塞的儿子威利，曾对父亲说："这种新气体您打算怎么称呼它，我倒喜欢用nove这个词。"拉姆塞赞成儿子的提议，但他认为不如改用同义的词neon，这样读起来更好听。这样，1898年6月，新发现的气体氖就确定了名称。1898年7月12日，由于拉姆塞等有了自己的空气液化机，从而制备了大量的氪和氖，他们把氪反复分次抽取，又分离出一种气体，命名为xenon（氙）。这样一来，稀有气体大家庭氦、氖、氩、氪、氙、氡，除了氦是詹森和洛克耶通过分光镜从太阳上首先发现之外，其余的都是由拉姆塞独自或者与他人共同发现的。

1904年，由于拉姆塞"先后发现氦、氖、氩、氪、氙等稀有气体元素并确定其在周期系中的位置"而获得诺贝尔化学奖。

1912年，60岁的拉姆塞退休了，但他仍然在自建的小型化学实验室内工作，直到去世。

1916年7月23日，他卒于白金汉郡海威科姆。

汤姆孙在评述拉姆塞的伟大发现时指出："大部分学者认为科学的想象力更胜于精确的量度。其实，瑞利和拉姆塞的工作证明：一切科学上的伟大发现，几乎完全来自精确的量度和从大量伪数字中明察秋毫。"拉姆塞的理论思维能力与动手能力都很强，他把氦、氖、氩、氪和氙等作为一族，完整地插入化学元素周期表中，使化学元素周期表更加完善，他的这一工作比每一个单独元素的发现都更为重要。

威廉·拉姆塞

第 3 章

非金属和卤族元素闲谈

3.1 非金属元素

 碳（C，carbon）

概述

碳是一种非金属元素，位于元素周期表的第二周期 ⅣA 族。拉丁文名称为 carbonium，意为"煤，木炭"，碳的英文名称 carbon 来源于拉丁文中煤和木炭的名称 carbo，也来源于法语中的 charbon，意思是"木炭"。在德国、荷兰和丹麦，碳的名字分别是 kohlenstoff、koolstof、kulstof，字面意思是"煤物质"。碳是一种很常见的元素，它以多种形式广泛存在于大气、地壳和生物体中。碳单质很早就被人们认识和利用，碳的一系列化合物——有机物更是生命的根本。碳含量的不同是区分生铁、熟铁和钢的指标之一。 碳能自我结合而形成大量化合物，生物体内绝大多数分子都含有碳元素。

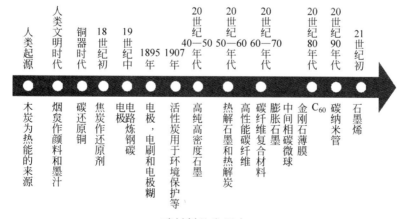

碳材料的发展史

碳在史前就已被发现，木炭是人类最早使用的材料。金刚石（钻石）大约在公元前 2500 年就已被中国熟知。1722 年，法国物理学家内勒·莱奥姆尔（Renéde Réaumur，公元 1683—1757 年）证明铁通过吸收一些物质能变成钢，这种物质就是人们熟知的碳。1772 年，拉瓦锡证明钻石是碳的一种存在形式，当他将一些钻石和煤的样品燃烧时，发现它们都不生成水，并且每克的钻石与当量的煤所产生的二氧化碳的量是几乎相等的。1779 年，舍勒（Carl Scheele，公元 1742—1786 年）证明一度被认为是铅的存在形式的石墨，实质上是混杂了少量铁与碳的混合物。1786 年，法国化学家克劳德·贝托雷（Claude-Louis Berthollet，公元 1748—1822 年）和加斯帕尔·蒙日（Gaspard Monge，公元 1746—1818 年）通过利用拉瓦锡处理钻石的方法将石墨氧化，证明了石墨几乎全部由碳构成。1789 年，拉瓦锡在他的教科书中将碳列在元素表中，第一次明确了碳是一种元素。因此，碳是人类发现的第 1 种元素。

碳是生命不可缺少的元素，地球上缺了它，便不可居住。

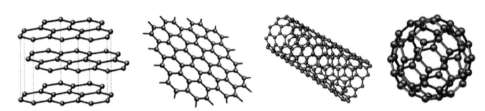

碳：从三维到零维（从左到右：石墨、石墨烯、碳纳米管、富勒烯）

碳是上苍赐予人类的一种神奇元素，它可以构成地球上最硬的天然物质——金刚石，同时也可以构成地球上最软的材料——石墨。想构成什么材料，好像是看碳当时的心情。更进一步，它可以形成三维材料（石墨、金刚石、普通碳），也可以形成二维（石墨烯）、一维（碳纳米管）甚至零维（富勒烯）材料。

碳是原子型单质，是组成有机化合物和有机体不可缺少的元素，也是用途最广泛的元素。碳有 3 种天然同位素：^{12}C、^{13}C、^{14}C，其中 ^{12}C 最多；^{14}C 为放射性同位素，半衰期为 5730 年，常作为示踪剂，用于生物、医学、工农业以及考古等领域。

碳在空气中燃烧通常会产生两种物质：一氧化碳（CO）和二氧化碳（CO_2）。一氧化碳是碳在缺氧情况下不完全燃烧的产物，也是煤气中毒的元凶。一氧化碳在血液中与血红蛋白强的结合力使得血液缺氧，最终导致人体中毒。二氧化碳的用途十分广泛，是碳酸饮料和灭火剂的主要成分；固态二氧化碳（干冰）是工业和生活中最常用的冷却剂，可达 −78℃的低温。

碳既以游离元素存在（金刚石、石墨等），又以化合物形式存在（钙、镁以及其他电正性元素的碳酸盐）。它还以二氧化碳的形式存在，是大气中少量但极其重要的组分。

现在已知碳的同位素共有 15 种，碳 -8 至碳 -22，其中碳 -12 和碳 -13 属稳定型，其余的均具有放射性。在地球的自然界里，碳 -12 同位素丰度为 98.93%，碳 -13 则有 1.07%。C 的原子量取碳 -12、碳 -13 两种同位素丰度的加权平均值，一般计算时取 12.01。碳 -12 是国际单位制中定义物质的量（mol）的尺度，以 12g 碳 -12 中含有的原子数为 1mol。

分类

金刚石（diamond）

金刚石晶莹美丽，光彩夺目，是自然界最硬的矿石。在所有天然物质中，它的硬度最大。测定物质硬度的刻划法规定，以金刚石的硬度为10来度量其他物质的硬度。例如Cr的硬度为9、Fe为4.5、Pb为1.5、Na为0.4等。在所有单质中，金刚石的熔点最高，达3823K。

金刚石晶体属立方晶系，是典型的原子晶体，每个碳原子都以sp^3杂化轨道与另外四个碳原子形成共价键，构成正四面体。下图左是金刚石的面心立方晶胞的结构。

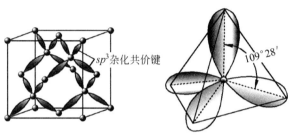

金刚石（纯碳以共价键组成的矿物）的晶体结构

由于金刚石晶体中C—C键很强，所有价电子都参与了共价键的形成，晶体中没有自由电子，所以金刚石不仅硬度大，熔点高，而且不导电。

石墨（graphite）

石墨乌黑柔软，是世界上最软的矿石。石墨的密度比金刚石小，为2.09～2.33g/cm³。

石墨的层与层之间是以分子间力结合起来的，因此容易沿着与层平行的方向滑动、裂开，质软且具有润滑性。

由于石墨层中有自由的电子存在，所以石墨的化学性质比金刚石稍显活泼。

由于石墨能导电，又具有化学惰性，且耐高温、质地柔软易于成型和机械加工，所以石墨被大量用来制作电极、高温热电偶、坩埚、电刷、润滑剂和铅笔芯。

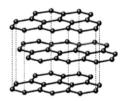

石墨的分子结构

石墨烯（graphene）

石墨烯是一种由碳原子以sp^2杂化轨道组成六角形呈蜂巢晶格的二维碳纳米材料。

实际上石墨烯本来就存在于自然界，只是难以剥离出单层结构。石墨烯一层层叠起来就是石墨，厚1mm的石墨大约包含300万层石墨烯。铅笔在纸上轻轻划过，留下的痕迹就可能是几层甚至仅仅一层石墨烯。

2004年，英国曼彻斯特大学的两位科学家安德烈·盖姆（Andre Geim，公元1958—　）和康斯坦丁·诺沃肖洛夫（Konstantin Novoselov，公元1974—　）发现能用一种非常简单的方法得到越来越薄的石墨薄片。他们从高定向热解石墨中剥离出石墨片，然后将薄片的两面粘在一种特殊的胶带上，撕开胶带，就能把石墨片一分为二。不断地这样操作，薄片越来越薄，最后，他们得到了仅由一层碳原子构成的薄片，这就是石墨烯。

2009 年，安德烈·盖姆和康斯坦丁·诺沃肖洛夫在单层和双层石墨烯体系中分别发现了整数量子霍尔效应及常温条件下的量子霍尔效应，他们也因此获得 2010 年度诺贝尔物理学奖。

石墨烯

碳纳米管（CNT，carbon nano tube）

碳纳米管作为一维纳米材料，质量轻，六边形结构连接完美，具有异常的力学、电学和化学性能。近些年随着碳纳米管及纳米材料研究的深入，其广阔的应用前景也不断地展现出来。

碳纳米管，又名巴基管，是一种具有特殊结构（径向尺寸为纳米量级，轴向尺寸为微米量级，管子两端基本上都封口）的一维量子材料。碳纳米管主要由呈六边形排列的碳原子构成数层到数十层的同轴圆管。层与层之间保持固定的距离，约 0.34nm，直径一般为 2 ～ 20nm。并且根据碳六边形沿轴向的不同取向，可以将其分成锯齿型、扶手椅型和螺旋型三种。

碳纳米管具有良好的力学性能，抗拉强度达到 50 ～ 200GPa，是钢的 100 倍，密度却只有钢的 1/6，至少比常规石墨纤维高一个数量级；它的弹性模量可达 1TPa，与金刚石的弹性模量相当，约为钢的 5 倍。对于具有理想结构的单层壁的碳纳米管，其抗拉强度约 800GPa。碳纳米管的结构虽然与高分子材料的结构相似，但其结构却比高分子材料稳定得多。碳纳米管是目前可制备出的具有最高比强度的材料。若以其他工程材料为基体与碳纳米管制成复合材料，可使复合材料表现出良好的强度、弹性、抗疲劳性及各向同性，这给复合材料的性能带来极大的改善。

碳纳米管的硬度与金刚石相当，却拥有良好的柔韧性，可以拉伸。在工业上常用的增强型纤维中，决定强度的一个关键因素是长径比，即长度和直径之比。材料工程师希望得到的长径比至少是 20∶1，而碳纳米管的长径比一般在 1000∶1 以上，是理想的高强度纤维材料。碳纳米管因而被称为"超级纤维"。

由于碳纳米管的结构与石墨的片层结构相同，所以具有很好的电学性能。理论预测其导电性能取决于其管径和管壁的螺旋角。当碳纳米管的管径大于 6nm 时，导电性能下降；当管径小于 6nm 时，碳纳米管可以看成具有良好导电性能的一维量子导线。有报道说，通过计算认为直径为 0.7nm 的碳纳米管具有超导性，尽管其超导转变温度只有 1.5×10^{-4}K，但这预示着碳纳米管在超导领域的应用前景。

巴基球

巴基球（C_{60}）是由 60 个碳原子构成的像足球一样的 32 面体，包括 20 个六边形、12 个五边形。这 60 个碳原子在空间进行排列时，形成一个化学键最稳定的空间排列形式，恰好与足球表面各格面的排列一致。这个结构的提出是受到建筑学家巴克敏斯特·富勒（Buckminster Fuller，公元 1895—1983 年）[1]的启发，富勒曾设计了一种用六边形和五边形构成的球形薄壳建筑结构，因此科学家把 C_{60} 叫作足球烯，也叫作富勒烯（fullerence）。

在数学上，富勒烯的结构都是以五边形和六边形面组成的凸多面体。最小的富勒烯是 C_{20}，有正十二面体的构造。之后都存在 C_{2n} 的富勒烯，$n=12$，13，14，…。在这些小的富勒烯中，都存在着五边形相邻结构。C_{60} 是第一个没有相邻的五边形的富勒烯，下一个是 C_{70}。在更高的富勒烯中，普遍满足孤立五边形规则（isolated pentagon rule，IPR），即在 $n>12$ 时，不存在相邻的五边形结构。

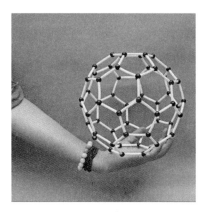

巴基球

C_{60} 在室温下为紫红色固态分子晶体，有微弱荧光。C_{60} 分子的直径约为 7.1Å（1Å=10^{-10}m），密度为 1.68g/cm³。C_{60} 具有金属光泽，有许多优异性能，如超导电性、强磁性、耐高压、抗化学腐蚀，从而在光、电、磁等领域有潜在的应用前景。

由于 C_{60} 的尺度在纳米量级（直径为 0.71nm），所以又被视为零维碳材料。

用途

金刚石因为其高熔点和高硬度而身价百倍，它的任何一部分都不会被丢弃。透明的金刚石切割成钻石作为首饰和装饰品，不透明的加工成钻头和切割工具，它们的粉末用作研磨材料。

石墨用来制造坩埚、电极、电刷、干电池、冷凝器、高温热电偶、润滑剂、颜料和铅笔芯；高纯度的石墨用作核反应堆的中子减速剂、防射线材料和火箭发动

---

① 巴克敏斯特·富勒：建筑设计师、工程师、发明家、思想家和诗人，这不是五个人，而只是一个人。尽管拥有 55 个荣誉博士学位和 26 项专利发明，却是一位没有执照的建筑师，两次被哈佛开除的教授；他生活在 20 世纪，但思考的却是 21 世纪的事情。这也是他在离世已有 30 年后的今天，不仅没有被人遗忘，反而名气越来越大的原因。他在 1967 年蒙特利尔世博会上把美国馆变成富勒球，使得轻质圆形穹顶在今天风靡世界，他提倡的低碳概念启发了科学家并最终获得诺贝尔奖。他宣称"地球是一艘太空船，人类是地球太空船的宇航员，以时速 10 万千米行驶在宇宙中，必须知道如何正确运行地球才能幸免于难"。在资源紧缺、全球变暖的今天，人们愕然地发现，这位像外星人一样的富勒博士，给我们留下了一份如此巨大的遗产。

机喷嘴，也用于宇宙飞船和导弹部件。石墨粉涂在飞机表层，能将不同频率的微波能量转化为机械能、电能或热能，从而起到隐身的作用。石墨炸弹不仅可破坏防空和发电设备，而且对跑道上的飞机、发电厂的电网和电子设备，都能造成严重破坏。

石墨烯主要应用在五大领域。一是光电产品领域，以其非常好的透光性、导电性和可弯曲性，在触摸屏、可穿戴设备、有机发光二极管（OLED）、太阳能等领域中发挥作用。这也是目前公认的最可能首先实现商品化的领域。二是能源技术领域，主要依赖于石墨烯超高的比表面积、超轻的质量和非常好的导电性。采用石墨烯的超级电容器，其极限储能密度是现有材料的 2～5 倍，被称作最理想的电极材料。三是功能复合材料，通过将石墨烯加入各种塑形基体，能够制备出具有很好导电、导热、可加工、耐损伤性能的特殊材料，在集成电路、散热片、高韧性容器等方面有应用潜力。四是微电子器件。未来的石墨烯半导体、石墨烯集成电路、太赫兹（THz）器件等领域，可能需要利用石墨烯独特的性质来发挥作用。五是生物医药和传感器领域，石墨烯对单分子的响应能力、承载抗体后的分子输运能力都是其他传感器不能实现的。石墨烯及其衍生物在纳米药物运输系统、生物检测、生物成像、肿瘤治疗等方面也有非常广阔的前景。

碳纳米管可以制成透明导电的薄膜，用以代替氧化铟锡（ITO）作为触摸屏的材料。先前的技术中，科学家利用粉状的碳纳米管配成溶液，直接涂抹在聚对苯二甲酸二甲酯（PET）或玻璃衬底上，但是这种技术至今没有进入量产阶段；目前可成功量产的是利用超顺排碳纳米管技术。该技术是从超顺排碳纳米管阵列中直接抽出薄膜，铺在衬底上做成透明导电膜，就像从棉条中抽出纱线一样。该技术的核心——超顺排碳纳米管阵列是由清华 - 富士康纳米科技研究中心于 2002 年发明的。

氢气被很多人视为未来的清洁能源。但是氢气本身密度低，压缩成液体储存又十分不方便。碳纳米管自身质量轻，具有中空的结构，可以作为储存氢气的优良容器，储存的氢气密度甚至比液态或固态氢气的密度还高。适当加热，氢气就可以慢慢释放出来。研究人员正在试图用碳纳米管制作轻便的可携带式的储氢容器。

在碳纳米管的内部可以填充金属、氧化物等物质，这样碳纳米管可以作为模具。首先用金属等物质灌满碳纳米管，再把碳层腐蚀掉，就可以制备出最细的纳米尺度的导线，或者全新的一维材料，在未来的分子电子学器件或纳米电子学器件中得到应用。有些碳纳米管本身还可以作为纳米尺度的导线。这样利用碳纳米管或者相关技术制备的微型导线可以置于硅芯片上，用来生产更加复杂的电路。

利用碳纳米管的性质可以制作出很多性能优异的复合材料。例如，用碳纳米管材料增强的塑料，力学性能优良、导电性好、耐腐蚀、可屏蔽无线电波。以水泥为基体的碳纳米管复合材料，耐冲击性好、防静电、耐磨损、稳定性高，不易对环境造成影响。碳纳米管增强陶瓷复合材料强度高，抗冲击性能好。碳纳米管上由于存在五元环的缺陷，反而增强了其反应活性，在高温和其他物质存在的条件下，碳纳米管容易在端面处打开，形成一根管子，极易被金属浸润，从而与金属形成金属基复合材料。这样的材料强度高、模量高、耐高温、热膨胀系数小、抵抗热变性能强。

富勒烯的应用前景，可用下图表示。

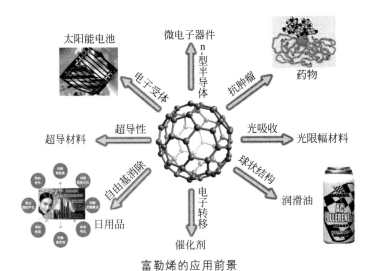

富勒烯的应用前景

硬度（莫氏）

莫氏硬度是表示矿物硬度的一种标准，又称摩氏硬度。1822 年由德国矿物学家腓特烈·摩斯（Frederich Mohs，公元 1773—1839 年）首先提出，是在矿物学或宝石学中使用的标准。莫氏硬度值并非绝对硬度值，而是按硬度的顺序表示的值。

莫氏硬度分十级表示（刻划法）：金刚石 -10、刚玉 -9、黄玉 -8、石英 -7、长石 -6、磷灰石 -5、萤石 -4、方解石 -3、石膏 -2、滑石 -1。

碳真是神奇的元素，最硬的是它（金刚石），最软的也是它（石墨）。

一些天然材料的莫氏硬度

硬度	代表物	硬度	代表物	硬度	代表物
1	滑石、石墨	4	萤石	7	石英、紫水晶
1.5	皮肤、天然砒霜	4 ~ 4.5	铂金	7.5	电气石、锆石
2	石膏	4.5 ~ 5	铁	7.5 ~ 8	石榴石
2 ~ 3	冰块	5.5	不锈钢	8	黄玉
2.5	指甲、琥珀、象牙	6	正长石、坦桑石、纯钛	8.5	金绿柱石
2.5 ~ 3	黄金、银、铝	6 ~ 6.5	新疆和田玉	9	刚玉、铬、钨钢
3	方解石、铜、珍珠	6.5	黄铁矿	9.25	莫桑宝石
3.5	贝壳	6.5 ~ 7	牙齿、硬玉、翠玉	10	钻石

值得一提的是，1989 年理论上预言其结构，1993 年在实验室成功合成的四氮化三碳（C_3N_4），其硬度已经超过金刚石。

本书中所有元素的硬度，除作了特别说明外，都指莫氏硬度。

一氧化碳（carbon monoxide）

一氧化碳是一种碳氧化合物，化学式为 CO，相对分子质量为 28.0101，通常状况下为无色、无嗅、无味的气体。物理性质上，一氧化碳的熔点为 −205℃，沸点为 −191.5℃，难溶于水（20℃时在水中的溶解度为 0.002838g），不易液化和固化。一氧化碳既有还原性，又有氧化性，能发生氧化反应（燃烧反应）、歧化反应等；同时具有毒性，较高浓度时能使人出现不同程度的中毒症状，危害人体的脑、心、肝、肾、肺及其他组织，甚至出现电击样死亡，人吸入最低致死浓度为 5000ppm（5min）

古希腊哲学家亚里士多德曾记录了燃烧的煤炭散发出有毒烟气的现象。当时有这样一种执行死刑的方法：将罪犯关在一间浴室，并在浴室内放置文火燃烧的煤炭。对此，古希腊医生盖伦推测，由于浴室内空气的组分发生了变化，所以吸入后会对人体造成伤害。

之后，比利时化学家扬·范·海尔蒙特（Jan van Helmont，公元 1580—1644 年）曾在实验中研究燃烧木炭和其他可燃物生成的碳气，发现由文火燃烧的木炭产生的一种有毒气体能危及生命，并记述了自己被燃烧的木炭的烟熏时的症状——一氧化碳中毒的症状。

1776 年，法国化学家约瑟夫·德·拉索纳（Joseph de Lassone，公元 1717—1788 年）通过加热锌白和木炭而制得了一氧化碳气体。但由于一氧化碳燃烧时产生了与氢气类似的蓝色火焰，德·拉索纳在《皇家科学院备忘录》中错误地把制得的一氧化碳气体描述为"一种性质极怪异的可燃空气"——氢气。之后，普利斯特利在 1785 年利用木炭加热铸皮（氧化铁）制备了一氧化碳，但由于信奉"燃素"说，他也误以为制得的是"可燃空气"。

1801 年，《尼克森杂志》上发表了苏格兰化学家威廉·克鲁克尚克（William Cruikshank，公元 1745—1800 年）的 2 篇报告，证明了普利斯特利所谓的"可燃空气"是由碳元素和氧元素组成的化合物。

1846 年，法国生理学家克劳德·伯纳德（Claude Bernard，公元 1813—1878 年）让狗吸入一氧化碳气体，发现狗的血液"变得比任何动脉中的血都要鲜红"，这是最早对一氧化碳毒性进行的研究（血液变成"樱桃红色"的现象后来被证实为是一氧化碳中毒特有的临床症状）。

如发生一氧化碳中毒，应立即采取以下急救措施：

（1）立即打开门窗通风，迅速将患者转移至新鲜空气流通处，卧床休息，保持安静并注意保暖。

（2）确保呼吸道通畅。对于恶心、呕吐等症状严重的，要尽可能清除患者口中的呕吐物或痰液，将头偏向一侧，以免呕吐物阻塞呼吸道引起窒息或吸入性肺炎。

（3）对抽搐或神志不清以致昏迷的患者，可在其头部置冰袋，以减轻脑水肿，并及时送医院抢救，最好请救护站送到有高压氧舱设备的医院。

二氧化碳（carbon dioxide）

二氧化碳是另外一种碳氧化合物，化学式为 CO_2，相对分子质量为 44.0095，常温常压下是一种无色无味或无色无嗅而略有酸味的气体，也是一种常见的温室气体，是空气的组分之一（占大气总体积的 0.03% ~ 0.04%）。在物理性质方面，二氧化碳的熔点为 -56.6℃，沸点为 -78.5℃，密度比空气大（标准条件下），溶于水。二氧化碳的化学性质不活泼，热稳定性很高（2000℃时仅有 1.8% 分解），不能燃烧，通常也不支持燃烧，属于酸性氧化物。具有酸性氧化物的通性，因与水反应生成的是碳酸，所以是碳酸的酸酐。

原始社会时期，人们在生活实践中就感知到了二氧化碳的存在，但由于历史条件的限制，他们把看不见、摸不着的二氧化碳看成是一种杀生而不留痕迹的凶神妖怪，而非一种物质。

3 世纪时，中国西晋时期的张华（公元 232—300 年）在所著的《博物志》一书中记载了一种在烧白石（$CaCO_3$）成白灰（CaO）的过程中产生的气体，这种气体便是如今工业上用作生产二氧化碳的石灰窑气。

17 世纪初，扬·巴普蒂斯塔·范·海尔蒙特（Jan Bapista van Helmont，公元 1580—1644 年）发现木炭燃烧后除了产生灰烬外还产生一些看不见、摸不着的物质，并通过实验证实了这种被他称为"森林之精"的二氧化碳是一种不助燃的气体。他还发现烛火在该气体中会自然熄灭，这是二氧化碳惰性性质的第一次发现。不久后，德国化学家弗里德里希·霍夫曼（Friedrich Hoffmann，公元 1660—1742 年）对被他称为"矿精"（spiritus mineralis）的二氧化碳气体进行研究，首次推断出二氧化碳水溶液具有弱酸性。

1756 年，英国化学家约瑟夫·布莱克（Joseph Black，公元 1728—1799 年）第一个用定量方法研究了被他称为"固定空气"的二氧化碳气体，二氧化碳在此后一段时间内都被称作"固定空气"。

1766 年，英国科学家卡文迪什成功地用汞槽法收集到"固定空气"，并用物理方法测定了其密度及溶解度，还证明了它与动物呼出的和木炭燃烧后产生的气体相同。

1772 年，法国科学家拉瓦锡等用透镜聚光加热放在汞槽上玻罩中的钻石，发现它会燃烧，其产物即"固定空气"。同年，科学家普利斯特利研究发酵气体时发现：压力有利于"固定空气"在水中的溶解，温度增高则不利于其溶解。这一发现使得二氧化碳能被应用于人工制造碳酸水（汽水）。

1774 年，瑞典化学家托尔本·贝格曼（Torbern Bergman，公元 1735—1784 年）在其论文《研究固定空气》中叙述了他对"固定空气"的密度、在水中的溶解性、对石蕊的作用、被碱吸收的状况、在空气中的存在，以及其水溶液对金属锌、铁的溶解作用等的研究成果。

1787 年，拉瓦锡在发表的论述中讲述将木炭放进氧气中燃烧后产生的"固定空气"，肯定了"固定空气"是由碳和氧组成的，由于它是气体而改称为"碳酸气"。

同时，拉瓦锡还测定了它含碳和氧的质量比（碳占 23.45%，氧占 76.55%），首次揭示了二氧化碳的组成。

1797 年，英国化学家史密森·台奈特（Smithson Tennant，公元 1761—1815 年）用分析的方法测得"固定空气"含碳 27.65%、含氧 72.35%。

1823 年，英国科学家法拉第发现加压可以使"碳酸气"液化。同年，法拉第和戴维首次液化了"碳酸气"。

1834 年，德国人蒂罗里尔（Adrien-Jean-Pierre Thilorier，公元 1790—1844 年）成功地制得干冰（固态二氧化碳）。

1840 年，法国化学家让 - 巴蒂斯特·杜马（Jean-Baptiste Dumas，公元 1800—1884 年）把经过精确称量的含纯粹碳的石墨放进充足的氧气中燃烧，并且用氢氧化钾溶液吸收生成的"固定空气"，计算出"固定空气"中氧和碳的质量分数比为 72.734 ：27.266。此前，阿莫迪欧·阿伏伽德罗（Amedeo Avogadro，公元 1776—1856 年）于 1811 年提出了假说——"在同一温度和压强下，相同体积的任何气体都含有相同数目的分子"。化学家们结合氧和碳的原子量得出"固定空气"中氧和碳的原子个数简单的整数比是 2 ：1，又以阿伏伽德罗于 1811 年提出的假说为依据，通过实验测出"固定空气"的分子量为 44，从而得出"固定空气"的化学式为 CO_2，与此化学式相应的名称便是"二氧化碳"。

1850 年，爱尔兰物理化学家托马斯·安德鲁斯（Thomas Andrews，公元 1813—1885 年）开始对二氧化碳的超临界现象进行研究，并于 1869 年测定了二氧化碳的两个临界参数：超临界压强为 7.2MPa，超临界温度为 304.065K（二者现在的公认值分别为 7.375MPa 和 303.05K）。

1896 年，瑞典化学家斯凡特·阿伦尼乌斯（Svante Arrhenius，公元 1859—1927 年）通过计算指出，大气中二氧化碳浓度增加一倍，可使地表温度上升 5 ～ 6℃。

苯（benzene）

苯是一种碳氢有机化合物，即最简单的芳烃，分子式是 C_6H_6，是一种在常温下是带甜味、可燃、有致癌毒性的无色透明液体，并带有强烈的芳香气味。它难溶于水，易溶于有机溶剂，本身也可作为有机溶剂。苯具有的环系叫作苯环，苯环去掉一个氢原子以后的结构叫作苯基，用 Ph 表示，因此苯的化学式也可写作 PhH。苯是一种石油化工基本原料，其产量和生产的技术水平是一个国家石油化工发展水平的标志之一。

苯是在 1825 年由英国科学家法拉第首先发现的。19 世纪初，英国和其他欧洲国家一样，城市的照明已普遍使用煤气。从生产煤气的原料中制备出煤气后，剩下一种油状的液体却无人问津。法拉第是第一位对这种油状液体感兴趣的科学家，他用蒸馏的方法将这种油状液体进行分离，得到另一种液体，实际上就是苯。当时法拉第将这种液体称为"氢的重碳化合物"。

1834 年，德国科学家恩斯特·米希尔里希（Ernst Mitscherlich，公元 1794—

1863 年）通过蒸馏苯甲酸和石灰的混合物，得到了与法拉第所制液体相同的一种液体，并命名为苯。待有机化学中的正确的分子概念和原子价概念建立之后，法国化学家查尔斯·日拉尔（Charles Gerhardt，公元 1816—1856 年）等又确定了苯的相对分子质量为 78，分子式为 C6H6。苯分子中碳的相对含量如此之高，使化学家们感到惊讶。但对于如何确定苯的结构式，化学家们遇到了难题：苯的碳、氢比值如此之大，表明苯是高度不饱和的化合物，但它又不具有典型的不饱和化合物应具有的易发生加成反应的性质。

奥地利化学家约翰·洛希米特（Johann Loschmidt，公元 1821—1895 年）在他的《化学研究》（1861 年出版）中画出了 121 个苯及其他芳香化合物的环状化学结构。凯库勒也看过这本书，在 1862 年 1 月 4 日给其学生的信中提到洛希米特关于分子结构的描述令人困惑。因为，洛希米特把苯环画成了圆形。

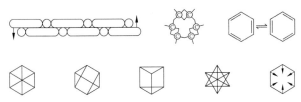

苯结构的若干猜想

第 1 行前两个：1865 年凯库勒结构式，第 3 个：1872 年凯库勒结构式（右）；
第 2 行从左至右：克劳斯Ⅰ，克劳斯Ⅱ，拉登堡Ⅰ，拉登堡Ⅱ，阿姆斯特朗式

凯库勒是一位极富想象力的学者，他曾提出了碳四价以及碳原子之间可以连接成链这一重要学说。对苯的结构，他在分析了大量的实验事实之后认为：这是一个很稳定的"核"，6 个碳原子之间的结合非常牢固，而且排列十分紧凑，它可以与其他碳原子相连形成芳香族化合物。于是，凯库勒集中精力研究这 6 个碳原子的"核"。在提出了多种开链式结构但又因其与实验结果不符而一一否定之后，1865 年他终于悟出，闭合链的形式是解决苯分子结构的关键。

弗里德里希·凯库勒（Friedrich Kekule，公元 1829—1896 年）

1829 年 9 月 7 日，凯库勒生于达姆施塔特，这是一个美丽的城市。它西距莱茵河 19 千米，北离法兰克福 27 千米，兴起于中世纪。从 19 世纪起成为一座工业城市，炼铁、化学、制药等逐步发达，建筑、雕刻和陶瓷行业兴盛。

原本凯库勒的祖先可以开开心心当自己的捷克贵族（波西米亚贵族），但是据说是因为信奉新教，在 14 世纪 30 年代迁居德国，后代慢慢地也就在达姆施塔特定居了下来。这一定居不要紧，直接给德国带来了一位伟大的有机化学家。

小时候的凯库勒就是传说中"别人家的孩子"，不仅在制图和数学方面十分擅长，还在初中的时候就能流利地讲四国语言。18 岁时，他以优异的成绩考入了吉森大学。这是德国当时最为著名的一所大学，校园美丽、学风淳朴，更为值得骄傲的是，这所大学还拥有一批知名度极高的教授，而且，允许学生可以不受专业的限制，选择他们喜爱的教授为导师。

凯库勒在上大学前，就为达姆斯塔德设计了三所房子。初露锋芒的他深信自己有建筑方面的天赋。因此，进入吉森大学，他毫不犹豫地选择建筑专业，并以惊人的速度修完了几何学、数学、制图和绘画等十几门专业必修课。

在他正准备扬起自己的理想风帆时，一个偶然的事件，却改变了他的人生道路。这就是赫尔利茨伯爵夫人的案件。这位伯爵家起了一场大火，火后伯爵夫人丢了一枚价值连城的宝石戒指，而这枚戒指却出现在了伯爵夫人侍从的手里，和她丢的那一枚一模一样，是镶嵌了一颗宝石的戒指，宝石的两边是两条蛇，一条是黄金做的赤蛇，一条是白金做的银蛇。侍从拒不承认偷窃，说这是她家的祖传宝贝，1805年就传到她的手里（大概这个仆人是1805年左右生的），一直贴身保存，并不是伯爵夫人那一枚。

法官分别问控辩双方宝石戒指的细节，双方回答的都一致。这可怎么办呢？按照常规程序，先验证一下戒指的材质吧。于是，法官就请来了吉森大学的化学教授尤斯图斯·冯·李比希（Justus von Liebig，公元1803—1873年）。李比希经过分析，确认戒指上的两条蛇包括金和铂两种元素。

虽然都是贵重金属，铂和金的历史却是截然不同的。尽管人类早在公元前好几个世纪就发现了铂，但是在欧洲，时间却推迟到16世纪，一直到1789年，拉瓦锡将其确认为一种元素之前，欧洲人对铂的认知几乎是零，谁也没有想到把它用在首饰中。直到1819年才把铂作为一种贵重金属用于珠宝行业，也就是拉瓦锡把铂确定为元素之后的第三十年。李比希教授测定了戒指中金属的成分，然后缓缓地站起身来对着台下急不可耐的听众，用一种平和而又坚定的语气说道：

"白色是金属铂，即所谓'白金'。伯爵夫人侍仆的罪行是明显的，因为白金从1819年起才用于首饰业中，而她却说这个戒指从1805年就到了她手中。"

仆人说1805年前这枚戒指就有了，显然是信口开河。在清晰的逻辑和确凿的实验证据面前，仆人终于供认了盗窃戒指的事实。这个案件的审理，使凯库勒对这位知名教授产生了由衷的敬佩之情。

其实，凯库勒在吉森大学早就听说了李比希教授的大名，同学们也多次劝说他听听这位教授的化学课。但他对化学毫无兴趣，不愿意将时间花费在自己不愿做的事情上，因此，对这位教授的了解也仅限于道听途说。这次偶然的接触，使凯库勒一改初衷，决定去听听李比希教授的化学课。课堂上，李比希教授那轻松的神态、幽默的语言、广博的知识把凯库勒带入了一个全新的世界。这个世界像梦一般的美，强烈地吸引着凯库勒，使他产生了极大的兴趣。自此，凯库勒就常去听李比希的化学课，渐渐地他对化学着了魔。不久，凯库勒放弃了建筑学，立志转学化学。此举遭到了亲人们的坚决反对，为此，他曾一度被迫转入达姆施塔特市的高等工艺学校求学。但他坚信，自己未来的前途是从事化学，别无他路。进入工艺学校不久，他就同因参与发明磷火柴而闻名的化学教师弗里德里希·莫登豪尔（Friedrich Mordenhauer）接近起来。凯库勒在这位老师的指导下，进行分析化学实验，熟练地掌握了许多种分析方法。当亲人们了解到凯库勒决心不放弃化学时，只好同意他重返吉森大学继续学习。

邮票上的凯库勒和苯环

　　1849 年秋天，这是一个充满着诱惑的秋天，是一个洋溢着丰收喜悦的秋天，凯库勒经过艰辛的努力，以优异的成绩，跨进了李比希的化学实验室。他在李比希的实验室里完成了《关于硫酸戊酯及其盐》的实验论文，并获得博士学位。

　　人们在感叹建筑业失去一位优秀的设计家之余，却惊喜地发现在有机化学这片原始森林中矗立起一座精美的大厦！

　　经李比希介绍，凯库勒到阿道夫·冯·普兰特的私人实验室工作过一段时间，后来到伦敦的约翰·施坦豪斯（John Steinhaus）实验室工作。施坦豪斯实验室的主要任务是分析各种药物制剂，并研究从天然物（主要是植物）中制取各种新药的方法。这些工作单调乏味，每天累得精疲力竭，但凯库勒却毫无怨言，不知疲倦地研究着。晚上闲下来，就和同事们讨论有机化学中的理论问题和哲学问题。他们围坐在一起，进行着激烈的争论：像“化合价”“原子量”“分子”等概念，都是多次引起争论的话题。

　　凯库勒对原子价问题特别关注。他反复设想着二价的硫和氧是一样的，因此，如果具备适当的条件，某些含氧有机化合物中的氧应该能被硫原子所取代。不久，他的想法果然得到了实验证明，由此，凯库勒认为原子的“化合价”概念可以作为新理论的基础。原子之间是按照某种简单的规律化合的。他把元素的原子设想为一个个极小的小球，它们之间的差别只是大小不同而已。每当他闭上眼睛，就仿佛清晰地看到了这些小球，在不停地运动着。当它们相互接近时，就彼此化合在一起。

　　在海德伯以副教授的身份私人开课期间（公元 1856—1858 年），凯库勒用弄到的各种化学试剂合成了许多新物质，研究它们的性质。他特别集中精力研究了雷酸及其盐类，期望搞清它们的结构。

　　凯库勒的研究，使原有的几种基本类型的有机化合物又补充了一种新的类型——甲烷。例如把甲烷的四个氢原子由一价的基团所取代，可以得到甲烷类型的化合物。在《论雷酸汞的结构》中，他阐述了上述结论。在当时的德国，能理解和赞同日拉尔等科学思想的化学家甚少，而凯库勒却补充和发展了他的类型论。

　　关于原子价理论，凯库勒曾发表《关于多原子基团的理论》，提出了一些基本原理，并深入地研究了原子间的化合能力问题。他认为，一种元素究竟以几个原子与另一种元素的一个原子相结合，这个数目取决于化合价，即取决于各组分之间亲合力的大小。他把元素分为三类：

一价元素——氢、氯、溴、钾和钠；

二价元素——氧和硫；

三价元素——氮、磷和砷。

这样，凯库勒就阐明了他对化合价的观点。在该文中，他还指出在所有的化学元素中，碳是占有特殊地位的。在有机化合物中碳是四价，因为它与四个一价的氢或氯相结合而形成 CH_4、CCl_4。但是，碳还能生成别的碳氢化合物。因此，对于含碳的化合物需要特别加以研究。

1858 年，凯库勒发表了论著《关于碳化合物的组成和变形以及碳化合物的化学本质》，不仅强调碳是四价元素，还引进了"碳链结构理论"：碳原子之间可互相连接成碳链，以碳链为骨架，在骨架上连接氢、氧、氯等原子形成多种复杂的化合物。

已颇有建树的化学家凯库勒在化学实验室里集中研究有机化合物的主干——碳链问题。大家知道，自然界中的碳原子，不像其他无机元素那样单个地组成物质分子，而是在碳原子之间形成手拉手似的碳链。短的链有几个碳原子，长的链有成百上千个碳原子。

日新月异的有机化学，使已在根特大学从事系统化学研究的凯库勒感到传统的教材已经过时，应该重新编写一本有机化学的新教科书以适应新课题的需要。

凯库勒投身化学的时期，正是有机化学成为化学主流的时期。有机化学以前所未有的速度向前发展：化学家们发现了有机化合物大量存在的事实，并人工合成了许多罕见的有机化合物；维勒和李比希基因理论的提出；日拉尔"类型论"的建立等。

这无疑大大丰富了有机化学知识，但此时的有机化学无论如何也不能和无机化学相比，因为无机化学的研究有道尔顿原子论的理论为指导，而有机化学没有。没有理论指导的实践，必然是盲目的、混乱的。为了描述醋酸的结构，人们使用了 19 种表达方式，谁是谁非？化学家们各执己见，互不相让，有机化学界一片混乱。

为了提高化学家的理论统一性，他于 1859 年秋去了一趟卡尔斯鲁厄。凯库勒此行的目的，是要和在那里的其他化学教授商讨关于召开世界化学家会议的问题。会议的主要内容是解决化学家们在化学价、元素符号、原子和分子概念等方面的不同意见。凯库勒的这种想法立即得到世界化学界的响应。

1860 年 9 月 3 日，第一届世界化学家大会在德国卡尔斯鲁厄城召开，来自十几个国家的 150 位化学家出席了大会。这次会议解决了所有无机化学存在的混乱问题，可以说达到了预期目的。

但是作为会议发起人的凯库勒却很不满意。因为在这次会议上占主导地位的是无机化学，他的有机化学结构问题却被大多数人淡忘了。也许有机化学真像维勒所说的那样是一片狰狞的、可怕的原始森林。

但凯库勒仍然坚信，有机化学未来会一片光明。从 1861 年起，凯库勒编著的

《有机化学教程》一书，分册陆续出版问世。

1862年，33岁的凯库勒与照明用煤气厂厂长的女儿斯特凡尼娅结了婚。美满的婚姻使凯库勒力量倍增，他以更大的热情投入了工作。但可惜的是幸福的时光转瞬即逝。怀孕后的妻子健康状况令人担忧，使凯库勒非常焦虑。结果，儿子的诞生却牺牲了母亲的生命。凯库勒沉浸在无限悲痛之中。多少亲朋好友的劝慰，都未能使他从痛苦中解脱。唯有研究工作，使他能在紧张中暂时忘却不幸，集中精力研究起苯及其衍生物。

凯库勒关于苯环结构的假说，在有机化学发展史上做出了卓越贡献。

凯库勒是一位极富想象力的学者，他曾提出碳四价和碳原子之间可以连接成链这一重要学说。对苯的结构，他在分析了大量的实验事实之后认为：这是一个很稳定的"核"，6个碳原子之间的结合非常牢固，而且排列十分紧凑，它可以与其他碳原子相连形成芳香族化合物。于是，凯库勒集中精力研究这6个碳原子的"核"。在提出了多种开链式结构但又因其与实验结果不符而一一否定之后，1865年他终于悟出闭合链的形式是解决苯分子结构的关键。

凯库勒早年学过建筑学，具有很强的形象思维能力。他善于运用模型方法，把化合物的性能与结构联系起来，他的苦心研究终于有了结果。1864年冬天，当时凯库勒研究"苯"的结构已经达到了"疯狂"甚至"走火入魔"的地步。正所谓"日有所思夜有所梦"，一天晚上他抵不住疲惫睡着时，这些原子分子们就入了他的梦。他的科学灵感导致他获得了重大的突破。他曾记载道："我坐下来写我的教科书，但工作没有进展，我的思想开小差了。我把椅子转向火炉，打起瞌睡来。原子又在我眼前跳跃起来，这时较小的基团'谦逊'地退到后面。我的思想因这类幻觉的不断出现变得更敏锐了，能分辨出多种形状的大结构，也能分辨出有时紧密地靠近在一起的长行分子，它围绕、旋转，像蛇一样地动着。看！那是什么？有一条蛇咬住了自己的尾巴，这个形状虚幻地在我的眼前旋转着。像是电光一闪，我醒了。我用那夜剩余的时间，作出了这个假想。"于是，凯库勒首次满意地写出了苯的结构式。指出芳香族化合物的结构含有封闭的碳原子环。它不同于具有开链结构的脂肪族化合物。

终于，他画出了首尾相接的环式分子结构，1865年，他提出了全新的"苯"分子环形结构，也就是我们今天说的"苯环"。此时距离1825年，"苯"首次被发现，已经40余年了。苯环结构的诞生，是有机化学发展史上的一块里程碑，凯库勒认为苯环中6个碳原子是由单键与双键交替相连的，以保持碳原子为四价。

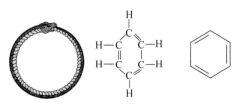

凯库勒式

由蛇的首尾相衔到苯结构

　　凯库勒发现苯环结构，是人类发现（发明）史上的第一大梦。科学发现史上共有四大梦，分别是凯库勒发现苯环结构、门捷列夫发现元素周期律、奥托·洛依（Otto Loewi，公元 1873—1961 年）发现乙酰胆碱，以及埃利亚斯·豪尔（Elias Howe，公元 1819—1867 年）发明缝纫机。凯库勒这场神奇的梦，被誉为"化学史上著名的梦"。1935 年，科学家詹斯用 X 射线衍射法证明了"苯"分子结构是平面的正六角形，氢原子位于六角形的顶点，与凯库勒提出的"苯环"极其相似。这样，人们更是为"苯环"的准确性感到惊叹。

　　1867—1869 年，凯库勒在演讲"关于盐类的结构"和论文《关于苯 1，3，5——三甲苯的结构》中，发表了有关原子立体排列的思想，首次把原子价的概念从平面推向三维空间。

　　1875 年，凯库勒当选为英国皇家学会会员，1877 年任波恩大学校长。

　　1896 年春天，在柏林发生了严重的流行性感冒，早已患慢性气管炎的凯库勒被感染后，病情迅速恶化。同年 6 月 13 日他与世长辞了。

　　最初的五届诺贝尔化学奖得主中，他的学生占了三届：1901 年的范特霍夫，1902 年的费歇尔和 1905 年的拜耳。一个假设是，如果凯库勒还在，他会是首届诺贝尔奖得主吗？

　　凯库勒的全名是弗里德里希·奥古斯特·凯库勒·冯·斯特拉多尼茨（Friedrich August Kekulé von Stradonitz），"冯·斯特拉多尼茨"是一种荣誉的象征。这是 1885 年德皇威廉二世将凯库勒封为贵族时授予的，也算是把祖先的贵族封号重新给了他。

美梦成真的化学家凯库勒与门捷列夫

蛋白质（Protein）

蛋白质是生命的物质基础，是有机大分子，也是构成细胞的基本有机物，是生命活动的主要承担者，没有蛋白质就没有生命。氨基酸是蛋白质的基本组成单位，它是与生命及与各种形式的生命活动紧密联系在一起的物质。机体中的每一个细胞和所有重要组成部分都有蛋白质参与。蛋白质占人体质量的 16% ～ 20%，即一个 60kg 重的成年人其体内有蛋白质 9.6 ～ 12kg。人体内蛋白质的种类很多，性质、功能各异，但都是由 20 多种氨基酸（amino acid）按不同比例组合而成的，并在体内不断进行代谢与更新。

蛋白质是由 C（碳）、H（氢）、O（氧）、N（氮）组成，一些蛋白质可能还会含有 P（磷）、S（硫）、Fe（铁）、Zn（锌）、Cu（铜）、B（硼）、Mn（锰）、I（碘）、Mo（钼）等。这些元素在蛋白质中的组成百分比约为：碳 50%、氢 7%、氧 23%、氮 16%、硫 0~3% 及其他微量元素 1%。

蛋白质是荷兰科学家赫拉尔杜斯·马尔德（Gerardus Mulder，公元 1802—1880 年）在 1838 年发现的，他观察到有生命的东西一旦离开蛋白质就不能生存。他是第一个使用"蛋白质"这个名词来描述这种物质的人，但"蛋白质"一词却是贝采里乌斯在他 1838 年发表的论文《关于一些动物物质的组成》中首创的（该词最初是法语，在 1839 年被翻译成德语）。在这篇文章中，贝采里乌斯还指出动物获取的大部分蛋白质来自植物。

蛋白质是生物体内一种极重要的高分子有机物，占人体干重的 54%。人体中估计有 10 万种以上的蛋白质。生命是物质运动的高级形式，这种运动方式是通过蛋白质来实现的，所以蛋白质有极其重要的生物学意义。人体的生长、发育、运动、遗传、繁殖等一切生命活动都离不开蛋白质。生命运动需要蛋白质，也离不开蛋白质。

葡萄糖（glucose）

葡萄糖是有机化合物，分子式为 $C_6H_{12}O_6$（作为对比，蔗糖的分子式为 $C_{12}H_{22}O_{11}$），是自然界分布最广且最为重要的一种单糖。纯净的葡萄糖为无色晶体，有甜味但甜味不如蔗糖，易溶于水，微溶于乙醇，不溶于乙醚。天然葡萄糖水溶液旋光向右，故属于"右旋糖"。

葡萄糖在生物学领域具有重要地位，是活细胞的能量来源和新陈代谢中间产物，即生物的主要供能物质。植物可通过光合作用产生葡萄糖。

1747 年，德国化学家西吉斯蒙德·马格拉夫（Sigismund Marggraf，公元 1709—1782 年）在柏林首次分离出葡萄糖，并于 1749 年将这一过程发表在《从德国产的几种植物中提炼蔗糖的化学试验》，文中写道："用少量的水润湿葡萄干将其软化，然后压榨被挤出的汁，经过提纯浓缩后，得到了一种糖。"马格拉夫发现的这种糖就是葡萄糖。

然而，葡萄糖直到 1838 年才被命名，它的英文名 glucose 源自法语的 glucose，是由法国教授尤金 - 梅尔后·佩利戈（Eugène-Melchior Péligot，公元 1811—1890 年）首次创造，源自德语的 gleukos——"未发酵的甜果酒"，前缀 gluc- 源于德语

glykys，即甘甜的意思，后缀 -ose 表明其化学分类，指出它是一种碳水化合物。

由于葡萄糖在生物体中的重要地位，了解其化学组成和结构成为 19 世纪有机化学的重要课题。1884 年，埃米尔·费歇尔（Emil Fischer，公元 1852—1919 年）开始研究糖类。当时所知的单糖只有 4 种：两种己醛糖（葡萄糖、半乳糖）、两种己酮糖（果糖、山梨糖），它们具有相同的分子式 $C_6H_{12}O_6$。

费歇尔发现，葡萄糖、果糖和甘露糖与苯肼生成相同的脎，因此推断，这三种糖在第二个碳原子以下具有相同的构型。根据范特霍夫（Van't Hoff，公元 1852—1911 年）和勒贝尔（Le Bel，公元 1847—1930 年）的立体异构理论，费歇尔推断，己醛糖有 16 种可能的构型。用氧化、还原、降解、加成等方法，到 1891 年，他确定了一系列己醛糖所有成员的构型。1892 年，费歇尔确定了葡萄糖的链状结构及其立体异构体，并由于其在立体化学的巨大成就，获得 1902 年诺贝尔化学奖。

葡萄糖很容易被吸收进入血液中，因此医务人员和运动爱好者常使用它当作强而有力的快速能量补充剂。葡萄糖能加强记忆，刺激钙质吸收和增加细胞间的沟通。但是摄入太多会提高胰岛素的浓度，导致肥胖和糖尿病；摄入太少会造成低血糖症或者更糟——胰岛素休克（糖尿病昏迷）。葡萄糖对脑部功能很重要，葡萄糖的新陈代谢会受下列因素干扰：忧郁、躁郁、厌食和贪食。阿尔茨海默病患者记录到比其他人脑部功能异常更低的葡萄糖浓度，因而易造成中风或其他的血管疾病。研究员发现在饮食中补充 75g 葡萄糖会增加记忆测验的成绩。

葡萄糖被吸收到肝细胞中，会减少肝糖的分泌，导致肌肉和脂肪细胞增加葡萄糖的吸收力。过多的血液葡萄糖会在肝脏和脂肪组织中转化成脂肪酸和甘油三酸酯。

$$(C_6H_{10}O_5)_n + nH_2O \longrightarrow nC_6H_{12}O_6$$

淀粉　　　　　　　　葡萄糖

埃米尔·费歇尔（Emil Fischer，公元 1852—1919 年）

1852 年 10 月 9 日，费歇尔出生于德国莱茵河附近的乌斯吉城，他的父亲劳伦兹·费歇尔是当地富有的企业家。费歇尔自幼勤奋好学，1869 年以全班第一名的成绩毕业于波恩大学预科，1871 年进入波恩大学，曾经上过凯库勒等的化学课程。他本想进入大学学习自然科学特别是物理学，但他的父亲强迫他从事家族生意，直到确定他的儿子不合适经商，不得不说："这个孩子太蠢成不了商人，只能去读书"。一年后，他又转学到德国在阿尔萨斯-洛林地区建立的威廉皇帝大学（现今的斯特拉斯堡大学，目前该大学化学系的一间阶梯教室以费歇尔命名）以求继续学习物理。

埃米尔·费歇尔

却在阿道夫·冯·拜耳（Adolf von Baeyer，公元 1835—1917 年）[①] 教授的影

———————

① 德国有机化学家，由于合成靛蓝，对有机染料和芳香族化合物的研究做出重要贡献获得 1905 年诺贝尔化学奖。

响下，决定终生从事化学。拜耳很快就发现了这位勤奋好学的青年的才能，并精心地加以培养。

1883 年，他接受巴登苯胺苏打厂（巴斯夫股份公司的前身）的邀请，前往担任其实验室负责人。期间他开始对糖类研究。1880 年以前，人们已经测出葡萄糖的化学式是 $C_6H_{12}O_6$，并通过葡萄糖可以发生银镜反应和裴林反应推测葡萄糖中存在醛基。费歇尔结合前人的结论和自己对肼类的研究进行了大量实验。他首先研究了葡萄糖的性质，如葡萄糖被氧化为葡萄糖酸，葡萄糖被还原为醇，糖类与苯肼的反应形成苯腙和脎，后者成为确定糖类的特征鉴别反应。

1888—1892 年，他成为维尔茨堡大学化学系教授，这是他觉得很快乐的一段时间。他喜欢去附近的黑森林散步，对其中生长的地衣进行研究，这一阶段他最大的贡献是提出了有机化学中描述立体构型的重要方法——费歇尔投影式，竖直线代表远离观察者的化学键，水平线代表朝向观察者的化学键，这样将三维结构的分子用二维形式表达出来，使得研究者便于互相交流。

1892 年，他接替刚刚去世的奥古斯特·冯·霍夫曼（August von Hofmann，公元 1818—1892 年）任柏林大学化学系主任，直到 1919 年去世。在柏林，费歇尔总结当时所有已知糖的立体构型，他接受了范特霍夫的葡萄糖中存在四个手性碳原子的观点，确定了葡萄糖的链状结构，并认为葡萄糖应该有 2^4（16）种立体异构体，并且自己合成了其中的异葡萄糖、甘露糖和伊杜糖。

费歇尔的后半生得到了很多荣誉。他是剑桥大学、曼彻斯特大学和布鲁塞尔自由大学的荣誉博士。他还荣获普鲁士秩序勋章和马克西米利安艺术和科学勋章。1902 年，他因对糖和嘌呤的合成被授予诺贝尔化学奖。但此后他的生活遭遇了很大的不幸，他的一个儿子在第一次世界大战中阵亡，另一个儿子在 25 岁时因忍受不了征兵的严厉训练而自杀。费歇尔因此陷入抑郁之中，并患上了癌症，于 1919 年去世。

维生素（vitamin）

维生素是人和动物为维持正常的生理功能而必须从食物中获得的一类微量有机物质，在人体生长、代谢、发育过程中发挥着重要的作用。但维生素既不参与构成人体细胞，也不为人体提供能量。

现阶段发现的维生素有几十种，如维生素 A、维生素 B、维生素 C 等。

维生素的发现是 19 世纪的伟大发现之一。1897 年，克里斯蒂安·艾克曼（Christiaan Eijkman，公元 1858—1930 年）[1] 在爪哇（今属印度尼西亚）发现人只吃精磨的白米易患脚气，而吃未经碾磨的糙米能治疗这种病，并发现可治脚气病的物

---

① 克里斯蒂安·艾克曼，荷兰医生、病理学家。艾克曼研究并提出脚气是由不良的饮食习惯造成的，这导致他发现维生素。他与弗雷德里克·霍普金斯（Frederick Hopkins，公元 1861—1947 年）一起获得 1929 年的诺贝尔生理学或医学奖。

质能用水或酒精提取，当时称这种物质为"水溶性 B"。1906 年，人们证明食物中含有除蛋白质、脂类、碳水化合物、无机盐和水以外的"辅助因素"，其量很小，但为动物生长所必需。

（1）维生素 A。

不饱和的一元醇类，属脂溶性维生素。由于人体或哺乳动物缺乏维生素 A 时易出现干眼症，故又称为抗干眼醇。已知维生素 A 有 A_1 和 A_2 两种。维生素 A_1 存在于动物肝脏、血液和眼球的视网膜中，又称为视黄醇，分子式为 $C_{20}H_{30}O$，天然维生素 A 主要以这种形式存在。维生素 A_2 主要存在于淡水鱼的肝脏中，分子式为 $C_{20}H_{28}O$。维生素 A_1 是一种脂溶性淡黄色片状结晶，熔点为 64℃，维生素 A_2 熔点为 17 ～ 19℃，通常为金黄色油状物。

维生素 A 分子结构式

（2）维生素 B。

维生素 B_1（$C_{12}H_{17}ClN_4OS$）是最早被人们提纯的维生素。

缺乏维生素 B 引起的疾病，最著名的是脚气。它曾经像个百年幽灵，长期席卷亚洲各国，夺走千万人的生命。1886 年夏天，艾克曼医生到荷属东印度（今印度尼西亚）研究亚洲普遍流行的脚气，起初认定是细菌引起的，却始终找不出致病原。4 年后，在他实验室用的鸡群中暴发多神经炎，表现与脚气十分相似，经过多年研究，以米糠代替精白米喂鸡就能治好病鸡，也终于揭开了脚气的奥秘。他断定米糠中有一种物质可以治愈可怕的脚气，于是用浸泡米糠的水给病患喝，果然如仙丹妙药般挽救了很多人的生命。这个米糠中的特殊物质就是维生素 B_1。1911 年，波兰化学家卡西米尔·冯克（Kazimierz Funk，公元 1884—1967 年）从米糠中提取和提纯出维生素 B_1。它是白色粉末，易溶于水，遇碱易分解。它的生理功能是增进食欲，维持神经正常活动等，能治疗脚气、神经性皮炎等，成人每天需摄入 2mg。它广泛存在于米糠、蛋黄、牛奶、番茄等食物中，现阶段已能由人工合成。因其分子式 $C_{12}H_{17}ClN_4OS$ 中含有硫及氨基，故称为硫胺素，又称抗脚气维生素。提取到的维生素 B_1 盐酸盐为单斜片晶；维生素 B_1 硝酸盐为无色三斜晶体，无吸湿性。维生素 B_1 易溶于水，在食物清洗过程中可随水大量流失，经加热后菜中的 B_1 主要存在于汤中。

维生素 B_2（$C_{17}H_{20}N_4O_6$）：与能量的产生直接相关，促进人体生长发育和细胞的再生，增进视力。维生素 B_2 又名核黄素，1879 年由英国化学家布鲁斯首先从乳清中发现。1933 年，美国化学家哥尔倍格从 1000 多千克牛奶中提取出 18mg 维生

素 B_2。1935 年，德国化学家理查德·库恩（Richard Kuhn，公元 1900—1967 年）[1] 合成了 B_2。维生素 B_2 是橙黄色针状晶体，味微苦，水溶液有黄绿色荧光，在碱性或光照条件下极易分解。熬粥不宜放碱就是这个道理。人体缺少它易患口腔炎、皮炎、微血管增生症等。

维生素 B_{12}（$C_{63}H_{88}CoN_{14}O_{14}P$）：维生素 B_{12} 又名钴胺素，是唯一含金属元素的维生素。自然界中的维生素 B_{12} 都是微生物合成的，高等动植物不能制造。维生素 B_{12} 是唯一需要一种肠道分泌物（内源因子）帮助才能被吸收的维生素。有的人由于肠胃异常，缺乏这种内源因子，即使膳食中来源充足也会患恶性贫血。植物性食物中基本上没有维生素 B_{12}。它在肠道内停留时间较长，大约需要 3h（大多数水溶性维生素只需要几秒钟）才能被吸收。维生素 B_{12} 的主要生理功能是参与制造骨髓红细胞，防止恶性贫血，防止大脑神经受到破坏。维生素 B_{12} 是 B 族维生素中迄今为止发现最晚的。维生素 B_{12} 是一种含有 Co^{3+} 的多环系化合物，4 个还原的吡咯环连在一起变成为 1 个咕啉大环（与卟啉相似），是维生素 B_{12} 分子的核心。所以含这种环的化合物都被称为类咕啉。维生素 B_{12} 为浅红色的针状结晶，易溶于水和乙醇，在 pH 为 4.5 ～ 5.0 的弱酸条件下最稳定，强酸（pH<2）或碱性溶液中分解，遇热可有一定程度破坏，但短时间的高温消毒损失较小，遇强光或紫外线易被破坏。普通烹调过程约损失 30%。

维生素 B_{12} 缺乏症状：①恶性贫血；②月经不调；③眼睛及皮肤发黄，皮肤出现局部（很小）红肿（不疼不痒），并伴随蜕皮；④恶心，食欲缺乏，体重减轻；⑤唇、舌及牙龈发白，牙龈出血；⑥头痛，记忆力减退，痴呆；⑦可能引起人的精神忧郁。

（3）维生素 C。

维生素 C 是一种水溶性维生素，能够治疗坏血病并且具有酸性，所以又称作抗坏血酸。在柠檬汁、绿色植物及番茄中含量很高。维生素 C 是单斜片晶或针晶，分子式为 $C_6H_8O_6$。

1907 年，挪威化学家阿克塞尔·霍尔斯特（Axel Holst，公元 1860—1931 年）

---

[1] 理查德·库恩最出色的成就是对类胡萝卜素和核黄素的研究。1929 年，库恩开始对类胡萝卜素和植物色素进行研究。库恩将色层分析法结合光化学和立体化学实验，使色层分析重新发展，使之成为分析化学和生物化学中的一个重要手段。他发现了 α 胡萝卜素、β 胡萝卜素、γ 胡萝卜素等多种类胡萝卜素的组成及化学结构，并将其制成纯品。β 胡萝卜素由碳和氢组成，以交替的单键和双键直链排列为哑铃状结构，中间由 4 个异戊二烯分子相连，在酶的作用下，从中间断裂为两部分，加入水分子后成为维生素 A。1935 年，库恩实现了核黄素的人工合成，这是人类首次合成核黄素。1937 年，库恩合成了维生素 A，次年分离出维生素 B_6，之后他开始研究抗生素和性激素，1941 年，他发现了微生物繁殖所不可缺少的化学物质氨基苯酸。库恩一生中先后合成了约 300 种植物色素。他在维生素、生物化学和辅酶等多项领域都作出过杰出贡献。库恩于 1938 年获得了诺贝尔化学奖，但纳粹禁止他去领奖。直到 1949 年，库恩才去领到了金质奖章和荣誉证书，奖金因按规定一年内不领即转入基金中。

在柠檬汁中发现维生素 C，1934 年才获得纯品，现已可人工合成。维生素 C 是最不稳定的一种维生素，由于它容易被氧化，在食物贮藏或烹调过程中，甚至切碎新鲜蔬菜时都能被破坏。微量的铜离子、铁离子可加快破坏的速度。因此，只有新鲜的蔬菜、水果或生拌菜才是维生素 C 的丰富来源。

植物及绝大多数动物均可在自身体内合成维生素 C。可是人、灵长类及豚鼠则因缺乏将 L- 古洛酸转变成维生素 C 的酶类，不能合成维生素 C，故必须从食物中摄取。如果在食物中缺乏维生素 C，则会患坏血病。这时由于细胞间质生成障碍而出现出血、牙齿松动、伤口不易愈合、易骨折等症状。由于维生素 C 在人体内的半衰期较长（大约 16 天），所以食用不含维生素 C 的食物 3～4 个月后才会患坏血病。

维生素 C 的主要功能是帮助人体完成氧化还原反应，从而使脑力好转，智力提高。据诺贝尔奖获得者莱纳斯·鲍林（Linus Pauling，公元 1901—1994 年）研究，服用大剂量维生素 C 对预防感冒和抗癌有一定作用。但有人提出，有亚铁离子（Fe^{2+}）存在时维生素 C 可促进自由基的生成，因而认为大量服用是不安全的。

（4）维生素 D。

维生素 D 与动物骨骼的钙化有关，故又称为钙化醇。它具有抗佝偻病的作用，在动物的肝、奶及蛋黄中含量较多，尤以鱼肝油含量最丰富。天然的维生素 D 有两种，麦角钙化醇（D_2：$C_{28}H_{44}O$）和胆钙化醇（D_3：$C_{27}H_{44}O$）。植物油或酵母中所含的麦角固醇（24- 甲基 -22 脱氢 -7- 脱氢胆固醇），经紫外线激活后可转化为维生素 D_2。在动物皮下的 7- 脱氢胆固醇，经紫外线照射也可以转化为维生素 D_3，因此麦角固醇和 7- 脱氢胆固醇常被称作维生素 D 原。它们必须在动物体内进行一系列的代谢转变，才能成为具有活性的物质。

（5）缺乏症。

维生素 A：夜盲症，角膜干燥症，皮肤干燥，脱屑。

维生素 B_1：神经炎，脚气，食欲缺乏，消化不良，生长迟缓。

维生素 B_2：口腔溃疡，皮炎，口角炎，舌炎，唇裂症，角膜炎等。

维生素 B_{12}：巨幼红细胞性贫血。

维生素 C：坏血病，抵抗力下降。

维生素 D：儿童的佝偻病，成人的骨质疏松症。

罗伯特·伍德沃德（Robert Woodward，公元 1917—1979 年）

伍德沃德于 1917 年 4 月 10 日生于美国马萨诸塞州的波士顿。从小喜爱读书，善于思考，学习成绩优异。1933 年夏，只有 16 岁的伍德沃德就以优异的成绩，考入美国的著名大学麻省理工学院。在全班学生中，他是年龄最小的一个，素有"神童"之称。学校为了培养他，为他单独安排了许多课程。他聪颖过人，只用了 3 年时间就学完了大学的全部课程，并以出色的成绩获得了学士学位。

伍德沃德获学士学位后，直接攻读博士学位，只用了一年的时间就学完了博士的所有课程，通过论文答辩并获博士学位。从学士到博士，普通人往往需要六年左右的时间，而伍德沃德只用了一年。获博士学位以后，伍德沃德在哈佛大学执教，1950 年被聘为教授。他教学极为严谨，且有很强的吸引力，特别重视化学演示实验，着重训练学生的实验技巧。他培养的学生，许多成了化学界的知名人士，其中包括获得 1981 年诺贝尔化学奖的波兰裔美国化学家罗阿尔德·霍夫曼（Roald Hoffmann，公元 1937—　）。伍德沃德在化学上的出色成就，使他名扬全球。1963 年，瑞士人集资，办了一所化学研究所，此研究所就以伍德沃德的名字命名，并聘请他担任了第一任所长。

伍德沃德是 20 世纪在有机合成化学实验和理论上取得划时代成果的罕见的有机化学家，他以极其精巧的技术，合成了胆甾醇、皮质酮、马钱子碱、利血平、叶绿素等多种复杂有机化合物。据不完全统计，他合成的各种极难合成的复杂有机化合物达 24 种以上，所以他被称为"现代有机合成之父"。

"现代有机合成之父"罗伯特·伍德沃德

伍德沃德还探明了金霉素、土霉素、河豚素等复杂有机物的结构与功能，探索了核酸与蛋白质的合成问题，发现了以他的名字命名的伍德沃德有机反应和伍德沃德有机试剂。他在有机化学合成、结构分析、理论说明等多个领域都有独到的见解和杰出的贡献，他还独立地提出二茂铁的夹心结构，这一结构与英国化学家杰弗里·威尔金森（Geoffrey Wilkinson，公元 1921—1996 年）、恩斯特·费舍尔（Ernst Fisher，公元 1918—2007 年）的研究结果完全一致。

伍德沃德在思考

1965 年，伍德沃德因在有机合成方面的杰出贡献而荣获诺贝尔化学奖。获奖后，他并没有因为功成名就而停止工作，而是向着更艰巨复杂的化学合成方向前进。他组织了 14 个国家的 110 位化学家协同攻关，探索维生素 B$_{12}$ 的人工合成问题。此前，这种极为重要的药物只能从动物的内脏中经人工提炼，所以价格极为昂贵，且供不应求。

维生素 B$_{12}$ 的结构极为复杂，伍德沃德经研究发现，它有 181 个原子，在空间呈魔毡状分布，性质极为脆弱，受强酸、强碱、高温的作用都会分解，这就给人工合成造成极大的困难。伍德沃德设计了一个拼接式合成方案，即先合成维生素 B$_{12}$ 的各个局部，然后再把它们对接起来。这种方法后来成为合成有机大分子普遍采用的方法。

合成维生素 B$_{12}$ 的过程中，不仅存在一个创立性的合成技术问题，还遇到一个传统化学理论不能解释的有机理论问题。为此，伍德沃德参照日本化学家福井谦一（Fukui Kenichi，公元 1918—1998 年）提出的"前线轨道理论"，和他的学生兼助手霍夫曼一起，提出了分子轨道对称守恒原理。这一理论用对称性简单直观地解释了许多有机化学过程，如电环合反应过程、环加成反应过程、σ 键迁移过程等。该原理指出，反应物分子外层轨道对称一致时，反应就易进行，称为"对称性允许"；反应物分子外层轨道对称性不一致时，反应就不易进行，称为"对称性禁阻"。分子轨道理论的创立，使霍夫曼和福井谦一共同获得了 1981 年诺贝尔化学奖。因为当时，伍德沃德已去世两年，而诺贝尔奖又不授予已去世的科学家，所以学术界认为，如果伍德沃德还健在的话，他必是获奖人之一，那样，他将成为少数两次获得诺贝尔奖的科学家之一。

R=5'-deoxyadenosyl, Me, OH, CN

维生素 B$_{12}$ 的分子结构式

伍德沃德合成维生素 B$_{12}$ 时，共做了近千个复杂的有机合成实验，历时 11 年，终于在他去世前几年完成了复杂的维生素 B$_{12}$ 的合成工作。参加维生素 B$_{12}$ 合成的化学家，除了霍夫曼，还有瑞士著名化学家阿尔伯特·埃申莫塞（Albert Eschenmoser，公元 1925—? ）等。

在有机合成过程中，伍德沃德以惊人的毅力夜以继日地工作。例如，在合成番木鳖碱、奎宁碱等复杂物质时，需要长时间的守护和观察、记录，那时，伍德沃德每天只睡 4 个小时，其他时间均在实验室工作。

伍德沃德谦虚和善，不计名利，善于与人合作，一旦出了成果，发表论文时，总喜欢把合作者的名字署在前边，他自己有时干脆不署名，对他的这一高尚品质，学术界和他共过事的人都众口称赞。

伍德沃德对化学教育尽心竭力，他一生共培养研究生、进修生 500 多人，他的学生已遍布世界各地。伍德沃德在总结他的工作时说："之所以能取得一些成绩，是因为有幸和世界上众多能干又热心的化学家合作。"

1979 年 7 月 8 日，伍德沃德因积劳成疾，与世长辞，终年 62 岁。他在辞世前还面对他的学生和助手，念念不忘许多需要进一步研究的复杂有机物的合成工作。他去世以后，人们经常以各种方式悼念这位有机化学巨星。

伍德沃德接受了二十多个荣誉学位，包括如下大学的荣誉博士学位：1945 年，卫斯理大学；1957 年，哈佛大学；1964 年，剑桥大学；1965 年，布兰迪斯大学；1966 年，以色列理工学院（海法）；1968 年，加拿大西安大略大学；1970 年，比利时鲁汶大学。

叶绿素（chlorophyl）

叶绿素，是高等植物和其他所有能进行光合作用的生物体含有的一类绿色色素。叶绿素是植物进行光合作用的主要色素，是一类含脂的色素家族，位于类囊体膜。叶绿素吸收大部分的红光和紫光但反射绿光，所以叶绿素呈现绿色，它在光合作用的光吸收中起核心作用。

德国化学家理查德·威尔斯泰特（Richard Willstatter，公元 1872—1942 年），在 20 世纪初，采用了当时最先进的色层分离法来提取绿叶中的物质。经过 10 年的艰苦努力，威尔斯泰特用成吨的绿叶，终于捕捉到了绿叶中的神秘物质——叶绿素。正是因为叶绿素在植物体内所起到的奇特作用，才使人类得以生存。

19 世纪初，俄国化学家、色层分析法创始人茨韦特（M.C.Tswett，公元 1872—1919 年）用吸附色层分析法证明高等植物叶子中的叶绿素有两种成分。德国费歇尔等经过多年的努力，弄清了叶绿素复杂的化学结构。1960 年，美国伍德沃德领导的实验室合成了叶绿素 a。

高等植物叶绿体中的叶绿素主要有叶绿素 a 和叶绿素 b 两种。它们不溶于水，而溶于有机溶剂，如乙醇、丙酮、乙醚、氯仿等。叶绿素 a 的分子式为 $C_{55}H_{72}O_5N_4Mg$；叶绿素 b 的分子式为 $C_{55}H_{70}O_6N_4Mg$。在颜色上，叶绿素 a 呈蓝绿色，而叶绿素 b 呈黄绿色。

叶绿素的可见光波段的吸收光谱在蓝光和红光处各有一显著的吸收峰，吸收峰的位置和消光值的大小随叶绿素种类的不同而不同。叶绿素 a 的最大吸收波长范围为 420 ～ 663nm，叶绿素 b 的最大吸收波长范围为 460 ～ 645nm。叶绿素的酒精溶液在透射光下为翠绿色，而在反射光下为棕红色。

威尔斯泰特经过 20 年的艰苦研究，成功地提取了叶绿素，并阐明了在绿叶细胞中以 3：1 的量存在的叶绿素 a 及 b 都是镁的络合物，因此获得 1915 年诺贝尔化学奖。

阿司匹林（Aspirin）

阿司匹林，又名乙酰水杨酸，是一种白色结晶或结晶性粉末，无嗅或微带醋酸臭，微溶于水，易溶于乙醇，可溶于乙醚、氯仿，水溶液呈酸性。阿司匹林为水杨酸的衍生物，经近百年的临床应用，证明其对缓解轻度或中度疼痛，如牙痛、头痛、神经痛、肌肉酸痛及痛经效果较好，也用于感冒、流感等发热疾病的退热，治疗风湿痛等。近年来还发现阿司匹林对血小板聚集有抑制作用，能阻止血栓形成，临床上用于预防短暂脑缺血发作、心肌梗死、人工心脏瓣膜和静脉瘘或其他手术后血栓的形成。

阿司匹林的分子化学式为 $C_9H_8O_4$，分子结构式为 $CH_3COOC_6H_4COOH$，分子相对质量为 180.16。

自古以来，人们就知道含有活性成分水杨酸的植物提取物（如柳树皮和绣线菊属植物）能够镇痛、退热。希波克拉底留下的历史记录就描述了柳树的树皮和树叶磨成的粉能够缓解疼痛症状。1763 年，英国牧师爱德华·斯通在牛津发现了阿司匹林的活性成分水杨酸。1853 年夏，日拉尔就用水杨酸与乙酸酐合成了乙酰水杨酸（乙酰化的水杨酸），但没能引起人们的重视。1897 年，德国化学家费利克斯·霍夫曼（Felix Hoffman，公元 1868—1946 年）又进行了合成，并为他父亲治疗风湿关节炎，疗效极好。

阿司匹林通过血管扩张，短期内可以起到缓解头痛的效果，该药对钝痛的作用优于对锐痛的作用。故该药可缓解轻度或中度的钝疼痛，如头痛、牙痛、神经痛、肌肉酸痛及痛经；同时可以使被细菌致热原升高的下丘脑体温调节中枢调定点恢复（降至）正常水平，故也用于感冒、流感等退热。阿司匹林仅能缓解症状，不能治疗引起疼痛、发热的病因，故需同时应用其他药物参与治疗。

阿司匹林被发现（人工合成）后，一直是全世界使用最多的药物之一：4 万吨 / 年。被列于世界卫生组织基本药物标准清单之中，为基础公共卫生体系必备药物之一。

青霉素（penicillin）

青霉素是抗生素的一种，是指分子中含有青霉烷、能破坏细菌的细胞壁并在细菌细胞的繁殖期起杀菌作用的一类抗生素，是从青霉菌中提炼出的。青霉素属于 β-内酰胺类抗生素（β-lactams），β- 内酰胺类抗生素包括青霉素、头孢菌素、碳青霉烯类、单环类、头霉素类等。青霉素是很常用的抗菌药品。但每次使用前必须做皮试，以防过敏。

青霉素的分子式为 $C_{16}H_{18}N_2O_4S$，相对分子质量为 334.39，密度为 $1.42g/cm^3$。

青霉素分子结构式

青霉素是一种高效、低毒、临床应用广泛的重要抗生素。它的研制成功大大增强了人类抵抗细菌性感染的能力，带动了抗生素家族的诞生。它的出现开创了用抗生素治疗疾病的新纪元。通过数十年的完善，青霉素已可用于治疗敏感菌或敏感病原体所致的感染；溶血性链球菌引起的咽炎、扁桃体炎、猩红热、丹毒、蜂窝织炎和产褥热等；肺炎球菌引起的肺炎、中耳炎、脑膜炎和菌血症等；梭状芽孢杆菌引起的破伤风和气性坏疽等。继青霉素之后，链霉素、氯霉素、土霉素、四环素等抗生素不断产生，增强了人类治疗传染性疾病的能力。但与此同时，部分病菌的抗药性也在逐渐增强。为了解决这一问题，科研人员目前正在开发药效更强的抗生素，探索如何阻止病菌获得抵抗基因，并以植物为原料开发抗菌类药物。

链霉素（streptomycin）

链霉素是一种氨基糖苷类抗生素。1943 年，美国加利福尼亚大学伯克利分校博士、罗格斯大学教授赛尔曼·瓦克斯曼（Selman Waksman，公元 1888—1973 年）从链霉菌中析离得到链霉素，这是继青霉素后第二个生产并用于临床的抗生素，瓦克斯曼也因此获得 1952 年的诺贝尔生理学或医学奖。它的抗结核杆菌的特效作用，开创了结核病治疗的新纪元。从此，结核杆菌肆虐人类生命几千年的历史得以有了遏制的希望。

链霉素的分子式为 $C_{21}H_{39}N_7O_{12}$，相对分子质量为 581.57400。

链霉素的分子结构式

1945 年，弗莱明、弗洛里、钱恩三人分享了诺贝尔生理学或医学奖，以表彰他们发现了有史以来第一种对抗细菌传染病的灵丹妙药——青霉素。但是青霉素对许多种病菌并不起作用，包括肺结核的病原体结核杆菌。肺结核是对人类危害最大的传染病之一，在 20 世纪初，结核病俗称"痨病"，也被称为"白色瘟疫"，由于其具有高度传染性，而且感染患病后基本上无药可救，所以人们对其的恐惧程度甚至超过了曾经肆虐人类的黑死病。像济慈（John Keats，公元 1795—1821 年）[①]、肖邦

---

① 济慈是 19 世纪初期英国诗人，浪漫派的主要成员。有《夜莺颂》《希腊古瓮颂》《秋颂》等作品。1821 年 2 月 23 日，因肺结核病逝于意大利罗马，享年 26 岁。济慈与雪莱、拜伦齐名，被推崇为欧洲浪漫主义运动的代表。

（Fryderyk Chopin，公元 1810—1849 年）[①]、劳伦斯（David Lawrence，公元 1885—1930 年）[②]、契诃夫（Anton Chekhov，公元 1860—1904 年）、鲁迅（公元 1881—1936 年）、奥威尔（George Orwell，公元 1903—1950 年）[③]这些著名作家都因肺结核而过早去世。世界各国医生都曾经尝试过多种治疗肺结核的方法，但是没有一种真正有效，患上结核病就意味着被判了死刑。即使在科赫（Robert Koch，公元 1843—1910 年）于 1882 年发现结核杆菌之后，这种情形也长期没有改观。青霉素的神奇疗效给人们带来了新的希望——能不能发现一种类似的抗生素有效地治疗肺结核？

在 1945 年的诺贝尔奖颁发几个月后，1946 年 2 月 22 日，瓦克斯曼宣布其实验室发现了第二种应用于临床的抗生素——链霉素，对抗结核杆菌有特效，人类战胜结核病的新纪元自此开始。与青霉素不同的是，链霉素的发现绝非偶然，而是精心设计、有系统的长期研究的结果。与青霉素相同的是，这个同样获得诺贝尔奖的发现，其发现权也充满了争议。

链霉素的发现结束了结核杆菌肆虐人类生命的几千年历史。1952 年 12 月 12 日诺贝尔奖颁奖时，诺贝尔奖委员会把瓦克斯曼的获奖理由表述为："创造性地、系统地、成功地研究了土壤微生物以至于发现了链霉素（ingenious, systematic and successful studies of the soil microbes that led to the discovery of streptomycin）。"瓦克斯曼创立了一个新名词——"抗生素"（antibiotic）。

青蒿素（artemisinin）

青蒿素是一种有机化合物，分子式为 $C_{15}H_{22}O_5$，相对分子质量为 282.34。青蒿素为无色针状结晶，熔点为 156 ～ 157℃，易溶于氯仿、丙酮、乙酸乙酯和苯，可溶于乙醇、乙醚，微溶于冷石油醚，几乎不溶于水。因其具有特殊的过氧基团，对热不稳定，易受湿、热和还原性物质的影响而分解。

----

① 肖邦是历史上最具影响力和最受欢迎的钢琴作曲家之一，是波兰音乐史上最重要的人物之一，欧洲 19 世纪浪漫主义音乐的代表人物。他的作品以波兰民间歌舞为基础，同时又深受巴赫影响，多以钢琴曲为主，被誉为"浪漫主义钢琴诗人"。1849 年 10 月 17 日，肖邦因肺结核逝世于巴黎，年仅 39 岁。

② 劳伦斯是英国小说家、批评家、诗人、画家。代表作品有《儿子与情人》《虹》《恋爱中的女人》和《查泰莱夫人的情人》等。劳伦斯出生于矿工家庭，当过屠户会计、厂商雇员和小学教师，曾在国内外漂泊十多年，对现实抱批判否定态度。劳伦斯写过诗，但主要写长篇小说。他一生创作了 10 部长篇小说、11 部短篇小说集、4 部戏剧、10 部诗集、4 部散文集、5 部理论论著、3 部游记和大量的书信。1930 年 3 月 2 日，劳伦斯因肺结核逝世于法国南部的旺斯，年仅 45 岁。

③ 奥威尔是英国著名小说家、记者和社会评论家。他的代表作《动物庄园》和《1984》是反极权主义的经典名著，其中《1984》是 20 世纪影响最大的英语小说之一。少年时代，奥威尔受教育于著名的伊顿公学。毕业后被派到缅甸任警察，但他却站在了苦役犯的一边。20 世纪 30 年代，他参加西班牙内战，因属托洛茨基派系（第四国际）而遭排挤，回国后却又因被划入左派，不得不流亡法国。第二次世界大战中，他在英国广播公司（BBC）从事反法西斯宣传工作。1950 年，因困扰其数年的肺结核而逝世，年仅 47 岁。

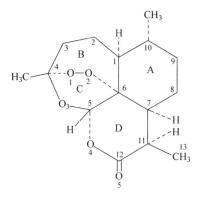

青蒿素的分子结构

青蒿素是治疗疟疾克服耐药性效果最好的药物，以青蒿素类药物为主的联合疗法，也是当下治疗疟疾的最有效、最重要的手段。但是近年来随着研究的深入，青蒿素的其他作用也越来越多地被发现和应用及研究，如抗肿瘤、治疗肺动脉高压、抗糖尿病、抗真菌、免疫调节、抗病毒、抗炎、抗肺纤维化、抗菌、心血管作用等多种药理作用。

2015 年，屠呦呦（公元 1930—　）因创制新型抗疟药——青蒿素和双氢青蒿素的贡献，与日本北里大学的大村智（Satoshi ōmura，公元 1935—　）、美国德鲁大学的爱尔兰科学家威廉·坎贝尔（William Campbell，公元 1930—　）共同获得2015 年度诺贝尔生理学或医学奖。

屠呦呦

嘌呤

嘌呤（purine，$C_5H_4N_4$），一种杂环芳香有机化合物，是人体新陈代谢过程中的一种代谢物。嘌呤的相对分子质量为 120.11，熔点为216 ～ 217℃，沸点为 265.06℃，密度为 $1.611g/cm^3$，通常为淡黄色粉末。

嘌呤的分子
结构式

嘌呤其实在某种意义上是人体必须的能量物质，能维持人体的正常生活。但人体内嘌呤含量过多，会引起痛风（Gout，即高尿酸血症，hyperuricemia，简称HUA）。痛风一词源自拉丁文 Guta（一滴），意指一滴有害液体造成关节伤害，痛像一阵风，来得快，去得也快。

痛风是一种常见且复杂的关节炎，各个年龄段均可能罹患本病，男性发病率高于女性。痛风患者经常会在夜晚出现突然性的关节疼，发病急，关节部位出现疼痛、水肿、红肿和炎症，持续几天或几周不等，疼痛感慢慢减轻直至消失。痛风发作与体内尿酸浓度有关，痛风会在关节腔等处形成尿酸盐沉积，进而引发急性关节疼痛。

痛风与嘌呤代谢紊乱及（或）尿酸排泄减少所致的高尿酸血症直接相关，属代谢性风湿病范畴。痛风可并发肾脏病变，严重者可出现关节破坏、肾功能损害，常伴发高脂血症、高血压病、糖尿病、动脉硬化及冠心病等。

高尿酸血症是痛风发生的基础。

人体内的尿酸是不断生成和排泄的，因此它在血液中维持一定的正常浓度。正常人每升血中所含的尿酸，男性小于 0.42mmol/L，女性则不超过 0.357mmol/L。在嘌呤的合成与分解过程中，有多种酶的参与，由于酶的先天性异常或某些尚未明确的原因，代谢发生紊乱，使尿酸的合成增加或排出减少，结果均可引起高尿酸血症。当血尿酸浓度过高时，尿酸即以钠盐的形式沉积在关节、软组织、软骨和肾脏中，引起组织的异物炎症反应，这成了引起痛风的祸根。而痛风又会引起关节肿大。

嘌呤的分解过程

调整生活方式有助于痛风的预防和治疗。一是预防尿酸的过量产生，二是促进肾脏排泄尿酸，达到预防痛风的目的。

奎宁（quinine）

奎宁，俗称金鸡纳霜，是茜草科植物金鸡纳树及其同属植物的树皮中的主要生物碱，化学上也称为金鸡纳碱。1820 年皮埃尔·佩尔蒂埃（Pierre Pelletier，公元 1788—1842 年）和约瑟夫·卡芳杜（Joseph Caventou，公元 1795—1877 年）首先制得其纯品。它是一种可可碱和 4- 甲氧基喹啉类抗疟药，是快速血液裂殖体杀灭

奎宁的分子结构

剂，分子式为 $C_{20}H_{24}N_2O_2$。奎宁对恶性疟的红细胞内型疟原虫有抑制其繁殖或将其杀灭的作用，是一种重要的抗疟药。奎宁还有抑制心肌收缩力及增加子宫节律性收缩的作用。

南美洲的印第安人首先发现金鸡纳树的树皮能治疟疾。他们将树皮剥下，晾干后研成粉末，用以治疗疟疾。1693 年，法国传教士洪若翰（Jean de Fontaney，公元 1643—1710 年）[①] 曾用奎宁治愈康熙（爱新觉罗·玄烨，公元 1654—1722 年）的疟疾。奎宁由此传入我国，当时是非常罕见的药。后来，瑞典科学家里纳尤斯对这种植物的树皮进行了认真的研究，提取出了其中的有效成分，命名为"奎宁"。"奎宁"这个词在秘鲁是树皮的意思。随着医学上对奎宁需求的增长，人们希望此天然药物能以人工方法制造出来。直到 1945 年，奎宁才实现了人工合成。

塑料（plastic）

塑料主要含 C 和 H 两种元素，个别塑料还含 O、Cl、S 及 N 元素。

塑料自从被发现和合成那一天起，就既像一个保姆兢兢业业，又像一个流氓驱赶不开，顽固地进入了人们的生活。现代社会越来越多地由塑料构成，心脏起搏器、计算机、移动电话、拖鞋甚至口香糖……无一离得开塑料，可以毫不夸张地说，现代人可能都有点塑化了。

塑料是以单体为原料，通过加聚或缩聚反应聚合而成的高分子（macromolecules）化合物，其抗形变能力中等，介于纤维和橡胶之间，由合成树脂及填料、增塑剂、稳定剂、润滑剂、色料等添加剂组成。通常将塑料分为通用塑料、工程塑料和特种塑料三种类型。

通用塑料一般是指产量大、用途广、成型性好、价格便宜的塑料。通用塑料有五大品种，即聚乙烯（PE）、聚丙烯（PP）、聚氯乙烯（PVC）、聚苯乙烯（PS）及丙烯腈—丁二烯—苯乙烯共聚合物（ABS）。

工程塑料一般指能承受一定外力作用，具有良好的机械性能和耐高温、低温性能，尺寸稳定性较好，可以用作工程结构的塑料，如聚酰胺、聚砜等。在工程塑料中又分为通用工程塑料和特种工程塑料两大类。工程塑料在机械性能、耐久性、耐腐蚀性、耐热性等方面能达到更高的要求，而且加工更方便并可替代金属材料。工程塑料被广泛应用于电子电气、汽车、建筑、办公设备、机械、航空航天等行业，以塑代钢、以塑代木已成为流行趋势。

特种塑料一般是指具有特种功能，可用于航空、航天等特殊应用领域的塑料。比如氟塑料和有机硅具有突出的耐高温、自润滑等特殊性能，增强塑料和泡沫塑料具有高强度、高缓冲性等特殊性能，这些塑料都属于特种塑料的范畴。

---

① 洪若翰，字时登，法国人，清初来华的天主教传教士。1658 年入耶稣会，1685 年受法王路易十四派遣来华。康熙二十六年（公元 1687 年）抵宁波；次年奉旨进京，由徐日昇（Thomas Pereira，公元 1645—1708 年）引见于康熙。后奉命往南京传教，与意大利籍传教士毕嘉（Jean-Dominique Gabiani）共同工作，并与罗文藻（Gregorio Lopez，公元 1616—1691 年）有过交往。康熙南巡时曾受觐见，并与之讨论天文学。康熙三十年，洪若翰为南京主教罗文藻举行盛大丧礼。康熙三十二年，因康熙患疟疾，与法国传教士刘应献金鸡纳霜。康熙三十八年返欧。康熙四十年，率 8 名传教士再次来华。康熙四十二年，自舟山乘英船离华，翌年抵伦敦，后赴法国作教务报告。逝于法国。著有天文历算书多部。

1845 年，居住在瑞士西北部城市巴塞尔的化学家塞恩伯，一次在家中做实验时，不小心碰倒了桌上的浓硫酸和浓硝酸，他急忙拿起妻子的布围裙去擦拭桌上的混合酸。忙乱之后，他将围裙挂到炉子边烤干，不料围裙"扑"的一声烧了起来，顷刻间化为灰烬。

塞恩伯带着这个"重大发现"回到实验室，不断重复发生"事故"。经过多次试验，塞恩伯终于找到了原因：布围裙的主要成分是纤维素，它与浓硝酸及浓硫酸的混合液接触，生成了硝酸纤维素脂，这就是后来应用广泛的硝化纤维。塞恩伯发现硝化纤维的可塑性，而且用它制造出来的东西不透水。他饶有兴趣地用它制造了一些美丽的饭碗、杯子、瓶子和茶壶。他很欣赏自己的这些杰作，还特意写信给自己的好友英国著名物理学家和化学家迈克尔·法拉第，告诉法拉第这个意外收获。可惜当时法拉第并未在意。

直到一名摄影师的出现。摄影师亚历山大·帕克斯（Alexander Parkes）有许多爱好，摄影是其中之一。19 世纪时，人们还不能够像今天这样购买现成的照相胶片和化学药品，必须经常自己制作需要的东西。所以每个摄影师同时也必须是一个化学家。

1851 年，帕克斯查看了处理胶棉的不同方法。一天，他试着把胶棉与樟脑混合。使他惊奇的是，混合后产生了一种可弯曲的硬材料。帕克斯根据自己的名字，命名该物质为"帕克辛"（parkesine），这就是世界上最早发明的热塑性塑料——加热后可以变软的塑料。帕克斯用"帕克辛"制作出了各类物品：梳子、笔、纽扣和珠宝装饰品，并参展了 1862 年的伦敦世博会，帕克斯因此获得了铜奖。

但帕克斯的这种发明来源于从天然植物材料得到的塑料，因为不能够实现工业化生产，且造价昂贵，未能普及。此外，这种产品使用一小段时间后，很快就发生变形和开裂现象。

第一种完全合成的塑料出自美籍比利时人列奥·贝克兰（Leo Baekeland，公元 1863—1944 年），1907 年 7 月 14 日，他注册了酚醛塑料的专利。

1884 年，21 岁的贝克兰获得比利时根特大学博士学位，24 岁时成为比利时布鲁日高等师范学院的物理和化学教授。1889 年，刚刚娶了大学导师的女儿，贝克兰又获得一笔旅行奖学金，到美国从事化学研究。

在哥伦比亚大学的查尔斯·钱德勒（Charles Chandler）教授鼓励下，贝克兰留在美国，为纽约一家摄影供应商工作。这使他几年后发明了 Velox 照相纸，这种相纸可以在灯光下而不是必须在阳光下显影。1893 年，贝克兰辞职创办了 Nepera 化学公司。当时刚刚萌芽的电力工业蕴藏着绝缘材料的巨大市场。贝克兰嗅到的第一个诱惑是天然的绝缘材料虫胶价格的飞涨，几个世纪以来，这种材料一直依靠南亚的家庭手工业生产。经过考察，贝克兰把寻找虫胶的替代品作为第一个商业目标。当时，化学家已经开始认识到很多可用作涂料、黏合剂和织物的天然树脂和纤维都是聚合物，即结构重复的大分子材料，开始寻找能合成聚合物的成分和方法。

以前的赛璐珞（celluloid）是来自化学处理过的胶棉以及其他含纤维素的植物材料，而酚醛塑料是世界上第一种完全合成的塑料。贝克兰将其用自己的名字命名为"贝克莱特"（Bakelite）。他很幸运，英国同行詹姆斯·斯温伯恩爵士只比他晚一天提交专利申请，否则英文里酚醛塑料可能要叫"斯温伯莱特"。1909年2月8日，贝克兰在美国化学协会纽约分会的一次会议上公开了这种塑料。

作为科学家，贝克兰可谓名利双收，他拥有超过100项专利，荣誉职位数不胜数，去世后也位居科学和商界两类名人堂。他身上既有科学家少有的商业精明，又有科学家常见的生活迟钝。除了电影和汽车，他最大的爱好是穿着衬衫、短裤流连于游艇"离子号"上。

1939年，贝克兰退休时，儿子乔治·贝克兰无意从商，公司以1650万美元（相当于今天2亿美元）出售给联合碳化物公司。1945年，贝克兰去世一年后，美国的塑料年产量就超过40万吨，1979年又超过了工业时代的代表——钢。

塑料给人类带来了材料和物品的极大选择，又因它的不可降解造成白色污染，给人类带来巨大灾难。自20世纪50年代至2015年，人类已经生产了83亿吨塑料，其中63亿吨已成为了垃圾。如此发展，再过100年，地球将被塑料垃圾铺满。塑料工业的迅猛发展，塑料制品的应用已深入社会的每个角落，从工业生产到衣食住行，塑料制品无处不在。人们开始发现，塑料垃圾已经猛烈地向我们涌来，严重影响着我们的身体健康和生活环境，如耕地因废弃地膜的影响开始减产，不腐烂不分解的餐盒无法有效回收，生活用塑料垃圾的处理无从下手。塑料废弃物剧增及由此引起的社会和环境问题摆在了人们面前，摆在了全世界人们生活生存的地方。

特氟龙（teflon）

特氟龙是聚四氟乙烯（polytetrafluoroethylene）的别称，英文缩写为PTFE，（俗称"塑料王"），化学式为—（CF_2—CF_2）$_n$—。商标名Teflon®，在中国常音译为"特氟龙""铁氟龙""铁富龙""特富龙""特氟隆"等。

特氟龙分子结构式

聚四氟乙烯在室温下为白色固体，密度约为2.2g/cm³。根据杜邦公司的数据，其熔点为327℃（620.6℉），于260℃（500℉）以上会变质。它的摩擦系数为小于或等于0.1，与已知的摩擦系数最小的固体物质相当。

聚四氟乙烯是一种使用氟取代聚乙烯中所有氢原子的人工合成高分子材料，其产品一般统称为"不粘涂层"。聚四氟乙烯具有抗酸抗碱、抗各种有机溶剂的特点，几乎不溶于所有的溶剂。同时，聚四氟乙烯具有耐高温的特点，且摩擦系数极低，可起润滑作用，也成为不粘锅和水管内层的理想涂料。涂装于子弹弹头表面能增加子弹的穿透性。

聚四氟乙烯是1938年由化学家罗伊·普朗克特（Roy Plunkett，公元1910—1994年）博士在杜邦公司位于美国新泽西州的实验室中意外发现：当他尝试制作新的氯氟碳化合物冷媒时，四氟乙烯在高压储存容器中聚合（容器内壁的铁成为聚合反应的催化剂）。杜邦公司在 1941 年取得其专利，并于 1944 年以 "Teflon" 的名称注册商标。

1954 年，法国工程师马克·格雷瓜尔（Marc Gregoire）的妻子柯莱特（Colette）突发奇想，觉得丈夫用来涂在钓鱼线上防止打结的不粘材料特氟龙如果能用在煎锅上，效果一定不错。就这样，拯救了无数现代家庭主妇的"不粘锅"由此诞生。

但特氟龙涂层的锅具加热到超过 367℃（662℉）时，特氟龙材料会分解，并释放出可能导致人类和鸟类死亡的有毒烟雾。不粘锅涂层中的化合物也可能与儿童和青少年胆固醇的升高有相关性。比较而言，在烹煮油、脂与奶油时，当温度到达约 217℃（392℉）时，将产生烧焦与油烟，而肉通常在 200 ～ 230℃（380 ～ 414℉）时会烧焦，然而若将空的烹调器具放置于炉火上，一不经意，便很容易超出这个温度。

聚四氟乙烯最出名的应用之一是北京国家游泳中心（水立方）的外墙材料，那是世界上面积最大的集中使用。

 # 2 氮（N，nitrogen）

概述

17 世纪至 18 世纪中期，欧洲人对大气的成分充满浓厚的兴趣，开始研究和分离空气，这导致了对其中含量最多的两种元素的发现。1772 年，瑞典药剂师舍勒、英国化学家卡文迪什，1774 年，英国牧师普利斯特利，在互不知晓的情况下独立地发现了氮。但当时盛行"燃素"说，人们并没有把氮当成一种新元素，而是分别称其为"无效的空气""窒息的空气""浊气"与"被燃素饱和了的空气"。直到 1775 年，法国科学家拉瓦锡得知普利斯特利的实验情况后，亲自又做了 12 天的实验，才确定了空气中最多的成分是一种新元素，并命名为氮。这是人类发现的第 21 种元素，拉瓦锡为其命名的拉丁文名称为 nitrogenium。本名源自英文 ni-trogen，意思是"硝石之源"；并用拉丁文名称第一个字母的大写体作为它的元素符号：N。

化肥

化学肥料简称化肥。化肥是用化学和（或）物理方法制成的含一种或几种农作物生长需要的营养元素的肥料，也称为无机肥料，主要包括氮肥、磷肥、钾肥、微肥、复合肥料等。

根据古希腊传说，用动物粪便作肥料是大力士赫拉克勒斯（Heracles）首先发现的。赫拉克勒斯是众神之主宙斯之子，是一个半神半人的英雄，他曾创下 12 项奇迹，其中之一就是在一天之内把伊利斯国王奥吉阿斯养有 300 头牛的牛棚打扫得干干净净。他把艾尔菲厄斯河改道，用河水冲走牛粪，沉积在附近的土地上，使农作物获得了丰收。当然这只是神话，但也说明当时的人们已经意识到粪肥对作物增产的作用。古希腊人还发现旧战场上的作物生长特别茂盛，从而认识到人和动物的尸体是很有效的肥料。在《圣经》中也提到把动物血液淋在地上的施肥方法。

千百年来，不论是欧洲还是亚洲，都把粪肥当作主要肥料。进入18世纪以后，世界人口迅速增长，同时在欧洲爆发的工业革命，使大量人口涌入城市，更加剧了粮食供应的紧张，并成为社会动荡的一个起因。化学家们从18世纪中叶开始对作物的营养学进行科学研究。19世纪初流行的两大植物营养学说是"腐殖质"说和"生活力"说。前者认为，植物所需的碳元素不是来自空气中的二氧化碳，而是来自腐殖质；后者认为，植物可借自身特有的生活力制造植物灰分的成分。1840年，德国著名化学家李比希出版了《化学在农业及生理学上的应用》一书，创立了植物矿物质营养学说和归还学说，认为只有矿物质才是绿色植物唯一的养料，有机质只有当其分解释放出矿物质时才对植物有营养作用。李比希还指出，作物从土壤中吸走的矿物质养分必须以肥料的形式如数归还土壤,否则土壤将日益贫瘠。从而否定了"腐殖质"和"生活力"学说，引起了农业理论的一场革命，为化肥的诞生提供了理论基础。

1828年，德国化学家弗里德里希·维勒在世界上首次用人工的方法合成了尿素。按当时化学界流行的"活力论"观点，尿素等有机物中含有某种生命力，是不可能人工合成的。维勒的研究打破了无机物与有机物之间的绝对界限。但当时人们尚未认识到尿素的肥料用途。直到50多年后，合成尿素才作为化肥投放市场。

1838年，英国乡绅劳斯（L. Ross）用硫酸处理磷矿石制成磷肥，成为世界上第一种化学肥料。

李比希在1850年发明了钾肥。1850年前后，劳斯又发明出最早的氮肥。1909年，德国化学家弗里茨·哈伯与卡尔·博施（Carl Bosch，公元1874—1940年）[①] 合作创立了"哈伯-博施"氨合成法，解决了氮肥大规模生产的技术问题。

20世纪50年代以来，化肥得到了大规模应用。据统计，在各种农业增产措施中，化肥的作用大约占30%。

尿素（carbamide)

尿素（CH_4N_2O），又称碳酰胺，是由碳、氮、氧、氢组成的有机化合物，是一种白色晶体。尿素是最简单的有机化合物之一，是哺乳动物和某些鱼类体内蛋白质代谢分解的主要含氮终产物，也是目前含氮量最高的氮肥。作为一种中性肥料，尿素适用于各种土壤和植物。它易保存，使用方便，对土壤的破坏作用小，是目前使用量较大的一种化学氮肥。

1773年，伊莱尔·罗埃尔（Hilaire Rouelle）发现尿素。1828年，德国化学家维勒首次使用无机物质氰酸铵（NH_4CNO，一种无机化合物，可由氯化铵和氰酸银

---

① 卡尔·博施，德国化学家，1931年与弗里德里希·贝吉乌斯（Friedrich Bergius，公元1884—1949年）因"发明与发展化学高压技术"分享了当年的诺贝尔化学奖。

反应制得）与硫酸铵人工合成了尿素。本来他打算合成氰酸铵，却得到了尿素。尿素的合成揭开了人工合成有机物的序幕，由此开辟了有机化学。

弗里德里希·维勒（Friedrich Wöhler，公元 1800—1882 年）

弗里德里希·维勒

维勒于 1800 年 7 月 31 日出生于法兰克福附近的埃歇尔汉姆（Eschersheim），德国化学家。他因人工合成尿素，打破了有机化合物的"生命力"学说而闻名。维勒幼时喜欢化学，尤其对化学实验感兴趣。他 1820 年进入马尔堡大学学医，但仍常在宿舍中进行化学实验。他的第一篇科学论文是《关于硫氰酸汞的性质》，发表在《吉尔伯特年鉴》上并受到著名化学家贝采里乌斯的重视。后到海德堡大学，拜著名化学家里欧波得·格美林（Leopold Gmelin，公元 1788—1853 年）和生理学家弗里德里希·蒂德曼（Friedrich Tiedemann）为师。1823 年取得外科医学博士学位。毕业后在贝采里乌斯的实验室工作一年，后在法兰克福、柏林等地任教。

维勒一生发表过化学论文 270 多篇，获得世界各国给予的荣誉纪念达 317 种，是一位勤勉的化学家。

人工合成尿素。维勒自 1824 年起研究氰酸铵的合成，但是他发现在氰酸中加入氨水后蒸干得到的白色晶体并不是铵盐，到 1828 年他终于证明这个实验的产物是尿素。维勒由于偶然地发现了从无机物合成有机物的方法，而被认为是有机化学研究的先锋。在此之前，人们普遍认为有机物只能依靠一种"生命力"在动物或植物体内产生；人工只能合成无机物而不能合成有机物。维勒的老师贝采里乌斯当时也支持"生命力"学说，他写信给维勒，问他能不能在实验室里"制造出一个小孩来"。

维勒将自己的发现和实验过程写成题为《论尿素的人工制成》的论文，发表在 1828 年《物理学和化学年鉴》第 12 卷上。他的论文详尽记述了如何用氰酸与氨水或氯化铵与氰酸银来制备纯净的尿素。随着其他化学家对他的实验的成功重现，人们认识到有机物是可以在实验室由人工合成的，这打破了多年来占据有机化学领域的"生命力"学说。随后，乙酸、酒石酸等有机物相继被合成，支持了维勒的观点。

同分异构体（isomer）。发现尿素的过程同时说明氰酸铵和尿素的分子式是相同的，这是同分异构的最早的例证。接着，维勒又发现氰酸和李比希在 1824 年发现的雷酸的分子式相同。1830 年，贝采里乌斯提出了"同分异构"学说：同样的化学成分，可以组成性质不同的化合物，它们的化学成分一样，却是性质不同的化合物。而在此之前，化学界一向认为，同一种成分不可能同时存在于两种不同的化合物之中。

制备铝单质。1827 年，维勒用金属钾还原熔融的无水氯化铝得到较纯的金属铝单质。维勒还用同样的方法发现了铍、钇，并且命名了铍。

元素钒。另一个关于元素发现的著名的故事是，维勒在分析一种来自墨西哥的矿石时，虽然猜测到其中可能含有一种新元素，但是由于没有认真研究而放过了。

他的同门师兄尼尔斯·塞夫斯特伦（Nils Sefström，公元 1787—1845 年）认真分析了其中的成分，找到了元素钒。而一般的科学资料上的介绍则是，维勒在塞夫斯特伦发现钒后为后者证实了钒的存在。

维勒还分离出硼，研究了硅烷和钛及其化合物的性质。1842 年，他制备了碳化钙，并证明它与水作用时会释放出乙炔。

维勒还和李比希合作在有机化学方面做出了很多贡献。1832 年，他们共同发现了苯甲酸基团，研究了有机化学的基团反应；1837 年，又共同发现了扁桃苷；1848 年，维勒发现了氢醌。

氨与弗里茨·哈伯（Fritz Haber，公元 1868—1934 年）

哈伯在化学上的最大贡献是工业化合成氨。

氨，又名阿摩尼亚，是氮和氢的化合物，分子式为 NH_3，是一种无色气体，有强烈的刺激气味。氨极易溶于水，常温常压下 1 体积水可溶解 700 倍体积氨，其水溶液又称氨水。氨通过降温加压可变成液体，液氨是一种制冷剂。氨也是制造硝酸、化肥、炸药的重要原料。氨对地球上的生物相当重要，是许多食物和肥料的重要成分。氨也是所有药物直接或间接的组成，同时它也具有腐蚀性等危险性质。氨有广泛的用途，因而是世界上产量最多的无机化合物之一，80% 以上的氨被用于制作化肥。由于氨可以提供孤对电子，所以也是一种路易斯碱[①]。氨能灼伤皮肤、眼睛、呼吸器官的黏膜，人如果吸入过多，会引起肺肿胀，以至死亡。

随着农业的发展，对氮肥的需求量在迅速增长。在 19 世纪以前，农业上所需的氮肥主要来自于有机物的副产品，如粪类、种子粕及绿肥。

在合成氨发明之前，农业需要从动物粪便、秸秆、豆粕这些天然物质中获取利用氮元素，为了争夺这些宝贵的资源还爆发过"鸟粪战争"。

1864 年，西班牙对智利和秘鲁发动了战争，只为争夺一些蕴藏大量鸟粪的山洞。鸟粪富含磷和氮，作为有机肥料再合适不过。15 年后，智利和秘鲁为山洞里的这些鸟粪又打了一仗，最后智利获得了胜利，并靠着鸟粪带来了几倍的经济增长。19 世纪末，随着人口的快速增长，粮食需求也不断增加，仅靠农家肥是不可能满足人类对粮食产量的需求的，再加上工业发展与军事需求，人工固氮成了 19 世纪急需解决的难题之一。

19 世纪末，人们认识到，为了使子孙后代免于饥饿，必须寄希望于科学家实现大气固氮。因此将空气中丰富的氮固定下来并转化为可被利用的形式，在 20 世纪初成为一项受到众多科学家注目和关切的重大课题。哈伯就是从事合成氨的工艺条件

---

① 在有机化学中，能吸收电子云的分子或原子团称为路易斯酸。在有机硫的化合物中，硫原子的外层有空轨道，可以接受外来的电子云，因此可称这类有机硫的化合物为路易斯酸。相反，能提供电子云的分子或原子团称为路易斯碱。酸碱电子理论是由美国化学家吉尔伯特·路易斯提出的，是多种酸碱理论的一种。

試验和理论研究的化学家之一。

利用氮、氢为原料合成氨的工业化生产曾是一个较难的课题，从第一次实验室研制到工业化投产，经历了约 150 年的时间。1795 年，有人试图在常压下进行氨合成，后来又有人在 50 个大气压下试验，结果都失败了。19 世纪下半叶，物理化学的巨大进展，使人们认识到，由氮、氢合成氨的反应是可逆的，增加压力将使反应推向生成氨的方向；提高温度会将反应移向相反的方向，然而温度过低又使反应速度过小；催化剂对反应会产生重要影响。这实际上就为合成氨的试验提供了理论指导。当时物理化学的权威瓦尔特·能斯特（Walther Nernst，公元 1864—1941 年）[①]就明确指出：氮和氢在高压条件下是能够合成氨的，并提供了一些实验数据。法国化学家勒夏特里第一个试图进行高压合成氨实验，但是由于氮氢混合气中混进了氧气，引起了爆炸，使他放弃了这一危险的实验。在物理化学研究领域有很好基础的哈伯决心攻克这一令人生畏的难题。

哈伯首先进行一系列实验，探索合成氨的最佳物理化学条件。在实验中他所取得的某些数据与能斯特的有所不同，他并没有盲从权威，而是依靠实验来检验，终于证实了能斯特计算中的错误。

1902 年年初，哈伯去美国进行科学考察，参观了一个模仿自然界雷雨放电来生产固定氮的工厂，这使他产生了极大的兴趣。

回国后，哈伯和学生罗塞格诺尔让氢气和氮气在常温下进行反应，可怎么也得不到氨气。他们又给氢气和氮气的混合气体通电火花，结果有微量的氨生成。"电火花只能产生暂时的高温"，哈伯想。于是，他采用高温加热的方法，反复进行实验，但没有成功。后来，哈伯根据他人的研究进行方法改进。1904 年，哈伯对合成氨进行了大规模的实验。

在罗塞格诺尔的协助下，哈伯成功地设计出一套适于高压实验的装置和合成氨的工艺流程：在炽热的焦炭上方吹入水蒸气，可以获得几乎等体积的一氧化碳和氢气的混合气体。其中的一氧化碳在催化剂的作用下，进一步与水蒸气反应，得到二氧化碳和氢气。然后将混合气体在一定压力下溶于水，二氧化碳被吸收，就制得了较纯净的氢气。同样将水蒸气与适量的空气混合通过红热的炭，空气中的氧和碳便生成一氧化碳和二氧化碳而被吸收除掉，从而得到了所需要的氮气。

氮气和氢气的混合气体在高温高压的条件下及催化剂的作用下合成氨。但什么样的高温和高压条件为最佳？以什么样的催化剂为最好？这还必须花大力气进行探索。哈伯以锲而不舍的精神，经过不断的实验和计算，终于在 1909 年取得了鼓舞人心的成果。实验是在 600℃的高温、200 个大气压和锇为催化剂的条件下进行的，突然，哈伯兴奋地喊道："它滴下来了！你们看，它终于滴下来了！"经分析，他们制得的氨的浓度为 8%，实验取得了实用价值的突破，合成氨终于成功。

[①] 瓦尔特·能斯特，德国卓越的物理学家、物理化学家和化学史家，1920 年荣获诺贝尔化学奖。

8% 的转化率不算高，当然会影响生产的经济效益。哈伯知道合成氨反应不可能达到像硫酸生产那么高的转化率，在硫酸生产中二氧化硫氧化反应的转化率几乎接近于 100%。怎么办？哈伯认为若能使反应气体在高压下循环加工，并从这个循环中不断地把反应生成的氨分离出来，则这个工艺过程是可行的。于是他成功地设计了原料气的循环工艺。这就是合成氨的哈伯法。

根据哈伯的工艺流程，他们找到了较合理的方法，生产出大量廉价的原料氮气、氢气。通过实验，他们认识到锇虽然是非常好的催化剂，但是它难于加工，因为它与空气接触时，易转变为挥发性的四氧化物，另外这种稀有金属在世界上的储量极少。哈伯建议的第二种催化剂是铀，但铀不仅很贵，而且对痕量的氧和水都很敏感。为了寻找高效稳定的催化剂，几年间，他们进行了多达 6500 次试验，测试了 2500 种不同的配方，最后选定了含铅镁促进剂的铁催化剂。开发适用的高压设备也是工艺的关键。当时能受得住 200 个大气压的低碳钢，却害怕氢气的脱碳腐蚀。博施想了许多办法，最后决定在低碳钢的反应管子里加一层熟铁的衬里，熟铁虽没有强度，却不怕氢气的腐蚀，这样总算解决了难题。

哈伯合成氨的设想终于在 1913 年得以实现，一座日产 30 吨的合成氨工厂建成并投产。从此合成氨成为化学工业中发展较快、十分活跃的一部分。合成氨生产方法的创立不仅开辟了获取固定氮的途径，更重要的是这一生产工艺的实现对整个化学工艺的发展产生了重大的影响。合成氨的研究来自于正确的理论指导，反过来合成氨生产工艺的试验又推动了科学理论的发展。哈伯使人类从此摆脱了依靠天然氮肥的被动局面，加速了世界农业的发展。鉴于合成氨工业生产的实现和它的研究对化学理论发展的推动，哈伯获得了 1918 年诺贝尔化学奖。

但出生于德国西里西亚布雷斯劳（现为波兰的弗罗茨瓦夫）的一个犹太人家庭的哈伯却被人们视为"天使与魔鬼的化身"。赞扬哈伯的人说：他是天使，为人类带来丰收和喜悦，是用空气制造面包的圣人；诅咒他的人说：他是魔鬼，给人类带来灾难、痛苦和死亡。针锋相对、截然不同的评价，同指一人而言，令人愕然；哈伯的功过是非究竟如何，这位化学家走过怎样辉煌而又坎坷的一生呢？

哈伯及妻子

翻阅诺贝尔化学奖的记录，就能看到 1916 年、1917 年没有颁奖，因为这期间，欧洲正经历着第一次世界大战（下文简称"一战"）。1918 年恢复颁奖，化学奖授予了哈伯。"一战"中，哈伯在担任化学兵工厂厂长时负责研制和生产氯气、芥子气等毒气，并用于战争，造成近百万人伤亡，因此遭到了美、英、法、中等国科学家们的谴责，哈伯的妻子伊美娃也以自杀来抗议。

1914年"一战"爆发时，欧洲首脑和军事专家曾预测：由于含氮化合物的短缺，农作物产量将受到限制，从而大战将在一年之内结束。不料德国合成氨的成功使其含氮化合物自给有余，从而延长了"一战"的时间。德国掌握和垄断了合成氨技术，德皇威廉二世认为只要能源源不断地生产出氨和硝酸，德国的粮食和炸药供应就有保证，这也促成了威廉二世的开战决心。"一战"爆发后，威廉二世为了征服欧洲，要哈伯全力为他研制最新式的化学武器。民族沙文主义所煽起的盲目的爱国热情将哈伯深深地卷入战争的旋涡，他所领导的实验室成了为战争服务的重要军事机构：哈伯承担了战争所需材料的供应和研制工作，特别是在研制战争毒气方面。他曾错误地认为，毒气进攻乃是一种结束战争、缩短战争的好办法，从而担任了大战中德国施行毒气战的科学负责人。

就在妻子饮弹自杀的第二天，哈伯毫不犹豫地带着盛满毒气的钢瓶走上了前线。

1915年1月，德军在阵地前沿施放氯气，借助风力把氯气吹向英法阵地，第一次野外试验获得成功。该年4月22日，在德军发动的伊普雷战役中，在6km宽的前沿阵地上，在5km内德军施放了180吨氯气，约一人高的黄绿色毒气借着风势沿地面冲向英法阵地（氯气的密度较空气大，故沉在下层，沿着地面移动），进入战壕并滞留下来。吸入氯气的英法士兵感到鼻腔、咽喉刺痛，随后有些人窒息而死。这样英法士兵被吓得惊慌失措，四散奔逃。据估计，英法军队约有15000人中毒。这是军事史上第一次大规模使用杀伤性毒剂，成为现代化学战的开始。此后，交战的双方都使用毒气，而且毒气的品种有了新的发展。毒气所造成的伤亡，连德国当局都没有估计到。

化学武器在"一战"中造成近130万人伤亡，占大战伤亡总人数的4.6%，在历史上留下了极不光彩的一页。哈伯则成了制造化学武器的鼻祖，人类的罪人。

战场上施放毒气的德国士兵

"一战"以德国失败而告终。战后的一段时间里，哈伯曾设计了一种从海水中提取黄金的方案，希望能借此来支付协约国要求的战争赔款。遗憾的是海水中的含金量远比当时人们想象的要少，他的努力只能付诸东流。此后，通过对战争的反省，他把全部精力都投入科学研究中。在获得诺贝尔化学奖后，哈伯将全部奖金捐献给了慈善组织，以表达自己内心的愧疚。

纳粹上台后，哈伯因为犹太人的身份而受到当局迫害，他所领导的研究所被强行改组，弗里茨·哈伯这个伟大的化学家被改名为"Jew·哈伯"，即犹太人·哈伯。这个深爱着自己祖国的人，被迫离开了他热诚服务几十年的祖国，流亡异国他乡。不久哈伯便因心脏病突发在流亡的路上去世。

当然，某些科学的发明创造被用于非正义的战争，对人类造成危害，科学家是没有直接责任的。但科学家更应该有良心和责任，反对将科学的（特别是自己的）成果，用于危害人类的事情上。哈伯的例子，值得深思。

 # 氧（O，oxygen）

概述

1615 年，荷兰发明家科内利斯·德莱贝尔（Cornelis Drebbel，公元 1572—1633 年）在加热碳酸钾时发现了氧，并应用于航船吃水线以下的船舱中，不过他没有正式发表，只是记录在他的著作《论元素的性质》一书中。1772 年，瑞典化学家舍勒在加热红色的氧化汞和黑色的氧化锰时也发现了氧，但他当时并不认为这是一种元素，只称之为"火空气"。1774 年 8 月，英国牧师普利斯特利用凸透镜加热密闭在玻璃罩内的氧化汞分离出氧，但他当时也不知道这是一种新元素，只称之为"脱燃素空气"。普利斯特利先是将两只老鼠放在这种"空气"中，看到它们表现得异常活跃，便又亲自用鼻子"品尝"了一下这种"空气"，感到非常欣然。于是将此事告诉了法国化学家拉瓦锡。拉瓦锡经过 12 天的实验，确认这是一种新元素。这是人类发现的第 20 种元素。1775 年，拉瓦锡把此元素称为"极纯空气"；1785 年，拉瓦锡认为此元素为一切酸的基础物质（意思为"无氧不成酸"），在他与其他三人合编的《化学命名法》一书中，用希腊文命名这种元素为 oxysgene，意思是"酸之源"，又据此用拉丁文命名为 *oxygenium*，并用拉丁文名称第一个字母的大写体作为这种元素的元素符号：O。

地壳中氧元素的质量分数为 48.6%，是地壳中含量最多的元素，它在地壳中基本上是以氧化合物的形式存在的。每 1kg 的海水中溶解有 2.8mg 的氧气，而海水中氧元素的质量分数差不多达到 89%。就整个地球而言，氧的质量分数为 15.2%。无论是人、动物还是植物，其细胞都有类似的组成，其中氧元素的质量分数为 65%。在空气中，氧的体积分数为 20.9%。

氧的非金属性和电负性仅次于氟，除了氦、氖、氩、氙，所有元素都能与氧发生反应。一般而言，绝大多数非金属氧化物的水溶液呈酸性，而碱金属或碱土金属氧化物的水溶液则为碱性。此外，大多数有机化合物，可在氧气中燃烧生成二氧化碳与水蒸气，如酒精、甲烷。部分有机物不可燃，但也能和氧气等氧化剂发生氧化反应。

存在形式

（1）氧气（O_2）。

空气的主要组分之一，比空气重，标准状况（0℃，101325Pa）下密度为 1.429g/L。无色、无味。压强为 101kPa 时，氧气在约 -183℃时变为淡蓝色液体，在约 -218℃时变成雪花状的淡蓝色固体。氧分子具有顺磁性。

（2）臭氧（O_3）。

早在 1785 年，德国物理学家马丁·范·马鲁姆（Martin van Marum，公元 1750—1837 年）用大功率电机进行实验时发现，当空气流过一串火花时，会产生一种特殊气味，但他并未深究。此后，舒贝因于 1840 年也发现在电解和电火花放电实验过程中有一种独特气味，并断定它是由一种新气体产生的，从而宣告了臭氧的发现。

在常温下，臭氧是一种有鱼腥臭味的蓝色气体。臭氧主要存在于距地球表面 20 ~ 35km 的平流层顶部的臭氧层中。此臭氧层可吸收太阳光中对人体有害的短波（30nm 以下）光线，防止这种短波光线射到地面，对人类造成伤害。臭氧的稳定性极差，在常温下可自行分解为氧气。臭氧具有强烈的刺激性，吸入过量对人体健康有一定危害。臭氧的熔点为 21K，沸点为 160.6K，具有反磁性。

（3）化合物。

几乎所有元素都能与氧气反应，得到的化合物中只有氧元素和另一种元素的二元化合物是氧化物，如 H_2O、CO_2。氧化物多种多样，主要分为酸性氧化物、碱性氧化物、两性氧化物、不成盐氧化物和假氧化物。另外还有一些只含有氧元素的基团也能形成氧化物，分为过氧化物、超氧化物、臭氧化物等。

（4）四聚氧（O_4）。

这种氧分子可以稳定存在，预计构型为正四面体或者矩形。吉尔伯特·路易斯于 1924 年预测了四聚氧的存在。

（5）红氧（O_8）。

当室温下氧气的压强超过 10GPa 时，它将出人意料地变为另一种同素异形体[①]

---

① 同素异形体是指由同样的单一化学元素组成，因排列方式不同，而具有不同性质的单质。同素异形体之间的性质差异主要表现在物理性质上，化学性质上也有着活性的差异。例如磷的两种同素异形体——红磷和白磷，它们的燃点分别是 240℃和 40℃，但是充分燃烧之后的产物都是五氧化二磷；白磷有剧毒，可溶于二硫化碳，红磷无毒，不溶于二硫化碳。同素异形体之间在一定条件下可以相互转化，这种转化是一种化学变化。最常见的有，碳的同素异形体（金刚石、石墨、富勒烯、碳纳米管、石墨烯和石墨炔），磷的同素异形体（白磷和红磷），氧的同素异形体（氧气、臭氧、四聚氧和红氧）。

它的体积骤减，颜色也从蓝变成深红。这种 ε 相发现于 1979 年，但当时它的结构并不清楚。基于它的红外线吸收光谱，1999 年，研究人员推断此相态是 O_4 分子的晶体。但在 2006 年，X 射线晶体学表明，这个被称作 ε 氧或红氧的稳定相态实为 O_8：由四个 O_2 分子组成的菱形的 O_8 原子簇。

马和对氧气的发现

1802 年，德国学者朱利斯·克拉普罗特（Julius Klaproth，公元 1783—1835 年）[①] 偶然读到一本 64 页的汉文手抄本，书名是《平龙认》，作者马和，著作年代是唐代至德元年（公元 756 年）。克拉普罗特读完此书后，惊奇地发现这本讲述如何在大地上寻找"龙脉"的堪舆家（即风水家。堪，天道；舆，地道）著作，竟揭示了深刻的科学道理：空气和水里都有氧气存在。

1807 年，克拉普罗特在圣彼得堡俄国科学院学术讨论会上宣读了一篇论文《第八世纪中国人的化学知识》，其中提到，空气中存在"阴阳二气"，用火硝、青石等物质加热后就能产生"阴气"；水中也有"阴气"，它和"阳气"紧密结合在一起，很难分解。克拉普罗特指出：马和所说的"阴气"，就是氧气，证明中国早在唐代就知道氧气的存在并且能够分解它，比欧洲人发现氧气足足早了 1000 多年。克拉普罗特这篇论文使在场的科学家都感到惊奇不已。

卡尔·舍勒（Carl Scheele，公元 1742—1786 年）

卡尔·舍勒

舍勒，瑞典化学家，氧气的发现人之一，同时对氯化氢、一氧化碳、二氧化碳、二氧化氮等多种气体都有深入的研究。他发现了一种与巴氏消毒法相似的消毒方法。他对多种有机酸进行了研究，从柑橘中提取了柠檬酸。舍勒 1775 年当选为瑞典科学院成员，舍勒习惯亲自"品尝"一下发现的化学元素（被中国网友称为化学界的"神农氏"）。从他死亡的症状来看，他似乎死于汞中毒。

1742 年 12 月 19 日，舍勒生于瑞典的施特拉尔松。由于经济上的困难，舍勒只勉强读完小学，年仅 14 岁就到哥德堡的班特利药店当小学徒。药店的老药剂师马丁·鲍西，是一位好学的长者，他整天手不释卷，孜孜以求，学识渊博，同时又有很高超的实验技巧。马丁·鲍西不仅制药，还是哥德堡的名医。名师出高徒，马丁·鲍西的言传身教，对舍勒产生了极为深刻的影响。

舍勒在工作之余也勤奋自学，他如饥似渴地读了当时流行的制药化学著作，

---

① 朱利斯·克拉普罗特，汉名柯恒儒，语言学家、历史学家、东方学家、民族学家、探险家，与法国汉学家雷暮沙（Jean-Pierre Abel-Rémusat，公元 1788—1832 年）一同为东亚研究做出重要贡献。早在 1823 年，克拉普罗特就提出汉语、藏语、缅甸语的基础词汇之间有同源关系，而泰语和越南语则不同。1834 年，克拉普罗特出版《玄奘在中亚与印度的旅行》一书，是迄今所见最早介绍玄奘的著作之一。他的父亲为著名化学家马丁·克拉普罗特（Martin Klaproth，公元 1743—1817 年）。

还学习了炼金术和燃素理论的有关著作。他自己动手，制造了许多实验仪器，晚上在自己的房间里做各种各样的实验。他曾因一次小型的实验爆炸引起药店同事的许多非议，但由于受到马丁·鲍西的支持和保护，没有被赶出药店。舍勒在药店边工作，边学习，边实验，经过近8年的努力，他的知识和才干大有长进，从一个只有小学文化的学徒，成长为一位知识渊博、技术熟练的药剂师。同时，他自己也有了一笔小小的"财产"——近40卷化学藏书，一套精巧的自制化学实验仪器。正当他准备大展宏图的时候，生活中出现了一个不幸，马丁·鲍西的药店破产了。药店负债累累，无力偿还债款，只好拍卖包括房产在内的全部财产。这样，舍勒失去了生活的依托，失业了。他只好孤身一人，在瑞典各大城市游荡。后来，舍勒在马尔默城的柯杰斯垂姆药店找到了一份工作，药店的老板有点像马丁·鲍西，很理解舍勒，支持他搞实验研究，给了他一间小房子，以便他居住和安置藏书及实验仪器。从此，舍勒结束了游荡生活，再不用为糊口而奔波。环境安定了，他又重操旧业，开始了他的研究和实验。

读书，对舍勒启发很大，他曾回忆说："我从前人的著作中学会很多新奇的思想和实验技术，尤其是孔克尔的《化学实验大全》，给我的启示最大"。

实验，使舍勒探测到许多化学的奥秘，据考证，舍勒的实验记录有数百万字，而且在实验中，他创造了许多仪器，甚至还验证过许多炼金术的方法，并就此提出自己的看法。

舍勒工作的马尔默城柯杰斯垂姆药店，靠近瑞典著名的隆德大学，这给他的学术活动提供了方便。马尔默城学术气氛很浓，而且离丹麦名城哥本哈根也不远，这不仅方便了舍勒的学术交流，同时也使他得以及时掌握化学进展情况，买到最新出版的化学文献，这对他自学化学知识有很大的帮助。从学术角度考虑，舍勒认为真正的财富并不是金钱，而是知识和书籍。

舍勒所在的药店名气很大，收入可观。舍勒也十分喜欢这种把科学研究、生产、商业活动有机地结合在一起的工作。虽然有几所大学慕名请舍勒任教授，但都被他谢绝了，因为药房确实是一个很好的研究场所，舍勒不愿意离开。舍勒一生对化学贡献极多，其中最重要的是发现了氧，并对氧气的性质做了很深入的研究。

舍勒的第一篇论文是关于酒石酸的，发表于1770年。接下来又得到焦酒石酸。在1774年，他开始研究二氧化锰，并且利用它制得了氯气。他制成了锰的许多化合物，如锰酸盐和高锰酸盐等。他还解释了玻璃的着色和脱色问题。在1775年，他研究了砷酸的反应。在1776年发表了关于水晶、矾石和石灰石的成分的论文，还从尿里第一次得到了尿酸。在1777年他制得了硫化氢，并且观察到，银盐被光照射以后，可以变色。在1778年他制得了升汞①，从钼矿里制成了钼酸。他分析了空气里所含

———————

① 氯化汞，俗称升汞，白色晶体、颗粒或粉末；熔点276℃，沸点302℃，密度5.44g/cm³；有剧毒；溶于水、醇、醚和乙酸。氯化汞可用于木材和解剖标本的保存、皮革鞣制和钢铁镂蚀，是分析化学的重要试剂，还可作消毒剂和防腐剂。

氧的比例。实际上，他在 1778 年就知道空气里至少有两种元素，但当时没有发表，所以化学史书上，把这项工作列在卡文迪什名下。

舍勒于 1775 年 2 月 4 日当选为瑞典科学院院士，他当时已经是彻平的一个药物商人。在药店主人去世后，他代表药店成为这个城市最有名的药剂师。

舍勒的很多实验，在他生前并没有发表，一直到 1892 年纪念他一百五十周年诞辰的时候，才有化学史家将他的日记和书信进行了详细的整理，但也没有正式发表。

到 1942 年纪念舍勒二百周年诞辰的时候，他的全部实验记录，经过重新整理之后，方才正式印刷出版。著作一共有八卷之多，其中大部分是瑞典文的，也有少数德文的。

拉瓦锡在 1774 年的著作里，用了相当大的篇幅推崇舍勒辛勤的工作。他们还互相通信。尽管如此，舍勒始终坚信"燃素"说而不相信拉瓦锡的氧化学说。

舍勒一生中完成了近千个实验，因吸过有毒的氯气和其他气体，身体受到严重的伤害。他还亲口尝过有剧毒的氢氰酸，他记录了当时的感觉："这种物质气味奇特，但并不讨厌，味道微甜，使嘴发热，刺激舌头。"他虽然视事业为生命，想一刻不停地工作下去，但身体状况的恶化使他常常卧床不起。

1786 年 5 月 19 日，舍勒与年轻貌美的寡妇妮古娅在相恋 10 年之久后举行了婚礼。两天后，舍勒就离开了人世。

舍勒塑像

舍勒是氧气最早的发现者，并对氧的性质作了深入的研究。但舍勒终生笃信"燃素"说，认为"燃素"就和"以太"相似，"浊气"是因为吸足了"燃素"所致，"火空气"则是纯净的没有吸过"燃素"的。他在理论上墨守成规，这使他的发现黯然失色。

无论如何，舍勒的杰出贡献，给化学的进步带来了巨大的影响。舍勒除了发现了氧、氮等，还发现了砷酸、铝酸、钨酸、亚硝酸，他研究过从骨骼中提取磷的办法，还合成过氰化物，发现了砷酸铜的染色作用。后来很长一段时间里，人们把砷酸铜作为一种绿色染料，并把它称为"舍勒绿"。舍勒是近代有机化学的奠基人之一。1768 年，他证明植物中含有酒石酸，但这个成果因为瑞典科学院的忽视，一直到 1770 年才发表。舍勒还从柠檬中制取出柠檬酸的结晶，从肾结石中制取出尿酸，从苹果中发现了苹果酸，从酸牛奶中发现了乳酸，还提纯过没食子酸（gallic acid，$C_7H_6O_5$）。统计表明，舍勒一共研究过21种水果和浆果的化学成分，探索过蛋白质、蛋黄、各种动物血的化学成分。当时的有机化学还很幼稚，缺乏系统的理论，在这种情况下，舍勒能发现十几种有机酸，实在难能可贵。

舍勒的研究涉及化学的各个分支，在无机化学、矿物化学、分析化学，甚至有机化学、生物化学等诸多方面，他都做出了出色贡献。他生在了错误的年代，却成就了近代的化学。

4 磷（P，phosphorus）

概述

磷是人类发现的第14种元素。

在化学史上第一个发现磷元素的人，是17世纪的一个德国汉堡商人亨宁·布兰德（Henning Brand，公元1630—1710年），他相信炼金术。在三十年战争（公元1618—1648年，第一次全欧洲大混战，又称"宗教战争"）期间他担任初级军官，战争结束后成为玻璃工匠的学徒。后来他娶了一位有钱人的女儿。丰饶的嫁妆让他从此不愁吃穿，所以他开始追求自己真正的兴趣，也就是寻找"哲人石"（philosopher's stone）[①]，大家相信"哲人石"要通过炼金术才能制成。当时社会相信，"哲人石"可以把所有东西变成黄金，甚至可以让人长生不老。然而，反复的实验失败终究还是花光了他的所有积蓄。更不幸的是他妻子也过世了。之后他又娶了另一位女人，这位妻子不只带给他财富让他可以继续实验，还带给他一个儿子可以在实验室帮他的忙。

布兰德相信人体本身就是一种炼金术，因为人体摄入的物质跟排泄的物质完全不一样。所以他使用尿做了大量实验。1669年，他在一次实验中，将砂、木炭、石灰等和尿混合，在曲颈瓶（retort）[②]中加热蒸馏，虽没有得到黄金，却意外地得到一种十分美丽的物质，它色白质软，能在黑暗的地方放出闪烁的蓝绿色亮光。他发

[①] 一种存在于传说或神话中的物质，其形态可能为石头（固体）、粉末或液体。它被认为能将贱金属变成黄金，或制造能让人长生不老的万能药，又或者医治百病。法国炼金术士尼古拉·弗拉梅尔（Nicolas Flamel，公元1330—1418年）对此深有研究，他是唯一一位有记载炼成"哲人石"的炼金术士。

[②] 曲颈瓶也称为鹅颈瓶，是最早的一种玻璃蒸馏瓶，是由创建了化学这门学科的基础的、生于9世纪的贾比尔·义本·哈亚恩发明的。因为鹅颈瓶是开口瓶，当瓶内外的温度一致时，瓶内和瓶外的压力一样，不存在压力差，此时瓶内外没有空气流动，因此微生物就不能够进入瓶内产生污染。而在加热将瓶内的有机物水浸液煮沸时，空气和水蒸气一起通过鹅颈流出瓶外，也将鹅颈部分消毒，并有水蒸气冷凝存留在鹅颈的最低部分。当停止加热，瓶内液体冷却，水蒸气凝结，空气冷却时，瓶内外产生压差，有部分空气会由鹅颈进入，但这些空气需通过鹅颈低处凝聚的水，这些水会将空气中的微生物吸留，保证了进入瓶内的空气没有微生物。当内外温度平衡后，不再有空气流动，因此保证了有机物水浸液不腐烂。

现这种绿火不发热，不引燃其他物质，是一种冷光。于是，他就将这种新发现的物质命名为"磷"（意思是"冷光"）。这从未见过的白蜡模样的物质，虽不是布兰德梦寐以求的黄金，可那神奇的蓝绿色的火光却令他兴奋得手舞足蹈。这就是今日称之为白磷的物质。布兰德对制磷之法，起初极为保密。不过，他发现这种新物质的消息还是立刻传遍了德国。

磷的拉丁文名称为 phosphorum，就是"冷光"之意，化学符号是 P，英文名称是 phosphorus。

磷已经被发现存在于恒星爆炸后的宇宙残余物里。对超新星残余物仙后座 A 的最新观测揭示了磷存在的最新证据。它是在深空发现的两大元素之一，或可能给科学家提供有关生命在地外空间存在的可能性的线索。

在自然界中，磷以磷酸盐的形式存在，是生命体的重要元素，存在于细胞、蛋白质、骨骼和牙齿中。在含磷化合物中，磷原子是通过氧原子和别的原子或基团相联结。

种类

（1）白磷（黄磷）。

白磷是无色或淡黄色的透明结晶固体，密度为 $1.82g/cm^3$，熔点为 $44.1℃$，沸点为 $280℃$，燃点为 $40℃$，放于暗处有磷光发出，有恶臭、剧毒。白磷几乎不溶于水，易溶解于二硫化碳溶剂中。放置一段时间白磷表面部分会转化为红磷，使白磷变成淡黄色。白磷可制成武器白磷弹，吸入人体会燃烧形成磷酸酐，造成呼吸道及肺部灼伤，磷酸酐溶于水形成磷酸，具强脱水性，使呼吸道及肺部脱水。

（2）黑磷（金属磷）。

白磷在高压下加热会变为黑磷，其密度为 $2.70g/cm^3$，略显金属性。黑磷是黑色有金属光泽的晶体，在磷的同素异形体中反应活性最弱，在空气中不会被点燃。化学结构类似石墨，因此可导电。

（3）红磷（赤磷）。

白磷经放置或在 $250℃$ 隔绝空气加热数小时或暴露于光照下可转化为红磷。红磷是红棕色粉末，无毒，密度为 $2.34g/cm^3$，熔点为 $590℃$（在标准大气压下，熔点是 $590℃$，升华温度为 $416℃$），沸点为 $280℃$，燃点为 $240℃$，不溶于水。

（4）紫磷。

把黑磷加热到 $125℃$ 则变成钢蓝色的紫磷。其宏观单晶于 2019 年通过化学气相转移方法被成功合成，为暗红色透明晶体。在实验上通过单晶 X 射线衍射确定了紫磷的晶体结构为单斜 $P2/n$（$a=9.210Å$，$b=9.128Å$，$c=21.893Å$，$\beta=97.776°$），密度为 $2.369g/cm^3$，是一种二维材料。紫磷的光学带隙约为 $1.7eV$。紫磷在空气中能稳定存在，紫磷的起始热解温度高达 $512℃$，比黑磷高出 $52℃$，这表明紫磷是最稳定的磷的同素异形体。紫磷经过剥离后可以得到薄层状的紫磷，称为紫磷烯，紫磷烯比黑磷烯更稳定。

应用

磷是机体极为重要的元素之一，因为它是所有细胞中的核糖核酸、脱氧核糖核酸的构成元素之一，在生物体的遗传代谢、生长发育、能量供应等方面都是不可缺少的。磷也是生物体所有细胞的必需元素，是维持细胞膜的完整性、发挥细胞机能所必需的。磷脂是细胞膜上的主要脂类组分，与膜的通透性有关。磷促进脂肪和脂肪酸的分解，预防血中聚集太多的酸或碱，也影响血浆及细胞中的酸碱平衡，促进物质吸收，刺激激素的分泌，有益于神经和精神活动。磷能刺激神经肌肉，使心脏和肌肉有规律地收缩。磷帮助细胞分裂、增殖及蛋白质的合成，将遗传特征从上一代传至下一代。磷离子对于碳水化合物、脂类和蛋白质的代谢是必需的，它作为辅助因子作用于广大的酶体系，也存在于高能磷酸化合物中。如有机磷酸盐、ATP、磷酸肌酸等具有储存和转移能量的作用。在骨骼的发育与成熟过程中，钙和磷的平衡有助于无机盐的利用。磷酸盐能调节维生素 D 的代谢，维持钙的内环境稳定。

一个 60kg 体重的正常人，含磷总量约为 600g，其中 85%（约 510g）分布于骨骼和牙齿，其余 15% 分布在软组织和体液中，不同软组织磷的含量也不相同。脑组织含磷量较高，可高达 4.4g/kg，肌肉组织含磷量为 1.0g/kg，各软组织平均含磷量为 2.0g/kg。软组织中的磷主要以有机磷、磷脂和核酸的形式存在。骨组织中所含的磷主要以无机磷的形式存在，即与钙构成骨盐成分。血浆（清）中既含有机磷，又含无机磷，两者的比例约为 2∶1。骨骼形成时若储留 2g 钙则需要 1g 磷，在形成有机磷时，每储留 17g 氮则需要 1g 磷。

磷在食物中分布很广，无论动物性食物或植物性食物，在其细胞中，都含有丰富的磷，动物的乳汁中也含有磷，所以磷是与蛋白质并存的，瘦肉、蛋、奶以及动物的肝、肾含磷量都很高，海带、紫菜、芝麻酱、花生、干豆类、坚果粗粮含磷也较丰富。但粮食物和谷物中的磷为植酸磷，不经过加工处理，吸收利用率低。

与磷有关的缺乏症包括佝偻病，是一种小儿病，因缺少磷、钙或维生素 D，或钙磷比例失调而引起的。

骨软化是成人的佝偻病，是长期缺少磷、钙或维生素 D，或钙磷比例失调而引起的。

果树缺磷会造成：①春梢生长慢，影响花芽分化；②枝条木质化成熟慢，难以缓花坐果；③糖分外运速度慢，果实含糖量低；④籽粒不饱满，容易产生偏斜果、畸形果；⑤碳水化合物代谢慢，果树抗旱能力差等。

火柴

火是影响人类进化和文明进程的重要因素。人类用火来煮熟食物（扩大了食物范围）、驱赶野兽、生热、传递信号、照明等。早期的人类学会了从自然界产生的火源中保留火种，但保留的火种常常熄灭，因此渐渐产生了生火取火的想法。

尽管人类很早就发明了取火的方法，但要随时取得明火却不是一件容易的事。在远古时代，原始人发明了击打燧石和钻木取火（因此，中国有三皇之首燧人氏）的方法，经过一系列艰难的操作，也未必能保证取火成功。在铁被发明之后，人类开始用铁块和燧石碰撞的方法取火。然而这种取火方法也需要一定的技巧，学起来很麻烦。取火之前的准备工作很多，使用也不方便。于是人们开始寻求更简便的取火方法。

火柴是根据物体摩擦生热的原理，利用强氧化剂和还原剂的化学活性，制造出的一种能摩擦发火的取火工具。

中国很早就出现了可用于引火的火柴。南北朝时期，将硫磺蘸在小木棒上，借助于火种或火刀火石，能很方便地把阴火引发为阳火，这可视为最原始的火柴。公元 950 年前后，陶谷（公元 903—970 年）在《清异录》一书中提到，夜里有急事而又要花不少时间做灯；有一位聪明人就用松木条浸染硫磺，贮存起来备用；与火一接触，就会燃烧起来；可得小火焰如同谷穗。这种神奇之物，当时称为"引光奴"。后来成为商品时，便更名为"火寸条"。陶宗仪（公元 1329—1412 年）的《辍耕录》载："杭人削松木为小片，其薄如纸，镕磺涂木片顶分许，名曰发烛，又曰焠儿。盖以发火及代烛也。"

通过摩擦而点火的火柴则出现于近代的欧洲。发明火柴前，人们通常使用末端涂有诸如硫磺等易燃物的特制木片，将火焰从一燃烧源传到另一燃烧源。由于对化学的兴趣日益浓厚，人们开始做实验，想从木片上直接点火。1805 年，让·尚塞尔（Jean Chancel）在巴黎发现，将末端蘸有氯酸钾、糖和树胶的木片浸入硫酸中便可点燃。后来这个方法不断改进，1816 年，法国巴黎的弗朗索瓦·德鲁森（François Drusen）制成了黄磷火柴，他使用末端涂硫磺的火柴在内壁涂磷的管子内刮擦点燃，但限于技术而性能不佳。最后伦敦人琼斯（S. Jones）于 1828 年制成"普罗米修斯"（Prometheus）[①] 火柴，并获得专利。"普罗米修斯"火柴是一个含酸的小玻璃泡，外面涂裹引火物。用一把小钳子或用牙齿将玻璃泡弄碎后，外面裹的纸张即起火燃烧。其他既不方便又不安全的早期火柴都是使用含磷或其他物质的玻璃瓶。这些早期的火柴极难点燃，常常迸发成一片火星。由于气味特别难闻，琼斯的火柴盒上印有警告"肺部孱弱者切勿使用本品"。

摩擦火柴是由英国化学家和药剂师约翰·沃克（John Walker）发明的。1827 年，沃克迷上了打猎。当时，火药不是很令人满意，而且通常是潮湿或干燥的。有时沃克找到了猎物，要么枪"砰"的一声爆响，把猎物吓跑，要么打不

---

① 在古希腊神话中，有一位伟大的神，他会毫不犹豫地违反天道，为人类偷火种。因此他受到了天神宙斯的迫害，被绑在高加索山脉的悬崖上长达几万年。每天，他都暴露在阳光、风、雷和雨中，饱受老鹰的折磨。他为人类遭受了如此多的苦难，但从未抱怨过。他就是普罗米修斯。

出子弹，眼睁睁看着猎物逃跑。沃克非常沮丧，想改进火药。一天，沃克集中精力尝试一种新的火药。他用棍子搅拌金属锑和钾的混合溶液，试图使它们融合得更均匀。后来，他想用棍子搅拌其他溶液，但是棍子的一端还残留着大量的金属锑和钾，所以沃克不得不在地上使劲摩擦。突然，棍子猛地着火了。沃克感到惊讶，并立即被这种现象所吸引。他仔细研究了地面的质地，确定这是普通的沙子。沃克立刻想道：用蘸有金属锑和钾的混合溶液的小棍摩擦沙子，就可以产生火种。他立即开始付诸实践。经过各种尝试，沃克用氯酸钾和硫化锑制成了第一款有实用价值的火柴。1827年4月7日，火柴正式上市。盒子里有87根火柴，盒子外面贴了一小片砂纸。使用时，只要火柴头在砂纸上用力刮擦，火柴头就会燃烧。

火柴在诞生后发展迅速。1830年，一些人发明了黄磷火柴，这种火柴使用方便，但发火太灵敏，容易引起火灾，而且在制造和使用过程中，因黄磷有剧毒，严重危害人们的健康。1835年，另一些人发明了白磷火柴。然而这些火柴燃烧得很快，这很容易造成危险并威胁到人的安全。

为了增加火柴的稳定性和易燃性，法国人索利亚（C. Solia）在配方中加进白磷或黄磷，于1831年革新了火柴配方的设计，此项革新很快被广泛效仿。1835年，匈牙利人艾里尼（J. Erni）用氧化铅取代氯酸钾，获得微声、平滑、易燃的火柴。1845年，奥地利化学家施勒特尔（A. Schröter）发现了白磷转变为红磷的方法，红磷无毒且不易自燃。1855年，古斯塔夫·帕施（Gustaf Pasch）和约翰·伦德斯特罗姆（Johan Lundström）发明出一种新型火柴，将氯酸钾和硫磺等混合物粘在火柴梗上，而将红磷药料涂在火柴盒侧面。使用时，将火柴药头在磷层上轻轻擦划，即能发火。由于把强氧化剂和强还原剂分开，大大增强了生产和使用中的安全性，人们称之为安全火柴。

20世纪初，现代火柴传入中国，被称为洋火、番火等。火柴的发明淘汰了早先的火镰／火石。当今社会，由于技术的发展，很多人使用打火机而不再使用火柴，火柴一般只用在点燃蜡烛（比起打火机，可以远离火源以免烫伤）。电子打火也使得厨房里不再需要火柴。今日，在超市中更容易买到打火机而不是火柴，但是，火柴曾经在人类历史上的重要作用不可遗忘。

罗伯特·玻意耳（Robert Boyle，公元1627—1691年）

罗伯特·玻意耳

化学家，化学史家都把1661年作为近代化学的起点，因为这一年有一本对化学发展产生重大影响的著作出版问世，这本书就是《怀疑的化学家》（*The Skeptical Chemist*），它的作者是英国科学家罗伯特·玻意耳。

玻意耳生活在英国资产阶级革命时期，也是近代科学开始出现的时代，这是一个巨人辈出的时代。玻意耳于1627年1月25日生于爱尔兰的利兹莫城。就在他出生的前一年，提出"知识就是力量"著名论断的近代科学思想家弗朗西斯·培根（Francis Bacon，公元 1561—1626 年）刚去世。伟大的物理学家艾萨克·牛顿（Isaac Newton，公元 1643—1727 年）比玻意耳小 16 岁。近代科学伟人，意大利的伽利略（Galileo Galilei，公元 1564—1642 年）、德国的开普勒（Johannes Kepler，公元 1571—1630 年）、法国的笛卡儿都生活在这一时期。

玻意耳出生在一个贵族家庭，优裕的家境为他的学习和日后的科学研究提供了较好的物质条件。童年时，他并不显得特别聪明，很安静，说话还有点口吃，没有哪样游戏能使他入迷。但是比起他的兄长们，他却是最好学的。他酷爱读书，常常书不离手。8 岁时，父亲将他送到伦敦郊区的伊顿公学，他在这所专为贵族子弟开办的寄宿学校里学习了 3 年。随后他和哥哥法兰克一起在家庭教师的陪同下来到当时欧洲的教育中心之一的日内瓦过了 2 年。在这里他学习了法语、实用数学和艺术等课程。

1641 年，玻意耳兄弟又在家庭教师的陪同下，游历欧洲，年底到达意大利。旅途中即使骑在马背上，玻意耳仍然是手不释卷。也正是在这次旅行中，他确立了人生一大偶像：科学巨匠伽利略。也就是在意大利，他阅读了伽利略的名著《关于两大世界体系的对话》。这本书给他留下了深刻的印象，20 年后他的名著《怀疑的化学家》就是模仿这本书的格式写的。他对伽利略本人更是推崇备至。

十七岁那年，他遭遇家庭变故，父亲在英国资产阶级革命中因为保皇而丧命，家庭也一度陷入贫困。但连贵族学校都读不起的玻意耳，却果断走上另一条路：科学研究。

一批对科学感兴趣的人，其中包括教授、医生、神学家等，从 1644 年起定期地在某一处聚会，讨论一些自然科学问题。他们自称它为无形学院。1648 年因为伦敦战局不稳，更因为资产阶级革命派的军队攻占了牛津，革命派领袖克伦威尔（Oliver Cromwell，公元 1599—1658 年）[①]任命无形学院的成员维尔金斯担任牛津大学瓦当学院院长，无形学院的部分成员也纷纷迁往牛津，活动的中心从伦敦转移到牛津。1660 年，因政局趋于稳定，活动中心又转回伦敦。随着无形学院队伍的扩大，在1660 年的一次集会上，他们宣布正式成立一个促进物理 - 数学实验知识的学院。不久经国王查理二世批准，学院变成以促进自然科学知识为宗旨的英国皇家学会。皇家学会根据培根的思想，十分强调科学在工艺和技术上的应用，建立起新的自然哲学，成为著名的学术团体。

玻意耳 1646 年在伦敦时就参加了无形学院的活动。1654 年，他迁往牛津，寄宿在牛津大学附近一个药剂师家里。以后他又建立了自己设备齐全的实验室，并为自己聘用了一些助手，有些助手还是很有才华的学者。例如，其中的罗伯特·胡克（Robert Hooke，公元 1635—1703 年）后来也成为一位著名的科学家，他发现

[①] 克伦威尔：英国政治家、军事家、宗教领袖。17 世纪英国资产阶级革命中，资产阶级新贵族集团的代表人物、独立派的领袖。曾逼迫英国君主退位，解散国会，并转英国为资产阶级共和国，建立英吉利共和国，出任护国公，成为英国事实上的国家元首。

了形变同应力成正比的固体弹性定律，制成了显微镜，观察到植物细胞。这些助手在玻意耳领导下进行观察和实验，并帮助玻意耳收集整理科学资料和来往信件。这样在玻意耳的周围就形成了一个科学实验小组，玻意耳的实验室也一度成为无形学院的集会活动场所。玻意耳的一系列科研成果都是在这里取得的，那本划时代的名著《怀疑的化学家》（书中，玻意耳提出了让人耳目一新的观点："化学，不是为了炼金，也不是为了治病。化学应当从炼金术和医学中分离出来。它是一门独立的科学！"这立即轰动了整个欧洲化学界。恩格斯（Friedrich Engels，公元 1820—1895 年）曾高度评价玻意耳的贡献："玻意耳把化学确立为科学。"）也是在这里完成的。据统计，在 1660—1666 年的 7 年里，他写了 10 本书，在《皇家学会学报》上发表了 20 篇论文。在牛津，玻意耳一直是无形学院的核心人物，正式成立一个促进实验科学的学术团体也是玻意耳的主张。不过当皇家学会在伦敦成立时，玻意耳身在牛津，所以没有成为该学会的第一批正式会员，但是大家都公认玻意耳是皇家学会的发起人之一，因而被任命为首批干事之一。

1668 年，玻意耳从牛津迁往伦敦。到伦敦后，他建造了一所实验室，继续进行他的研究工作。对于社交活动，他看得很淡漠，甚至有点厌恶。但是他却把自己的科学活动与皇家学会密切地联系起来，因而在皇家学会赢得很高的声誉，是科学界公认的领袖。

1669 年，玻意耳的身体状况变得很糟，他开始停止与英国皇家学会的交流，宣称自己不愿意接待客人，要在剩余的时间里琢磨他的论文和信仰。在这段时间，玻意耳从尿液中提取出了磷元素；预测了 24 项未来技术，其中包括"延长寿命"和"整容手术"。

1671 年，他因劳累而中风，经过很长时间的治疗才痊愈。

1680 年玻意耳被选为皇家学会会长时，他因为体弱多病又讨厌宣誓仪式而拒绝就任，于是克里斯托弗·雷恩（Christopher Wren，公元 1632—1723 年）就任此职。

玻意耳的身体长期不好，他喜欢用从各方面搜集来的处方为自己和朋友配药，据说"他在国外时，随气温的变化会披上不同的斗篷，为此，他总随身带着温度计"。他不重视贵族头衔，规避一般事务，情愿在平静的科学研究（包括科学在冶金、医药、化学药品制造、染料及玻璃方面的应用）中度过一生。

玻意耳在科学研究上的兴趣是多方面的。他曾研究过气体物理学、气象学、热学、光学、电磁学、无机化学、分析化学、化学、工艺、物质结构理论以及哲学、神学。其中成就突出的主要

玻意耳的著作《怀疑的化学家》

是化学。玻意耳首先研究的对象是空气。通过对空气物理性质的研究，特别是真空实验，他认识到真空所产生的吸力乃是空气的压力。他做了一系列实验来考察空气的压力和体积的关系，并推导出空气的压力和它所占体积之间的数学关系。在他的著作《关于空气弹性及其物理力学的新实验》中，他明确地提出："空气的压强和它的体积成反比"。法国物理学家艾德蒙·马略特（Edme Mariotte，公元 1620—1684 年）[1] 在 15 年后也根据实验独立地提出这一发现。所以后人把关于气体体积随压强而改变的这一规律称作玻意耳 - 马略特定律。这一定律用当今较精确的科学语言应表达为：一定质量的气体在温度不变时，它的压强和体积成反比。

为了确定科学的化学，玻意耳考虑到首先要解决化学中一个最基本的概念：元素。最早提出元素这一概念的是古希腊一位著名的唯心主义哲学家柏拉图，他用元素来表示当时认为是万物之源的四种基本要素：火、水、气、土。这一学说曾在两千年里被许多人视为真理。后来医药化学家们提出的硫、汞、盐的三要素理论也风靡一时。玻意耳通过一系列实验，对这些传统的元素观产生了怀疑。他指出：这些传统的元素，实际未必就是真正的元素。因为许多物质，比如黄金就不含这些"元素"，也不能从黄金中分解出硫、汞、盐等任何一种元素。恰恰相反，这些元素中的盐却可被分解。那么，什么是元素？玻意耳认为：只有那些不能用化学方法再分解的简单物质才是元素。例如黄金，虽然可以同其他金属一起制成合金，或溶解于王水之中而隐蔽起来，但是仍可设法恢复其原形，重新得到黄金。汞也是如此。

至于自然界元素的数目，玻意耳认为：作为万物之源的元素，将不会是柏拉图的"四种"，也不会是医药化学家所说的三种，而一定会有许多种。玻意耳的元素概念实质上与单质的概念差不多，元素的定义应是具有相同核电荷数的同一类原子的总称。如今这种科学认识是玻意耳之后，又经 300 多年的发展，直到 20 世纪初才清楚的。玻意耳当时能批判"四元素"说和"三要素"说而提出科学的元素概念已很不简单，是认识上一个了不起的突破，使化学第一次明确了自己的研究对象。在《怀疑的化学家》一书中，在明确地阐述上述两个观点的同时，玻意耳还强调了实验方法和对自然界的观察是科学思维的基础，提出了化学发展的科学途径。玻意耳深刻地领会了培根重视科学实验的思想，他反复强调："化学，为了完成其光荣而又庄严的使命，必须抛弃古代传统的思辨方法，而像物理学那样，立足在严密的实验基础之上。"玻意耳正是这样身体力行的。玻意耳把这些新观点新思想带进化学，解决了当时化学在理论上所面临的一系列问题，为化学的健康发展扫平了道路。如果把伽利略的《关于两大世界体系的对话》作为经典物理学的开始，那么玻意耳的《怀疑的化学家》可以作为近代化学的开始。

---

① 艾德蒙·马略特（Edme Mariotte，公元 1620—1684 年）：法国物理学家和植物生理学家。曾任第戎附近的圣马丁修道院的院长。进行过多种物理实验，从事力学、热学、光学等方面的研究，制成过多种物理仪器，后成为法国实验物理学的创始人之一。马略特是法国科学院的创建者之一，并成为该院第一批院士（公元 1666 年）。

　　把玻意耳称为近代化学的奠基者有三个理由：①他认识到化学值得为其自身目的去进行研究，而不仅仅是从属于医学或作为炼金术去进行研究——虽然他相信炼金术是可能成功的；②他把严密的实验方法引入化学中；③他给元素下了一个清楚的定义，并且通过实验证明亚里士多德的"四元素"和炼金家的"三要素"（汞、硫和盐）根本不配称为元素或要素，因为其中没有一个可以从物体（如金属）中提取出来。

　　玻意耳关于元素的看法大都叙述于《怀疑的化学家：或化学-物理的怀疑和悖论，涉及炼金家普遍推崇并为之辩护的而又为化学家通常认为实在的种种要素》（简称《怀疑的化学家》），1661年伦敦版，1680年第二版（匿名发表）。

　　玻意耳是出色的实验家，他改进了许多当时常用的仪器。他应用马格德堡的市长奥托·冯·格里克（Otto von Guericke，公元1602—1686年）[①] 在1654年发明的抽气机，做了许多减压作用的实验。其中特别值得一提的是，玻意耳描述了减压蒸馏以及进行这个过程的装置。

　　《怀疑的化学家》虽相当冗长，但是好读，其中穿插了一些幽默的语句，使该书更有生气。

　　玻意耳创建的理论——玻意耳定律，是第一个描述气体运动的数量公式，为气体的量化研究和化学分析奠定了基础。该定律是学习化学的基础，学生在学习化学之初都要学习它。

　　玻意耳女友去世后，他一直把女友最爱的紫罗兰花带在身边。在一次紧张的实验中，放在实验室内的紫罗兰，被溅上了浓盐酸，爱花的玻意耳急忙把冒烟的紫罗兰用水冲洗了一下，然后插在花瓶中。不久，玻意耳发现深紫色的紫罗兰变成了红色的。这一奇怪的现象促使他进行了许多花木与酸碱相互作用的实验。由此他发现大部分花草受酸或碱作用都能改变颜色，其中以石蕊地衣中提取的紫色浸液最明显，它遇酸变成红色，遇碱变成蓝色。利用这一特点，玻意耳用石蕊浸液把纸浸透，然后烤干，制成了实验中常用的酸碱试纸——石蕊试纸。

　　也是在这一类实验中，玻意耳发现五倍子水浸液和铁盐在一起，会生成一种不生沉淀的黑色溶液。这种黑色溶液久不变色，于是他发明了一种制取黑墨水的方法，这种墨水几乎用了一个世纪。

　　在实验中，玻意耳发现，从硝酸银中沉淀出来的白色物质，如果暴露在空气中，就会变成黑色。这一发现，为后来人们把硝酸银、氯化银、溴化银用于照相术上，做了先导性工作。

　　晚年的玻意耳在制取磷元素和研究磷、磷化物方面也取得了成果，他根据"磷的重要成分，乃是人身上的某种东西"的观点，顽强努力地钻研，终于从动物尿中

---

　　① 奥托·冯·格里克：德国物理学家、官员，一面从政，一面从事自然科学的研究。1654年5月8日，格里克在马格德堡进行了半球实验，展示了大气压强的巨大。他于1650年发明了活塞式真空泵（即往复式真空泵）。

提取了磷。经进一步研究后，他指出：磷只在空气存在时才发光；磷在空气中燃烧形成白烟，这种白烟很快和水发生作用，形成的溶液呈酸性，这就是磷酸；把磷与强碱一起加热，会得到某种气体（磷化氢），这种气体与空气接触就燃烧起来，并形成缕缕白烟。这是当时关于磷元素性质的最早介绍。

5 硫（S, sulfur）

概述

硫是人类发现的第 8 种元素。

硫的英文名为 sulfur，源自拉丁文的"surphur"，传说是来自印度的梵文"sulvere"，原意是"鲜黄色"。指示硫的英文词头为"thio-"，起源于希腊语中的"theion"（即硫磺）。硫在远古时代就被人们所知晓。大约在 4000 年前，古埃及人已经会用硫燃烧所生成的二氧化硫来漂白布匹，古希腊和古罗马人也能熟练地使用二氧化硫来熏蒸消毒和漂白。公元前 9 世纪，古罗马著名诗人荷马在他的著作里讲述了硫燃烧时有消毒和漂白的作用。

硫晶体

硫在古代中国被列为重要的药材。在中国古代第一部药物学专著《神农本草经》中所记载的 46 种矿物药品中，就有石硫黄（即硫磺），其功效为内治腹痛，外治疮疥。在这部著作里还指出："石硫黄能化金银铜铁，奇物"。这说明当时已经知晓硫能与铜、铁等金属直接作用而生成金属硫化物。世界现存最古老的炼丹著作——魏伯阳的《周易参同契》，也记述了硫能和易挥发的汞化合成不易挥发的硫化汞。在东晋炼丹家葛洪（公元 284—364 年）的《抱朴子内篇》中也有"丹砂烧之成水银，积变又还成丹砂"的记载。中国对火药的研究，大概始于公元 7 世纪。当时的火药是黑火药，是由硝酸钾、硫磺和木炭三者组成。火药的制造促进了硫磺的提取和精制技术的发展，《太清石壁记》有用升华法精制硫磺的记载。明朝末年宋应星（公元 1587—1666 年）的《天工开物》一书中对从黄铁矿石和含煤黄铁矿石制取硫磺的操作方法作了详细的叙述。宋应星早年追求功名，却未中进士；步入不惑之年后醉心于科技，全面收集传统农业、手工业技术，编撰了号称"中国 17 世纪工艺百科全书"的《天工开物》。

长期编书过程中，宋应星对火药产生了浓厚的兴趣。通过实验，他不但观察到火药爆炸时产生的热和威力，还弄清了火药主要由硝石、硫磺和草木灰组成，并将其记录下："凡火药，以硝石、硫磺为主，草木灰为辅……其出也，人物膺之，魂散惊而魄斋粉。"（《天工开物·佳兵·火药料》篇）

直到 1746 年英国约翰·罗巴克（John Roebuck，公元 1718—1794 年）发明了铅室法制造硫酸，1777 年拉瓦锡将硫确认为一种元素后，硫才进入了近代化学的大门。此后，硫迅速成为与近代化学工业和现代化学工业密切相关的最重要的元素之一。

分布

硫在自然界中分布较广，在地壳中含量为 0.048%（质量分数）。在自然界中硫的存在形式有游离态和化合态。单质硫主要存在于火山周围。以化合态存在的硫多为矿物，可分为硫化物矿和硫酸盐矿。硫化物矿有黄铁矿（FeS_2）、黄铜矿（$CuFeS_2$）、方铅矿（PbS）、闪锌矿（ZnS）等。硫酸盐矿有石膏（$CaSO_4 \cdot 2H_2O$）、芒硝（$Na_2SO_4 \cdot 10H_2O$）、重晶石（$BaSO_4$）、天青石（$SrSO_4$）、矾石（$(AlO)_2SO_4 \cdot 9H_2O$）、明矾石（$K_2SO_4 \cdot A_{12}(SO_4)_3 \cdot 24H_2O$）等。在煤炭中通常也含有少量的硫。

应用

硫可用于制造硫酸、亚硫酸盐、杀虫剂、塑料、搪瓷、合成染料、硫化橡胶、漂白剂、药物、油漆、硫磺软膏等。

硫矿物最主要的用途是生产硫酸和硫磺。硫酸是耗硫大户，中国约有 70% 以上的硫用于硫酸生产。化肥是消费硫酸的最大户，消费量占硫酸总量的 70% 以上。硫酸除用于化学肥料外，还用于制作苯酚、硫酸钾等 90 多种化工产品，轻工系统的自行车、皮革行业，纺织系统的黏胶、纤维、维尼纶等产品，冶金系统的钢材酸洗、氟盐生产，石油系统的原油加工、石油催化剂、添加剂以及医药工业等也都离不开硫酸。

 6 硒（Se，selenium）

概述

硒，英文名称为 selenium，元素符号 Se，元素周期表中原子序数 34，ⅥA 族非金属元素，密度为 4.809g/cm³，熔点为 221℃，沸点为 685℃。硒是一种有红色或灰色单质金属光泽的固体，性脆，有毒，能导电，且其导电性随光照强度急剧变化。硒能被硝酸氧化和溶于浓碱液中，室温下不会被氧化。硒是人体必需的微量矿物质营养素，但摄入过量会对人体产生危害。硒在地壳中的含量仅为 0.05ppm，且分布分散。

硒在自然界的存在方式分为两种：无机硒和植物活性硒。无机硒一般指亚硒酸钠和硒酸钠，从金属矿藏的副产品中获得；植物活性硒是硒通过生物转化与氨基酸结合而成，一般以硒蛋氨酸的形式存在。

硒单质是准金属。在已知的六种固体同素异形体中，三种晶体（α单斜体、β单斜体、灰色三角晶）是最重要的，晶体中以灰色三角晶系最为稳定，密度为 $4.81g/cm^3$。也以三种非晶态固体形式存在：红色、黑色的两种无定形玻璃状的硒，前者性脆，密度为 $4.26g/cm^3$，后者密度为 $4.28g/cm^3$；另外一种是胶状硒。

发现

硒是人类发现的第 50 种元素。

1817 年夏，在瑞典南部的一栋小洋楼里，瑞典化学家贝采里乌斯听到助手报告的一则消息后，立即中断手中的铅室实验，走到窗前，喃喃自语。原来，半年前为了给实验室筹措资金，以加大硫酸的研究力度，他向邻镇的一个硫酸厂投了一笔款，同时负责厂里产品的质量检验工作。眼看就可以分红，添购一批新的实验器材，不料该厂发生了火灾，化为灰烬。

短暂的沮丧和懊恼之后，贝采里乌斯调整状态，还是回到实验桌前，继续分析铅室底部的残渣。铅室法是指在铅制的方形空室里制取硫酸的方法。这种方法曾在西方盛行 100 多年。贝采里乌斯研究铅室已经有些时日了，但始终没什么进展。

作为与著名科学家道尔顿、阿伏伽德罗同时代的科学大家，贝采里乌斯在多个领域尤其是化学领域取得了非凡的成就。道尔顿提出原子论后，贝采里乌斯花十几年时间，在其简陋的实验室里，先后对 2000 多种物质进行精确分析，为原子论的确立提供了丰富的实验数据。后来，贝采里乌斯不但从乌拉尔铂矿中首次分离出钍、铈等元素，还首创用拉丁字母作元素符号的方法，及用拉丁字母表达化学式的理论。现在中学生化学课的部分内容就来自贝采里乌斯的理论。当然，这些成就背后究竟经历过多少次失败，估计只有他本人才清楚。

所以，贝采里乌斯深知，若要解决目前的危机，只有通过实验研究获得新的理论，以得到政府和行业的更多资源和资金。

功夫不负有心人。贝采里乌斯通过细心观察，发现铅室残渣里有一些红色粉状物质。他先除去红色粉末里的硫酸，再用吹管进行加热。这时，盛粉末的坩埚里发出很臭、像腐烂蔬菜一样的味道。

贝采里乌斯捂住鼻子，反复用镊子翻腾红色粉末，试图判断这是什么物质，难道它们是不纯的碲块抑或者是硫的化合物？很快他又否定了这个想法。因为碲单质是白色粉末，其化合物也没有臭味；硫粉是淡黄色的，其代表化合物硫化氢低浓度时有臭鸡蛋气味，但不是腐烂蔬菜的味道。

贝采里乌斯隐隐觉得，这些红色粉末里大有文章。

经过反复试验、分析，他确定红色粉末是一种与碲元素性质相近、介于碲与硫之间的非金属元素。

如何给未知元素命名呢？贝采里乌斯觉得新元素与碲（碲的希腊文为 tellurium，意思是"地球"）性质相近，相当于是碲的姊妹元素，不妨用"selene"来表示它，化学符号设为"Se"。selene 在希腊文里是"满月女神"的意思，所以后人称硒为"月亮女神"。

贝采里乌斯在写给克劳德·贝托莱的书信中简介了提取硒的方法：首先把大量上述的沉淀物溶解在由浓硝酸和浓盐酸按 1∶4 混合而成的王水里，加入硫酸，再把以上步骤产生的硫酸铅过滤走；把这些硫酸铅与硫化氢混合，产生铜、汞、锡、砷和硒的混合物；然后把混合物加到王水中，以碱中和，把以上步骤产生的重金属氧化物过滤走，将滤液加热至干燥、通红；最后，在剩余的溶液加入氯化铵，并把此混合物加热至所有氯化铵已蒸发，从而以氨在亚硒酸钠中分解出硒。

他还发现了硒的同素异形体。他还原硒的氧化物，得到橙色无定形硒；缓慢冷却熔融的硒，得到灰色晶体硒；在空气中让硒化物自然分解，得到黑色晶体硒。

贝采里乌斯发现硒元素并为之命名后，便计划深入研究硒的有机化合物。硒的有机化合物简称硒化物，包括正硒化物和酸式硒化物两种。硒化物由重金属离子沉淀而成，沉淀过程中硒化氢起到催化作用。弄清硒化物的结构和化学性质，是硒元素运用于各领域的关键。由于他手里还有许多其他化学研究项目，哪一个都不能落下，所以把研究硒化物的任务交给学生，自己只是给予适当的指导。

贝采里乌斯不但是当时知名的科学家，还是一流的教育家，欧洲各国的化学工作者都以到他的实验室学习和工作为荣。维勒、李比希、杜马等化学家都是他的学生。

正如贝采里乌斯所料，硒化物的研究遇到空前的困难，一度处于停滞的状态。原来，硒化物具强酸性，是硫化氢的 2000 倍，这种酸性具体到实验中，就是对鼻黏膜的特殊刺激作用。

如果用"臭不可当"来形容硫化氢的气味，那硒化物的气味就是"臭不可当"的若干倍，且这种气味极易吸附在衣服、毛发和皮肤上，让人感到恶心。

直到 1837 年 1 月 23 日，贝采里乌斯 58 岁生日那天，他收到一份特殊的贺礼，是学生维勒寄来的一封信。信内容很短："今天，您的一个孙子，也是硒的孩子——乙硒醇来到了世界上。"

信中维勒把硒比作恩师贝采里乌斯的儿子，把乙硒醇比作硒的儿子。乙硒醇是硒化物的代表，硒的第二个同系物。有趣的是，乙硒醇正是维勒的学生，也就是贝采里乌斯的徒孙 C. 西蒙制备出来的。

乙硒醇的问世，只是硒元素研究路上的一段小插曲。后来的事实证明，作为人体必需的 15 种微量元素之一，硒一直像月亮女神一样保护着人们的健康。"硒像一颗原子弹，量很小很小……作用和威慑力却很大很大，一旦被人们认识、利用，将对人类健康产生深刻的影响。"被誉为"二十世纪最具权威的微量元素专家"的奥德菲尔德博士如此评价硒。

1930 年，硒的第一个同系物——甲硒醇被制备出来。

用途[①]

硒是一种多功能的生命营养素，常用于预防癌症、克山病、大骨节病、心血管病、糖尿病、肝病、前列腺病、心脏病等 40 多种疾病。①硒有抗癌作用。人体缺硒易患肝癌、肺癌、胃癌、食管癌、肾癌、前列腺癌、膀胱癌、宫颈癌、白血病等。②硒有抗氧化作用。硒是最好的抗衰老物质，如果人体缺少了硒就会"不再年轻"，会导致未老先衰。③硒能够增强人体免疫力，缺硒使人体的免疫能力下降。④硒有抗有害重金属的作用。缺硒易引发铅、砷、镉等重金属的中毒症状。⑤硒能够调节维生素 A、维生素 C、维生素 E、维生素 K 的吸收与利用。缺硒能引发近视、白内障、视网膜病、眼底疾病、老年黄斑变性等。⑥硒有调节蛋白质的合成的功能。缺硒能引发蛋白质能量缺乏性营养不良，染色体损害等。⑦硒能够增强生殖功能。缺硒能引发射精受阻，精子活力低下、发生畸形，受胎率降低，子宫炎发病率升高等。

1973 年，世界卫生组织（WHO）宣布硒是人和动物生命必需的微量元素。1988 年，中国营养学会把硒列为 15 种每日必须摄入的膳食营养素之一，建议成人每天摄入硒 50 ~ 200μg。

硒最好从食物中摄入，海鱼、鸡蛋、猪肉等高蛋白质食物中硒含量一般较高，另外某些蔬菜中的硒含量也较高。海鱼是自然硒含量最高的食物，750g 海鱼含硒量可达 50μg。

人体缺硒的后果

物以"硒"为贵。这句曾经较流行的补硒宣传语自有一定道理。这里的"物"，不是指物体，而是指动植物尤其是人类。

作为地球上的稀散元素，硒不但对动植物尤其是人类产生重要影响，还在现代工业领域大显身手。硒是优良的光电和半导体材料，大量应用在光电管、激光器、镇流器的制造和无线电传真、电视技术上，与人类的生活息息相关。

硒在工业领域最广泛的用途，莫过于推动激光打印机的发展。20 世纪 70 年代，科学家通过蒸镀把硒附在鼓基上，制成感光鼓，俗称硒鼓。硒鼓装进打印机，就制成原始的激光打印机。物以"硒"为贵，稀有的原材硒导致激光打印机售价奇高，很难走向市场。20 世纪 80 年代以来，由于科技的进步，硒鼓原材由硒改为有机光导材料，这样既减少了成本，又让污染变小，所以很受市场欢迎。虽然硒鼓里没有硒或只含极少量的硒，但人们还是称感光鼓为"硒鼓"，沿用至今。

永斯·贝采里乌斯（Jöns Berzelius，公元 1779—1848 年）

贝采里乌斯，又译为贝齐里乌斯，白则里，瑞典化学家，现代化学命名体系的建立者。他首次将化学分为含碳化合物化学（即现在的有机化学）和其他物质化学

---

① 本节内容主要源自魏德勇的网文"从'月亮女神'到人体必需，人类追寻它用了 200 年"。

永斯·贝采里乌斯

（无机化学）两部分，还创造了蛋白质、聚合物（polymer）、同分异构体和同素异构体（allatrope）①等名词。

1779 年 8 月 20 日，贝采里乌斯诞生于瑞典首都斯德哥尔摩西南大约 161km，位于波罗的海和维特恩湖之间的林彻平（Linköping），在他 4 岁的时候，担任小学校长的父亲因病去世，母亲带着他和 2 岁的妹妹改嫁一位牧师。两年以后，贝采里乌斯的母亲也去世了。幸运的是，已经有 5 个亲生儿女的继父视贝采里乌斯兄妹俩如己出，对他们进行培养、教育。

1793 年，14 岁的贝采里乌斯进入了林彻平中学。对自然科学课程，他表现出了极大的兴趣，经常搜集各种动植物的标本。在一位刚从西印度群岛作学术旅行回来的新博物学教师的指导下，贝采里乌斯开始对林彻平地区的动植物进行较为系统的研究。

中学毕业后，贝采里乌斯希望能够继续深造，继父同意了他的要求。1796 年 9 月，17 岁的贝采里乌斯来到乌普萨拉——瑞典古老的大学城。随即他通过了入学考试，成为乌普萨拉大学的学生。

1798 年秋天，大学生贝采里乌斯获得了一笔奖学金。很快，他通过了自己的本专业——医学哲学的考试。直到这时，贝采里乌斯对自己以后毕生所从事的事业——化学，还没有多大兴趣。

最终促使贝采里乌斯将精力用到化学方面的是一次考试。在大学三年级的一次考试中，他的化学成绩排在了全班的最后，要不是其他学科成绩优良，他很可能就被开除了。从此以后，不甘居人后的贝采里乌斯开始积极地学习化学。这位年轻人开始研读德国化学家吉坦尼尔的教科书《反燃素化学基础原理》。这是一部通俗易懂的教科书。贝采里乌斯后来回忆，正是研读了这本书后，他对化学的兴趣越来越浓厚，他的头脑里充满了各种化学实验和化学知识。

这时候，在电学方面，意大利人亚历山德罗·伏打（Alessandro Volta，公元 1745—1827 年）发明了能产生持续电流的伏打电池。很快，善于接受新事物的贝采里乌斯也制造了一个伏打电池，并用来研究电流的生理学的和医疗的效用。利用这一装置，他成功地使一位残疾人的一只病手恢复了灵活性。对这些实验的体会成了他博士论文的基础。1802 年 5 月，贝采里乌斯在乌普萨拉大学进行了公开的博士学位论文答辩，完成了获得医学博士学位所需的一切。同一年，瑞典皇家医学会任命刚满 23 岁的贝采里乌斯为斯德哥尔摩医学院医学和药学讲师。从此，他开始了自己

———————

① 指构成物质的化学元素虽然相同，但是构成物质的分子结构因为排列次序和空间结构形式上的变化而引起不同的结果，甚至发生明显的质的变化，形成了在物理性能和功能用途方面都不相同，甚至是巨大差别的物质。

的教学生涯。

贝采里乌斯对各种化合物均有兴趣，发现了多种化学元素，分别是铈、硒、硅和钍；在他的实验室进行研究的学生也曾经发现化学元素，包括锂、钒及几种稀土金属。

1803 年，贝采里乌斯与威尔海姆·希辛格（Wilhelm Hisinger，公元 1766—1852 年）在一种红棕色的稀有矿物质（现称为硅铈石，cerite）中发现了一种未知化学元素的氧化物。这种未知元素有两种不同氧化数的氧化物，其中一种的溶液透明无色，另一种的溶液呈黄红色；贝采里乌斯觉得这种未知元素有特别之处，难以把它的氧化物置于其他已知的土中。他受两年前发现的天体谷神星（Ceres）启发，把新元素命名为 "cerium"（铈）。两人很快就铈的发现撰写论文，送交德国学术期刊《新化学总刊》（Neues Allgemeines Journal der Chemie）。编采人员同意把这论文刊登在期刊里，但排期在马丁·克拉普罗特同样关于发现新元素的论文后出版。1804 年，《新化学总刊》出版者阿道夫·盖伦（Adolph Gehlen）致函希辛格，把铈的发现归功于他和贝采里乌斯，克拉普罗特接受这一决定。但是，另一名（法国）化学家路易-尼古拉·沃克兰（Louis-Nicolas Vauquelin，公元 1763—1829 年）断言，贝采里乌斯与希辛格发现铈后把研究成果和样本交予克拉普罗特，后者再以自己的名义发表研究。这激怒了克拉普罗特，他写了一封用词愤慨的信给贝采里乌斯，质问他有否向沃克兰捏造自己欺世盗名的指控；贝采里乌斯行文谦逊地回复了克拉普罗特，指自己尊重对方、故不会如此造谣，此后未得到克拉普罗特的回信。

1807 年，28 岁的贝采里乌斯被任命为化学和药学教授。此时他所任教的医学院医疗系只有三名教授，因此，每位教授要开好几门课。1806—1818 年，贝采里乌斯与赫斯格尔创立了期刊《物理、化学和矿物学丛刊》，这本刊物在物理学、化学界的影响日益加深，贝采里乌斯也经常在这一刊物上发表自己的各种研究成果。 在 1806 年，贝采里乌斯自己动手编写了生理化学教科书。就在这一年，他第一次把 "有机化学" 的概念引入教学中。1808 年，他着手编写《化学教科书》一书，这是日后许多国家的几代化学家都学过的一部教科书，对科学的发展做出了巨大的贡献。从 1807 年开始，在以后的 6 年中，他还进行了测定各种盐、酸、氧化物与其他物质组成的基础研究。

1815 年贝采里乌斯发现与另一种金属氧化物相似的 "未知氧化物"，并以北欧神话中的雷神托尔（Thor）命名构成这种 "氧化物" 的未知化学元素为 "thorium"（钍）。但是，他发现的物质后来被证实不是未知化学元素的氧化物，而是磷酸钇。1819 年，矿物学教授延斯·埃斯马克（Jens Esmark，公元 1763—1839 年）无法辨别儿子莫滕·埃斯马克（Morten Esmark，公元 1801—1882 年）交给自己的矿物质，把样本交给贝采里乌斯进行化学分析。贝采里乌斯发现样本含有60%的未知氧化物，其后在一份出版于 1829 年的刊物公开此发现，并重新使用 "钍" 这个名称来命名构成上述未知氧化物的化学元素。

1824 年，贝采里乌斯把氟硅酸钾与钾一同加热，但这样做的产品含有杂质硅化钾，因此，他把产品加在水中搅拌，令其与水发生化学反应，从而获取纯度较高的硅。同年贝采里乌斯在自己制造的样本观察到了硅原子和碳原子之间存在化学键，并就此发表论文，因此他很可能是首个合成碳化硅的人。

1918 年，贝采里乌斯提出他最有名的研究成果——相对原子质量确定。当他研究各种元素的氧化物时，发现各元素由一定的质量、比例组成各种不同的物质，他以每摩尔的氧原子的质量为 16g 为基础，定出 45 种已知元素的原子量。贝采里乌斯在化学领域中影响最大的，是他首先倡导以元素符号来代表各种化学元素。他给每种元素选定一个符号，这个符号一般是元素名称的第一个字母。因此，氢的符号是 H，氧的是 O，氮的是 N。然而许多元素的名称在不同语言中的拼写不一致，对于这种情况，贝采里乌斯用拉丁文表示元素的符号。比如，铁取拉丁文"ferrum"中的 Fe，钠用 Na 表示（来自拉丁文矿物"泡碱"（mineral natron）），而铅的符号 Pb 来自拉丁文"plumbum"。

如果第一个字母相同，就用前两个字母加以区别。例如，Na 与 Ne、Ca 与 Cd、Au 与 Al 等。这就是一直沿用至今的化学元素符号系统。他的元素符号系统，公开发表在 1823 年的《哲学年鉴》上。一年以后，在同一刊物上，他又撰文论述了化学式的书写规则。他把各种原子的数目以数字标在元素符号的右上角，例如 CO^2、SO^2、H^2O 等。后来，为了美观，上标改成了下标，变成了 CO_2、SO_2、H_2O 等，一直沿用至今。

1826 年，他以拉丁文定下各种原子的符号，并且排出原子量表，这是最早的原子量确定与周期表。为什么化学元素名称要用拉丁文表示？贝采里乌斯认为：日常用字会随时间而改变其用词的含义，非口语的拉丁文反而能留下原来的含义。

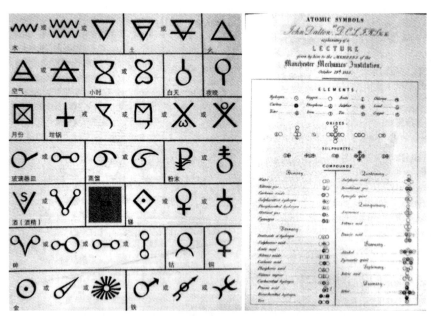

贝采里乌斯之前，一般采用炼金术符号（左）或道尔顿符号（右）

贝采里乌斯发现了3种新元素：铈（1803年）、硒（1817年）、钍（1828年）。他最早分离出硅（1810年）、钽（1824年）和锆（1824年）；详尽地研究了碲的化合物（1834年）和稀有金属（钒、钼、钨等）的化合物。

贝采里乌斯是一名严格的经验主义者，坚持任何新的理论需与化学知识一致。他认为，化学家应该从已知领域出发到未知；除非另有证据，否则应使用已证实可靠的方法探索新领域。此外，贝采里乌斯极其勤奋，被形容为具有"难以置信的能量"，而且总是会按计划工作，其办事方式被认为远比另一位化学家戴维有系统性。贝采里乌斯待人和蔼，工作的时候说很多话，只是在头痛发作、出外旅行和撰写年鉴时才会缺席工作。

和当时的几乎所有人一样，贝采里乌斯信奉"活力论"，认为生命系统具有一种非生命系统欠缺的"生命力"，因此不可能在实验室人工合成出生物制造的化学物质。他在1806年首次使用"有机化学"，用来形容"对源自生物的物质之化学研究"。但是，贝采里乌斯的学生弗里德里希·维勒成功地人工合成尿素，并向贝采里乌斯写信告知此发现，掀开了"活力论"消亡的序幕。

贝采里乌斯毕生专心致力于科学事业，他56岁才结婚。他的妻子伊丽莎白（Elisabeth Poppius）当时年仅24岁。婚后，贝采里乌斯继续埋头于科研工作。他一边在大学里讲课，一边在实验室工作，并抽空编写《年度述评》。1836年，他还在《物理学与化学年鉴》杂志上发表了一篇论文，首次提出化学反应中使用的"催化"与"催化剂"概念。1841年第一个提出了"同素异构"的术语。

贝采里乌斯夫妇没有孩子，他们就把学生当成自己的孩子。这些学生中很多日后成了杰出的化学家，例如，第一个合成尿素的维勒、在铁矿中发现新元素锂的约翰·阿尔夫维特森（Johan Arfvedson，公元1792—1841年）、发现新元素钒的塞夫斯特伦、发现新元素镧的卡尔·莫桑德尔（Carl Mosander，公元1797—1858年）等。

3.2　卤族元素

 # 氟（F，fluorine）

概述

氟是人类发现的第19种元素。

氟是一种非金属化学元素，元素符号F，原子序数9。氟是卤族元素之一，属周期系ⅦA族，在元素周期表中位于第二周期。氟元素的单质是F_2，它是一种淡黄色、有剧毒的气体。氟气的腐蚀性很强，化学性质极为活泼，是氧化性最强的物质之一，甚至可以和部分惰性气体在一定条件下反应。氟是特种塑料、橡胶和冷冻液（氟氯烷）中的关键元素。由于氟的特殊化学性质，氟化学在化学发展史上有重要的地位。因为氟化学的发展，发现了 XeF_2、XeF_4、XeF_6、$XeOF_2$ 等氟化物，化学多了一门分支：稀有气体化学。

氟是自然界中广泛分布的元素之一。氟在地壳的丰度为 $6.5 \times 10^{-2}\%$，居第 13 位。自然界中氟主要以萤石（CaF_2）、冰晶石（Na_3AlF_6）、氟磷灰石（$Ca_{10}(PO_4)_6F_2$）存在。

密度：1.696g/L（0℃），熔点：−219.66℃，熔化热：（510.36±2.1）J/mol，沸点：−188.12℃，汽化热：（6543.69±12.55）J/mol，热导率：27.7W/（m·K），电子层排布：$[He]2s^22p^5$，主氧化态：−1、0，电负性：3.98，晶体结构：简单立方（分子晶体）。

氢与氟的化合反应异常剧烈，即使在 −250℃ 的低温暗处，也可以与氢气爆炸性化合，生成氟化氢：$F_2 + H_2 =\!=\!= 2HF$。

不但是氢气，氟可以与除 O、N、He、Ne、Ar、Kr 外的所有元素的单质反应，生成最高价氟化物。除具有最高价态的金属氟化物和少数纯的全氟有机化合物外，几乎所有化合物均可以与氟反应。即使是全氟有机化合物，如果被可燃物污染，也可以在氟气中燃烧。大多数有机化合物与氟的反应将会发生爆炸，碳或大多数烃与过量氟的反应，将生成四氟化碳及少量四氟乙烯或六氟丙烷。

由于氟强烈的氧化性，氟甚至可以和氙直接化合。

但由于氮对氟而言是惰性的，可用作气相反应的稀释气。氮和氟用辉光放电法可以化合为 NF_3。氟在与铜、镍或镁反应时，金属表面会形成致密的氟化物保护膜以阻止继续反应，因此氟气可保存在这些材料制成的容器中。

氟元素在正常成年人体中含 2 ~ 3g，主要分布在骨骼、牙齿中，在这两者中积存了约 90% 的氟，血液中每毫升含 0.04 ~ 0.4μg 的氟。

人体所需的氟主要来自饮用水。人体每日氟摄入量超过 4mg 会造成中毒，损害健康。

发现

1670 年，德国工艺学家施旺哈德（H. Schwanhardt）用硫酸与萤石混合，得到含有杂质的氟的化合物氢氟酸，并利用它的严重腐蚀性在玻璃表面制作花纹。1771 年，舍勒分别利用硫酸、盐酸、硝酸与萤石的混合液，逐一放在玻璃曲颈瓶中进行蒸馏，得到很纯的氢氟酸，并于 1789 年提出它的酸根与盐酸根性质相似的猜想。氢氟酸不仅有剧毒，而且极难分离。而后，盖 - 吕萨克等继续进行提纯氢氟酸的研究，到了 1819 年无水氢氟酸仍未分离成功。

1812 年，安培（André-Marie Ampère，公元 1775—1836 年）给戴维的信函中曾指出，氢氟酸中存在着一种未知的化学元素，正如盐酸中含氯元素，并建议把它命名为 "Fluor"，词源来自拉丁文及法文，原意为 "流动（flow，fluere）"。

此后，1813 年的戴维，1836 年的乔治·诺克斯及托马斯·诺克斯，1850 年的埃德蒙·弗雷密（Eadmund Fremy，公元 1814—1894 年），1869 年的哥尔，都曾尝试制备出氟单质，但最终都因条件不够或无法分离而失败，但他们均因长期接触含氟化合物中毒而健康受损。

1886 年，弗雷密的学生莫瓦桑总结前人分离氟元素失败的原因，并以他们的实验方案作为基础，刚开始曾选用低熔点的三氟化磷及三氟化砷进行电解，阳极卜有少量气泡冒出，但仍腐蚀铂电极，而大部分气泡未升上液面时就被液态氟化砷吸收而消失。

1886 年，莫瓦桑采用液态氟化氢作电解质，在其中加入氟氢化钾（KHF_2）使它成为导电体；以铂制 "U" 形管盛载电解液，铂铱合金作电极材料，以萤石制作管口旋塞，接合处以虫胶封固，电降槽（铂制 "U" 形管）以氯乙烷（C_2H_5Cl）作冷凝剂，实验进行时，电解槽温度降至 $-23℃$。6 月 26 日开始进行实验，阳极放出了气体，他把气流通过硅时燃起耀眼的火光，根据他的报告：被富集的气体呈黄绿色，氟元素被成功分离。

莫瓦桑因发现氟，使他获得 1886 年的拉·卡柴奖金（Prix la Caze），1896 年的英国皇家学会戴维奖章，1903 年的德国化学学会霍夫曼奖章，1906 年的诺贝尔化学奖。他因长期接触一氧化碳及含氟的剧毒气体，健康状况极差，于 1907 年 2 月 20 日与世长辞，年仅 55 岁。

用途

（1）利用氟的强氧化性，可以制取 UF_6。利用 $^{238}UF_6$ 与 $^{235}UF_6$ 扩散速率的不同，来分离出铀的同位素；

（2）用于合成氟利昂等冷却剂；

（3）用于制氟化试剂（二氟化氙等）以及金属冶炼中的助熔剂（冰晶石等）等；

（4）ClF_3 与 BrF_3 可作火箭燃料的氧化剂；

（5）用于制杀虫剂与灭火剂；

（6）氟代烃可用于血液的临时代用品；

（7）氟化物玻璃（含有 ZrF_4、BaF_2、NaF）的透明度是传统氧化物玻璃的百倍，即使在强辐射下也不变暗，氟化物玻璃纤维制成的光导纤维，效果是 SiO_2 的光导纤维效果的百倍；

（8）含氟塑料和含氟橡胶有特别优良的性能，用于氟氧吹管和制造各种氟化物；

（9）氟元素也添加于牙膏中，氟化钠与牙齿中的碱式磷酸钙反应生成更坚硬和溶解度更小的氟磷酸钙。

亨利·莫瓦桑（Henry Moissam，公元 1852—1907 年）

在化学元素发现史上，持续时间最长、参加化学家的人数最多、危险最大，莫过于元素氟的制取了。为了制备出单质氟，前后经历了六七十年的时间。不少化学家为之损害了健康，甚至献出了生命，可以称得上化学发展史中一段悲壮的历程。

亨利·莫瓦桑

最后解决这个问题的是法国化学家亨利·莫瓦桑。

亨利·莫瓦桑于1852年9月28日出生在巴黎，曾在市立中学上学，后因家境清寒，中途辍学。由于喜爱化学，二十岁时到巴黎一家药房做学徒，在实际工作中获得了许多化学知识，并且曾经利用自学的知识救活过一位企图服砷自尽的人。1872年，他在法国自然博物馆馆长和工艺学院教授雷米法的实验室学习化学；1874年，到巴黎药学院台赫伦教授的实验室工作，1877年获得理学士学位，后来又取得了高级药剂师的资格。

莫瓦桑一开始是研究生理化学的，这很符合当时的潮流，即几乎所有的化学家都在研究有机化学。1876年，法国化学家杜马为此发表了感想："我国的化学研究领域大部分为有机化学占领，太缺少无机化学的研究了。"就在这时，莫瓦桑却转而研究起无机化学来。

莫瓦桑的第一项无机化学研究课题是自燃铁（发火金属，打火石）的研究。在莫瓦桑之前，德国化学家斯特罗迈耶曾经研究过自燃铁，他认为这种能够自燃的物质不是金属铁，而是氧化亚铁。莫瓦桑将氧化亚铁放在氢气流下加热还原，制备了自燃铁，证明这种能自燃的物质不是氧化亚铁，而是金属铁。

莫瓦桑一生中的最大成就是利用电解法制得单质氟，解决了一个非常难的问题。早在16世纪，人们就开始利用氟化物了。1529年，乔治乌斯·阿格里科拉（Georgius Agricola，公元1494—1555年）就描述过"利用萤石（氟化钙）作为熔矿的熔剂，它能使矿石在熔融时变得更加容易流动。"1670年，著名的玻璃制造商施万哈德家族发现，萤石与硫酸反应所产生的气体能腐蚀玻璃，从而创造了一种刻蚀玻璃的方法。这种方法不用金刚石或其他磨料，能在玻璃上刻蚀出人物、动物、花卉等图案。1768年，安德里亚斯·马格拉夫（Andreas Marggraf，公元1709—1782年）对萤石进行了研究，发现它与石膏和重晶石不同，并不是一种硫酸盐。

1771年，舍勒在玻璃曲颈瓶内加热萤石和硫酸的混合物时，发现玻璃的内壁被腐蚀了。1812年，安培根据氢氟酸的性质，指出其中可能含有一种与氯相似的元素，戴维也得出了同样的结论。

德国化学家许村贝格认为氢氟酸中所含的这种元素是一切元素中最活泼的，所以要将这种元素从它的化合物中离析出来将是一件非常困难的事情。1813年，戴维曾经尝试利用电解氟化物的方法制取单质氟。一开始，他用金和铂作容器，但它们都被腐蚀了。后来他改用萤石制成的容器进行电解，腐蚀的问题虽然解决了，但是也得不到氟。戴维后因身患严重疾病而停止了实验。

接着，乔治·诺克斯和托马斯·诺克斯兄弟二人利用干燥的氯气处理干燥的氟化汞，他们将一片金箔放在玻璃接收器的顶部。实验结果证明金变成了氟化金。于是他们推断反应中产生了氟，但是始终收集不到单质氟，也就无法确证已经制得了氟，而且两人都严重中毒。

继诺克斯兄弟之后，鲁耶特也对制备氟进行了长期的研究，最后竟因中毒太深而献出了生命。不久，法国化学家尼克雷也遭到了同样的厄运。

莫瓦桑的老师弗雷密也是一位研究制备氟的化学家。弗雷密曾经电解熔融的无水氟化钙、氟化钾和氟化银，虽然在阴极上能析出这些金属，阳极上也产生了少量气体，但是即使他想尽了一切办法，也始终未能收集到氟。看来，在如此高的温度下进行电解，产生的氟会立即与电解的容器和电极发生反应而消失。他又试着电解无水氟化氢，但发现它并不导电，只有电解吸潮的氟化氢液体时，才会有电流通过，但是电解的结果却只能收集到氢、氧和臭氧，并未收集到氟。看来，即使产生了氟，也已经与水蒸气发生反应了。

与此同时，化学家哥尔也用电解法分解氟化氢，但是在实验时发生了爆炸，显然是产生的少量氟与氢气发生了化学反应。他还试验过各种电极材料，如碳、金、钯、铂，但是碳电极在电解时立即被粉碎，铂、金、钯也遭受不同程度的腐蚀。

年轻的莫瓦桑看到制备单质氟这个研究课题难倒了这么多的化学家，不但没有气馁，反而下了很大的决心。戴维曾经预言过：磷与氧之间有极大的亲和力，如果在萤石制成的容器中将氧与氟化磷发生反应，将会获得单质氟。但是戴维本人并未完成这一实验，因为当时他还不知道氟化磷的制法。莫瓦桑用氟化铅与磷化铜在一起加热的方法制得了氟化磷（PF_3），这是一种气体。然后让氧气和氟化磷的混合物通过电火花，虽然也发生了爆炸反应，但是并没有获得预期的结果，得到的不是单质氟，而是氟氧化磷（POF_3）。

莫瓦桑开始用三氟化砷进行电解，三氟化砷在室温下是一种液体，为了使它导电，他往三氟化砷中加入氟化钾。但是电解了一段时间以后，就发现电流停止了。经过检查，发现在阴极上沉积了一层单质砷，使导电能力显著减弱。后来，莫瓦桑虽然使用了很强的电源，也没有制出氟，而他本人却因为砷中毒而严重地影响了健康，不得不暂停实验。

不久，莫瓦桑的健康状况有了好转，他又开始致力于制取单质氟。唯一的方案只有电解氟化氢。莫瓦桑按照弗雷密的方法，在铂制的曲颈瓶中蒸馏氟氢酸钾（KHF_2）以制取无水氟化氢。他用铂制的 U 形管作电解容器；用铂铱合金作电极，并用氯仿作冷却剂将无水氟化氢冷却到 $-23{}^\circ\!C$ 进行电解。在阴极上产生了许多氢气，但是在阳极并未产生氟。经过检查，发现装电极的塞子被腐蚀了。莫瓦桑推测，电解时一定产生了氟，但是它立即与塞子发生了反应，以致未能收集到氟。于是，他改用萤石做成的塞子。最后，许多年以来化学家梦寐以求的理想终于实现了，1886年 6 月 26 日，莫瓦桑在电解氟化氢时，在阳极部分产生了一种气体，即氟。它遇到单质硅能立即着火，与水发生反应产生臭氧，与氯化钾发生反应产生氯气。通过各种化学反应，人们发现氟具有惊人的活泼性。

1888 年，莫瓦桑被选为法国医学院院士，1891 年被选为法国科学院院士。在这段时间内，他继续改进氟的制法，用铜的电解容器代替价格昂贵的铂制的仪器进行了规模较大的试验，这种装置每小时能产生 5L 氟。这使他有了研究氟和氟化物的条件。

1892 年，他发明了电炉，将实验室化学反应的温度成功提高到 2000℃以上。

莫瓦桑是第一位制备出许多新的氟化物的化学家，他制备了气态的氟代甲烷、氟代乙烷、异丁基氟。1890 年，通过碳与氟的反应制备了许多氟碳化合物，其中最引人注目的是四氟代甲烷（CF_4），它是利用氟与甲烷或氯仿或四氯化碳的作用制得的，沸点只有 −15℃。莫瓦桑的这项工作，可以说使莫瓦桑成为 20 世纪合成一系列最为高效的致冷剂的氟碳化合物（氟利昂）的先驱。

为了表彰莫瓦桑在制备氟方面做出的突出贡献，法国科学院发给他一万法郎的拉·卡柴奖金，莫瓦桑用这笔钱偿还了实验的费用。

1906 年，诺贝尔化学奖的评选工作已经到了最后的关键阶段，有两位化学家成为最终的候选人。其中一位便是因编制元素周期表而名震欧洲科学界的俄罗斯化学家门捷列夫。当时瑞典皇家科学会中有 10 名委员具有投票资格，其中有 4 人投给了门捷列夫，1 人弃权，而其余 5 人则投给了因氟和氟化物而在欧洲声名大噪的莫瓦桑。

相对于做出时代里程碑式贡献的门捷列夫来说，莫瓦桑对化学的贡献是局部性的，而门捷列夫对化学的贡献是全局性的。诺贝尔化学奖颁发给门捷列夫，应是历史的必然！但最终却给予了莫瓦桑。1907 年，门捷列夫和莫瓦桑都相继逝世了。门捷列夫失掉了再被评选的可能，这不能不说是诺贝尔奖历史上的一大遗憾！ 1906 年瑞典诺贝尔基金会宣布，把相当于 10 万法郎的奖金授给莫瓦桑，是“为了表彰他在制备元素氟方面所做出的杰出贡献，表彰他发明了莫氏电炉”。

莫瓦桑一生接受过许多荣誉，除前面提到过的，他还得到过英国皇家学会颁发给他的戴维奖章；德国化学会颁发给他的霍夫曼奖金。他几乎是当时所有的著名的科学院和化学会的成员，但是他却一直保持谦逊的态度。

1907 年 2 月 6 日，当莫瓦桑从实验室回到家里时，阑尾炎犯了，手术虽然很成功，但是他的心脏病却加剧了。他终于认识到多年以来一直没有关心自己的健康，他不得不承认：“氟夺走了我十年生命”。1907 年 2 月 20 日，这位在化学实验科学上闪烁着光芒的科学家与世长辞。

 # 氯（Cl，chlorine）

概述

氯是一种非金属元素，位于元素周期表第三周期第Ⅶ A 族，是卤族元素之一。氯气常温常压下为黄绿色气体，化学性质十分活泼，具有毒性。氯以化合态的形式广泛存在于自然界中，对人体的生理活动也有重要意义。

氯原子的最外电子层有 7 个电子，在化学反应中容易结合一个电子，使最外电子层达到 8 个电子的稳定状态，因此氯气具有强氧化性，能与大多数金属和非金属发生化合反应。

自然界中游离状态的氯存在于大气层中，是破坏臭氧层的主要单质之一。氯气受紫外线分解成两个氯原子（自由基）。大多数通常以氯离子（Cl^-）的形式存在，常见的主要是氯化钠（NaCl）。

氯单质为黄绿色气体，有窒息性臭味；熔点为 −100.98℃，沸点为 −34.6℃，气体密度为 3.214g/L，20℃时 1 体积水可溶解 2.15 体积氯气。

氯相当活泼，湿的氯气比干的还活泼，具有强氧化性。除氟、氧、氮、碳和惰性气体，氯能与所有元素直接化合生成氯化物；氯还能与许多化合物反应，例如与许多有机化合物进行取代反应或加成反应。

发现

1774 年，瑞典化学家舍勒在从事软锰矿的研究时发现：软锰矿与盐酸混合后加热就会生成一种令人窒息的黄绿色气体。当时拉瓦锡因受到"氧为酸之源"思想的禁锢，看到这种气体溶于水后可使水变酸，便认为这是一种化合物，给它起名为 oxymuriatic acid，意思是"氧化的盐酸"。但戴维却持有不同的观点，他想尽各种办法试图从"氧化的盐酸"中把氧夺取出来，均告失败。他怀疑"氧化的盐酸"中根本就没有氧存在。1810 年，戴维以无可辩驳的事实证明了所谓的"氧化的盐酸"不是一种化合物，而是一种化学元素的单质。他将这种元素命名为 chlorine，该名源于希腊文 chloros，意思是"黄绿色"；并用其拉丁文名称第一个字母的大写与第三个字母的小写组成它的元素符号：Cl，中文译名为氯。氯是人类发现的第 23 种元素。

用途

氯的产量是工业发展的一个重要标志。氯主要用于化学工业尤其是有机合成工业上，以生产塑料、合成橡胶、染料及其他化学制品或中间体，还用于生产漂白剂、消毒剂、合成药物等。氯气亦用于制造漂白粉、漂白纸浆和布匹、合成盐酸、制造氯化物、饮水消毒、合成塑料和农药等。提炼稀有金属等方面也需要大量使用氯气。

氯是人体必需的常量元素之一，是维持体液和电解质平衡中所必需的，也是胃液的一种必要成分。自然界中氯常以氯化物形式存在，最常见的形式是氯化钠（食盐）。氯在人体含量平均为 1.17g/kg，总量为 82 ～ 100g，占体重的 0.15%，广泛分布于全身。主要以氯离子形式与钠、钾化合存在。其中氯化钾主要在细胞内液中，而氯化钠主要在细胞外液中。氯元素与钾和钠结合，能保持体液和电解质的平衡。人体中氯元素浓度最高的地方是脑脊髓液和胃中的消化液。

膳食中的氯几乎完全来源于氯化钠，仅少量来自氯化钾。因此食盐及酱油、腌制肉或烟熏食品、酱菜类以及咸味食品等都富含氯化物。一般天然食品中氯的含量差异较大；天然水中也几乎都含有氯。

 3 溴（Br，bromine）

概述

溴是一种化学元素，元素符号为 Br，原子序数为 35，在化学元素周期表中位于第 4 周期、第 VII A 族，是卤族元素之一。溴分子在标准温度和压力下是有挥发性的红黑色液体，活性介于氯与碘之间。纯溴也称为溴素。溴蒸气具有腐蚀性，并且有毒。溴及其化合物可被用来作为阻燃剂、净水剂、杀虫剂、染料等。曾是常用消毒药剂的红药水中含有溴和汞。在照相术中，溴和碘与银的化合物担任感光剂的角色。

发现

溴元素分别由两位科学家安东尼·巴拉尔（Antoine Balard）和卡尔·罗威（Carl Löwig）在 1825 年与 1826 年各自独立地发现。溴是人类发现的第 52 种元素。

1824 年，法国一所药学专科学校的 22 岁青年学生巴拉尔，在研究他家乡蒙彼利埃（Montpellier）的海水提取结晶盐后，觉得大量的母液被直接废弃不仅十分可惜，也造成环境污染。他想从中找到一些可被利用的东西。于是他进行了许多实验。当通入氯气时，母液变成红棕色。最初，巴拉尔认为这是一种氯的碘化物溶液，希望找到这些废弃母液的组成元素。但他尝试了种种办法也没法将这种物质分解，所以他断定这是与氯以及碘相似的新元素。巴拉尔把它命名为 "muride"，来自拉丁文 muria（盐水）。1826 年 8 月 14 日，法国科学院组成委员会审查巴拉尔的报告，肯定了他的实验结果，但把 "muride" 改称 "bromine"，来自葡萄牙文 "brōmos"（恶臭），因为溴具有刺激性臭味（实际上所有卤素都具有类似臭味）。溴的拉丁名bromium 和元素符号 Br 由此而来。

事实上，在巴拉尔发现溴的前几年，有人曾把一瓶取自德国克鲁兹拉赫（Keluzilahe）盐泉的红棕色液体样品交给化学家李比希鉴定，李比希并没有进行细致的研究，就断定它是 "氯化碘"。几年后，李比希得知溴的发现时，立刻意识到自己的错误，把那瓶液体放进一个柜子，并在柜子上写上 "耻辱柜" 以警示自己，此事成为化学史上的一桩趣闻。

卡尔·罗威在 1825 年从巴特克罗伊茨纳赫村里的泉水中分离出了溴。罗威用了一个有饱和氯的矿物盐溶液，并用乙醚提取出了溴。在醚蒸发后，留下了一些棕色的液体。他用此液体作为他工作的样本申请了一个在里欧波得·格美林的实验室的职位。由于罗威发现的公开时间被延迟了，所以巴拉尔率先发表了他的结果。

溴直到 1860 年才被大量制造。

应用

溴在医药上是制作金霉素、氯霉素、三溴片、四环素与红药水的重要材料，在军事上用作催泪弹的催泪剂，在民用方面用来制作染料、漂白剂、消毒剂、烟熏剂和火焰抑制剂等。

溴的化合物用途也是十分广泛的，溴化银被用作照相中的感光剂。使用老式相机时，当你"咔嚓"按下快门的时候，相片上的部分溴化银就分解出银，从而得到我们所说的底片。溴可用于制备有机溴化物。溴可用于制备颜料的化学中间体。溴与氯配合使用可用于水的处理与杀菌。

含溴阻燃剂的重要性与日俱增，当燃烧发生时，阻燃剂会生成氢溴酸，它会干扰在火焰当中所进行的氧化连锁反应。高活性的氢、氧与氢氧根自由基会与溴化氢反应成活性没那么强的溴自由基。含溴的化合物可以借由在聚合过程中加入一些被溴化的单体或在聚合后加入含溴化合物的方法加入聚合物中。溴乙烯可以用来制造聚乙烯、聚氯乙烯与聚丙烯。

溴甲烷曾被广泛地用作烟熏土地用的农药，《蒙特利尔公约》已于 2005 年淘汰了这种会破坏臭氧层的化合物。在 20 世纪末，每年估计有 35000 吨的此类化合物被用来对付线虫动物、真菌、杂草，以及其他一些土壤病虫害。

 4　碘（I, iodine）

元素周期表 53 号元素碘，在化学元素周期表中位于第五周期系Ⅶ A 族，是卤族元素之一。单质碘为紫黑色晶体，易升华，升华后易凝华。有毒性和腐蚀性。碘单质遇淀粉会变蓝紫色。碘主要用于制作药物、染料、碘酒、试纸和碘化合物等。碘是人体必需的微量元素之一，健康成人体内碘的总量约为 30mg（20 ～ 50mg），我国规定在食盐中添加碘的标准为 20 ～ 30mg/kg。

发现

18 世纪末和 19 世纪初，法国皇帝拿破仑·波拿巴（Napoléon Bonaparte，公元 1769—1821 年）发动战争，需要大量硝酸钾制造火药。当时欧洲的硝酸钾矿多取自印度，但储藏量是有限的。欧洲人在南美的智利找到了大量硝石矿床，可是它的成分是硝酸钠，具有吸湿性，不适宜制造火药。在这种情况下，1809 年，一位西班牙化学家找到了利用海草或海藻灰的溶液把天然的硝酸钠或其他硝酸盐转变成硝酸钾的方法，因为海草或海藻中含有钾的化合物。

当时法国第戎的硝石制造商人、药剂师贝尔纳·库尔图瓦（Bernard Courtois，公元 1777—1838 年）就按照这个方法生产硝酸钾，他是利用海草灰的溶液与硝酸钙作用。1811 年，他发觉盛装海草灰溶液的铜制容器很快就遭腐蚀。他认为是海草灰溶液含有的一种不明物质在与铜作用，于是他进行了研究。

当时库尔图瓦的桌上放着两个玻璃瓶，其中一个里面盛着海草灰和酒精，另一个里面盛着铁在硫酸中的溶液。库尔图瓦在吃饭，一只公猫跳到他肩上。突然，这只公猫跳下来，撞倒了硫酸瓶和并排放在一起的药瓶。器皿被打破了，液体混合起来，一缕蓝紫色的气体袅袅升起。他立即断定，其中一定有新的东西生成。这就是碘的发现过程，曾被戏称为"猫发现的元素"，是人类发现的第 47 种元素。

库尔图瓦长期从事利用含碘的海草灰制取硝酸钾的工作，偶然地取得了碘，是因为他能够紧紧抓住偶然的发现，更因为他具有一定的化学知识，具有很强的求知欲，而不是一个平凡的硝石制造商人。他在 1813 年发表了题为《海草灰中新物质的发现》的论文，并把他取得的碘送请当时的法国化学家克莱门、德索梅、盖-吕萨克等进行研究鉴定，得到他们的肯定。

盖-吕萨克将其命名为 iode，来自希腊文"紫色"一词。由此得到碘的拉丁名称 iodium 和元素符号 I。

人们没有忘记库尔图瓦的贡献，第戎的一条街道即以他的姓氏命名，只有极少数化学元素发现人获得了这样的荣誉。

用途

碘对动植物的生命是极其重要的。海水里的碘化物和碘酸盐进入大多数海洋生物的新陈代谢中。在高级哺乳动物中，碘以碘化氨基酸的形式集中在甲状腺内，缺乏碘会引起甲状腺肿大。约 2/3 的碘及化合物用来制备防腐剂、消毒剂和药物，如碘酊和碘仿（CHI_3）。碘酸钠作为食品添加剂补充碘摄入量不足。放射性同位素碘 -131 用于放射性治疗和放射性示踪技术。碘还可用于制造染料和摄影胶片。

碘化银（AgI）除用作照相底片的感光剂外，还可作人工降雨时造云的晶种。I_2 和 KI 的酒精溶液即碘酒，是常用的消毒剂。碘仿可用作防腐剂。

人们主要从饮水、粮食、蔬菜和周围环境中获取碘。如果缺乏碘，人们就会因碘的摄入不足而产生碘缺乏病。缺碘地区包括内陆、山区、地高坡陡地带和地下水位高的地区。

碘与甲状腺功能亢进症

甲状腺是脊椎动物非常重要的腺体，属于内分泌器官。对于哺乳动物，它位于颈部甲状软骨下方，气管两旁。人类的甲状腺形似蝴蝶，犹如盾甲，故以此命名。

甲状腺控制使用能量的速度、制造蛋白质、调节身体对其他荷尔蒙的敏感性。甲状腺依靠制造甲状腺素来调整这些反应，有三碘甲状腺原氨酸（T3）和四碘甲状腺原氨酸（T4）。这两者调控代谢、生长速率和调节其他身体系统。T3 和 T4 由碘和酪胺酸合成。甲状腺也生产降钙素（calcitonin），调节体内钙的平衡。

甲状腺功能亢进症简称"甲亢"，是由于甲状腺合成并释放过多的甲状腺激素，造成机体代谢亢进和交感神经兴奋，引起心悸、出汗、进食和便次增多和体重减轻的病症。多数患者还常伴有突眼、眼睑水肿、视力减退等症状。

甲亢患者长期得不到合适的治疗，可引起甲亢性心脏病。

碘酸钙可用于食盐中预防一些甲状腺类疾病，一些甲亢症状也可由放射碘治疗而缓解或消除。

 5　砹（At, astatine）

概述

砹，原子序数为85，相对原子质量为210，固态，具有放射性，晶体结构为面心立方，熔点为302℃，沸点为370℃，是一种非常稀少的天然放射性元素，化学名称源于希腊文 astator，原意是改变。1940年，美国加利福尼亚大学伯克利分校科学家得到了砹，发现者包括该校教授埃米利奥·塞格雷（Emilio Segrè, 公元1905—1989年）等。已发现质量数196～219的全部砹同位素，其中只有砹-215、砹-216、砹-218、砹-219是天然放射性同位素，其余都是通过人工核反应合成。它的所有同位素中最稳定的一种是砹-210，半衰期为8.1h。

砹是一种卤族化学元素，属于ⅦA族元素。砹比碘更像金属，它的活泼性较碘低。地壳中砹的含量少于50g。根据卤素的颜色变化趋势，分子量和原子序数越大，颜色就越深。因此，砹为近黑色固体，受热时升华成黑暗、紫色气体（比碘蒸气颜色深）。沸点低，容易挥发，有导电性，无超导电性。砹是卤族元素中毒性最小、密度最大的元素（放射性元素毒性都不小）。

发现

砹是门捷列夫曾经指出的"类碘"，是莫斯莱所确定的原子序数为85的元素。它的发现经历了曲折的过程。

刚开始，化学家们根据门捷列夫的推断——"类碘"是一种卤素，是成盐的元素，尝试从各种盐类里寻找它，但是一无所获。

1925年7月，英国化学家费里恩德特地选定了在炎热的夏天去死海，寻找它们。但是，经过辛劳的化学分析和光谱分析后，却丝毫没有发现这种元素。

后来又有不少化学家尝试利用光谱技术以及以原子量作为突破口去找这种元素，但都没有成功。

1931年，美国亚拉巴马州工艺学院物理学教授弗雷德·阿立生（Fred Allison）宣布，在王水和独居石①作用的萃取液中，发现了85号元素，元素符号定为Ab。

---

① 独居石是一种中酸性岩浆岩和变质岩中较常见的副矿物，在一些沉积岩中也存在。独居石为单斜晶系，晶体为板状或柱状，因常呈单晶体而得名。棕红色、黄色，有时褐黄色，油脂光泽，解理完全，莫氏硬度5～5.5，比重4.9～5.5，常具放射性。主要作为副矿物产在花岗岩、正长岩、片麻岩和花岗伟晶岩中。

可是不久，磁光分析法本身被否定了，利用它发现的元素也就不可能成立。

埃米利奥·塞格雷与砹晶体

1938 年，塞格雷迁居到美国后，于 1940 年和美国科学家科里森、麦肯齐在加利福尼亚大学伯克利分校用"原子大炮"——回旋加速器加速氦原子核，轰击金属铋 -209，由此制得了第 85 号元素——"亚碘"，就是砹。

砹是人类发现的第 92 种元素。因发现反质子，塞格雷和伯克利同事欧文·张伯伦共同荣获 1959 年的诺贝尔物理学奖。

应用

砹由于极其短暂的半衰期在科学研究方面较少实际应用，但较重的同位素往往有医疗用途。砹 -211 由于能放出 α 粒子且半衰期为 7.2h，已被应用于放射治疗。

在诊断甲状腺症状的时候，常常用放射性同位素碘 -131。碘 -131 放出的射线很强，影响腺体周围的组织。而砹很容易沉积在甲状腺中，能起到与碘 -131 同样的作用但副作用却更小。

拉瓦锡（Antoine-Laurent de Lavoisier，公元 1743—1794 年）

拉瓦锡，著名化学家、生物学家，被后世尊称为"现代化学之父"。人们普遍认为，拉瓦锡在化学上的杰出成就很大程度上源于他将科学从定性研究转向定量的研究。拉瓦锡因发现氧气在燃烧中的作用而闻名，他识别并命名了氧气和氢气，并反对"燃素"理论；帮助构建了度量体系，编写了第一份广泛的元素清单，并帮助改革化学术语。他预言了硅的存在（1787 年），也是第一个确定硅的存在的人，同时确定硫只包含一种元素（1777 年），而不是一种化合物。他发现，尽管物质可能改变其形式或形状，但其质量始终保持不变。

拉瓦锡出生在法国巴黎一个律师家庭，并在 5 岁时因母亲过世而继承了一大笔财产。1754—1761 年间于马萨林学院学习。家人希望他成为一名律师，但是他本人却对自然科学更感兴趣。1761 年，他进入巴黎大学法学院学习，获得律师资格。课余时间他继续学习自然科学，从鲁埃尔那里接受了系统的化学教育和对"燃素"说的怀疑。

1764—1767 年，他作为地理学家盖塔的助手，进行采集法国矿产、绘制第一份法国地图的工作。在考察矿产过程中，他研究了生石膏与熟石膏之间的转变，同年参加法国科学院关于城市照明问题的征文活动并获奖。1767 年，他和盖塔共同组织了对阿尔萨斯 - 洛林地区的矿产考察。1768 年，年仅 25 岁的拉瓦锡成为法国科学院院士。

1770 年，一派学者坚持玻意耳已经否定的"四元素"说，认为水长时间加热会生成土类物质。为了搞清这个问题，拉瓦锡将蒸馏水密封加热了 101 天，发现的确有微量固体出现。他使用天平进行测量，发现容器质量的减少正好等于产生固体物的质量，而水的质量没有变化，从而驳斥了这一观点。

1771 年，拉瓦锡与同事的女儿玛丽 - 安娜·皮埃尔波泽结婚。皮埃尔波泽通晓多种语言，多才多艺，她替拉瓦锡翻译英文文献，为他的书籍绘制插图并保存实验记录，协助丈夫进行科学研究。

为了解释"燃烧"这一常见的化学现象，德国医生格奥尔格·斯塔尔（Georg Stahl, 公元 1659—1734 年）提出"燃素"说，认为物质在空气中燃烧是物质失去"燃素"，空气得到"燃素"的过程。"燃素"说可以解释一些现象，因此很多化学家包括普利斯特利和舍勒等都拥护这一说法。普利斯特利更是将自己发现的氧气称为"脱燃素空气"，用来解释物质在氧气中燃烧比在空气中剧烈的现象。但是"燃素"说始终难以解释金属燃烧之后变重这个问题。一派人索性认为这是由测量误差导致的，

拉瓦锡与妻子

另一派比较极端的"燃素"说维护者甚至认为在金属燃烧反应中"燃素"带有负质量。

1772 年秋，拉瓦锡开始对硫、锡和铅在空气中燃烧的现象进行研究。为了确定空气是否参加反应，他设计了著名的钟罩实验。通过这一实验，可以测量反应前后气体体积的变化，得到参与反应的气体体积。他还将铅在真空密封容器中加热，发现质量不变，加热后打开容器，发现质量迅速增加。尽管实验现象与"燃素"说支持者所认为的相同，但是拉瓦锡提出了另一种解释，即认为物质的燃烧是可燃物与空气中某种物质结合的结果，这样可以同时解释燃烧需要空气和金属燃烧后质量变重的问题。但是此时他仍然无法确定是哪一种组分与可燃物结合。

1773 年，普利斯特利向拉瓦锡介绍了自己的实验：氧化汞加热时，可得到"脱燃素气"，这种气体使蜡烛燃烧得更明亮，还能帮助呼吸。拉瓦锡重复了普利斯特利的实验，得到了相同的结果。但拉瓦锡并不相信"燃素说"，所以他认为这种气体是一种元素，1777 年正式把这种气体命名为 oxygen（氧），意为酸的元素。

拉瓦锡通过金属煅烧实验，于 1777 年向法国科学院提出了一篇报告《燃烧概论》，阐明了燃烧作用的氧化学说，要点为：①燃烧时放出光和热；②只有在氧存在时，物质才会燃烧；③空气是由两种成分组成的，物质在空气中燃烧时，吸收了空气中的氧，因此质量增加，物质所增加的质量恰恰就是它所吸收氧的质量；④一般的可燃物质（非金属）燃烧后通常变为酸，氧是酸的本原，一切酸中都含有氧。金属煅烧后变为煅灰，它们是金属的氧化物。他还通过精确的定量实验，证明物质虽然在一系列化学反应中改变了状态，但参与反应的物质的总量在反应前后是相同的。于是拉瓦锡用实验证明了化学反应中的质量守恒定律。拉瓦锡的氧化学说彻底推翻了"燃素说"，使化学开始蓬勃地发展起来。

1787 年，他在《化学命名法》中正式提出一套简洁的命名系统，目的是使不同语言背景的化学家可以彼此交流，其中的很多原则加上后来贝采里乌斯的符号系统，形成了沿用至今的化学命名体系。

1790 年，法国科学院组织委员会负责制定新度量衡系统，人员有拉瓦锡、孔多塞（Marquis de Condorcet，公元 1743—1794 年）[1]、约瑟夫·拉格朗日（Joseph

---

① 孔多塞，18 世纪法国启蒙运动时期最杰出的代表之一，同时也是一位数学家和哲学家。1782 年当选为法国科学院院士。法兰西第一共和国的重要奠基人，并起草了吉伦特宪法。他也是法国革命领导人中为数不多的几个公开主张女性应该拥有与男子相同权利的人之一。1793 年 7 月，执政的雅各宾派以"反对统一和不可分割的共和国的密谋者"为罪名追捕孔多塞，9 个月后遭逮捕，于 1794 年 3 月在狱中去世。而在 9 个月的逃亡生涯中，孔多塞在最后朝不保夕的时刻，完成了自己的思想绝唱，即《人类精神进步史表纲要》。恩格斯将其与孟德斯鸠、伏尔泰、卢梭并列，称为"在法国为行将到来的革命启发过人们头脑的那些伟大人物"。

Lagrange，公元 1736—1813 年）①、蒙日等。当时取地球极点到赤道距离的一千万分之一为标准（约等于 1m）建立米制系统，提出质量标准采用千克，定密度最大时的 $1dm^3$ 的水的质量为 1kg。

在 1789 年出版的历时四年写就的《化学概要》里，拉瓦锡列出了第一张元素一览表，元素被分为五大类。

1789 年拉瓦锡列出的"简单物质"，有 33 个当时认为的元素，其中 25 个是真正的元素

拉瓦锡不论在何处都像是一棵招风的大树，因而"雷雨"一到也就是最危险的。最初的一击是来自革命的骁将让 - 保罗·马拉（Jean-Paul Marat，公元 1743—

---

① 约瑟夫·拉格朗日，著名数学家、物理学家。1736 年 1 月 25 日生于意大利都灵，1813 年 4 月 10 日卒于巴黎。他在数学、力学和天文学三个学科领域中都有历史性的贡献，其中尤以数学方面的成就最为突出。法国大革命后，主持制定了共和历。1793 年 10 月 5 日，国民公会决定废止基督教的格里历法（即公历），采用革命历法，即共和历。目的在于割断历法与宗教的联系，排除天主教在群众生活中的影响。共和历以法兰西第一共和国建立之日（1792 年 9 月 22 日）为历元，每年分四季、12 个月，每月 30 天，每 10 天为一旬，每旬第 10 日为休息日。12 个月之外余下的 5 天（闰年为 6 天，包括 1796 年、1800 年、1804 年）作为"无套裤汉日"。将 12 个月依次定为葡月、雾月、霜月、雪月、雨月、风月、芽月、花月、牧月、获月（或收月）、热月、果月。虽然现在已经废弃不用，但当时的法国历史事件都是用这种历法记载的，如热月政变、芽月起义、牧月起义、葡月暴动、果月政变、花月政变、雾月政变等事件以及牧月法令、风月法令等。拿破仑占领意大利后，与教廷和解，教皇承认其称帝加冕，1805 年 12 月 31 日法国重新恢复格里历。后来巴黎公社曾一度短暂恢复使用共和历。

1793年)①之手。马拉最初也曾想作为科学家而取得荣誉,并写出了《火焰论》一书,企图作为一种燃烧学说而提交到了法国科学院。当时拉瓦锡曾对此书进行了尖刻的评论,认为并无科学价值。这样可能就结下了私怨。马拉首先叫喊要"埋葬这个人民公敌的伪学者!"到了1789年7月,革命的战火终于燃烧起来,整个法国迅速卷入动乱的旋涡之中。

在这块天地里,科学似已无法容身了。甚至还听到了各种不正常的说法,认为"学者是人民的公敌,学会是反人民的集团"等。在此情况下,拉瓦锡表现得很勇敢。他作为科学院院士和度量衡调查会的研究员,仍然恪守着自己的职责。他不仅努力于个人的研究工作,并为两个学会的筹款而各处奔走,有时还捐献私人财产作为同事们的研究资金。他的决心和气魄,使他成为法国科学界的柱石和保护者。

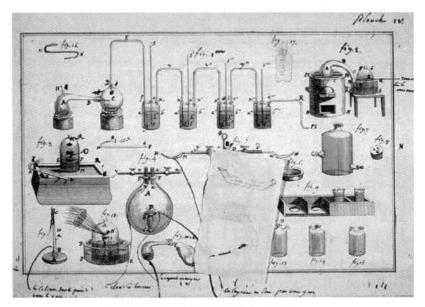

拉瓦锡夫人为《化学概论》绘的插图之一

1769年,拉瓦锡在成为法国科学院名誉院士的同时,还当上了一名包税官,在向包税局投资50万法郎后,承包了食盐和烟草的征税大权,并先后兼任皇家火药监督及财政委员。1771年,28岁的拉瓦锡与征税承包业主的女儿结婚,更加巩固了他包税官的地位。在法国大革命中,拉瓦锡理所当然地成为革命的对象。

---

① 让-保罗·马拉,法国政治家、医生,法国大革命时期民主派革命家,马拉是雅各宾俱乐部的重要成员。1783年弃医从政,1789年大革命爆发后,马拉即投入战斗。他创办的《人民之友》报成为支持激进民主措施的喉舌。他猛烈抨击当权的君主立宪派的温和政策,要求建立民主制度,消灭贫富悬殊的社会状况,反对富有者的统治,尊重穷苦人的地位。马拉强调要建立革命专政,用暴力确立自由。1793年7月13日,马拉在巴黎寓所被吉伦特派支持者刺杀,马拉之死震动了整个法国。7月16日,巴黎为马拉举行了庄严的葬礼,国民公会决定给他以进先贤祠的荣誉(雅各宾派倒台后被迁出)。

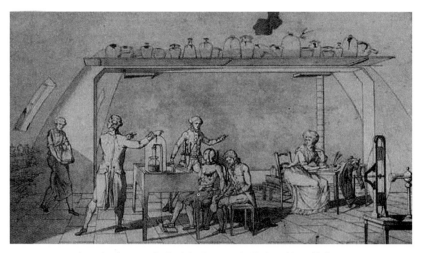
拉瓦锡夫人画的实验场景，图右的女子就是她自己

1793 年 11 月 28 日，包税组织的 28 名成员全部被捕入狱，拉瓦锡就是其中之一，死神越来越逼近他了。

1794 年 5 月 7 日，开庭审判，28 名包税组织的成员全部被处以死刑，并预定在 24 小时内执行。

第二天，拉瓦锡是第四个登上断头台的，他泰然受刑而死。著名法籍意大利数学家拉格朗日痛心地说："他们可以一眨眼就把他的头砍下来，但那样的头脑一百年也再长不出一个来了。"

第4章

半金属和主族金属会谈

4.1 半金属

半金属（metalloid），也称为准金属或类金属，通常指硼、硅、锗、砷、碲、砹、锑。若沿元素周期表ⅢA族的硼和铝到ⅥA族的碲和钋之间画一锯齿形斜线，则贴近这条斜线的元素（铝除外）都是半金属。

半金属示意图

半金属在元素周期表中处于金属向非金属过渡的位置，物理性质和化学性质也介于金属和非金属之间。半金属性脆，呈金属光泽，电负性为1.8～2.4，大于金属，小于非金属。半金属与非金属作用时常作为电子给予体，而与金属作用时常作为电子接收体。其氧化物与水作用生成弱酸性或弱碱性的溶液。半金属大多是半导体，具有导电性，电阻率介于金属（$<10^{-5}\Omega\cdot cm$）和非金属（$>10^{10}\Omega\cdot cm$）之间。导电性对温度的依从关系通常与金属相反，如果加热半金属，其电导率随温度的升高而上升。半金属大多具有多种不同物理、化学性质的同素异形体，广泛用作半导体材料。

半金属能带的特点，是它的导带与价带之间有一小部分重叠。不需要热激发，价带顶部的电子会流入能量较低的导带底部。因此在绝对零度时，导带中就已有一定的电子浓度，价带中也有相等的空穴浓度。这是半金属与半导体的根本区别。但因重叠较小，它与典型的金属也有所区别。

除上述元素，化合物也可以是半金属，如 Mg_2Pb。另有一些化合物，如 $HgTe$、$HgSe$ 等禁带宽度等于零，有时称作零禁带半导体，实质上也是半金属。

 # 硼 （B，boron）

概述

硼是化学元素周期表第Ⅲ族（类）主族元素，符号 B，原子序数为 5，原子量为 10.81。

单质硼为黑色或深棕色粉末，熔点为 2076℃，沸点为 3927℃。单质硼有多种同素异形体，无定形硼为棕色粉末，晶体硼呈灰黑色。晶态硼较惰性，无定形硼则比较活泼。单质硼的硬度近似于金刚石，有很高的电阻，但它的电导率却随着温度的升高而增大，高温时为良导体。硼共有 14 种同位素，其中只有两种是稳定的。

硼约占地壳组成的 0.001%，它在自然界中主要以硼砂和白硼钙石等矿石形式存在。中国西藏自治区分布着许多含硼盐湖，湖水蒸发干涸后有大量硼砂晶体堆积。

硼在自然界中的含量相当丰富。天然产的硼砂（$Na_2B_4O_7 \cdot 10H_2O$）在中国古代就已作为药物，称为蓬砂或盆砂，硼砂可能是从中国西藏传到印度，再从印度传到欧洲去的。

天然硼元素是一种类金属，在陨石中可以找到少许，然而在地球上尚未发现。工业上因为碳或其他元素的污染所以难以制造出高纯度的硼，硼有数种同素异形体，而无定形硼是棕色粉末状，结晶硼的颜色介于银色至黑色。硼的莫氏硬度是 9.5（非常硬），在常温下是不良导体。主要应用为制作成硼丝，用途类似于一些以碳纤维支撑的高强度材料。

晶态单质硼有多种变体，它们都以 B12 正二十面体为基本的结构单元。这个二十面体由 12 个 B 原子组成，20 个接近等边三角形的棱面相交成 30 条棱边和 12 个角顶，每个角顶为 1 个 B 原子所占据。

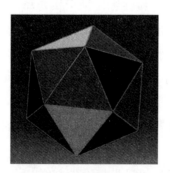

正二十面体

由于 B12 二十面体的连接方式不同，键也不同，形成的硼晶体类型也不同。其中最普通的一种为 α 菱形硼。

在硼的二十面体结构单元中，B12 的 36 个电子是如下分配的：在二十面体内有 13 个分子轨道，用去 26 个电子；每个二十面体同上下相邻的 6 个二十面体形成 6 个两中心两电子共价键，用去 6 个电子；在二十面体腰部的 6 个 B 原子与同平面上周围相邻的 6 个三中心两电子键，用去 $6 \times 2/3 = 4$ 个电子，结果总电子数是 $26 + 6 + 4 = 36$。所有的电子都已用于形成复杂的多面体结构。

发现

硼化合物的发现和使用最早可以追溯到古埃及，例如，古埃及制造玻璃时已使用硼砂作熔剂。古代炼丹家也使用过硼砂，但是硼酸的化学成分直到 19 世纪初还是个谜。

1702 年，法国医生霍姆贝格（Homberg）首先用硼砂与硫酸反应制得硼酸，称为镇静盐（sal sedativum）。1741 年，法国化学家帕特（Patt）指出，硼砂与硫酸作用除生成硼酸，还得到硫酸钠。1789 年，拉瓦锡把硼酸基列入元素表。1808 年，戴维在用电解的方法发现钾后不久，又用电解熔融的三氧化二硼的方法制得棕色的硼；同年，盖 - 吕萨克和路易·泰纳尔（Louis Thénard，公元 1777—1857 年）用金属钾还原无水硼酸制得单质硼。

实际上，他们都没有得到纯净的硼元素，而极纯的硼几乎不可能获得。更纯净的硼是由莫瓦桑于 1892 年提取的。最终，美国的魏因特劳布（E.Weintraub）点燃了氯化硼蒸气和氢的混合物，生产出了完全纯净的硼。这种方法获取的硼被发现性质和以前报告的有很大的不同。

硼被命名为 boron，源自阿拉伯文，原意是"焊剂"。说明古代阿拉伯人就已经知道了硼砂具有熔融金属氧化物的能力，在焊接中用作助熔剂。直至 1981 年，人们才认识到硼不仅是植物，还是动物与人类所必须的元素。当时报道的一项早期研究结果提示了硼的必要性，在这项研究中发现，给雏鸡喂饲维生素 D 含量较低的饲料时，硼能够改善其骨骼钙化。硼是人类发现的第 42 种元素。

用途

硼元素是核糖核酸形成的必需品，而核糖核酸是生命的重要基础构件。硼对于地球上生命的起源可能很重要，因为它可以使核酸稳定，核酸是核糖核酸的重要成分。在早期生命中，核糖核酸被认为是脱氧核糖核酸的信息前体。

硼是一种用途广泛的化工原料矿物，主要用于生产硼砂、硼酸和硼的各种化合物，是冶金、建材、机械、电器、化工、轻纺、核工业、医药、农业等部门的重要原料。时下，硼的用途超过 300 种，其中玻璃工业、陶瓷工业、洗涤剂和农用化肥是硼的主要用途，约占全球硼消费量的 3/4。

单质硼是良好的还原剂，氧化剂，溴化剂，有机合成的掺合材料，高压高频电及等离子弧的绝缘体，雷达的传递窗等。

硼是微量合金元素，硼与塑料或铝合金结合，是有效的中子屏蔽材料；硼钢在反应堆中用作控制棒；硼纤维用于制造复合材料等；含硼添加剂可以改善冶金工业中烧结矿的质量，降低熔点、减小膨胀，提高强度硬度。硼及其化合物也是冶金工业的助溶剂和冶炼硼铁硼钢的原料，加入硼化钛、硼化锂、硼化镍，可以冶炼耐热的特种合金；建材工业中硼酸盐、硼化物是搪瓷、陶瓷、玻璃的重要组分，具有良好的耐热耐磨性，可增强光泽，调高表面光洁度等。

硼普遍存在于蔬果中，是维持骨骼健康和钙、磷、镁正常代谢所需要的微量元素之一。硼对停经后妇女防止钙质流失、预防骨质疏松症具有功效，硼的缺乏会加重维生素 D 的缺乏；此外，硼也有助于提高男性睾酮分泌量，强化肌肉，是男性运动员不可缺少的营养素。硼还有改善脑功能，提高反应能力的作用。

硼烷（borane）

硼烷类化合物是指仅由硼元素和氢元素组成的硼氢化合物，可以用 B_xH_y 表示，这类化合物都是通过人工合成得到的。由于硼元素位于化学元素周期表第 Ⅲ 主族，具有较强的还原性（容易被氧化），因此硼烷类化合物大多遇氧气和水不稳定，需要在无水、无氧条件下（惰性气体保护）保存。（甲）硼烷 BH_3 为气体，二聚体为乙硼烷 B_2H_6。多聚体能形成较大分子量的硼烷，部分大分子量的硼烷由于空间排列不同还存在同分异构体。

化学中最重要的硼烷是乙硼烷 B_2H_6、戊硼烷 B_5H_9 和癸硼烷 $B_{10}H_{14}$。

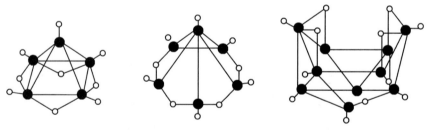

五（戊）硼烷、六（己）硼烷和十（癸）硼烷
（●为硼原子，○为氢原子，硼烷中部分氢原子未标出）

硼烷在近代工业和军事上具有重要用途，由于它燃烧时能放出大量的热，主要用作火箭和导弹的高能燃料。此外，还可作为金属或陶瓷零件的处理剂，也可作为橡胶的交联剂，在硅橡胶生产中特别有效。

1976 年，威廉·利普斯科姆（William Lipscomb，公元 1919—2011 年）因对硼烷结构的研究而获得诺贝尔化学奖。利普斯科姆同他的导师和学生先后 5 次获得诺贝尔奖：导师鲍林获 1954 年诺贝尔化学奖、1962 年诺贝尔和平奖；学生罗阿尔德·霍夫曼获 1981 年诺贝尔化学奖，学生托马斯·施泰茨（Thomas Steitz，公元 1940—   ）因为"核糖体的结构和功能"的研究获 2009 年诺贝尔化学奖。

约翰·道尔顿（John Dalton，公元 1766—1844 年）

约翰·道尔顿

1766 年 9 月 6 日，道尔顿生于英国坎伯兰郡伊格斯菲尔德一个贫困的贵格会织工家庭。幼年家贫，只能参加贵格会的学校，家境富裕的教师鲁宾逊很喜欢道尔顿，允许他阅读自己的书和期刊。1781 年，道尔顿在肯德尔一所学校中任教时，结识了盲人天才哲学家约翰·高夫（John Gough，公元 1757—1825 年），并在他的帮助下自学了拉丁文、希腊文、法文、数学和自然哲学。

1793 年，道尔顿靠从高夫那里接受的自然科学知识，成为曼彻斯特新学院的数学和自然哲学教师。来到学院不久，他发表了《气象观察与随笔》，在其中描述了气温计气压计和测定露点的装置，并在附录中提出原子论的模型。

1803 年，道尔顿继承古希腊朴素原子论和牛顿微粒说，提出原子论，其要点为：

（1）化学元素由不可分的微粒——原子构成，原子在一切化学变化中是不可再分的最小单位。

（2）同种元素的原子性质和质量都相同，不同元素原子的性质和质量各不相同，原子质量是元素基本特征之一。

（3）不同元素化合时，原子以简单整数比结合。以及推导并用实验证明倍比定律：如果一种元素的质量固定时，那么另一元素在各种化合物中的质量一定成简单整数比。

道尔顿最先从事测定原子量的工作，提出用相对比较的办法求取各元素的原子量，并发表第一张原子量表，为后来测定元素原子量工作开辟了良好开端。

道尔顿在气象学、物理学上的贡献也十分突出。他是一个气象迷，自 1787 年开始连续观测气象，从不间断，直到临终前几小时止，共记下约 20 万字的气象日记。1801 年，他还提出气体分压定律，即混合气体的总压力等于各组分气体的分压之和。他还测定水的密度和温度变化关系，以及空气的热膨胀系数相等。遗憾的是，道尔顿曾因固执地反对为他解围的阿伏伽德罗的分子学说而被传为"笑话"。

1794 年，道尔顿被选为曼彻斯特文学和哲学学会会员，这个学会由普利斯特利的学生创建，讨论神学和英国政治外的各种问题。10 月 31 日，他在学会宣读了《关于颜色视觉的特殊例子》。在这篇文章中，他给出了对色盲这一视觉缺陷的最早描述，总结了从他和其他患者身上观察到的色盲症的特征，例如，他自己除了蓝绿色，只能再看到黄色，所以色盲症又被很多人称为"道尔顿症"。

原子论建立以后，道尔顿名震英国乃至整个欧洲，各种荣誉纷至沓来。1816 年，道尔顿被选为法国科学院院士；1817 年，道尔顿被选为曼彻斯特文学哲学会会长；1826 年，英国政府授予他金质科学勋章；1828 年，道尔顿被选为英国皇家学会会员；此后，他又相继被选为柏林科学院名誉院士、慕尼黑科学院名誉院士、莫斯科科学协会名誉会员，还得到了当时牛津大学授予科学家的最高荣誉——法学博士称号。在荣誉面前，道尔顿开始时是冷静的、谦虚的，但是后来荣誉越来越高，他逐渐变得有些骄傲和保守。不过还好，他对科学的热爱始终如一。道尔顿一生正如恩格斯所指出的：化学新时代是从原子论开始的，所以道尔顿应是"近代化学之父"。

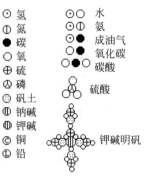

道尔顿用过的化学符号

在科学理论上，道尔顿的原子论是继拉瓦锡的氧化学说之后理论化学的又一次重大进步，他揭示出一切化学现象的本质都是原子运动，明确了化学的研究对象，对化学真正成为一门学科具有重要意义。此后，化学及其相关学科得到了蓬勃发展。在哲学思想上，原子论揭示了化学反应现象与本质的关系，继天体演化学说诞生以后，又一次冲击了当时僵化的自然观，为科学方法论的发展、辩证自然观的形成及整个哲学认识论的发展具重要意义。但是，晚年的道尔顿思想趋于僵化，他拒绝接受盖-吕萨克的气体分体积定律，坚持采用自己的原子量数值而不接受已经被精确测量的数据，反对贝采里乌斯提出的简单的化学符号系统。

道尔顿终生未婚，而且在生活穷困的条件下从事科学研究，英国政府只是在欧洲著名科学家的呼吁下，才给予他养老金，但是道尔顿仍把它积蓄起来，奉献给曼彻斯特大学用作学生的奖学金。

1844 年 7 月 26 日，道尔顿用颤抖的手写下了他最后一篇气象观测记录。7 月 27 日，他从床上掉下，服务员发现时已然去世。道尔顿希望在他死后对他的眼睛进行检验，以找出他色盲的原因，他认为可能是因为他的水样液是蓝色的。去世后的尸检发现他的眼睛正常，但是 1990 年对其保存在皇家学会的一只眼睛进行 DNA 检测，发现他缺少对绿色敏感的色素。

道尔顿走了，但原子量的问题仍未解决。

原子量最早是由道尔顿提出来的，他说"同一种元素的原子有相同的重量（ atomic weight ），不同元素的原子有不同的重量。"因此"atomic weight"在中文里翻译成了"原子量"。但是由于当时重量和质量（ mass ）是相同的概念，所以虽然实际中获得的都是原子的相对质量，但仍然称作原子量。

道尔顿根据他所建立的原子论导出了倍比定律（这时倍比定律与定比定律已经形成），并提出了原子量的概念。1803 年，他规定了 H 的原子量为 1 （虽然他正式发布他的原子论是在 1805 年 ）。那时人们已经知道水中氢氧质量比为 1：8，道尔顿并不知道水中氢氧原子的比例，他就根据思维经济原则武断地认为，水分子是由一个氢原子和一个氧原子构成的，所以氧的原子量是 8。然而道尔顿是原子量测量的开山始祖。

道尔顿用图画出原子和复合原子（分子），但二氧化硫、甲烷、碳酸钡的分子组成他都给错了。虽然氢氧化钾的组成他写对了，但根据这个分子组成并结合氢氧化钾的宏观质量来推断钾的原子量也必然会出现错误的结果，因为氧的原子量是错误的。

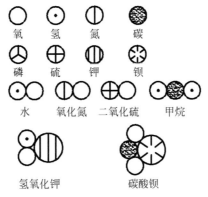

道尔顿的（简单）原子和复合原子（分子）

到 1810 年时，道尔顿的原子量被修正为：H-1，O-7，N-5，S-13.0，P-9，C-5.4，As-42，Pt-100。

不管怎样，道尔顿向着微观的路径迈出了第一步。

发现道尔顿的错误并且给予修正的人，是贝采里乌斯，现代化学命名体系的建立者。他又用了近 20 年时间，测量了近 2000 种化合物，给出了人类历史上第一个较为精确的相对原子质量表。贝采里乌斯发现水正确的氧氢质量比为 16∶1，也就是说，水是 H_2O。

1818 年，贝采里乌斯进行了大量修正，H 修正为 0.99，O 修正为 16（贝采里乌斯因为发现 2 体积氢气与 1 体积氧气生成 2 体积水蒸气（忽略氢键影响），所以他认为水中氢原子数量是氧原子数量的 2 倍），S 修正为 32.2，P 修正为 62.7（P 是现在的 2 倍，应该还是某物质的化学式确定错了），C 修正为 12.5，As 修正为 150.52，Pt 修正为 199.4。1826 年，他又进一步修正了，使 H、C、N、O、F、P、S、Cl、As、Pt 均与现在的数值非常相近，至少保留到整数都是一样的了。

贝采里乌斯对氧原子情有独钟，他规定氧原子为基准，其质量为 100，按此计算，氢原子的相对质量被修正为 6.25。其他的各个元素，也在这个基础上拥有了新的原子量。贝采里乌斯的原子量表获得大家的认可，并且在历史上使用了整整 40 年。

1860 年，意大利化学家康尼查罗（Stanislao Cannizzaro，公元 1826—1910 年）在德国卡尔斯鲁厄国际化学家代表大会上论证了原子 - 分子学说。在根据蒸气密度法测定分子量的基础上，提出一个合理的测定原子量的方案："因为一个分子中所含各种原子的数目必然都是整数，因此，在重量等于分子量值的某物质中，某元素的重量一定是其原子量的整数倍。如果我们考查一系列含某一元素的化合物，其中必有一种或几种化合物中只含有一个原子的这种元素，那么，在一系列该元素的重量值中，那个最小值，即该元素的大约原子量。"

也是在 1860 年，比利时化学家斯塔斯（Jean Stas，公元 1813—1891 年）建议把氧的原子量定为 16，这样就有很多接近整数。更重要的是，他将天平的灵敏度提高到 0.03mg，将很多元素的原子量的测量值精确到小数点后 4 位，化学家们已使用这种原子量差不多 100 年。

到了 20 世纪，汤姆孙和卢瑟福相继发现了电子和原子核，在 1912 年人们发现同位素可能存在的证据并于 1913 年成功找到同位素存在的证据。

1919 年，英国卡文迪什实验室的阿斯顿（Francis Aston，公元 1877—1945 年）成功研制出质谱仪，并获得 1922 年诺贝尔化学奖。借助具备电磁聚焦性能的质谱仪，他鉴别出至少 212 种天然同位素。通过对大量同位素的研究，他阐述了"整数法则"，即除了氢以外的所有元素，其原子质量都是氢原子质量的整数倍。并且，通过质谱分析，他解释了造成实际值与上述法则偏差的原因是存在同位素。此后又在 1929 年发现了氧有同位素。当然，在氧的三种同位素中，氧 -16 是最多的，占 99.76%，氧 -17 和氧 -18 分别是 0.04% 和 0.20%。

为了解决由同位素产生的原子量的含糊性，阿斯顿规定，以氧 -16 原子的质量的 1/16 定为原子量的单位，氧 -16 的原子量为 16.0000，元素的原子量规定为各同位素原子的加权平均数。这个定义与之前的定义主要有两个差别，一是将氧改为了氧 -16，二是把原子量由 16 改为了 16.0000（体现出大部分原子量不是整数）。

尽管阿斯顿获得了诺贝尔化学奖，但化学家们并不买阿斯顿的这个账。从此，原子量一词分成了"物理原子量"和"化学原子量"，数值是稍有不同的。1940 年，通过同位素技术准确地测定出了氧的各种同位素丰度。因为物理学界把氧 -16 定为 16.0000，并测得氧 -17 和氧 -18 的质量分别为 17.0045 和 18.0049，加权平均后，得到氧元素的分子量为 16.0044；而化学界将加权平均数规定为 16，所以它们的原子量单位的比值就是 16.0044/16.0000=1.000275。同年，国际原子量与同位素丰度委员会（ICAW）将其确定为两种原子量的换算因子，即物理原子量 =1.000275× 化学原子量。

这种局面一直僵持着，直到约瑟夫·马陶赫（Josef Mattauch）提出物理界和化学界都能接受的方案。马陶赫在 1955 年独立地修改了整个元素周期表的原子量，1957 年，马陶赫在国际纯粹与应用物理学联合会（International Union of Pureand Applied Physics，IUPAP）于罗马召开的大会上，建议以碳 -12 原子的 1/12 作为原子量的单位。1960 年得到了 IUPAP 的通过。IUPAP 的新标准与化学的旧原子量相比几乎完全一样，并将这个新的原子量标准提交给 IUPAC。IUPAC 经过考虑后，在 1960 年在渥太华召开的大会上予以正式通过。1961 年 8 月，开始正式启用新标准。从此，"物理原子量"和"化学原子量"这两个词就不再使用，而用"国际原子量"来代替。

约瑟夫·马陶赫

阿莫迪欧·阿伏伽德罗（Amedeo Avogadro，公元 1776—1856 年）

阿伏伽德罗出生于意大利西北部皮埃蒙特大区的首府都灵，他家是当地的望族，阿伏伽德罗的父亲菲立波，曾担任萨伏伊王国最高法院的法官。父亲对他有很高的期望,但阿伏伽德罗勉强地读完中学。不过他进入都灵大学法律系后,成绩突飞猛进。

阿伏伽德罗 30 岁时，对物理研究产生兴趣。1804 年被都灵科学院选为通讯院士，1809 年被聘为维切利皇家学院的物理学教授。后来他到乡下的一所职业学校教书，1815 年 1 月与马西亚结婚。1819 年被都灵科学院选为院士，1820 年任都灵大学数学和物理学教授。1832 年，出版了四册理论物理学，其中写下有名的假设："在相同的物理条件下，具有相同体积的气体含有相同数目的分子。"但未被当时的科学家接受。著名的阿伏伽德罗常量（Avogadro's number）就是以他的姓氏命名，N_A。

在英国化学家道尔顿正式提出科学原子论的第二年(1808 年)，法国化学家盖·吕萨克在研究各种气体在化学反应中体积变化的关系时发现，参与同一反应的各种气体，在同温同压下，其体积成简单的整数比。这就是著名的气体化合体积实验定律，常称为盖-吕萨克定律。盖-吕萨克是很赞赏道尔顿的原子论的,于是将自己的化学实验结果与原子论相对照。他发现，原子论中认为化学反应中各种原子以简单数目相结合的观点可以由他的实验得到支持，于是他提出了一个新的假说：在同温同压下，相同体积的不同气体含有相同数目的原子。他自认为这一假说是对道尔顿原子论的支持和发展，并为此而高兴。

没料到，当道尔顿得知盖-吕萨克的这一假说后，立即公开表示反对。因为道尔顿在研究原子论的过程中，也曾作过这一假设，后被他自己否定了。他认为不同元素的原子大小不会一样，其质量也不一样，因而相同体积的不同气体不可能含有相同数目的原子。更何况还有一体积氧气和一体积氮气化合生成两体积的一氧化氮的实验事实（O+N $\longrightarrow$ 2NO）。若按盖-吕萨克的假说，n 个氧和 n 个氮原子生成了 $2n$ 个氧化氮复合原子，岂不成了一个氧化氮的复合原子由半个氧原子、半个氮原子结合而成？原子不能分，半个原子是不存在的，这是当时原子论的一个基本点。为此道尔顿当然要反对盖-吕萨克的假说，他甚至指责盖-吕萨克的实验有些靠不住。

盖-吕萨克认为自己的实验是精确的，不接受道尔顿的指责，于是双方展开了争论。他们都是当时欧洲有名的化学家，对这场争论其他化学家没敢轻易表态，就连当时已很有威望的贝采里乌斯也在私下表示，看不出这场争论的是与非。

阿伏伽德罗对这场争论发生了浓厚的兴趣。他在 1811 年提出了一种分子假说：同体积的气体，在相同的温度和压力时，含有相同数目的分子。对此他解释说，之所以引进分子的概念是因为道尔顿的原子概念与实验事实发生了矛盾，必须用新的假说来解决这一矛盾。例如，单质气体分子都是由偶数个原子组成的这一假说恰好使道尔顿的原子论和气体化合体积实验定律统一起来。根据这个假说，阿伏伽德罗进一步指出，可以根据气体分子质量之比等于它们在等温等压下的密度之比来测定气态物质的分子量，也可以由化合反应中各种单质气体的体积之比来确定分子式。这一假说是根据盖-吕萨克在 1809 年发表的气体化合体积定律加以发展而形成的。阿伏伽德罗在 1811 年的著作中写道："盖-吕萨克在他的论文里曾经说，气体化合时，它们的体积成简单的比例。如果所得的产物也是气体的话，其体积也是简单的比例。这说明在这些体积中所作用的分子数是基本相同的。由此必须承认，气体物质化合时，它们的分子数目是基本相同的。"最后阿伏伽德罗写道："总之，读完这篇文章，我们就会注意到，我们的结果和道尔顿的结果之间有很多相同之点，道尔顿仅仅被一些不全面的看法所束缚。这样一致性证明我们的假说就是道尔顿体系，只不过我们所做的，是从它与盖-吕萨克所确定的一般事实之间的联系出发，补充了一些精确的方法而已。"阿伏伽德罗还反对当时流行的气体分子由单原子构成的观点，认为氮气、氧气、氢气都是由两个原子组成的气体分子。

当时，贝采里乌斯的电化学学说很盛行，在化学理论中占主导地位。电化学学说认为同种原子是不可能结合在一起的，因此英国、法国和德国的科学家都不接受阿伏伽德罗的假说。

那时，在道尔顿的原子论发表后，测定各元素的原子量成为化学家最热门的课题。尽管采用了多种方法，但因为不承认分子的存在，化合物的原子组成难以确定，原子量的测定和数据呈现一片混乱，难以统一。于是部分化学家怀疑原子量究竟能否测定，甚至原子论能否成立。不承认分子假说，在有机化学领域中同样产生极大的混乱。分子不存在，分类工作就难以进行，各人都自行其是。例如，碳的原子量有定为 6 的，也有定为 12 的；水的化学式有写成 HO 的，也有写成 H_2O 的；醋酸竟可以写出 19 个不同的化学式。当量有时等同于原子量，有时等同于复合原子量（即分子量），有些化学家干脆认为它们是同义词，从而进一步扩大了化学式、化学分析中的混乱。当时的杂志在发表化学论文时，也往往需要大量的注释才能让人读懂。

最后，无论是无机化学还是有机化学，化学家对这种混乱的局面都感到无法容忍，强烈要求召开一次国际会议，力求通过讨论，在化学式、原子量等问题上取得统一的意见。于是 1860 年 9 月在德国卡尔斯鲁厄召开了国际化学会议。来自世界各国的 140 名化学家在会上激烈争论，但仍未达成协议。这时康尼查罗散发了他所写的小册子：《化学哲学教程提要》，希望大家重视研究阿伏伽德罗的学说。这本小册子回顾了 50 年来化学发展的历程，成功的经验，失败的教训都充分证实阿伏伽德罗的分子假说是正确的，论据充分，方法严谨，很有说服力。历经 50 年曲折，化学家此时已能冷静地研究和思考，终于承认阿伏伽德罗的分子假说的确是扭转这一混乱局面的唯一钥匙。小册子引起了德国化学家迈耶尔的注意，他在 1864 年出版了《近代化学理论》一书，许多科学家从这本书里了解并接受了阿伏伽德罗假说。阿伏伽德罗数是 1mol 物质所含的分子数，其数值是 6.022×10^{23}，是自然科学的重要的基本常数之一。阿伏伽德罗的伟大贡献终于被发现，阿伏伽德罗定律终于为全世界科学家所公认，遗憾的是此时他已溘然长逝了，甚至没有为后人留下一张画像。唯一的画像还是在他死后按照石膏面模临摹下来的。

阿伏伽德罗一生不慕名利，在默默地埋头于科学研究工作中获得了极大的乐趣。

 ## 硅（Si，silicon）

概述

硅是一种化学元素，它的化学符号是 Si（silicon），旧称矽。原子序数为 14，相对原子质量为 28.0855，属于元素周期表上第三周期、ⅣA 族的类金属元素。硅也是极为常见的一种元素，然而它极少以单质的形式在自然界出现，而是以复杂的硅酸盐或二氧化硅的形式，广泛存在于岩石、砂砾、尘土之中。硅在宇宙中的丰度排在第八位。在地壳中，它是第二丰富的元素，丰度为 26.4%，仅次于第一位的氧（49.4%）。

硅的中文命名甚为曲折。英文 silicon，来自拉丁文的 silex、silicis，意思为"燧石"（火石）。民国初期，学者原将其译为"硅"而令其读"xī"（圭旁确可读 xi 音。又，"硅"字本为"砉"（读"huā"）字的异体）。然而由于当时拼音方案尚未推广普及，一般大众多误读为"guī"。由于化学元素译词除中国原有命名，多用音译，化学学会注意到此问题，于是又创"矽"字避免误读。1953 年 2 月，中国科学院召开了一次全国性的化学物质命名扩大座谈会，有学者以"矽"与另外的化学元素"锡"和"硒"同音易混淆为由，通过并公布改回原名字"硅"并读"guī"，但并未意识到其实"硅"字本亦应读"xī"音。有趣的是，"矽肺"与"矽钢片"等词汇中至今仍用"矽"字。

如果说碳是组成一切有机生命的基础，那么硅对于地壳来说，占有同样重要的位置，因为地壳的主要部分都是由含硅的岩石层构成的。这些岩石几乎全部是由硅石和各种硅酸盐组成。长石、云母、黏土、橄榄石、角闪石等都是硅酸盐类；水晶、玛瑙、碧石、蛋白石、石英、砂子以及燧石等都是硅石。

硅分无定形硅和晶体硅两种同素异形体。晶体硅为灰黑色，硬而有金属光泽，莫氏硬度为 6.5，熔点为 1414℃，沸点为 2900℃。无定形硅为黑色，密度为 2.32～2.34g/cm³，熔点为 1410℃，沸点为 2355℃。晶体硅属于原子晶体，不溶于水、硝酸和盐酸，溶于氢氟酸和碱液。

硅是本征半导体，间接带隙为 1.1eV。晶胞类型为立方金刚石型。

发现

1787 年，拉瓦锡发现硅存在于岩石中。1800 年，戴维将其错认为一种化合物。1811 年，盖 - 吕萨克和泰纳尔加热钾和四氟化硅得到不纯的无定形硅，根据拉丁文 silex（燧石）命名为 silicon。

1823 年，硅首次作为一种元素被贝采里乌斯发现，并于一年后提炼出了无定形硅，其方法与盖 - 吕萨克使用的方法大致相同。他随后还用反复清洗的方法将单质硅提纯。

贝采里乌斯以氧化硅的粉末，加以铁、碳的混合物在高温下加热，得到硅化铁。但是为了制取纯的硅，他使用硅 - 氟 - 钙的化合物，干烧之后得到的固体，加水分解得到纯的硅。

结晶性的硅则到了 1854 年才被提炼出来，是人类发现的第 51 种元素。

用途

高纯的单晶硅是重要的半导体材料。在单晶硅中掺入微量的第Ⅲ A 族元素，形成 p 型硅半导体；掺入微量的第Ⅴ A 族元素，形成 n 型半导体。p 型半导体和 n 型半导体结合在一起形成 pn 结，就可做成太阳能电池，将太阳的辐射能转变为电能，在开发新能源方面是一种很有前途的材料。另外广泛应用的二极管、三极管、晶闸管（thyristor）、场效应管和各种集成电路（包括计算机内的芯片和中央处理器（CPU））都是以硅为原材料。

硅是金属陶瓷、宇宙飞行器的重要材料。将陶瓷和金属混合烧结，制成金属陶瓷复合材料，它耐高温，富韧性，可以切割，既继承了金属和陶瓷各自的优点，又弥补了两者的先天缺陷，可应用于军事武器的制造。世界上第一架进入轨道的航天飞机"哥伦比亚号"能抵挡住高速穿行稠密大气时摩擦产生的高温，全靠它那 31000 块硅瓦拼砌成的外壳。

光导纤维通信是最新的现代通信手段。用纯二氧化硅可以拉制出高透明度的玻璃纤维。激光可在玻璃纤维的通路里，发生无数次全反射而向前传输，代替了笨重的电缆。光纤通信容量高，一根头发丝细的玻璃纤维，可以同时传输 256 路电话；而且它还不受电、磁的干扰，不怕窃听，具有高度的保密性。光纤通信将会使 21 世纪人类的生活发生革命性巨变。

某些金属（如锂、钙、镁、铁、铬等）和某些非金属（如硼等）与硅形成的二元化合物，一般是晶体，有金属光泽，硬而有高熔点。一种金属或非金属能生成多种硅化物。例如，铁能生成 $FeSi$、$FeSi_2$、Fe_2Si_5、Fe_3Si_2、Fe_5Si_3 等，可由金属（或非金属）氧化物或金属硅酸盐用硅在电炉中还原而得。金属硅化物以其优异的高温抗氧化性和导电、传热性而获得广泛的应用。

硅有机化合物性能优异，例如，有机硅塑料是极好的防水涂布材料。在地铁隧道四壁喷涂有机硅，可以一劳永逸地解决渗水问题。在古文物、雕塑的外表，涂一层薄薄的有机硅塑料，可以防止青苔滋生，抵挡风吹雨淋。天安门广场上的人民英雄纪念碑，其表面便是经过有机硅塑料处理的，因此永远洁白、清新。

有机硅由于独特的结构，兼备了无机材料与有机材料的性能，具有表面张力低、黏温系数小、压缩性高、气体渗透性高等基本性质，并具有耐高低温、电气绝缘、耐氧化稳定性、耐候性、难燃、憎水、耐腐蚀、无毒无味以及生理惰性等优异特性，因此被广泛应用于航空航天、电子电气、建筑、运输、化工、纺织、食品、轻工、医疗等行业。随着有机硅数量和品种的持续增长，应用领域不断拓宽，形成化工新材料界独树一帜的重要产品体系，许多品种是其他化学品无法替代而又必不可少的。

石棉（asbestos）

石棉是天然纤维状的硅质矿物的泛称，是一种被广泛应用于建材防火板的硅酸盐类矿物纤维，也是唯一的天然矿物纤维。石棉纤维是指蛇纹岩及角闪石系的无机矿物纤维，基本成分是水合硅酸镁（$3MgO \cdot 3SiO_2 \cdot 2H_2O$）。石棉纤维的特点是耐热、不燃、耐水、耐酸、耐化学腐蚀。石棉纤维的类型有 30 余种，但常用的有 2 类共计 6 种矿物（蛇纹石石棉、角闪石石棉、阳起石石棉、直闪石石棉、铁石棉、透闪石石棉等）。石棉由纤维束组成，而纤维束又由很长很细的能相互分离的纤维组成。石棉具有高度耐火性、电绝缘性和绝热性，是重要的防火、绝缘和保温材料。但是由于石棉纤维能引起石棉肺、胸膜间皮瘤等疾病，许多国家已全面禁止使用这种危险性物质。

人类对石棉的使用已被证明可上溯到古埃及，当时，石棉被用来制作法老们的裹尸布。在芬兰，石棉纤维还在旧石器时代的陶器作坊被发现。希腊历史学家希罗多德（公元前 5 世纪）曾谈到用来装盛被焚烧尸体骨架的耐火容器。据说查理曼（Charlemagne，公元 742—814 年）[①] 拥有一块用石棉制成的白色台布，他在宴后将桌布扔于火中而不燃烧，使客人感到惊奇。

中国周代已能用石棉纤维制作织物，因沾污后经火烧即洁白如新，故有火浣布或火烷布之称。《列子》中就有记载："火浣之布，浣之必投于火，布则火色垢则布色。出火而振之，皓然疑乎雪"。马可·波罗（Marco Polo，公元 1254—1324 年）曾谈到一种"矿物物质"，被鞑靼人用来制作防火服。

1900 年前后，全世界开采的石棉数量大约是每年 30 万吨。石棉采矿自工业时代开始一直不断发展，1975 年，约 500 万吨的石棉被开采。此后，吸入石棉粉尘带来的健康风险被广为传播，石棉的使用数量逐步下降，到 1998 年降至 300 万吨上下。

世界上所用的石棉 95% 左右为温石棉，其纤维可以分裂成极细的元纤维，工业上每消耗 1 吨石棉约有 10g 石棉纤维释放到环境中。1kg 石棉约含 100 万根元纤维。元纤维的直径一般为 0.5μm，长度在 5μm 以下，在大气和水中能悬浮数周甚至数月之久，持续地造成污染。研究表明，与石棉相关的疾病在多种工业行业中是普遍存

---

① 或称为查尔斯大帝，曼即大帝之意。法兰克王国加洛林王朝国王，德意志神圣罗马帝国的奠基人。他建立了囊括西欧大部分地区的庞大查理曼帝国。公元 800 年，由罗马教皇利奥三世加冕"罗马人的皇帝"。他引入了希腊文明，将欧洲文化重心从地中海希腊一带转移至莱茵河附近，被后世尊称为"欧洲之父"。扑克牌的红心 K 就是查理曼。

在的，如石棉的开采、加工和使用，或含石棉材料的各种行业（建筑、船舶和汽车修理、冶金、纺织、机械和电力工程、化学、农业等）。

德国在 1980—2003 年期间，石棉相关职业病导致 1.2 万人死亡。法国每年因石棉致死达 2000 人。美国在 1990—1999 年期间报告了近 20000 例石棉沉着病例。1998 年，世界卫生组织重申了纤蛇纹石石棉的致癌效应，特别是其可能导致间皮瘤的风险，呼吁使用该种石棉的替代品。

 # 锗（Ge，germanium）

概述

锗是一种化学元素，化学符号是 Ge，原子序数是 32，原子量为 72.64。在化学元素周期表中位于第 4 周期、第 IV A 族。锗单质是一种灰白色准金属，有光泽，质硬，属于碳族，化学性质与同族的锡与硅相近，不溶于水、盐酸、稀苛性碱溶液，溶于王水、浓硝酸或硫酸，具有两性，故溶于熔融的碱、过氧化碱、碱金属硝酸盐或碳酸盐，在空气中较稳定。在自然界中，锗共有五种同位素：锗 -70、锗 -72、锗 -73、锗 -74、锗 -76。在 700℃以上与氧作用生成 GeO_2，在 1000℃以上与氢作用，细粉锗能在氯或溴中燃烧。锗是优良半导体，可用于高频率电流的检波和交流电的整流，此外，可用于红外光材料、精密仪器、催化剂。锗的化合物可用以制造荧光板和各种折射率高的玻璃。

锗、锡和铅在元素周期表中同属一族，但锡和铅早在古代便为人们发现并利用，而锗长时期以来没有被工业大规模地开采。这并不是由于锗在地壳中的含量少，而是因为它是地壳中最分散的元素之一，含锗的矿石很少。

锗在自然界的分布很散很广，铜矿、铁矿、硫化矿，以至岩石、泥土和泉水中都含有微量的锗。锗在地壳中的含量为 7ppm，其含量比之于氧、硅等常见元素当然是少，但是比砷、铀、汞、碘、银、金等元素都多。然而，锗却非常分散，几乎没有比较集中的锗矿，因此，被人们称为"稀散金属"。已发现的锗矿有硫银锗矿（含锗 5%～7%）、锗石（含锗 10%）、硫铜铁锗矿（含锗 7%）。锗矿石的锗含量有200ppm 和 393ppm 两种，颜色为青灰色、红花色两种。

锗，就其导电的本领而言，优于一般非金属，劣于一般金属，这在物理学上称为"半导体"，其对固体物理和固体电子学的发展有重要作用。锗有着良好的半导体性质，如电子迁移率、空穴迁移率等。锗的发展仍具有很大的潜力。

发现

1885 年夏季，在德国萨克森王国弗赖堡附近的一个矿场，人们发现了一种新的矿物。由于这种矿物的含银量高，所以被命名为硫银锗矿。克莱门斯·温克勒

（Clemens Winkler，公元 1838—1904 年）^①检验了这种矿物，并于 1886 年从中成功分离出一种与锑相似的元素。在发表成果之前，他原本打算用海王星来为新元素命名，因为在 1846 年海王星被发现。然而，"锗"（neptunium）这个名字当时已被另一元素占用（不过不是今天叫锗的那种元素，它到 1940 年才被发现），因此温克勒改用他的祖国——德国的拉丁名（germanium）来为元素命名。由于锗跟砷和锑相近，所以它当时是否该出现在周期表上仍备受争论，不过它的性质与门捷列夫 1871 年预言的"类硅"很像，因此才确立了它在周期表的位置。在发现锗后，萨克森的矿场又给了温克勒 500kg 的矿石，使他能进行后续研究，并在 1887 年确立了这种新元素的化学性质。他通过分析纯四氯化锗，得出锗的原子量为 72.32，而法国化学家勒科克·德·布瓦博德朗（Lecoq de Boisbaudran，公元 1838—1912 年）则通过比较该元素的火花光谱线，得出原子量为 72.3。

锗继镓和钪后被发现，支持了门捷列夫提出的元素周期性，是人类发现的第 75 种元素。

用途

锗具备多方面的特殊性质，在半导体、航空航天测控、核物理探测、光纤通信、红外光学、太阳能电池、化学催化剂、生物医学等领域都有广泛而重要的应用，是一种重要的战略资源。

高纯度的锗是半导体材料，用高纯度的氧化锗还原，再经熔炼可提取而得。掺有微量特定杂质的锗单晶，可用于制作各种晶体管、整流器及其他器件。锗的化合物可用于制造荧光板及各种高折光率的玻璃。

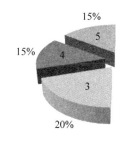

1 纤维光纤
2 红外光纤
3 聚合催化剂
4 电子和太阳能器件
5 其他

锗用途情况

锗单晶可制作晶体管，是第一代晶体管材料。锗材可用于辐射探测器及热电材料。高纯锗单晶具有高的折射系数，对红外线透明，不透过可见光和紫外线，可作

① 克莱门斯·温克勒，19—20 世纪之交的著名化学家，他在无机化学、分析化学和应用化学领域，以及培养人才方面，颇多建树。他上午教学，下午和晚上在实验室从事自己的研究活动，夜间或星期天伏案写作，午夜时分开启信箱。对官方的、商业的咨询问题，与朋友们的广泛通讯，他是作为调剂精神的休息来作答的。他嗜好吸烟，斗室之内总是烟雾缭绕，但最终损害了健康，不得不于 1902 年辞去教授职务，6 月 25 日上了最后一课，这一天讲演大厅座无虚席，讲台前摆满了鲜花，温克勒教授以动情的话语与自己的学生告别。几星期后迁德累斯顿定居，因肺癌于 1904 年 10 月 8 日与世长辞。

为专透红外光的锗窗、棱镜或透镜。再加上单质锗的折射系数高，所以红外夜视仪等军用观察仪采用纯锗制作透镜。锗和铌的化合物是超导材料。20世纪初，锗单质曾用于治疗贫血，之后成为最早应用的半导体元素。二氧化锗是聚合反应的催化剂，含二氧化锗的玻璃有较高的折射率和色散性能，可用作广角照相机和显微镜镜头，三氯化锗还是新型光纤材料的添加剂。

 # 4 砷（As，arsenic）

概述

砷，俗称砒，是一种非金属元素，在化学元素周期表中位于第4周期、第VA族，原子序数为33，元素符号是As，原子量为74.92，比重为5.73（14℃），熔点为814℃，615℃时升华。砷不溶于水，溶于硝酸和王水，在潮湿空气中易被氧化。主要以硫化物矿的形式（如雄黄（As_4S_4）、雌黄（As_2S_3）等）存在于自然界。单质以灰砷、黑砷和黄砷这三种同素异形体的形式存在。砷元素广泛地存在于自然界，已发现数百种砷矿物。砷与其化合物应用于农药以及多种合金中。其化合物三氧化二砷被称为砒霜，是一种毒性很强的物质。

发现

古罗马人称砷的硫化物矿为auripigmentum。"auri"表示"金黄色"，"pigmentum"指"颜料"；二者组合起来就是"金黄色的颜料"。这首先见于1世纪古罗马博物学家普林尼的著作中。今天英文中雌黄的名称orpiment正是由这一词演变而来的。

公元1世纪古希腊医生第奥斯科里底斯（Dioscorides）叙述了焙烧砷的硫化物以制取三氧化二砷，用于医药中。

三氧化二砷在中国古代文献中称为砒石或砒霜。这个"砒"字由"貔"而来。貔传说是一种吃人的凶猛野兽。这说明中国古代的人们就已认识到它的毒性，"砒霜"常常出现在中国古典小说和戏剧中。

小剂量砒霜作为药用，在中国医药书籍中最早出现于公元973年宋代编写的《开宝本草》中。

6世纪中叶，中国北魏末期农学家贾思勰（音xié）编著的农学专著《齐民要术》讲道：将雄黄、雌黄研成粉末，与胶水泥和，浸纸可防虫蛊（虫蛀）。明末宋应星编著的《天工开物》讲到三氧化二砷在农业生产中的应用："陕、洛之间忧虫蚀者，或以砒霜拌种子……"

将黄色砷的硫化物在空气中焙烧后就转变成白色的三氧化二砷。这种明显的物质间的转变引起中外炼金术士和炼丹家的兴趣。西方炼金术士们把雌黄称为"帝王黄"，用蛇作为砷的符号。

中国炼丹家称硫磺、雄黄和雌黄为"三黄"，视为重要的药品。4世纪前半叶中国炼丹家、古药学家葛洪在《抱朴子内篇》卷十一《仙药》中记述："又雄黄……饵服之法，或以蒸煮之；或以酒饵；或先以硝石化为水，乃凝之；或以玄胴肠裹蒸于赤土下；或以松脂和之；或以三物炼之，引之如布，白如冰……"这是葛洪讲述服用雄黄的方法：或者蒸煮它，或者用酒浸泡，或者用硝酸钾（硝石）溶液溶解它。用硝酸钾溶解它会生成砷酸钾（K_3AsO_4），受热会分解生成三氧化二砷（As_2O_3），即砒霜。或者与猪油（玄胴肠（或猪大肠））共热；或者与松树脂（松脂）混合加热。猪油和松树脂都是含碳的有机化合物，受热会炭化生成炭。炭会使雄黄转变成的砒霜还原而生成单质砷。

西方化学史学家们一致认为，从砷化合物中分离出单质砷的是13世纪德国炼金家阿尔伯特·马格努斯（Albert Magnus，公元1200—1280年）[①]。"Magnus"是尊称，相当于"伟大的"，因此中国有时译成"大阿尔伯特"。他的真实姓名是阿尔伯特·冯·布尔斯塔德（Albert von Bollstadt），是一位教会神职人员，在一所教会学校里任教，通晓神学、哲学、天文、地理、动物、植物学，是西方具有代表性的炼金家，著有《炼金术》。1250年，他用肥皂与雌黄共同加热获得单质砷。肥皂是用猪油或牛油与氢氧化钠共同熬煮制成的，化学成分是硬脂酸钠。硬脂酸钠是不可能与砷的硫化物共同加热而得到单质砷的，只是肥皂中未充分皂化的猪油或牛油在受热炭化后，形成的炭使砷的氧化物（由砷的硫化物转变而来）中的砷还原出来，与葛洪取得单质的方法是一样的，但是比葛洪晚了大约900年。

砷是人类发现的第11种元素。砷不是金属，但砷是一种具有金属光泽、质脆而硬的非金属元素。由于具有金属的光泽，砷在工业上常被称为"金属砷"。

用途

砷常用作合金添加剂，生产铅制弹丸、印刷合金、黄铜（冷凝器用）、蓄电池栅板、耐磨合金、高强结构钢及耐蚀钢等。高纯砷是制取化合物半导体砷化镓、砷化铟等的原料，也是半导体材料锗和硅的掺杂元素，这些材料广泛用作二极管、发光二极管、红外线发射器、激光器等。昂贵的白铜合金就是用铜与砷合炼的。

---

① 阿尔伯特·马格努斯（大阿尔伯特）：中世纪欧洲重要的哲学家和神学家，他是多明我会（天主教托钵修会的主要派别之一。会士均披黑色斗篷，因此被称为"黑衣修士"，以区别于方济会的"灰衣修士"和圣衣会的"白衣修士"）神父，他因知识丰富而著名，提倡神学与科学和平并存。有人认为他是"中世纪时期德国最伟大的哲学家和神学家"。他也是首位将亚里士多德的学说与基督教哲学综合到一起的中世纪学者。1931年，教宗庇护十一世将他列入36位教会圣师之一。

5 锑（Sb，antimony，stibium）

概述

锑（antimony），金属元素，元素符号Sb，原子序数为51。它是一种有金属光泽的类金属，在自然界中主要存在于硫化矿物辉锑矿（Sb_2S_3）中。已知锑化合物在古代就用作化妆品，金属锑在古代也有记载，但那时却被误认为是铅。

锑是银白色有光泽硬而脆的金属（常制成棒、块、粉等多种形状），有鳞片状晶体结构；在潮湿空气中逐渐失去光泽，强热则燃烧生成白色锑的氧化物。其莫氏硬度为3；易溶于王水，溶于浓硫酸；相对密度为6.68，熔点为630℃，沸点为1635℃，原子半径为1.28Å。

锑是氮族元素（15族），电负性为2.2。根据元素周期律，它的电负性比锡和铋大，比碲和砷小。锑在室温下的空气中是稳定的，但加热时能与氧气反应生成三氧化二锑。锑在一般条件下不与酸反应。

锑有四种同素异形体——一种稳定的金属锑（灰锑）和三种亚稳态锑（非金属性的黑锑、黄锑、易爆炸的白锑）。金属锑是一种易碎的银白色有光泽的金属，不同寻常的是，灰锑在遇冷时体积反而会膨胀，仅有四种元素表现出"冷胀"（锑、铋、镓和青铜，另外硫化镍也是冷胀热缩的物质）。把熔融的锑缓慢冷却，金属锑就会结成三方晶系的晶体，其与砷的灰色同素异形体异质同晶。罕见的白锑可由电解三氯化锑制得，用尖锐的器具刮擦它就会发生放热的化学反应，放出白烟并生成金属锑。如果在研钵中用研杵将它磨碎，就会发生剧烈的爆炸。黑锑是由金属锑的蒸气急剧冷却形成的，它的晶体结构与红磷和黑砷相同，在氧气中易被氧化甚至自燃。当温度降到100℃时，它逐渐转变成稳定的晶型。黄锑是最不稳定的一种，只能由锑化氢在−90℃下氧化而得。在这种温度和环境光线的作用下，亚稳态的同素异形体会转化成更稳定的黑锑。

辉锑矿（Sb_2S_3）

发现

锑的炼金术符号为♀。

早在公元前 3100 年的古埃及前王朝时代，化妆品刚被发明，三硫化二锑就用作化妆用的眼影粉。

在迦勒底的泰洛赫（今伊拉克），曾发现一块可追溯到公元前 3000 年的锑制史前花瓶碎片；而在埃及发现了公元前 2500 年至公元前 2200 年间的含镀锑的铜器。

1546 年出版的《论化石的本质》一书的作者德国冶金家阿格里科拉最早指出，锑和铋是不同于其他元素的两种独立的金属，而且用一定量的锑添加到锡和铅中熔炼，可以得到印刷用的活字合金；1604 年出版的《锑之凯旋车》（*Currus Triumphalis Antimonii*）一书的作者德国修道士贝塞尔·瓦伦泰因（Bessel Valentine）介绍了用铁和辉锑矿石共熔，可以置换出单质锑的方法；1777 年，德国采矿监督官员冯·玻恩（I. E. von Born）发现了天然的游离状态的锑。锑是人类发现的第 13 种元素。

锑的拉丁文名称为 stibium，该名来自于 stibnite，意思是"辉锑矿"。据说一天，瓦伦泰因发现一堆银白色的金属块。它们生硬而质脆，容易碎成粉末。这是什么东西？能作什么用？瓦伦泰因难以判断。看着粉碎后比面粉还白亮的粉末，瓦伦泰因命杂役取些去喂猪，结果发现，猪很爱吃掺过这种"银粉"的饲料，且吃过一段时日后明显肥大。瓦伦泰因想，这种"银粉"既然对猪有催肥作用，那么自然也能滋补人。于是，他建议一个瘦弱的僧友，取些去补补身子。不料，这个僧友吃了这种粉末后，险些丧命。对此，瓦伦泰因颇为惊诧："无论是猪崽还是僧人，都同为生灵，为何这种东西单克僧人？"于是，瓦伦泰因给这种白色金属取名为"antimony"，原意是"克僧"，即"anty（克）+ mony（僧）"。

用途

60% 的锑用于生产阻燃剂，而 20% 的锑用于制造电池中的合金材料、滑动轴承和焊接剂。

锑的最主要用途是它的氧化物（三氧化二锑）用于制造耐火材料。除含卤素的聚合物阻燃剂，它几乎总是与卤化物阻燃剂一起使用。三氧化二锑形成锑的卤化物的过程可以减缓燃烧，即它具有阻燃效应的原因。这些化合物与氢原子、氧原子和羟基自由基反应，最终使火熄灭。商业中这些阻燃剂应用于儿童服装、玩具、飞机和汽车座套。它也用于玻璃纤维复合材料（俗称玻璃钢）工业中聚酯树脂的添加剂，如轻型飞机的发动机盖。

锑能与铅形成用途广泛的合金，这种合金的硬度与机械强度相比锑都有所提高。大部分使用铅的场合都加入数量不等的锑来制成合金。在铅酸电池中，这种添加剂改变电极性质，并能减少放电时副产物氢气的生成。锑也用于减摩合金（如巴比特合金）、子弹、铅弹、网线外套、铅字合金、焊料（一些无铅焊接剂含有 5% 的锑）、铅锡锑合金，以及硬化制作管风琴的含锡较少的合金。15 世纪约翰·古腾堡

（Johannes Gutenberg，公元 1398—1468 年）[①]发明西方活字印刷时使用的金属活字就是由铅锡锑合金制成的。

锑对人体及环境生物具有毒性作用，甚至被怀疑为致癌物，锑及其化合物已经被许多国家列为重点污染物。与诸多元素相似，锑及其化合物的毒性取决于其存在形式，不同锑化合物的毒性差异很大。一般来说，元素锑的毒性大于无机锑盐，三价锑的毒性大于五价锑，无机锑的毒性大于有机锑化合物，水溶性化合物的毒性较难溶性化合物强，锑元素粉尘的毒性较其他含锑化合物强。

6 碲（Te，tellurium）

概述

碲（tellurium）是一种准金属，元素符号 Te，在元素周期表中属ⅥA族，原子序数 52，原子质量为 127.6。碲有两种同素异形体，一种属六方晶系，原子排列呈螺旋形，具有银白色金属光泽；另一种为无定形，黑色粉末。碲的熔点为 452℃，沸点为 1390℃，性脆，化学性质与锑相似。碲溶于硫酸、硝酸、王水、氰化钾、氢氧化钾；不溶于水、二硫化碳。碲在空气中燃烧火焰带有蓝色，生成二氧化碲。人体吸入极低浓度的碲后，在呼气、汗尿中会产生一种令人不愉快的大蒜臭气。碲是七种稀散金属之一，这些金属一般都是伴生矿产，独立矿床罕见。

碲属于亲硫元素，又是一种分散元素，在自然界中很难找到游离的单质，绝大多数呈化合物或合金式混合物存在，仅有个别共生的针碲金银矿；它常与亲硫的铜、锌共生在银矿和金矿中，也很分散地存在于铋、铅、汞的硫化物矿石中。因此，不仅可通过冶炼金银回收碲，还可以从电解铜的阳极泥中或从炼锌的烟尘中回收碲。我国的碲储量居世界第一位，大矿和富矿主要分布在江西、广东和甘肃。

碲有两种同素异形体。

（1）无定形碲：黑色粉末状，密度中等，熔、沸点较低，半导体，禁带宽 0.34eV。

（2）晶体碲：银白色、金属光泽、六方晶系的晶态，性脆，与锑相似。碲是非金属元素，却有良好的传热和导电本领。在所有的非金属同伴中，它的金属性是最强的。硬度为 2.3、熔点为 449.5℃、沸点为 889.8℃、单质具有顺磁性。常温下性

---

① 在约翰·古腾堡以前，西方人也懂得刻版印刷术，刻版印刷可使一本书印成许多册。但是这种方法有一项很大的缺陷，就是印刷每一种新书都需要一套崭新的木刻或印版，因而出版种类繁多的书是不切合实际的。活字印刷术在古腾堡前数百年就由中国人毕昇发明，他发明的活字是用陶瓷制成的，耐用性差，未得到广泛应用。近代的活字印刷术主要来自古腾堡的发明，他发明了适于制造活字的金属合金，能倒出活字字模的铸模，油印墨水和印刷机。他的发明奠定了欧洲现代文明发展的基石，是欧洲文艺复兴和宗教改革的先声；甚至可以说印刷术的发明是诱发工业革命的关键性技术。古腾堡对世界知识的传播、文明的演进具有重要的影响，"影响人类历史进程的 100 名人排行榜"中只有 32 个人生活在古腾堡之前。

脆，易成粉末，当加热到较高的温度时能显示出可塑性。

发现

1782 年，奥地利首都维也纳一家矿场场监弗朗兹·缪勒（Franz Muller）是第一个提取出碲的人，他在罗马尼亚的一个矿坑中发现了当地称为"奇异金"的一种矿石。他把它带回实验室并从中提取出了少量银灰色物质，最初他认为是锑，但后来发现两者性质不同，因而确定是一种新的金属元素。但是苦于没有确切证据，缪勒只能寻求其他化学家的证实。因此，他将少许样品寄给瑞典化学家托本·柏格曼（Torbern Bergman，公元 1735—1784 年），请他进行鉴定。但是，由于样品数量太少，伯格曼只能证明它不是锑。缪勒的发现只得搁置下来。直到 16 年后，马丁·克拉普罗特[①]于 1798 年 1 月 25 日在柏林科学院宣读一篇关于特兰西瓦尼亚的金矿论文时，才重新把这个被人遗忘已久的元素提出来。克拉普罗特是从金矿中提取出碲的，他将矿石溶解在王水中，用过量碱使溶液部分沉淀，除去金和铁等，在沉淀中发现了这一新元素。克拉普罗特一再申明，这一新元素是 1782 年缪勒发现的。这是人类发现的第 25 种元素，克拉普罗特将这种新元素以拉丁文命名为 tellurium。该名来自于拉丁文 tellus，意思是"地球"。并用拉丁文名称第一个字母的大写与第二个字母的小写组成它的元素符号 Te。

用途

80% 的碲用在冶金工业中：钢和铜合金中加入少量碲，能改善其切削加工性能并增加硬度；在白口铸铁中碲被用作碳化物稳定剂，使表面坚固耐磨；含少量碲的铅，可提高材料的耐蚀性、耐磨性和强度，用作海底电缆的护套；铅中加入碲还能增加铅的硬度，用来制作电池极板和印刷铅字。碲可用作石油裂解催化剂的添加剂以及制取乙二醇的催化剂。氧化碲用作玻璃的着色剂。高纯碲可作温差电材料的合金组分。碲化铋为良好的制冷材料。碲和碲化物是半导体材料。超纯碲单晶是新型的红外材料。

另外，在定时炸药中，碲还是延时爆炸的引信。作为制造杀菌剂的原料，碲在医疗中，可以提取碘的同位素，治愈甲状腺类疾病。

---

① 马丁·克拉普罗特，德国化学家。1789 年，他从沥青铀矿中发现了元素铀（U），1789 年发现了锆（Zr），1803 年和他人共同发现了铈（Ce），还重新发现了元素铬（Cr）。月球上的一个陨石坑以他的名字命名。

7 钋（Po，polonium）

概述

钋（polonium）是一种化学元素，化学符号是 Po，原子序数为 84，原子量为 209，它是呈银白色的金属。其金属单质，外观与铅相似，质软。钋是极稀有的放射性金属，溶于浓硫酸、硝酸、稀盐酸、王水和稀氢氧化钾溶液。已知道钋元素有 25 种同位素，它们的质量数由 192 至 218。钋 -210 是当中显著的一种同位素，具放射性特征，会释出放射性 α 粒子，其半衰期很短，只有 138 天。较同族碲，钋的金属性更强，外围电子排布为 $6s^2 6p^4$，化学性质与碲类似。钋是已知最稀有的元素之一，在地壳中含量约为 1ppm，主要通过人工合成方式取得。钋是世界上最毒的物质之一。

发现

居里夫人为研究铀射线的存在，制作了一种测量铀射线的仪器——平面电容器。她收集到各种各样的物质，从实验室获得已知元素的化学纯净盐和氧化物，包括几种稀有的比黄金昂贵得多的盐，还有博物馆赠送的采自世界各地的矿物标本，她和她的丈夫就在一个被废弃的破棚子里进行工作。

居里夫人

居里夫妇把这些物质一一放到电容器的金属片上，观察电容器上的读数。可是虽然已经更换了成百种物质，电流计上的指针始终没有摆动。居里夫妇不怕失败，继续进行实验。最后当金属片上放了钍的化合物时，电流计的指针终于摆动了。原来钍和钍的化合物也能放射出人类看不见的射线。

然后他们进行了一系列的实验，奇怪的事情发生了：把沥青和铜铀云母分别放到金属片上时，电流计的读数比铀要强得多，这意味着这两种物质里可能存在另一种能够放射出射线的元素。

居里夫妇又人工合成了铜铀云母，其成分和天然的矿物相同，含铀量也相同。可是，当人造的含铀云母研成粉末，撒到金属片上时，它的射线比天然的矿物弱18%。这说明，在天然的铜铀云母矿中，存在着一种活泼的物质，它的射线比铀的更强。这两位科学家继续研究，开始探索新射线的奥妙。

居里夫妇决心把那谜一般的物质从沥青铀矿里提炼出来。他们把矿石溶解在酸里，再往里面通入硫化氢，最终溶液底部沉积了各种金属硫化物，沉积物里含有铅、铜、砷、铋。那透明溶液是铀、钍、钡和沥青铀矿所含的其他几种成分。他们把沉淀物和溶液分别放到金属片上实验，结果是沉淀物发射的射线更强。这说明那种物质是在沉淀物里。

居里夫妇把沉淀物里的杂质一一除去以后，剩下来的那一部分物质所发出的射线比铀发出的要强 400 倍。这一部分里有很多的铋，还有很多的未知物质，不过还不能把它们分离出来。

1898 年 7 月，居里夫妇向法国科学院提出了一份工作报告，肯定地指出，他们已经发现了一种新元素，其同铋相似，却能够自发地放射出一种强大的不可见射线，他们把这种元素命名为"钋"（Po，polonium），以纪念居里夫人的祖国波兰。它是人类发现的第 81 种元素。

1902 年，德国化学家马克瓦尔德（W. Marckwald）将一片光滑的铋片浸入自沥青矿分离出的铋溶液中，发现一种有很高放射性的物质沉积在铋片上。他认为这是一种新元素，命名它为 radiotellurium，radio 是"放射"，tellurium 是"碲"，二者缀合就是"射碲"。他指出："我之所以将这一新物质暂时命名为射碲，是因为它的所有化学性质适合将它放置在当时还没有被占的元素周期表中第Ⅳ族格子中，即原子量比铋稍高的那个元素。这种元素比铋的电负性大，但比碲的电正性大。它的氧化物也应该具有碱性，而不是酸性。这种物质预期的原子量约为 210。"在元素周期表中第Ⅳ族中原子量比铋稍高的正应当是钋。马克瓦尔德指出居里夫妇发现的钋是几种放射性元素的混合物。1903 年，马克瓦尔德从 15 吨的矿物中提取出 3mg"射碲"的盐，用电解法从这盐溶液中把"射碲"分离出来。这引起一场关于钋和"射碲"的真实性的辩论，最终明确钋和"射碲"是同一元素，钋的名称被保留下来。

用途

钋与铍混合可作为中子源；也可用作静电消除剂，钋-210 的放射性使空气发生电离，离子所带电荷中和了胶片所带静电。

为了减低静电发生常会使用钋，工业设备中亦常用到，如卷纸、卷电线和卷金属片。

钋的放射性比镭强，可作为 α 射线源。钋还可用作航天设备的热源。由于

钋 -210 可在短时间内放射出大量 α 粒子，可使 1g 核素在极短时间内产生巨大的能量，表面温度迅速升至 500℃，所以钋 -210 可作为制造卫星热电池的主要原料。

2006 年 11 月 1 日，俄罗斯人亚历山大·利特维年科（Alexander Litvinenko，公元 1962—2006 年），在英国因身体不适住进医院。此后他不断呕吐、大量脱发，检查表明，他的中枢神经、心脏、肾和骨髓都遭到不同程度的伤害，于当月 23 日晚不治身亡。2006 年 11 月 24 日下午，英国卫生防护局宣称，"在利特维年科的尿液里发现了放射性核素钋 -210，而且钋 -210 的含量极高"。

2012 年 7 月，瑞士一家研究机构称，在亚西尔·阿拉法特（Yasser Arafat，公元 1929—2004 年）[①]的遗物中发现了放射性元素钋的痕迹。

2013 年 10 月 13 日，英国权威医学杂志《柳叶刀》支持阿拉法特系死于钋中毒的说法。《柳叶刀》刊登了瑞士科学家的有关调查报告，证实阿拉法特系放射性元素钋 -210 中毒死亡。2013 年 11 月 8 日，巴勒斯坦官方证实，前领导人阿拉法特为"非自然死亡"。

2014 年，法国原子能和替代能源委员会的埃里克·安索博洛（Eric Ansoborlo）发表在《自然-化学》上的一篇名为"剧毒的钋"（Poisonous polonium）的文章中谈到，"钋的毒性是氰化氢的 1 万倍，对人体的致死量小于 10μg"。这个说法与中国科学院 2013 年的一篇关于钋与人体健康的文章中所述"大小不及一粒盐（约 60μg）的钋 -210 即可使体重为 70kg 的人死亡"相仿。

4.2 主族金属

本节的主族金属不涉及碱金属、碱土金属（它们将放在第 5 章讲），而只谈铝、镓、铟、铊、锡、铅以及铋元素。主族金属容易参加化学反应，其氧化态较低。反应后大都形成离子键化合物。主族金属的氧化物溶于水后大多呈碱性，不过主族金属中的两性元素（如铝），其氧化物同时具有酸性及碱性。

 铝（Al，aluminium）

概述

铝（aluminum），元素符号 Al，元素周期表中原子序数为 13，属 Ⅲ A 族的金属，熔点为 660℃，沸点为 2327℃。铝是一种银白色金属，质量轻，具有良好的延展性、导电性、导热性、耐热性和耐辐射性。铝在空气中其表面会生成致密的氧化物薄膜，

---

① 亚西尔·阿拉法特，逊尼派穆斯林，巴勒斯坦政治家，军事家，巴勒斯坦前总统。阿拉法特自青年时代起就投身于巴勒斯坦民族的解放事业，为争取恢复巴勒斯坦人民合法的民族权利进行了长期不懈的斗争。1993 年与以色列签署《奥斯陆协议》，并因此获得 1994 年的诺贝尔和平奖。

从而使铝具有良好的耐蚀性。我们平常可见的铝制品，均已经被氧化，而这种被氧化的铝多呈银灰色。铝元素在地壳中的含量仅次于氧和硅，居第三位，是地壳中含量最丰富的金属元素。正因其含量丰富又具有良好的性能，所以常被制成棒状、片状、箔状、粉状、带状和丝状，广泛应用在航空、建筑、汽车、电力等重要工业领域。

发现

铝的英文名出自明矾（alum），即硫酸复盐 $KAl(SO_4)_2 \cdot 12H_2O$。史前时代，人类已经使用含铝化合物的黏土（$Al_2O_3 \cdot 2SiO_2 \cdot 2H_2O$）制作陶器。但是由于铝化合物的氧化性很弱，铝不易从其化合物中被还原出来，所以迟迟未能分离出金属铝。

1754 年，德国化学家马格拉夫首先从明矾中分离出俗称"矾土"的氧化铝。1825 年，丹麦人汉斯·奥斯特（Hans Ørsted，公元 1777—1851 年）用钾汞齐[①] 还原无水氯化铝，第一个制备出不纯的金属铝。意大利物理学家伏打发明电池后，戴维试图利用电流从矾土中分离出金属铝，都没有成功。但他建议将其命名为"alumium"，后改为 aluminium，意思是"收敛性矾"。这是人类发现的第53 种元素。

1827 年，德国化学家维勒重复了奥斯特的实验，并不断改进制取铝的方法。1854 年，德国化学家亨利·德维尔（Henri Deville，公元 1818—1881 年）利用钠代替钾还原氯化铝，制得铝锭。但他们的制备方法均不能应用于铝的大量生产，只能用来制造一些价值比黄金还贵的高档首饰和只有王公贵族才配使用的生活用品。

在以后的一段时期里，铝是王公贵族们享用的珍宝。法国皇帝拿破仑三世宴请宾客时，其他人用金杯或银杯，自己独用铝杯，以示其地位尊贵。1855 年，在巴黎博览会上，铝与王冠上的宝石一起展出，标签上注明"来自黏土的白银"。1889 年，门捷列夫因编制元素周期表受到沙皇政府的表彰，并获得一个既非金又非银的奖杯。此奖杯虽比黄金轻但比黄金更贵，就是用铝做的。

直到 1886 年，美国和法国的两位大学生查尔斯·霍尔（Charles Hall，公元 1863—1914 年）和保罗·埃罗（Paul Heroult，公元 1863—1914 年）分别发明了电解制铝法，才满足了工业化生产的需求，使铝制品从此走进寻常百姓家。

用途

铝有多种优良性能，所以铝有着极为广泛的用途。铝及铝合金是当前用途十分

---

① 汞齐又称汞合金，是汞与一种或几种其他金属形成的合金。汞有一种独特的性质，可以溶解多种金属（如金、银、钾、钠、锌等），溶解以后便组成了汞和这些金属的合金。含汞少时是固体，含汞多时是液体。天然产的有银汞齐和金汞齐。人工制备的较多，如钠汞齐、锌汞齐、锡汞齐、钛汞齐等。

广泛、最经济适用的材料之一。世界铝产量从 1956 年开始超过铜产量，一直居有色金属之首。当前铝的产量和用量仅次于钢材，成为人类应用的第二大金属。而且铝的资源十分丰富，据初步计算，铝的矿藏储存量约占地壳构成物质的 8% 以上。

铝的密度很小，仅为 $2.7g/cm^3$，虽然它比较软，但可制成各种铝合金，如硬铝、超硬铝、防锈铝、铸铝等。这些铝合金广泛应用于飞机、汽车、火车、船舶等制造工业。此外，火箭、航天飞机、人造卫星等也使用大量的铝及铝合金。例如，一架超音速飞机约由 70% 的铝及铝合金构成，一艘大型客轮的用铝量常达千吨。

铝的导电性仅次于银、铜和金，虽然它的电导率只有铜的 2/3，但密度只有铜的 1/3，所以输送同量的电，所用铝线的质量只有铜线的一半。铝表面的氧化膜不仅有耐腐蚀的能力，而且有一定的绝缘性，所以铝在电器制造工业、电线电缆工业和无线电工业中有广泛的用途。

铝是热的良导体，它的导热能力比铁大 3 倍，工业上可用铝制造各种热交换器、散热材料和炊具等。

汉斯·奥斯特（Hans Ørsted，公元 1777—1851 年）

汉斯·奥斯特又译为汉斯·厄斯泰德，丹麦物理学家、化学家和文学家。在物理学领域，他首先发现载流导线的电流会产生作用力于磁针，使磁针改变方向。在化学领域，他发现了铝元素。他创建了"思想实验"这个名词，也是第一位明确地描述思想实验的现代思想家。

汉斯·奥斯特

1777 年 8 月 14 日，奥斯特生于丹麦的兰格朗岛鲁德乔宾一个药剂师家庭。他的父亲索伦·奥斯特（Søren Ørsted）是一位药剂师，在小镇开了一个药房。由于小镇里没有正式学校，汉斯和弟弟安德斯·奥斯特（Anders Ørsted）只能跟着镇上教育水平较高的长辈学习各种各样的知识。汉斯 12 岁开始帮助父亲在药房里干活，因此学会了一点基础化学。由于刻苦攻读，17 岁以优异的成绩考取了哥本哈根大学的免费生，学习医学和自然科学。他一边当家庭教师，一边在学校学习药物学、天文学、数学、物理学和化学等。

1799 年获得博士学位。1801 年，奥斯特得到一笔为期三年的游学奖学金，可以出国游学。他在德国遇到了约翰·芮特（Johan Ritter，公元 1776—1810 年）[①]，两人成为莫逆之交。芮特深信，在电场与磁场之间，隐藏着一种物理关系。奥斯特觉得这看法有意思，他开始朝这个学术方向学习发展。奥斯特有教书的天分，他讲的课广受大众欢迎。1806 年，他任哥本哈根大学教授。他的研究领域是电学和声学。在他的努力指导与推行之下，哥本哈根大学发展出一套完整的物理和化学课程，并

---

① 约翰·芮特，一位优秀的物理学家，从事电学和电化学方面的研究工作。在电解水实验中，他成功地收集到两种气体，并从胆矾中电解出铜。1801 年发现了紫外线，同年观察到温差电现象。

且建立了一系列崭新的实验室。

奥斯特早在读大学时就深受康德哲学思想的影响，认为各种自然力都来自同一根源，可以相互转化。

自从库仑提出电和磁有本质上的区别以来，很少有人再会去考虑它们之间的联系。而安培和毕奥（Jean Baptiste Biot，公元 1774—1862 年）等物理学家认为电和磁不会有任何联系。可是奥斯特一直相信电、磁、光、热等现象相互存在内在的联系，尤其是富兰克林曾经发现莱顿瓶放电能使钢针磁化，更坚定了他的观点。当时，有些人做过寻求电和磁联系的实验，结果都失败了。奥斯特分析这些实验后认为：在电流方向上去找效应，看来是不可能的，那么磁效应的作用会不会是横向的呢？

他一直坚信电一定可以转化为磁。当务之急是怎样找到实现这种转化的条件。奥斯特仔细地审查了库仑的论断，发现库仑研究的对象全是静电和静磁，确实不可能转化。他猜测，非静电、非静磁可能是转化的条件，应该把注意力集中到电流和磁体有没有相互作用来进行探索。

1819 年上半年到 1820 年下半年，奥斯特一面担任电、磁学讲座的主讲，一面继续研究电、磁关系。1820 年 4 月，在一次讲演快结束的时候，奥斯特抱着试试看的想法又做了一次实验。他把一条非常细的铂导线放在一根用玻璃罩罩着的小磁针上方，接通电源的瞬间，磁针跳动了一下。这一跳，使奥斯特的心也跟着跳起来，竟激动得在讲台上摔了一跤。但是因为偏转角度很小，而且不很规则，并没有引起听众注意。以后，奥斯特花了三个月时间，做了许多次实验，发现磁针在电流周围都会偏转。在导线的上方和导线的下方，磁针偏转方向相反。在导体和磁针之间放置非磁性物质，如木头、玻璃、水、松香等，不会影响磁针的偏转。

1820 年 7 月 21 日，奥斯特写成论文《论磁针的电流撞击实验》，这篇仅 4 页的论文，是一篇极其简洁的实验报告。奥斯特在报告中讲述了他的实验装置和 60 多个实验的结果，从实验总结出：电流的作用仅存在于载流导线的周围；沿着螺纹方向垂直于导线；电流对磁针的作用可以穿过各种不同的介质；作用的强弱取决于介质，也取决于导线到磁针的距离和电流的强弱；铜和其他一些材料做的针不受电流作用；通电的环形导体相当于一个磁针，具有两个磁极，等等——正式向学术界宣告发现了电流磁效应。1820 年，奥斯特因电流磁效应这一杰出发现获英国皇家学会科普利奖章。

奥斯特对磁效应的解释，虽然不完全正确，但并不影响这一实验的重大意义，它证明了电和磁能够相互转化，这为电磁学的发展打下基础。

奥斯特发现的电流磁效应，是科学史上的重大发现，它立即引起了那些懂得它的重要性和价值的人们的注意，随即在欧洲物理学界掀起了一场旋风。在这一重大发现之后，一系列的新发现接连出现。两个月后安培发现了电流间的相互作用，并找到了一个方程式来描述两条载流导线的电流彼此作用于对方的磁力；阿拉果

（Dominique Arago，公元 1786—1853 年）制成了第一个电磁铁；施魏格尔（Johann Schweiger）发明电流计；法国物理学家毕奥和萨伐尔（Félix Savart，公元 1791—1841 年）也不甘寂寞，他们共同建立了毕奥 - 萨伐尔定律，这一定律精确地用方程式描述载流导线的电流所产生的磁场。而法拉第逆向思索，制成了电动机，进而发现电磁感应。安培曾写道："奥斯特先生……已经永远把他的名字和一个新纪元联系在一起了。"奥斯特的发现揭开了物理学史上的一个新纪元。

 ## 2　镓（Ga，gallium）

概述

镓，英文名称为 gallium，元素符号 Ga，原子序数 31，原子量 69.72，是 ⅢA 族金属，密度为 5.90g/cm³，熔点为 29.76℃，沸点为 2204℃。固体镓为蓝灰色，液体镓为银白色。镓在低温时硬而脆，而一超过室温就熔融；能溶于酸和碱中，微溶于汞，腐蚀性很强。镓在干燥的空气中比较稳定，表面会生成氧化物薄膜阻止继续氧化，在潮湿空气中便失去光泽。镓的凝固点很低，由液态转化为固态时，膨胀率为 3.1%，宜存放于塑料容器中。镓在地壳中的含量为 0.0015%，不以纯金属状态存在，通常是作为从铝土矿中提取铝或从锌矿石中提取锌时的副产物。镓由于熔点很低、沸点很高、良好的超导性、延展性以及优良的热缩冷胀性能而被广泛应用到半导体、太阳能、合金、化工等领域。镓在所有金属中具有最宽的液态温度范围，被称为液态金属（liquid metal）①。

发现

镓是化学史上第一个先从理论上预言，后在自然界中被发现验证的化学元素。1871 年，门捷列夫发现元素周期表中铝元素下面有个位置尚未被占据，他预测这种未知元素的原子量大约是 68，密度为 5.9g/cm³，性质与铝相似，他的这一预测被法国化学家布瓦博德朗证实了。

1868—1875 年,布瓦博德朗对比利牛斯山出产的一种矿石（后来知道是闪锌矿）进行了 7 年之久的分析和实验，最后在其提取物闪锌矿矿石（ZnS）中的锌的光谱中观察到了一条新的紫色线。他知道这意味着一种未知的元素出现了，他称之为镓；然后又用电解法，从氢氧化镓中分离出金属镓。在 1875 年 12 月，他向法国科学院宣布了它。这是人类发现的第 65 种元素。布瓦博德朗为其命名的拉丁文名称为 gallium。该名源于拉丁文 gallia，意思是法国的古代名称"家里亚"，用以纪念发现

———

① 液体金属是熔点不超过铝熔融温度(660.37℃)的 17 种金属的统称。它们分别是汞、铯、镓、铷、钾、钠、铟、锂、锡、铋、铊、镉、铅、锌、锑、镁、铝。还有许多合金在室温甚至在很低的温度时也为液态，如钠钾合金（熔点 −12.5℃）。它们具有高的热导率、良好的比热、低黏度和稳定性。

者的祖国；并用拉丁文首字母的大写和第二个字母的小写组成它的元素符号：Ga。

用途

镓可用于半导体氮化镓、砷化镓、磷化镓、锗半导体掺杂，有机反应中作为二酯化的催化剂。

液态镓作为充填高温温度计的胀缩液，能够适应水银温度计难以胜任的 $357 \sim 2403$℃的高温；它代替汞既可制造高真空泵与紫外线灯泡，也可作核反应堆里的热传导介质。

镓能牢固地附着在玻璃上，用来制造反光镜和光学仪器。

镓与锡、铅制成的低熔点合金，是一种在常温下就可以焊接的理想材料；镓与锌、锡、铟制成的低熔合金，用于自动救火的水龙头开关，一旦发生火灾，环境温度刚一突然升高，便会熔断保险立即自动喷水灭火。

2014 年 9 月 23 日，一种可进行自我修复的变形液态金属被研制出来，距离打造"终结者"变形机器人的目标更进一步。

科学家们使用镓和铟合金合成液态金属，形成一种固溶合金，在室温下就可以成为液态，表面张力为 500mN/m。这意味着，在不受外力情况下，当这种合金被放在平坦桌面上时会保持一个几乎完美的圆球不变。当通过少量电流刺激后，球体表面张力降低，金属会在桌面上伸展。这一过程是可逆的：如果电荷从正转为负，液态金属就会重新成为球状。更改电压大小还可以调整金属表面张力和金属块黏度，从而令其变为不同结构。

研究人员宣称，该突破有助于建造更好的电路、自我修复式结构，甚至有一天可用来制造《终结者》中的 T-1000 机器人。

德米特里·门捷列夫（Dmitry Mendeleyev，公元 1834—1907 年）

门捷列夫，俄国科学家，发现化学元素的周期性。但是第一位真正发现元素周期律的是约翰·纽兰兹（John Newlands，公元 1837—1898 年），门捷列夫是后来经过总结、改进，才得出现在使用的元素周期律的。依照原子量，门捷列夫制作出世界上第一张（实际意义的）元素周期表，并据以预见了一些尚未发现的元素。

1907 年 2 月 2 日，这位享有世界盛誉的俄国化学家因心肌梗死与世长辞，那一天距离他的 73 岁生日只有 5 天。他的名著，伴随着元素周期律而诞生的《化学原理》，在 19 世纪后期和 20 世纪初，被国际化学界公认为标准著作，前后共出了八版，影响了一代又一代的化学家。

2017 年 12 月 20 日，联合国大会第 74 次全体大会宣布 2019 年为"国际化学元素周期表年"，旨在纪念俄罗斯化学家门捷列夫在 150 年前发表元素周期表这一科学发展史上的重大成就。

1869年
门捷列夫发
表的第一张
元素周期表

门捷列夫和他的元素周期表

门捷列夫 1834 年 2 月 7 日出生在寒冷的西伯利亚，父亲在他 13 岁时去世。他是 17 个姊妹中的第 14 个，读书时拉丁语常常挂科，勉强毕业。10 岁时，母亲变卖家产搬迁至 2000 多千米外的莫斯科，而后又辗转柏林、巴黎，最后定居俄国首都圣彼得堡。是年，门捷列夫考上医学院，但上人体解剖学课时，直接晕过去，不得不退学。后经人帮助，进入圣彼得堡高等师范学校物理数学系学习，并以优异成绩毕业。

门捷列夫于 1855 年取得教师资格，并获金质奖章，毕业后任敖德萨中学教师。1856 年，获化学高等学位，1857 年，首次取得大学职位，任圣彼得堡大学副教授。这段时间，薪资微薄的门捷列夫常常需兼职家教。其实，他的前辈尼古拉·齐宁（Nicolay Zinin，公元 1812—1880 年）也常常如此。有个北欧来的工程师帮沙皇研制水雷，工程师带着家眷来，齐宁就给工程师的孩子当家教。这个小孩就是后来成为"炸药大王"并设立科学奖的阿尔弗雷德·诺贝尔。19 世纪中叶，化学工业飞速发展，化学家很容易成为企业家，如诺贝尔，著名的武器工厂博福斯公司就是他家开的；发明制碱法的索尔维（E. Ernest Solvay 公元 1838—1922 年），实现了氨碱法的工业化，也成为欧洲著名企业家。

1859 年，门捷列夫到德国海德堡大学深造。

1860 年，参加了在卡尔斯鲁厄召开的国际化学家代表大会。

1861 年，回圣彼得堡从事科学著述工作。1863 年，任工艺学院教授，1864 年，任技术专科学校化学教授，1865 年，获化学博士学位。

1866 年，任圣彼得堡大学普通化学教授，1867 年，任化学教研室主任。

自从道尔顿提出了原子论后，许多化学家都把测定元素原子量当作一项重要工作，这样就使元素原子量与性质之间存在的联系逐渐展露出来。1829 年，德国化学家德贝莱纳提出"三元素组"观点。他把当时已知的 44 种元素中的 15 种分成 5 组，指出每组的三元素性质相似，而且中间元素的原子量等于较轻和较重的两个元素原子量之和的一半。例如钙、锶、钡，性质相似，锶的原子量大约是钙和钡的原子量之和的一半。氯、溴、碘，以及锂、钠、钾等元素也有类似的关系。然而只要认真一点，就会发现这样分类有许多不能令人满意的地方，所以并没有引起化学家们的重视。

1862 年，法国化学家贝吉耶·德·尚古多（Beguyer de Chancourtois，公元 1820—1886 年）提出一个"螺旋图"的分类方法。他将已知的 62 种元素按原子量的大小顺序标记在绕着圆柱体上升的螺旋线上，这样某些性质相近的元素恰好出现在同一母线上。他第一个指出了元素性质的周期性变化。可是他的报告照样无人理睬。

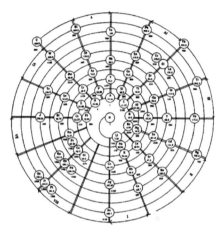

尚古多的"螺旋图"

1864 年，德国化学家迈尔在他的《现代化学理论》一书中刊出一个"六元素表"。可惜他的表中只列出了已知元素的一半，但他已明确地指出："在原子量的数值上具有一种规律性，这是毫无疑义的"。

1865 年，英国化学家纽兰兹提出了"八音律"一说。他把当时已知的元素按原子量递增顺序排列在表中，发现元素的性质有周期性的重复，第八个元素与第一个元素性质相近，就好像音乐中八音度的第八个音符有相似的重复一样。纽兰兹的工作同样被化学家们否定。

"六元素表""八音律"是存在许多错误，但是应该看到，从"六元素表"到"八音律"都从不同的角度，逐步深入地探讨了各元素间的某些联系，使人们一步步逼近了科学的真理。

门捷列夫在大学教授无机化学，当时已经发现 56 种元素，平均每年能发现一种新元素。但那时的欧洲，人们以发现新元素为荣，对总结已知元素的规律不屑一顾，元素周期表的研究工作受到冷落。

门捷列夫却执着于研究元素间的联系与规律。他把元素的各种性质画在扑克牌上反复把玩、排列、组合，常常痴迷到寝食难安。迷糊中，门捷列夫看到扑克牌在眼前飞来飞去，不知所措，恍惚觉得按某种性质进行排列会出现规律。醒来后，门捷列夫发现，按原子量的增加排列就会出现规律，并且元素的性质会不断重复，这是之前所有人都未曾预料到的。比如，锌的性质与镁相近，这两个元素便排在相邻的两行中，彼此相邻；锌的后面应该是砷，但如果把砷排在锌的后面，它就落到铝的一行中了，可是砷和铝的性质并不相近；砷的后面是硅，可硅的性质与砷又不同；砷可以再往后排，但锌和砷之间就会留两个空位。门捷列夫比纽兰兹更向前一步，他大胆假设，这些空位属于还未被发现的元素。

就这样，以前人工作所提供的借鉴为基础，门捷列关通过顽强的探索，于1869年2月先后发表了关于元素周期律的图表和论文。在论文中，他指出："①按照原子量大小排列起来的元素，在性质上呈现明显的周期性。②原子量的大小决定了元素的特征。③应该预料到许多未知元素的发现，例如类似铝和硅的，原子量位于65～75的元素。④当我们知道了某些元素的同类元素后，有时可以修正该元素的原子量。这就是门捷列夫提出的周期律的最初内容。"

门捷列夫提出的元素周期表，一共有67个格子，其中有4个是空着的。门捷列夫预言并描述了当时尚不知道的三种元素："类硼""类铝"和"类硅"。

1871年门捷列夫的预言（左）和1875年布瓦博德朗发现镓后测定（右）

"类铝"	镓
原子量约为69	原子量为69.72
比重为5.9～6.0	比重等于5.94
熔点应很低	熔点为30.1
不受空气的侵蚀	灼热时略微氧化
灼热时能分解水汽	灼热时能分解水汽
能生成类似明矾的物质	能生成结晶较好的明矾
可用分光镜发现其存在	镓就是用分光镜发现的

门捷列夫需要新元素的发现来证明元素周期表的正确性。1875年，布瓦博德朗在分析比里牛斯山的闪锌矿（ZnS）时发现一种新元素，他命名为镓，并把测得的关于镓的主要性质公布出来。不久他收到了门捷列夫的来信，门捷列夫在信中指出：关于镓的比重不应该是4.7，而是5.9～6.0。当时布瓦博德朗很疑惑，他是唯一手里掌握金属镓的人，门捷列夫是怎样知道镓的比重的呢？经过重新测定，镓的比重确实为5.94，这结果使他大为惊奇。他认真地阅读了门捷列夫的周期律论文后，感慨地说："我没有什么可说的了，事实证明了门捷列夫这一理论的巨大意义。"

镓是化学史上第一个事先预言的新元素，它雄辩地证明了门捷列夫元素周期律的科学性。1830年，瑞典的拉尔斯·尼尔森（Lars Nilson，公元1840—1899年）发现了钪，1885年，德国的温克勒发现了锗。这两种新元素与门捷列夫预言的"类硼""类硅"也完全吻合。门捷列夫的元素周期律再次经受了实践的检验。事实证明门捷列夫发现的化学元素周期律是自然界的一条客观规律。它揭示了物质世界的一个秘密，即这些似乎互不相关的元素间存在相互依存的关系，它们组成了一个完整的自然体系。从此新元素的寻找，新物质、新材料的探索有了一条可遵循的规律。元素周期律作为描述元素及其性质的基本理论有力地促进了现代化学和物理学的发展。

Group Period	I	II	III	IV	V	VI	VII	VIII
1	H=1							
2	Li=7	Be=9.4	B=11	C=12	N=14	O=16	F=19	
3	Na=23	Mg=24	Al=27.3	Si=28	P=31	S=32	Cl=35.5	
4	K=39	Ca=40	?=44	Ti=48	V=51	Cr=52	Mn=55	Fe=56,Co=59 Ni=59
5	Cu=63	Zn=65	?=68	?=72	As=75	Se=78	Br=80	
6	Rb=85	Sr=87	?Yt=88	Zr=90	Nb=94	Mo=96	?=100	Ru=104,Rh=104 Pd=106
7	Ag=108	Cd=112	In=113	Sn=118	Sb=122	Te=125	J=127	
8	Cs=133	Ba=137	?Di=138	?Ce=140				
9								
10			?Er=178	?La=180	Ta=182	W=184		Os=195,Ir=197 Pt=198
11	Au=199	Hg=200	Tl=204	Pb=207	Bi=208			
12				Th=231		U=240		

1871 年门捷列夫第二张元素周期表（数字是原子量）

门捷列夫在排列元素表的过程中，又大胆指出，当时一些公认的原子量不准确。例如，那时金的原子量公认为 196.2，按此在元素表中，金应排在锇、铱、铂的前面，因为它们被公认的原子量分别为 198.6、196.7、196.7，而门捷列夫坚定地认为金应排列在这三种元素的后面，原子量都应重新测定。重测的结果证明锇为 190.9、铱为 193.1、铂为 195.2，而金是 197.2。实践证实了门捷列夫的论断，也证明了周期律的正确性。

元素周期表终获公认，门捷列夫成为世界一流的化学家。1880 年齐宁去世后，科学院空出一个院士名额。按照对科学的贡献和在国外的声望，门捷列夫可以递升为俄国科学院院士。著名的有机化学家亚历山大·布特列洛夫（Aleksandr Butlerov，公元 1828—1886 年）提名门捷列夫为科学院院士候选人，并且强调指出："门捷列夫有资格在俄国科学院中占有地位，这是任何人都不能否认的。"但因门捷列夫得罪沙皇，未能入选。尔后 1906 年，在瑞典皇家科学院大会上，有人提名亨利·莫瓦桑和门捷列夫，但科学院内具影响力的化学家阿伦尼乌斯强烈反对提名门捷列夫，支持莫瓦桑。他的理由是发明元素周期表这项贡献对 1906 年的诺贝尔奖来说太老了。而同时代的人则认为，真实的原因是门捷列夫曾批评过阿伦尼乌斯的电解理论，阿伦尼乌斯伺机报复。最终，门捷列夫以一票之差败给莫瓦桑。

正当人们期待来年门捷列夫荣获诺贝尔奖时，1907 年 2 月，门捷列夫却因流行性感冒导致心肌梗死逝世，享年 73 岁。不知道这该算是门捷列夫的不完整，还是诺贝尔奖的遗憾。

由于时代的局限性，门捷列夫的元素周期律并不是完整无缺的。1894 年，稀有气体氩的发现，对周期律是一次考验和补充。1913 年，英国物理学家亨利·莫塞莱（Henry Moseley，公元 1887—1915 年）在研究各种元素的 X 射线波长与原子序数的关系后，证实原子序数在数量上等于原子核所带的正电荷，进而明确了作为周期律的基础不是原子量而是原子序数。在门捷列夫周期表中的任意两个相邻的元素之间，均可设想插入数目不等的一些元素，因为相邻元素在原子量上的最小差值没有什么规律。然而，如果按照原子序数去排列，情况便迥然不同。原子序数必须是整数，因此，在原子序数为 26 的铁与原子序数为 27 的钴之间，不可能再有未被发现的新元素存在。这还意味着，从当时所知的最简单的元素氢到最复杂的元素铀，总共仅能有 92 种元素存在。进而言之，莫塞莱的 X 射线技术还能够确定周期表中代表尚未被发现的各元素的空位。实际上，在莫塞莱于 1914 年悟出原子序数概念时，尚存在七个这样的空位。此外，如果有人宣称发现了填补某个空位的新元素，那么便可以利用莫塞莱的 X 射线技术去检验这个报道的真实性，例如，为鉴定乔治斯·于尔班（Georges Urbain，公元 1872—1938 年）关于铈（celtium）和乔治·赫维西（George de Hevesy，公元 1885—1966 年）[①]关于铪（hafnium）的两个报道的真伪，就使用了这种方法。

在周期律指导下产生的原子结构学说，不仅赋予元素周期律以新的说明，并且进一步阐明了周期律的本质，把周期律这一自然法则放在了更严格更科学的基础上。

为纪念这位伟大的科学家，1955 年，由美国的艾伯特·吉奥索（Albert Ghiorso，公元 1915—2010 年）、贝尔纳·哈维（Bernard Harvey）、格雷戈里·肖邦（Gregory Choppin）等，在加速器中用氦核轰击锿（^{253}Es），锿与氦核相结合，发射出一个中子，而获得的新的元素，第 101 号元素，便以门捷列夫的名字命名为钔（Mendelevium，Md）。

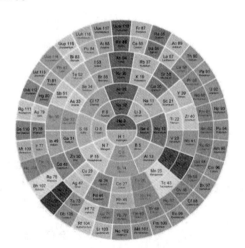

圆形元素周期表

化学元素周期表是根据核电荷数从小至大排序的化学元素列表。列表大体呈长方形，某些元素周期中留有空格，使特性相近的元素归在同一族中，如碱金属元素、碱土金属元素、卤族元素、稀有气体元素、非金属元素、过渡元素等。这使周期表

---

① 乔治·赫维西，匈牙利化学家，曾就读于柏林大学和弗赖堡大学。1911 年，他在曼彻斯特大学卢瑟福教授的指导下研究镭的化学分离，为他日后研究放射性同位素示踪物打下了基础。赫维西主要从事稀土化学、放射化学和 X 射线分析方面的研究。他与帕内特合作，在示踪研究上取得成功。1920 年，按照玻尔的建议在锆矿石中发现了铪。1943 年，他因"研究同位素示踪技术，推进了对生命过程的化学本质的理解"而获得了诺贝尔化学奖。

中形成元素分区，且分为七主族、七副族、Ⅷ族、0族。由于周期表能够准确地预测各种元素的特性及其之间的关系，所以它在化学及其他科学范畴中被广泛使用，作为分析化学行为时十分有用的框架。

门捷列夫于 1869 年总结发表元素周期表（第一代元素周期表），此后不断有人提出各种类型周期表不下 170 余种，归纳起来主要有：短式表（以门捷列夫为代表）、长式表（以维尔纳式为代表）、特长表（以波尔塔式为代表）；平面螺线表（佚名）和圆形表（以达姆开夫式为代表）；立体周期表（以莱西的圆锥柱立体表为代表）等众多类型表。

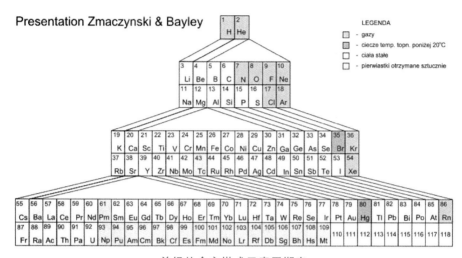

曾经的金字塔式元素周期表

中国教学上长期使用的是长式周期表，即维尔纳式周期表。

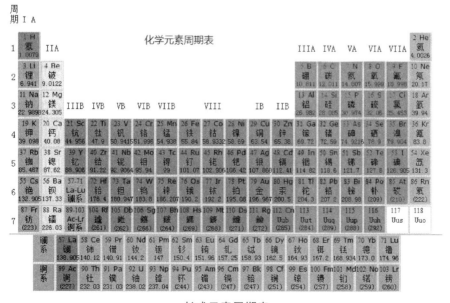

长式元素周期表

到目前为止，元素周期表共有 118 个元素。这 118 个元素在周期表上分为 7 个周期，16 个族。每一个横行叫作一个周期，每一个纵行叫作一个族（Ⅷ族包含三个纵列）。这 7 个周期又可分成短周期（1、2、3）、长周期（4、5、6、7）。共有 16 个族，从左到右每个纵列算一族（Ⅷ族除外）。例如，氢属于ⅠA 族元素，而氦属于 0 族元素。

元素在周期表中的位置不仅反映了元素的原子结构，也显示了元素性质的递变规律和元素之间的内在联系。

同一周期内，从左到右，元素核外电子层数相同，最外层电子数依次递增，原子半径递减（0 族元素除外）。失电子能力逐渐减弱，获电子能力逐渐增强；金属性逐渐减弱，非金属性逐渐增强。元素的最高正氧化数从左到右递增（没有正价的除外），最低负氧化数从左到右递增（第一周期除外，第二周期的 O、F 元素除外）。

同一族中，由上而下，最外层电子数相同，核外电子层数逐渐增多，原子序数递增，元素金属性递增，非金属性递减。同一族中的金属从上到下的熔点降低，硬度减小，同一周期的主族金属从左到右熔点升高，硬度增大。

元素周期表的意义重大，科学家正是用此来寻找新型元素及化合物。

徐寿（公元 1818—1884 年）

徐寿，字生元，号雪村，江苏无锡人，清末著名科学家，中国近代化学的启蒙者，中国近代造船工业的先驱。

在中国，系统地介绍近代化学的基础知识大约始于 19 世纪 60 年代。在这一方面，徐寿做了重要的工作，许多科学史专家都公推徐寿为中国近代化学的启蒙者。青少年时，徐寿学过经史，研究过诸子百家，常常表达出自己一些独到的见解，因而受到许多人的称赞。然而他参加取得秀才资格的童生考试时，却没有成功。经过反思，他感到学习八股文实在没有什么用处，毅然放弃了通过科举做官的打算。此后，他开始涉猎天文、历法、算学等书籍，准备学习科学技术为国为民效劳。

徐寿纪念章

1818 年 2 月 26 日（清嘉庆二十三年正月二十二日），徐寿出生于江苏省无锡县社岗里。徐氏世居无锡，"力田读书"，是一个贫苦的农民家庭。徐寿的祖父徐审发务农的同时兼作商贩，家境才日渐富裕。徐寿的父亲徐文标大概是徐家的第一个读书人，但不幸的是年仅 26 岁就过早去世了，徐寿当时年仅 4 岁。母亲宋氏含辛茹苦，将他和两个妹妹抚养成人。在他 17 岁那年，他的母亲也去世了。在此之前，他已经娶妻，并有了一个儿子。

徐寿早年也习举子业，"尝一应童子试，以为无裨实用，弃去"。为了养家糊口，他不得不一面务农，一面经商，往上海贩运粮食。但徐寿并没有就此放弃对知识的追求。生活的磨难和务农经商的实际经验，使他痛感诗词文章毫无用处，因此，他在很年轻的时候就转向了经世致用之学。那时正是鸦片战争前夜，清王朝已经走向衰亡，社会矛盾日益突出。青年徐寿立下了"不二色，不妄语，接人以诚"和"毋谈无稽之言，毋谈不经之语，毋谈星命风水，毋谈巫觋谶纬"的座右铭，抱定了经世致用的宗旨，开始在经籍中学习研究有用之学。他研读《诗经》和《禹贡》等经书时，将书中记载的山川、物产等列之为表，研读《春秋》《汉书》《水经注》等历史、地理著作，则注意古今地理的沿革变迁。凡是有用之学，他无不喜好。

徐寿在科技方面的兴趣极为广泛，举凡数学、天文历法、物理、音律、医学、矿学等，他无一不喜，无一不好。他不仅潜心研究中国历代的科技典籍，对于明末清初从欧洲翻译过来的西方科技著作也认真加以研究。他认为工艺制造是以科学知识为基础的，而科学的原理又借工艺制造体现出来，所以他总是"究察物理，推考格致"。

徐寿学习近代科学知识的方法是自学。坚持自学需要坚韧不拔的毅力，徐寿有这种毅力，因为他对知识和科学有着真挚的追求。在自学中，同乡华蘅芳（公元1833—1902 年）①是他的学友，他们常在一起，共同研讨疑难问题，相互启发。

1853 年，徐寿、华蘅芳结伴同往上海探求新的知识。他们专门到英国伦敦会传教士创办的墨海书馆，结识了当时在西学和数学上已颇有名气的李善兰（公元1811—1882 年）②。李善兰正在上海墨海书馆从事西方近代物理、动植物、矿物学等书籍的翻译。他们虚心求教、认真钻研的态度给李善兰留下了很好的印象。

1856 年，徐寿再次到上海，读到了墨海书馆刚出版的、英国医生合信编著的《博物新编》的中译本，这本书的第一集介绍了诸如氧气、氮气和其他一些化学物质的近代化学知识，还介绍了一些化学实验。

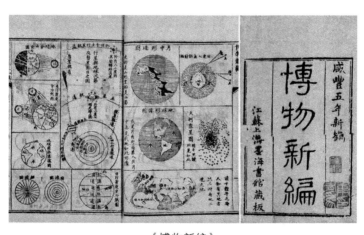

《博物新编》

---

① 华蘅芳，中国清末数学家、科学家、翻译家和教育家。青年时游学上海，与著名数学家李善兰交往，李向他推荐西方的代数学和微积分。1861 年为曾国藩擢用，和同乡好友徐寿一同到安庆的军械所，绘制机械图并造出中国最早的轮船"黄鹄"号。他曾三次被奏保举，受到洋务派器重，一生与洋务运动关系密切，成为这个时期有代表性的科学家之一。还提出了二十多种对于勾股定理的证法。

② 李善兰，浙江海宁人，是中国近代著名的数学、天文学、力学和植物学家。创立了二次平方根的幂级数展开式，研究各种三角函数、反三角函数和对数函数的幂级数展开式（现称"自然数幂求和公式"），这是李善兰也是 19 世纪中国数学界最重大的成就。

　　鸦片战争的失败，促使清朝兴起举办洋务。所谓洋务即应付西方国家的外交活动，购买洋枪洋炮、兵船战舰，学习西方的办法兴建工厂、开发矿山、修筑铁路、办学堂。但官僚权贵甚至洋务派大都不懂这些"洋学问"。兴办洋务，除了聘请一些"洋教习"外，还必须招聘和培养一些懂得西学的中国人才。因此李鸿章（公元1823—1901年）上书要求，除八股文考试外，还应培养工艺技术人才，专设一科取士。在这种情况下，博学多才的徐寿受到重视，曾国藩（公元1811—1872年）、左宗棠（公元1812—1885年）、张之洞（公元1837—1909年）都赏识他。1861年，曾国藩在安庆开设了以研制兵器为主要内容的军械所，他以"研精器数、博学多通"的荐语征聘了徐寿和他的次子徐建寅，以及包括华蘅芳在内的其他一些学者。

　　1862年3月，徐寿和华蘅芳进入了安庆内军械所。他们首先要做的事是为中国制造蒸汽机。当时，《博物新编》上载有一张蒸汽机的略图，徐寿和华蘅芳又到停泊在安庆长江边的一艘小轮船上仔细观察，反复研究，精心设计，花了三个月的时间，终于在1862年7月制成中国第一台蒸汽机，这是中国近代工业的开端。蒸汽机试制成功后，他们又着手试制蒸汽船。1866年，他们又合作制成了中国第一艘机动轮船"黄鹄"号。该船长17m，航速6节（1节=1852m/h），自重25吨；机舱设在前部，蒸汽机为单缸；缸长二尺，缸径一尺；锅炉长十一尺，炉径二尺三寸许；炉管四十九条，长七尺二寸，管径一寸五；转轴长一丈二尺八寸，直径一寸八。这是近代由中国人自己造的第一艘轮船，也是中国近代科学技术史上的一项新成就。

安庆内军械所内局部照片

　　第一艘蒸汽船的问世让清朝廷非常振奋，同治皇帝御赐给徐寿一块"天下第一巧匠"的牌匾。后来徐寿又陆续参与了"惠吉""操江""驭远"等更大规格舰船的制造。曾国藩给予徐寿丰厚的待遇，任命他为主官属下的佐吏"主簿"一职，但是当时归根到底还只是将他看作是一个匠人。徐寿曾向曾国藩建议四件事："开煤炼铁，自造大炮，操练水师，翻译西书"。可是曾国藩却回信斥责"不得要领"，还教训他专心加速制造轮船，不要妄论其他事情。在清廷大员眼中，像徐寿这样的人员只是一种为我所用的雇佣关系，而不是可以参与谋划重大决策的官员。

1866年底，李鸿章、曾国藩要在上海兴建主要从事军工生产的江南机器制造总局（简称"江南制造局"）。徐寿因其出众的才识，被派到上海襄办江南制造局。徐寿到任后，根据自己的认识，提出了办好江南制造局的四项建议："一为译书，二为采煤炼铁，三为自造枪炮，四为操练轮船水师。"把译书放在首位是因为，他认为，办好这四件事，首先必须学习西方先进的科学技术。

为了组织好译书工作，1868年，徐寿在江南制造局内专门设立了翻译馆，除了招聘包括傅兰雅（John Fryer，公元1839—1928年）、伟烈亚力（Alexander Wylie，公元1815—1887年）等几位西方学者外，还召集了华蘅芳、季凤苍、王德钧、赵元益及徐建寅等略懂西学的人才。

1868年起，徐寿在江南制造局翻译馆从事翻译工作17年，专门翻译西方化学、蒸汽机方面的书籍。翻译出版了科技著作13部，其中西方近代化学著作6部63卷，有《化学鉴原》《化学鉴原续编》《化学鉴原补编》《化学考质》《化学求数》《物体通热改易论》等，将西方近代化学知识系统介绍进中国。在翻译中，他发明了音译的命名方法，命名了一套化学元素的中文名称。即把化学元素的英文读音中的第一音节译成汉字，作为这个元素的汉字名称。对金、银、铜、铁、锡、硫、碳及"养气"（今译氧气）、"轻气"（今译氢气）、"绿气"（今译氯气）、"淡气"（今译氮气）等大家已较熟悉的元素，他沿用前制，根据它们的主要性质来命名。但对固体金属元素的命名，一律用"金"字旁，再配一个与该元素第一音节近似的汉字，创造了钠、钙、镍、锌、锰、钴、镁等元素的中文译名。日本得知后，立即派学者来中国学习，并引回日本使用，徐寿对中国近代化学发展起着先驱的作用。曾国藩看到徐寿他们做出了显著的成绩，也改而称赞"该局员等殚精竭虑，创此宏观，实属卓有成效"。并且奏请朝廷给予奖励。

翻译馆旧影

为了造就科技人才，徐寿与英国人傅兰雅于1874年在上海创办了中国第一所科技学校——格致书院。于1876年正式开院，1879年正式招收学生，开设矿物、电务、测绘、工程、汽机、制造等课目。同时定期举办科学讲座，讲课时配有实验演示,并以此为契机,傅兰雅创办了第一份中文科技期刊《格致汇编》。徐寿父子在《格致汇编》上发表科技专论和回答读者提出的问题。《格致汇编》所载多为科学常识,带有新闻性,设有"互相问答"一栏,从创刊号至停刊,差不多期期都有,共刊出了322条,交流了500个问题。

1878年夏天,刚刚创刊两年的中国近代最早的科学杂志《格致汇编》第七卷上,发表了一篇题为《考证律吕说》的文章。文章不长,研究的也是非常冷门的古代乐律之学。然而正是这样一篇毫不起眼的小论文,在近代中国科技史上,具有石破天惊的意义——某种程度上,它代表了一个半世纪前中国人向西方学习先进科技所能达到的高峰。

格致书院

中国古代一向采用弦音和管音相合的方式确定音律,以弦定律,以管定音。然而,现代物理学实践告诉我们,弦的振动和管的振动,有着根本的区别,对于这个问题,漫长的中国古代乐律史根本无能为力。

一直到1878年,一位中国学者开始注意到这个似乎是"细枝末节"的小问题。他用现代科学试验(尽管很简陋)的方式,否定了延续千年的"管弦结合论",写成了这篇《考证律吕说》:

"惟声出于实体者正半相应,故将其全体半之,而其声仍与全体相应也。至于空积所出之声,则正半不应,故将同径之管半之,其声不与全体相应,而成九与四之比例"。

不久,这位年过花甲的学者读到了自己儿子的译作——近代声学启蒙著作《声学》(Sound),它的作者是赫赫有名的物理学家、英国皇家学会会员约翰·廷德尔(John Tyndall,公元1820—1893年)。他惊讶地发现,这本被欧洲物理学界称誉为"19世纪声学集大成者"的著作,却在管长与音高的问题上,犯了与中国古代音律学者同样的错误。

在创办格致书院的好友傅兰雅的帮助下,这位学者将自己的论文翻译为英文,并誊写了两份,一份寄给廷德尔教授,用实验数据与他进行商榷,另一份寄给了欧洲最有名望的科学杂志《自然》(Nature)。

尽管中国的挑战者始终没有等到廷德尔的回信,但五个月后,《自然》杂志却以

《声学在中国》为题，刊发了这篇来自中国的论文。在编者按中，编辑斯通博士写道：

"（这篇论文）以真正的现代科学矫正了一项古老的定律，这个鲜为人知的事实的证实，竟来自那么遥远的（中国），而且是用那么简单的实验手段和那么原始的器具来实现的，这是非常出奇的。"

这是中国人第一次在《自然》杂志上发表论文，也是中国人第一次正式在国外刊物上发表论文，而这位"以真正的现代科学矫正了一项古老的定律"的学者，就是徐寿。

1881 年 3 月 10 日刊载徐寿论文的《自然》杂志

美国学者戴维·莱特（David Wright）写道："徐寿是当之无愧的中国声学之父"。

徐寿和他的译书馆，随着一批批介绍国外科学技术书籍的出版发行而声誉大增。在制造局内，徐寿对于船炮枪弹也有多项发明，例如，他能自制镪水棉花药（硝化棉）和汞爆药（即雷汞），这在当时是很了不起的。他还参加过一些厂矿企业的筹建规划，这些工作使他的名气更大了。李鸿章、丁宝桢、丁日昌等官僚都争相以高官厚禄来邀请他去主持他们自己操办的企业，但都被徐寿婉言谢绝了，他决心把自己的全部精力都投入译书和传播科技知识的工作中去。

到建馆 40 周年时，翻译馆共译书 160 种，具体内容则举凡兵学、工艺、兵制、医学、矿学、农学、化学、交涉、算学、图学、史志、船政、工程、电学、政治、商学、格致、地学、天学、学务、声学、光学等无所不涉，西方近现代科学技术，正是从这个机构开始，得以在古老的华夏大地扎根。

1884 年，就在格致书院庆祝了它十岁生日后不久，66 岁的徐寿在学校里安详辞世。李鸿章称赞他："讲究西学，实开吾华风气之先。"

徐寿译作（部分）

谈到徐寿和翻译馆，就不能不谈及傅兰雅。

傅兰雅（John Fryer，公元 1839—1928 年）

英国人。在洋务运动中，傅兰雅单独翻译或与人合译西方书籍 129 部（绝大多数为科学技术性质），是在华外国人中翻译西方书籍最多的一人。

傅兰雅在为中国设计大船的时候感到中国没有化学元素的文字，很不方便，就利用他的中文功底，把流行于世界的化学元素的拉丁读音，都用中国的汉字的偏旁部首重新组合，形成许多新的中国文字。其中最奇妙的是对金属元素名的翻译，大

傅兰雅

量借鉴了明朝宗室子弟的名字，如永和王——朱慎镭、封丘王——朱同铬、鲁阳王——朱同铌、瑞金王——朱在钠、宣宁王——朱成钴、怀仁王——朱成钯、沅陵王——朱恩钸、庆王——朱帅锌、韩王——朱徵钋、稷山王——朱效钛、新野王——朱弥镉等。明太祖朱元璋为江山永祚，对后代起名十分重视，定下按五行循环的规矩。而皇子后裔太多，到金字辈时，含金的字已不够用，便硬生生造出许多带金旁的字来用。后来正好被用在金属元素的名字上，也算得上是朱元璋对元素中文命名的贡献。

西名	分剂	西号	华名
Carbon.	太	C.	炭
Kalium.	三九一	K.	钾
Natrium.	二三	Na.	钠
Lithium.	六九	Li.	锂
Caesium.	一三三	Cs.	铯
Rubidium.	八五三	Rb.	铷
Barium.	六八五	Ba.	钡
Strontium.	四三八	Sr	锶
Calcium.	二○	Ca.	钙
Magnesium.	一二二	Mg.	镁
Aluminum.	一三七	Al.	铝
Glucinum.	六九	G.	铷

中国最早的元素周期表

在江南造船博物馆里，仍保存着一份由江南制造局总管徐寿签发给傅兰雅的聘书，聘期为 3 年。然而，傅兰雅实际在翻译馆工作了漫长的 28 年，由于为中国传播西学的重大贡献，得到清政府的嘉奖，授予了他三品官衔，他也由此成为少有的几位带清政府官衔的外国人。

 铟（In，indium）

概述

铟是一种金属元素，英文名称 indium，元素符号 In，属于ⅢA族金属元素，原子

序数为 49，原子质量为 114.8，熔点为 156.61℃，沸点为 2060℃，密度为 $7.31g/cm^3$。铟是银白色并略带淡蓝色光泽的金属，质地非常软，能用指甲刻痕，可塑性强，延展性好，可压成片。常温下金属铟不被空气氧化。铟在地壳中的含量为 $1×10^{-5}$%，它虽然也有独立矿物，如硫铟铜矿（$CuInS_2$）、硫铟铁矿（$FeInS_4$）、水铟矿（$In(OH)_3$）等，但量极少，铟主要呈类质同象存在于铁闪锌矿（铟的含量为 0.0001%～0.1%）、赤铁矿、方铅矿以及其他多金属硫化物矿石中。此外锡矿石、黑钨矿、普通角闪石中也含有铟。金属铟被广泛应用于宇航、无线电和电子工业、医疗、国防、高新技术、能源等领域，也是制造低熔合金、轴承合金、半导体、电光源等的原料。

纯铟棒弯曲时能发出一种"吱吱"的响声。液态铟能浸润玻璃，并且会黏附在接触过的表面上留下黑色的痕迹。液态铟流动性极好，可用于铸造高品质铸件。铟比锌或镉的挥发性小，但在氢气或真空中加热能够升华。铟有微弱的放射性，在使用中尽可能避免直接接触。天然铟有两种主要同位素，^{113}In 为稳定核素，^{115}In 会产生 β 衰变。

发现

在自然界中未曾发现过游离态的铟单质。1863 年，德国的赖希（Ferdinand Reich）和李希特（T. Richter），用光谱法研究闪锌矿，发现新的元素，即铟。

铊被发现和取得后，德国弗赖堡（Freiberg）矿业学院物理学教授赖希由于对铊的性质感兴趣，希望得到足够的金属进行实验研究。于是他在 1863 年开始在弗赖堡希曼尔斯夫斯特出产的锌矿中寻找这种金属。这种矿石所含主要成分是含砷的黄铁矿、闪锌矿、辉铅矿、硅土、锰、铜和少量的锡、镉等。赖希认为其中还可能含有铊。虽然实验花费了很多时间，他却没有获得期望的元素。但是他得到了一种不知成分的草黄色沉淀物，他认为这是一种新元素的硫化物。

只能通过光谱分析来证明这一假设。可是赖希患有色盲，只得请求他的助手李希特进行光谱实验分析。李希特在第一次实验时就成功了，他在分光镜中发现了一条靛蓝色的明线，位置和铯的两条蓝色明亮线不吻合，就以希腊文中"靛蓝"（indikon）命名它为 indium（铟）。两位科学家共同署名发现铟的报告，这是人类发现的第 63 种元素。分离出金属铟的工作还是他们两人共同完成的。他们首先分离出铟的氯化物和氢氧化物，利用吹管在木炭上还原成金属铟。他们本想在 1867 年的世博会上展示铟锭，但因为担心被偷窃，所以用铅锭取而代之。观众被蒙在鼓里，因为这两种很软的金属有着相似的外观。那时的人们并不知道，铟有一种与其元素周期表中的近邻锡所共享的独特性质，即这两种金属在被弯折时会发出像人哭泣般的声音。

此次世博会举办 50 年后，铟仍只是存放在化学家橱柜里的奇珍异宝。提纯铟的工艺极为复杂，而人们并没有想到铟有什么用途能配得上如此繁复的提纯工艺。因此，当时全球的铟供应量仅仅是以克计。直到第二次世界大战期间，铟才有了首次大规模应用。因为其良好的延展性，铟被加工成飞机发动机轴承的润滑薄膜层。直到 20 世纪 50 年代末，润滑以及大约同时期出现的在焊接方面的应用，是铟当时仅有的两种用途。

用途

随着人们对铟的认识和研究不断深入，目前铟在信息、宇航、能源、军事工业及医药卫生领域，在平板显示器、合金、半导体数据传输、航天产品和太阳能电池的制造等方面都起着重要的作用。特别是随着信息技术（IT）产业的迅猛发展，笔记本电脑、电视和手机等各种新型液晶显示器，以及接触式屏幕、建筑用材料对氧化铟锡（ITO）薄膜或 ITO 玻璃的需求日益增加（因其光渗透性和导电性强，用于生产液晶显示器和平板屏幕的铟占全球铟用量的 70% 以上），这对铟的市场状态有着重要的影响。正是由于铟行业的迅速发展，且全球铟资源非常有限，所以近年来各国都开始加强对铟的储备。

铟其次的几个消费领域分别是：电子半导体领域，占全球消费量的 12%；焊料和合金领域，占 12%；研究行业，占 6%。另因为其较软的性质在某些需填充金属的行业上也用于压缝，如较高温度下的真空缝隙填充材料。

 # 4　铊（Tl，thallium）

概述

铊（Tl，thallium）是元素周期表中第 6 周期ⅢA 族元素之一，在自然环境中含量很低，是一种伴生元素。铊是银白色金属，熔点为 303.5℃，沸点为 1457℃，莫氏硬度为 1.2，密度为 11.85g/cm³，剧毒。常温下于空气中很快变暗，呈蓝灰色，长时间接触空气会形成很厚的非保护性氧化物表层。铊有三种形态，230℃以下温度为六方密堆晶系（α-Tl），230℃以上温度，为体心立方晶系（β-Tl），在高压下转为面心立方晶系（γ-Tl）。

铊在盐酸和稀硫酸中溶解缓慢，在硝酸中溶解迅速。其主要的化合物有氧化物、硫化物、卤化物、硫酸盐等，铊盐一般为无色、无味的结晶，溶于水后形成亚铊化物。保存在水中或石蜡中较空气中稳定。

铊被发现后不久，人们就注意到其毒性很大，因此将铊广泛地用作鼠药。后来由于发生了许多悲惨的事故和谋杀案，许多国家认定铊不安全，并禁止使用。1961年，阿加莎·克里斯蒂（Agatha Christie，公元 1890—1976 年）[①] 在小说《白马酒店》中就写到了铊，并因此而挽救了一条生命。

① 阿加莎·克里斯蒂，英国女侦探小说家、剧作家，与日本的松本清张（Seicho Matsumoto，公元 1909—1992 年），英国的柯南·道尔（Conan Doyle，公元 1859—1930 年）并称为世界推理小说三大宗师，代表作品有《东方快车谋杀案》《尼罗河谋杀案》等。

事情是这样的：1977 年，一名来自卡塔尔的 19 个月大女婴因患有严重的未知疾病，被送往伦敦的哈默尔史密斯医院。没有确切的诊断结果，医生也束手无策。幸运的是，有一名护士梅特兰正在读《白马酒店》，并意识到患者的症状与克里斯蒂虚构的受害者的症状有相似之处。患者尿液样本中的确检出了高含量的铊，医生据此使用了铊解毒剂——普鲁士蓝，它能与铊结合并促使其排出体外。《白马酒店》之后的重印版描述了这个案例，并附上了致谢："感谢已故的阿加莎·克里斯蒂，她的临床描述是如此出色和敏锐；感谢梅特兰护士让我们了解到最新的文学作品。"

发现

1861 年，克鲁克斯和克洛德 - 奥古斯特·拉米（Claude-Auguste Lamy）利用火焰光谱法，分别独立地发现了铊元素。由于在火焰中发出绿光，所以克鲁克斯提议把它命名为 thallium，源自希腊文中的"θαλλός"（thallos），即"绿芽"之意。铊是人类发现的第 62 种元素。

在本生和基尔霍夫发表有关改进火焰光谱法的论文，以及在 1859—1860 年发现铯和铷元素之后，科学家开始广泛使用火焰光谱法来鉴定矿物和化学物的成分。克鲁克斯用这种新方法判断硒化合物中是否含有碲，样本是德国哈茨山上的一座硫酸工厂进行铅室法过程后的产物，由霍夫曼数年前交给克鲁克斯。到了 1862 年，克鲁克斯能够分离出小部分的新元素，并且对它的一些化合物进行化学分析。拉米所用的光谱仪与克鲁克斯的相似。以黄铁矿作为原料的硫酸生产过程会产生含硒物质，拉米对这一物质进行了光谱分析，同样观察到了绿色谱线，因此推断当中含有新元素。他的友人弗雷德·库尔曼（Fréd Kuhlmann）的硫酸工厂能够提供大量的副产品，这为拉米的研究带来了化学样本上的帮助。他判断了多种铊化合物的性质，并通过电解法从铊盐生产铊金属，再经熔铸后制成了一小块铊金属。

拉米在 1862 年伦敦国际博览会上为"发现新的、充裕的铊来源"而获得一枚奖章。克鲁克斯在抗议之后，也为"发现新元素铊"而获得奖章。两人之间有关发现新元素的荣誉之争持续至 1863 年，直到 1863 年 6 月克鲁克斯当选为英国皇家学会会员之后逐渐平息。

用途

铊被广泛用于电子、军工、航天、化工、冶金、通信等多个方面，在光导纤维、辐射闪烁器、光学透位、辐射屏蔽材料、催化剂和超导材料等方面具有潜在的应用价值。铊最初用于医学，可治疗头癣等疾病，后发现其毒性大而作为杀鼠、杀虫和防霉的药剂，主要用于农业。这期间也曾使许多人畜中毒。随着对铊毒副作用的更深入研究和了解，自 1945 年后，世界各国为了避免铊化物对环境造成污染，纷纷禁止了铊在这些方面的使用。

在工业中铊合金用途非常重要，用铊制成的合金具有提高合金强度、改善合金硬度、增强合金抗腐蚀性能等多种特性。铊铅合金多用于生产特种保险丝和高温锡焊的焊料；铊铅锡三种金属的合金能够抵抗酸类腐蚀，非常适用于酸性环境中机械设备的关键零件；铊汞合金熔点低达 $-60℃$，用于填充低温温度计，可以在极地等高寒地区和高空低温层中使用；铊锡合金可作超导材料；铊镉合金是原子能工业中的重要材料。

铊的硫化物对肉眼看不到的红外线特别敏感，用其制作的光敏光电管，可在黑夜或浓雾中接收信号和进行侦察工作，还可用于制造红外线光敏电池；卤化铊的晶体可制造各种高精密度的光学棱镜、透镜和特殊光学仪器零件。在第二次世界大战期间，氯化铊的混合晶体就曾被用来传送紫外线，深夜进行侦察敌情或自我内部联络；近年来，用溴化铊与碘化铊制成的光纤对 CO_2 激光的透过率比石英光纤要好许多，非常适合于远距离、无中断、多路通信。

碘化铊填充的高压汞铊灯为绿色光源，在信号灯生产和化学工业光反应的特殊发光光源方面广泛应用；在玻璃生产过程中，添加少量的硫酸铊或碳酸铊，其折射率会大幅度提高，完全可以与宝石相媲美。

5 　锡（Sn，tin，stannum）

锡将在第 6 章"五金"中介绍。

6 　铅（Pb，plumbum）

概述

铅，英文名称 lead，原子序数 82，原子质量 207.2，是ⅣA族金属，密度为 $11.34g/cm^3$，熔点为 327.502℃，沸点为 1740℃。铅是一种略带蓝色的银白色金属，在空气中很容易被氧化，形成灰黑色的氧化铅，所以我们看到的铅常是灰色的。铅的延性弱，展性强，抗腐蚀性高，抗放射性穿透性好。作为常用的有色金属，铅的年产销量在有色金属中排在第四位（前三位分别是铝、铜、锌）。由于性能优良，铅、铅的化合物及其合金被广泛应用于蓄电池、电缆护套、机械制造、船舶制造、轻工、氧化铅等行业。

发现

铅是人类较早提炼出来的金属之一，早在公元前 3000 年左右就被人类发现并应用。埃及前王朝时期（早于公元前 3000 年）即有用铅制作的小的人像，美索不达米亚于乌尔第三王朝（Uru Ⅲ，公元前 3000 年）时已用铅制成小容器或锤成薄片。中国发现最早的是河南偃师二里头遗址出土的铅块，它存在于距今约 3500—4000 年。在商代和西周的墓葬中出土了铅制的爵、觚、尊、鼎和戈，西周（公元前 1000—前 771 年）的铅戈含铅达 99.75%。铅是人类发现的第 6 种元素。直到公元前 15 世纪之后，铅才较常见于巴勒斯坦一带。但直到 17—18 世纪铅才开始较大规模生产，现今主要产铅的国家有美国、俄罗斯、日本、德国、英国、中国等。

用途

铅是制造蓄电池、电缆、子弹和弹药的原材料，也曾是汽油的添加剂。铅化合物是颜料、玻璃、塑料和橡胶的原料。由于金属铅具有优良的耐酸、碱腐蚀性能，广泛用于制造化工和冶金设备。铅合金用作轴承、活字金属和焊料等。此外，铅也开拓了一些新的用途。比如，用作沥青的稳定剂，以延长路面使用寿命；用于制造核电站屏蔽和核废料贮罐，及磁流体动力学装置等。

7 铋（Bi，bismuth）

概述

铋（bismuth）是一种金属元素，元素符号是 Bi，原子序数是 83，原子量为 209。铋是红白色的金属，密度为 $9.8g/cm^3$，熔点为 271℃，沸为点 1560℃。铋有金属光泽，性脆，导电和导热性都较差，同时也是逆磁性最强的金属，在磁场作用下电阻率增大而热导率降低。铋及其合金具有热电效应。铋在凝固时体积增大，膨胀率为 3.3%。铋的硒化物和碲化物具有半导体性质。与其他重金属不同的是，铋的毒性与铅或锑相比，相对较小。铋不容易被身体吸收，不致癌，也不损害 DNA 构造，可透过排尿排出体外。基于这些原因，铋经常被用于取代铅的应用上。例如，用于无铅子弹、无铅焊锡，甚至药物和化妆品上。除此之外，铋也应用到合金冶炼中，同时也是理想的超导材料之一，蓄电池、半导体和核工业材料中都有铋。以前铋被认为是原子量最大的稳定元素，但在 2003 年，发现了铋有极其微弱的放射性。中国是世界上最大的铋生产国和出口国。

铋是亲硫元素，在自然界中以单质与化合物两种形式存在，多数蕴藏在辉铋矿（Bi_2S_3）与铋华矿（α-Bi_2O_3）中，少数与银、铜、铅等亲硫矿物共生。由于铋的熔点低，因此用炭等可以将它从它的天然矿石中还原出来，所以铋早被古人们取得。但由于铋性脆而硬，缺乏延展性，因而古人得到它后，没有找到它的应用。铋在自然界中以游离金属和矿物两种形式存在。

铋有三种同素异形体，分别是黄铋、灰铋和黑铋。

纯铋的密度是纯铅的 86%。刚产出时是银白色易脆金属，但表面氧化后呈粉红色。铋是天然的反磁性金属，也是金属中热导率最低的元素之一。

辉铋矿

虽然在元素周期表上，铋周围都是有毒重金属（在元素周期表中，铋的上面是铅、左边是铊、右边是钋、下面是高放射性的镆），铋及其化合物对人畜却无害得令人称奇——很多铋化合物的毒性甚至比食盐（氯化钠）还低！这在重金属元素中是绝无仅有的，铋因此荣获了"绿色元素"称号。为此，整个化妆品和医药化学界对铋投入了大量的关注。例如，氯氧化铋赋予化妆品和护肤品珍珠般的光泽，这种化合物在市场上销售时也被称作"布朗粉"。因为它对 X 射线不透明的特性，它还用于制造导尿管，以便于诊断和手术的进行。此外，硝酸氧铋也被用于手术杀菌。

发现

铋在自然界有单质存在，而且熔点较低，古人在用火烧含铋矿物后很容易找到它。但是在古代，无论是东方还是西方，都容易把铅、锡、锑、铋相混淆，直到 1530 年，德国冶金学家阿格里科拉才在《论金属》一书中指出它们都是各不相同的金属；随后，法国药剂师与化学家克洛德·若弗鲁瓦（Claude Geoffroy，公元 1685—1752 年）经过长期细致的研究，更进一步确认铋是一种独立的金属单质。这是人类发现的第 12 种元素，欧洲人为其命名的拉丁文名称为 bismuthum，该名来自德文 bismuth 或 wissmuth，意思是"白色物质"，因其金属块是白色（实际上金属铋并非纯正的银白色而是白中微透粉红色），并用拉丁文名称第一个字母的大写与第二个字母的小写组成它的元素符号：Bi。

用途

铋主要用于制造易熔合金，熔点范围是 47～262℃。最常用的是铋同铅、锡、锑、铟等金属组成的合金，用于消防装置、自动喷水器、锅炉的安全塞。一旦发生火灾时，一些水管的活塞会"自动"熔化，喷出水来。在消防和电气工业上，用作自动灭火系统和电器保险丝、焊锡。铋合金具有凝固时不收缩的特性，可用于铸造印刷铅字和高精度铸型。碳酸氧铋和硝酸氧铋分别用于治疗皮肤损伤和肠胃病。

铋是元素周期表中最后一个稳定的元素，在它的后面，所有的元素都不再是稳定的，都有放射性。

金属元素铋在科学史上也曾经有过光辉的一页，欧姆正是利用铋和铜的温差产生的电流总结出著名的欧姆定律。

第5章

碱金属和碱土金属讲谈

5.1 碱金属

碱金属

碱金属是指在元素周期表中ⅠA族除氢（H）外的六个金属元素，即锂（Li）、钠（Na）、钾（K）、铷（Rb）、铯（Cs）、钫（Fr）。

这些金属被称作碱金属，是因为它们都能与水发生激烈的反应，生成强碱性的氢氧化物，并随相对原子质量增大而反应能力增强。

根据国际纯粹与应用化学联合会（IUPAC）的规定,碱金属属于元素周期表中的ⅠA族元素。碱金属共价电子构型是ns1，均有一个属于s轨道的最外层电子，因此这一族属于元素周期表的s区。碱金属的化学性质显示出十分明显的同系行为，是元素周期性的最好例子。氢（H）虽然属于ⅠA族，但显现的化学性质和碱金属相差甚远，因此不被认为是碱金属。

下面，我们先讲讲碱金属的总体性质，然后再对其逐一细谈。

自然界中常见的碱金属矿物

元素	矿　　物
锂	锂辉石、锂云母、透锂长石
钠	食盐（氯化钠）、天然碱（碳酸钠）、芒硝（十水硫酸钠）、智利硝石（硝酸钠）
钾	硝石（硝酸钾）、钾石盐（氯化钾）、光卤石、钾镁矾、明矾石（十二水硫酸铝钾）
铷	红云母、铷铯矿
铯	铷铯矿、铯榴石

碱金属元素在地壳中的质量克拉克值

元素	Li	Na	K	Rb	Cs	Fr
原子序数	3	11	19	37	55	87
$w/\%$	0.006	2.64	2.60	0.03	0.0006	—

碱金属元素的物理性质

元素	Li	Na	K	Rb	Cs	Fr
熔点 /℃	181	98	64	39	29	27
沸点 /℃	1347	883	774	688	678	677
密度 / $(g \cdot cm^3)$	0.534	0.971	0.856	1.532	1.879	1.870

碱金属元素的焰色反应

元素	Li	Na	K	Rb	Cs	Fr
颜色	紫红	黄	淡紫	紫	蓝	—
波长 /nm	670.8	589.2	766.5	780.0	455.5	—

1 锂（Li，lithium）

概述

锂，英文名称 lithium，元素符号 Li，元素周期表中原子序数为3，原子量为 6.941，是ⅠA族金属元素。密度为 $0.534g/cm^3$，熔点为 181℃，沸点为 1347℃，莫氏硬度为 0.6。锂是一种银白色的碱金属元素，质软，容易受到氧化而变暗，是所有金属元素中最轻的。与其他碱金属相比，锂的压缩性最小，硬度最大，熔点最高。金属锂的化学性质十分活泼，在一定条件下，能与除稀有气体外的大部分非金属反应，但不像其他碱金属那样容易。锂是已知元素（包括放射性元素）中金属活动性最强（注意不是金属性，已知元素中金属性最强的是铯）的。锂也是唯一与氮在室温下反应的碱金属元素。质较软，可用刀切割。锂是最轻的金属，密度比所有的油和液态烃都小，故应存放于固体石蜡或者白凡士林中（在液体石蜡中锂也会浮起）。锂在自然界中的丰度较大，居第 27 位，在地壳中的含量约为 0.0065%。锂的用途也很广泛，涉及电池、陶瓷、玻璃、润滑剂、制冷液、核工业以及光电等领域。

发现

第一块锂矿石，透锂长石（$LiAlSi_4O_{10}$）是由巴西人安德拉达·席尔瓦（Andralda Silva，公元 1763—1838 年）于 18 世纪 90 年代在名为 Utö 的瑞典小岛上发现的。当把它扔到火里时会发出浓烈的深红色火焰，斯德哥尔摩的约翰·阿韦德松（Johan Arfwedson，公元 1792—1841 年）分析了它并推断它含有以前未知的金属，他把这种金属称作 lithium，来源于希腊文 lithos，意为"石头"，来反映它是在固体矿物中被发现，而不像在植物灰烬中发现的钾，或是部分因在动物血液中有高丰度而知名的钠。他意识到这是一种新的碱金属元素，是人类发现的第 48 种元素。阿韦德松后来发现，这种相同的元素存在于锂辉石和锂云母（lepidolite）矿物中。然而，不同于钠的是，他没能用电解法分离它。1818 年，克里斯蒂安·格美林（Christian Gmelin，公元 1792—1860 年）首次发现锂盐燃烧的焰色为鲜红色。1821 年，英国化学家威廉·布兰德（William Brande，公元 1788—1866 年）电解出了微量的锂。直到 1855 年德国化学家本生和英国化学家奥古斯都·马西森（Augustus Matthiessen，公元 1831—1870 年）电解氯化锂才获得了大块的锂。lithos 的第一个音节发音"里"，因为是金属，在左方加上部首"钅"。锂在地壳中的含量比钾和钠少得多，它的化合物不多见，这是它的发现比钾和钠晚的必然因素。

金属锂可溶于液氨。锂与其他碱金属不同，在室温下与水反应比较慢，但能与氮气反应生成黑色的一氮化三锂晶体。锂的弱酸盐都难溶于水。在碱金属氯化物中，只有氯化锂易溶于有机溶剂。锂很容易与氧、氮、硫等化合，在冶金工业中可用作脱氧剂。锂也可以作为铅基合金和铍、镁、铝等轻质合金的成分。

用途

锂在发现后一段相当长的时间里，一直受到冷落，仅仅在玻璃、陶瓷和润滑剂等领域，使用了为数不多的锂的化合物。

锂早先的主要工业用途是以硬脂酸锂的形式用作润滑剂的增稠剂，锂基润滑脂兼有高抗水性，耐高温和良好的低温性能。如果在汽车的一些零件上加一次锂润滑剂，就足以用到汽车报废为止。

将质量数为 6 的同位素（^6Li）放于原子反应堆中，用中子照射，可以得到氚。氚能用来进行热核反应，有着重要的用途。锂化物用于陶瓷制品中，可起到助溶剂的作用。在冶金工业中也用来作脱氧剂或脱氯剂，以及铅基轴承合金。锂也是铍、镁、铝轻质合金的重要成分。

锂与生活日用息息相关，个人携带的笔记本电脑、手机、蓝牙耳机等数码产品中应用的锂离子电池中就含有丰富的锂元素。锂离子电池是高能储存介质，由于锂离子电池的高速发展，衍生带动了锂矿、碳酸锂等行业的蓬勃发展。金属锂电池在军用领域也有应用。

在冶金工业上，利用锂能强烈地与氧、氮、氯、硫等物质反应的性质，充当脱氧剂和脱硫剂。在铜的冶炼过程中，加入十万分之一到万分之一的锂，能改善铜的内部结构，使之变得更加致密，从而提高铜的导电性。锂在铸造优质铜铸件中能除去有害的杂质和气体。在现代需要的优质特殊合金钢材中，锂是清除杂质最理想的材料。

1kg 锂通过热核反应放出的能量相当于二万多吨优质煤的燃烧。若用锂或锂的化合物制成固体燃料来代替固体推进剂，用作火箭、导弹、宇宙飞船的推动力，不氟化锂对紫外线有极高的透明度，用它制造的玻璃可以洞察隐蔽在银河系最深处的奥秘。锂玻璃可用来制造电视机显像管。

 ## 2 钠（Na，sodium，natrium）

概述

钠（Na，sodium）原子序数 11，原子量 22.99，是最常见的碱金属元素。在元素周期表中位于 s 区、第 3 周期、第 I A 族。钠单质是有银白色光泽的软金属，质地柔软（莫氏硬度 0.5），用小刀就能容易地切割；熔点为 98℃，沸点为 883℃，密度为 $0.97g/cm^3$，导电导热，具有较好的导磁性；通常保存在煤油中。钠元素以氯化钠的形式广泛地分布于陆地和海洋中，钠也是人体肌肉组织和神经组织中的重要成分之一。

钠单质是一种活泼的金属。钠与水会产生激烈的反应，生成氢氧化钠和氢气；钠还能与钾、锡、锑等金属生成合金；金属钠与汞反应生成钠汞齐，这种合金是一种活泼的还原剂，在许多时候比纯钠更适用。钠离子能使火焰呈黄色，这种性质可用来灵敏地检测钠的存在。

钠在地壳中含量第七（O、Si、Al、Fe、Ca、Mg、Na、…）。已发现的钠的同位素共有 22 种，包括钠 -18 至钠 -37，其中只有钠 -23 是稳定的，其他同位素都带有放射性。

钠最著名的化合物就是氯化钠（sodium chloride）。氯化钠是一种离子化合物，化学式为 NaCl，无色立方结晶或细小结晶粉末，味咸；熔点为 801℃，沸点为 1465℃。氯化钠呈白色晶体状，是食盐的主要成分；易溶于水、甘油，微溶于乙醇（酒精）、液氨，不溶于浓盐酸。不纯的氯化钠在空气中有潮解性；稳定性比较好，其水溶液呈中性，工业上一般采用电解饱和氯化钠溶液的方法来生产氢气、氯气和烧碱（氢氧化钠）及其他化工产品（一般称为氯碱工业），也可用于矿石冶炼（电解熔融的氯化钠晶体生产活泼金属钠），医疗上用来配制生理盐水，生活中用于调味品。

发现

伏打在 19 世纪初发明了电池后，各国化学家纷纷利用电池成功实现水的分解。英国化学家戴维坚持不懈地从事于利用电池分解各种物质的实验研究。他希望利用电池将苛性钾（KOH）分解为氧气和一种未知的"基"，因为当时化学家们认为苛性碱是氧化物。他先用苛性钾的饱和溶液实验，所得的结果却和电解水一样，只得到氢气和氧气。后来他改变实验方法，电解熔融的苛性钾，在阴极上出现了具有金属光泽、类似水银的小珠，一些小珠立即燃烧并发生爆炸，形成光亮的火焰。但还有一些小珠不燃烧，只是表面变暗，覆盖着一层白膜。他把这种小小的金属颗粒投入水中，立即冒出火焰，在水面急速奔跃，发出"刺刺"的声音。就这样，戴维在 1807 年获得了金属钠。不过，因其是固体而密度却比水还小，当时没人承认它是金属，甚至不承认它是元素。就连用电解碳酸钠同样制得金属钠的法国化学家盖 - 吕萨克和泰纳尔，也怀疑它是一种含氢较多的化合物。但是，他俩在 1811 年经过再三地实验也没有从中发现氢和其他物质。至此，人们才不得不承认它是一种新元素。钠是人类发现的第 41 种元素。

戴维将钠命名为 sodium，因为钠是从苏打粉（soda）中得到的。钠的拉丁文名为 natrium，原指一种天然碱。最开始是阿拉伯文，写为 natrūn。希腊文是使用阿拉伯文的变体 nitrūn，所以变成 nítron（此字是氮的来源）。然后再从希腊文的 nítron 传到西班牙文，从西班牙文传至法文，再传到英文。Na 来自它的拉丁文名称 natrium 的第一个字母的大写与第二个字母的小写。

用途

钠用来测定有机物中的氯：还原和氢化有机化合物，检验有机物中的氮、硫、氟，去除有机溶剂（苯、烃、醚）中的水分，除去烃中的氧、碘或氢碘酸等杂质，制备钠汞齐、醇化钠、纯氢氧化钠、过氧化钠、氨基钠、合金、钠灯、光电池，制取活泼金属。

钠是人体中一种重要的无机元素，一般情况下，成人体内钠含量大约为 3200mmol（女）和 4170mmol（男），约占体重的 0.15%，体内钠主要在细胞外液，占总体钠的 44% ～ 50%，骨骼中含量占 40% ～ 47%，细胞内液含量较低，仅占 9% ～ 10%。

钠是细胞外液中带正电的主要离子，参与水的代谢，保证体内水的平衡，调节体内水分与渗透压；维持体内酸和碱的平衡；胰液、胆汁、汗和泪水的组分；钠对腺嘌呤核苷三磷酸（ATP）的生产和利用、肌肉运动、心血管功能、能量代谢等都有影响。此外，糖代谢、氧的利用也需有钠的参与，维持血压正常，增强神经肌肉兴奋性。

人体钠的主要来源为食物。钠在小肠上部吸收，吸收率极高，几乎可全部被吸收，故粪便中含钠量很少。钠在空肠的吸收大多是被动性的，在回肠则大部分是主动的。钠与钙在肾小管内的重吸收过程发生竞争，故钠摄入量高时，会相应减少钙的重吸收，而增加尿钙排泄。因尿钙丢失约为钙潴留的 50%，故高钠膳食对钙丢失有很大影响。如果人体摄入钠过多，血液中的钠含量就会上升。含钠较高的血液快速流过静脉和动脉，使身体感觉到了这种不平衡。当细胞周围液体中的钠多于细胞中的钠时，含钠丰富的液体就会试图从细胞中吸出更多的液体。这就是所谓的高钠血症。

彼得·塞曼（Pieter Zeeman，公元 1865—1943 年）

塞曼效应是荷兰物理学家彼得·塞曼于 1896 年发现的一个物理现象。

彼得·塞曼

1865 年 5 月 24 日深夜，荷兰泽兰小岛上的拦海大坝突然决堤了，霎时间，无情的海水吞噬一切。这时，一条无舵无桨的小木船上躺着的一位产妇在突如其来的撞击中提前分娩了。虽已无力与波涛搏斗，但她咬紧牙关，任凭风浪的颠簸。直至次日午后，人们才把他们救起——伟大的物理学家彼德·塞曼就这样来到了人世。

1885 年进入莱顿大学后，塞曼成为昂尼斯和亨德里克·洛伦兹（Hendrik Lorentz，公元 1853—1928 年）的学生。1890 年，毕业之后，他开始担任洛伦兹的助教，这让他参与到了关于克尔效应的深入研究中，这也是他未来做出重要研究工作的基础。1893 年，他获得博士学位。

1896 年，在完成博士学位三年以后，塞曼没有听从导师的命令，用实验室的设备测量了在强磁场作用下光谱的分离，并因此被开除了。

但在实验室的努力并没有白费，塞曼使用半径 10 英尺（1 英尺 =0.3048m）的凹形罗兰光栅观察磁场中的钠火焰的光谱，发现只要外加磁场足够强，钠的 D 谱线似乎会分裂成几条偏振化的谱线，这种现象后来称为塞曼效应。随后不久，塞曼的老师、荷兰物理学家洛伦兹应用经典电磁理论对这种现象进行了解释。他认为，由于电子存在轨道磁矩，并且磁矩方向在空间的取向是量子化的，因此在磁场作用下能级发生分裂，谱线分裂成间隔相等的 3 条谱线。塞曼和洛伦兹因这一发现共同获得了 1902 年的诺贝尔物理学奖，以表彰他们"研究磁场对光的效应"（磁光效应[①]）所做的特殊贡献。

1897 年 12 月，普雷斯顿（T. Preston）报告称，锌和镉原子在弱磁场中观察到的谱线有时并非分裂成 3 条，间隔也不尽相同，人们把这种现象称为反常塞曼效应，将塞曼原来发现的现象称为正常塞曼效应。反常塞曼效应的机制在其后 20 余年时间里一直没能得到很好的解释，困扰了一大批物理学家。

应用正常塞曼效应测量谱线分裂的频率间隔可以测出电子的荷质比。由此计算得到的荷质比与约瑟夫·汤姆孙（Joseph Thomson，公元 1856—1940 年）[②]在阴极射线偏转实验中测得的电子荷质比数量级是相同的，二者互相印证，进一步证实了电子的存在。

塞曼效应也可以用来测量天体的磁场。1908 年，美国天文学家海尔（George

---

① 磁光效应是指处于磁化状态的物质与光之间发生相互作用而引起的各种光学现象。包括法拉第效应、克尔磁光效应、塞曼效应和科顿 - 穆顿效应等。这些效应均起源于物质的磁化，反映了光与物质磁性间的联系。

② 约瑟夫·汤姆孙，第三任卡文迪什实验室主任，以其对电子和同位素的实验著称。1884 年，28岁的汤姆孙在瑞利的推荐下，担任了卡文迪什实验室物理学教授。1897 年，汤姆孙在研究稀薄气体放电的实验中，证明了电子的存在，测定了电子的荷质比，轰动了整个物理学界；1905 年，他被任命为英国皇家学院的教授；1906 年，获诺贝尔物理学奖；1916 年，任英国皇家学会会长。

Hale，公元 1868—1938 年）等在威尔逊山天文台利用塞曼效应，首次测量了太阳黑子的磁场。

1912 年，帕邢和拜克（E. Back）发现，在极强磁场中，反常塞曼效应又表现为三重分裂，称为帕邢—拜克效应。这些现象都无法从理论上进行解释，此后 20 多年一直是物理学界的一件疑案。不相容原理的发现者泡利后来回忆说："这不正常的分裂，一方面有漂亮而简单的规律，显得富有成果；另一方面又是那样难以理解，使我感觉简直无从下手。"

1921 年，德国杜宾根大学教授阿尔佛雷德·朗德（Alfred Landé，公元 1888—1976 年）发表题为《论反常塞曼效应》的论文，他引进一因子 g 代表原子能级在磁场作用下的能量改变比值，这一因子只与能级的量子数有关。

1925 年，两名荷兰学生乔治·乌伦贝克（George Uhlenbeck，公元 1900—1974 年）和塞缪尔·古兹米特（Samuel Goudsmit，公元 1902—1978 年）"为了解释塞曼效应和复杂谱线"提出了电子自旋的概念。1926 年，海森伯（Werner Heisenberg，公元 1901—1976 年）和若尔当（Ernst Jordan，公元 1902—1980 年）引进自旋 S，从量子力学对反常塞曼效应作出了正确的计算。由此可见，塞曼效应的研究推动了量子理论的发展，在物理学发展史中占有重要地位。

钾（K，potassium, kalium）

概述

钾元素（potassium，kalium），原子序数 19，原子量 39.10，位于周期表中 s 区、第 4 周期、第 IA 族，是一种银白色的软质金属，蜡状，可用小刀切割，熔点为 64℃，沸点为 774℃，密度比水小为 $0.856g/cm^3$，莫氏硬度为 0.4，化学性质极度活泼（比钠还活泼），属于碱金属。钾在自然界没有单质形态存在，钾元素以盐的形式广泛地分布于陆地和海洋中，也是人体肌肉组织和神经组织中的重要成分之一。

钾是热和电的良导体，具有较好的导磁性，质量分数 77.2% 的钾和 22.8% 的钠形成的钾钠合金熔点只有 12℃，是核反应堆导热剂。钾单质还具有良好的延展性，硬度也低，能够溶于汞和液态氨，溶于液氨形成蓝色溶液。钾离子能使火焰呈紫色，可用焰色反应和火焰光度计检测。

钾的化学性质比钠还要活泼，仅比铯、铷活动性弱。暴露在空气中，表面迅速覆盖一层氧化钾和碳酸钾，使它失去金属光泽（表面显蓝紫色），因此金属钾应保存在液体石蜡或氩气中以防止氧化。钾在空气中加热就会燃烧，它在有限量氧气中加热，生成氧化钾；在过量氧气中加热，生成过氧化钾和超氧化钾的混合物。金属钾溶于液氨生成深蓝色液体，可导电，实验证明其中含氨合电子，钾的液氨溶液久置或在铁的催化下会分解为氢气和氨基钾。钾的液氨溶液与氧气作用，生成超氧化钾；与臭氧作用，生成橘红色的臭氧化钾。

钾的化合物早就被人类利用，由于钾的化学性质极为活泼，所以钾在自然界中只以化合物形式存在。人们古代就知道草木灰中存在着钾草碱（即碳酸钾），可用作洗涤剂。硝酸钾是黑火药的成分之一。钾在地壳中的含量为2.47%，居第七位。在云母、钾长石等硅酸盐中都富含钾。

正常人体内约含钾175g，其中98%的钾以钾离子的形式贮存于细胞液内；血清中含钾$3.5 \sim 5.5$mmol/L。钾是细胞内最主要的阳离子之一。

不久前科学家发现，钾这种常温常压下是固体的金属，在极端条件（2000～4000MPa）下，可以同时以固态和液态两种形式存在。金属钾的分子结构极为简单，它拥有大多固体物质都具备的整齐划一的晶格结构。但当遇到极端条件时，很多金属都会发生奇怪的变化。例如，导电的金属钠会在高压下成为绝缘体，锂在高压和低温下会成为超导体等。

发现

钾盐以硝石（硝酸钾，KNO_3）、明矾（十二水合硫酸铝钾，$KAl(SO_4)_2 \cdot 12H_2O$），还有草木灰（碳酸钾，K_2CO_3）的形式已经被认知了几个世纪。它们被用于火药、燃料和肥皂的制造。把含钾物质还原为元素的工作让早期的化学家烦恼不已，而且钾被拉瓦锡分类为"泥土"。由于钾的活动性很强，难以用常用的还原剂（如碳）从钾的化合物将金属钾还原出来。之后在1807年，戴维电解熔融氢氧化钾发现有金属小球形成，这就是钾。因其密度比水还小，当时没人承认它是金属，更没人承认它是元素。就连发现者戴维本人，也怀疑其中含有氢。他注意到当把钾扔到水里时，钾会在水面上游动，并燃烧发出美丽的紫色火焰。法国化学家盖-吕萨克和泰纳尔则认为它是一种碳酸钾的氢化物。这两人为一探究竟，在1811年，首先将钾放在盛有干燥氧气的容器中燃烧，没有找到水；但他们又怀疑是生成的过氧化氢，便将其与二氧化碳作用，却产生了碳酸钾和氧气，始终未能分解出氢气，从此人们才不得不承认它是一种新的金属元素。这是人类发现的第40种元素，钾的名称来源于拉丁文kalium，是从阿拉伯文kali借来的，原意是"草木灰"。中国科学家在命名此元素时，因其活泼性在当时已知的金属中居首位，故用"金"字旁加上表示首位的"甲"字而造出"钾"这个字。

用途

钾可以调节细胞内适宜的渗透压和体液的酸碱平衡，参与细胞内糖和蛋白质的代谢。有助于维持神经健康、心跳规律正常，可以预防中风，并协助肌肉正常收缩。在摄入高钠而导致高血压时，钾具有降血压作用。

人体钾缺乏可引起心跳不规律和加速、心电图异常、肌肉衰弱和烦躁，最后导致心跳停止。一般而言，身体健康的人，会自动将多余的钾排出体外。但肾病患者则要特别留意，避免摄取过量的钾。

在乳制品、水果、蔬菜、瘦肉、内脏、香蕉、葡萄干中都含有丰富的钾。

钾能促进植株茎秆健壮，改善果实品质，增强植株抗寒能力，提高果实的糖分和维生素 C 的含量。钾素供应不足时，碳水化合物代谢受到干扰，光合作用受抑制，而呼吸作用加强。因此，缺钾时植株抗逆能力减弱，易受病害侵袭，果实品质下降，着色不良。瓜、果、番茄等对钾肥的需求主要是在果实迅速膨大期。

钾不足时，植株茎秆柔弱，易倒伏，抗寒性和抗旱性均差；叶片变黄，逐渐坏死。由于钾能移动到嫩叶，缺钾开始在较老的叶，后来发展到植株基部，也有叶缘枯焦，叶子弯卷或皱缩。

汉弗里·戴维（Humphry Davy，公元 1778—1829 年）

汉弗里·戴维

1778 年 12 月 17 日，戴维出生在英格兰彭赞斯城附近的乡村，父亲是个木器雕刻匠。戴维 6 岁入学，是个淘气、贪玩的学生。他衣服的两个口袋常常一个装有钓鱼的器械，另一个装满各种矿石。他有惊人的记忆力，富有情感，从小喜欢背诵诗歌、讲述故事。小学毕业后，父亲送他到彭赞斯城读书。老师认为他成绩最好的功课是将古典文学译成当代英语。另外，他还阅读过哲学著作，如康德的先验论等，并且会写诗。不过在城里，最吸引他的是医生配制药物时物质的各种奇异变化。他就常常躲入顶楼，用碗、杯、碟作器具，学做实验。从此，他对化学实验的兴趣有增无减。 1794 年，戴维的父亲去世，他迫于生计到药房做学徒。他一方面充当医生的好助手，学习行医的本领；一方面调制各种药物，用溶解、蒸馏的方法配制丸药和药水，真正操作起化学实验仪器。这时他开始自学拉瓦锡的《化学纲要》等著作，以弥补自己知识的不足。这时恰好格勒哥里·瓦特（詹姆斯·瓦特（James Watt，公元 1736—1819 年）的儿子）来此地。戴维闻讯后登门求教，瓦特很喜欢这个聪明勤奋好学的年轻人，帮他答疑解惑。就这样，在学徒期间，戴维的知识有了很大的进步。

1799 年，瓦特介绍戴维到布里斯托尔一气体研究所当管理员。戴维对这里有更好的学习和实验机会感到称心如意。不久，研究所的负责人就发现他有精湛的实验技术，提出愿意资助戴维进大学学医。但这时，戴维已下定决心终生从事化学研究。

1801 年，戴维被皇家研究院聘任为化学讲师兼管实验室。由于他具有丰富的知识和高超的实验技术，在到职后的六个星期就被升为副教授，第二年提升为教授。在学院举办的讲座上，戴维以超群的智力和非凡的口才获得了出乎意料的成功。他很快就赢得了"杰出的讲演者"的口碑，成为伦敦的知名人士。

1799 年，意大利物理学家伏打发明了将化学能转化为电能的电池，使人类第一次获得了可供实用的持续电流。1800 年，英国的尼科尔逊和卡里斯尔采用伏打电池电解水获得成功，使人们认识到可以将电用于化学研究。许多科学家纷纷用电做各种实验。戴维在思考，电既然能分解水，那么对盐溶液、固体化合物又会产生什么作用呢？在皇家科研究院繁忙的工作中，他开始研究各种物质的电解作用。首先他很快熟悉了伏打电池的构造和性能，并组装了一个特别大的电池用于实验。然后他针对拉瓦锡认为苏打、木灰一类化合物的主要成分尚不清楚的看法，选择了木灰（即苛性钾）作第一个研究对象。开始他将苛性钾制成饱和水溶液进行电解，结果在电池两极得到的分别是氧和氢，加大电流强度仍然没有其他收获。在仔细分析原因后，他认为是水从中作祟。随后他改用熔融的苛性钾，在电流作用下，熔融的苛性钾发生明显变化，在导线与苛性钾接触的地方不停地出现紫色火焰。这产生紫色火焰的未知物质因温度太高而无法收集。再次总结经验后，戴维终于成功了。

通过进一步实验戴维认识到，这种物质投入水中，并不沉下去，而是在水面上急速奔跃，并发出"咝咝"响声，随后就有紫色火花出现。这些奇异的现象使他断定这是一种新发现的元素，比水轻，并使水分解而释放出氢气，紫色火焰就是氢气在燃烧。

对木灰电解的成功，使戴维对电解这种方法更有信心，紧接着他采用同样方法电解了苏打（碳酸钠），获得了另一种新的金属元素。这元素来自苏打，故命名为钠。

举世闻名的大化学家戴维发现了迈克尔·法拉第的才能，并将这位铁匠之子、小书店的装订工招收到大研究机关——皇家学院做他的助手。戴维具有伯乐的慧眼，这已被人们作为科学史上的光辉范例，争相传颂。戴维自己也为发现了法拉第这位科学巨擘而自豪。他临终前在医院养病期间，一位朋友去看他，问他一生中最伟大的发现是什么，他绝口未提自己发现的众多化学元素中的任何一个，却说："我最大的发现是一个人——法拉第！"

1820 年，丹麦物理学家奥斯特在实验中发现了电流可以使磁针偏转，于这年 7 月 21 日发表了他的实验报告"论磁针的电流撞击实验"，9 月 4 日刚刚回国的法国科学家阿拉果立即向法国科学院报告了这一实验。从此，电和磁的实验引起了法国和英国许多科学家的兴趣。人们纷纷重复奥斯特的实验，探索新的实验。安培、戴维、沃拉斯顿、法拉第等都对此产生了兴趣，并着手进行实验。

沃拉斯顿是一位举足轻重的人物。他由于发现了元素钯和铑，发明了使用铂的新方法而闻名于世。1820 年 6 月，皇家学会会长约瑟福·班克斯（Joseph Banks，公元 1743—1820 年）[①]逝世，沃拉斯顿和戴维成了继任这一职位的两个候选人。但

---

① 约瑟福·班克斯，探险家和博物学家，参与澳大利亚的发现和开发，还资助了很多年轻的植物学家，大约有 80 种植物的名字是以他的名字命名的。他参与了詹姆斯·库克船长（James Cook，公元 1728—1779 年）的第一次航行（公元 1768—1771 年），途经了巴西，塔希提（大溪地）岛，在那之后 6 个月又到了新西兰、澳大利亚，最后功成名就地回英国。他担任皇家学会会长超过 41 年。值得一提的是，班克斯的前任约翰·普林格尔（John Pringle，公元 1772—1778 年），在美国独立后，因发明避雷针的富兰克林是"独立宣言"的三位起草人之一，英王乔治三世（George Ⅲ，公元 1738—1820 年）于 1777 年下令皇家学会通过他将白金汉宫的尖头避雷针换成圆头避雷球的提案，遭到普林格尔的严词拒绝。普林格尔说："陛下可以修改国家的法令，但不能逆转或改变自然的规律。"普林格尔随即被解除皇家学会会长职务，由班克斯接任。

沃拉斯顿谢绝提名，最后戴维当上了会长。自从得知奥斯特的实验结果——电对磁的影响后，沃拉斯顿就根据作用与反作用原理，试图进一步实验，找出磁对电的影响。他想：将一根直导线通入电流，然后靠近磁铁，导线就会绕自己的轴转动起来。1821 年 4 月的一天，沃拉斯顿兴冲冲地来到皇家学会实验室，想在戴维面前演示他的想法。然而，试验好几次，也未能如愿地实现导线自转。什么原因呢？两位大科学家展开了讨论，但毫无结果。

法拉第这时年方三十，无论就其学识来讲，还是就其能力来说，法拉第都已具备了独立研究的水平。他自从 1813 年进入皇家学会，工作和学习都特别勤奋、刻苦，于 1816 年发表第一篇学术论文，到 1821 年已发表 30 余篇。然而，他仍然是个实验助手。

法拉第早就对电学抱有浓厚兴趣，在做图书装订工时，常常一个人在小阁楼里做起电机、莱顿瓶等实验，验证书中的原理。然而，这些年给一位化学家当助手，又不得不整天忙碌着化学方面的实验。奥斯特的发现，又激起了他研究电和磁的热情。他现在准备独立进行研究了。然而，就他的地位来讲，闯入像沃拉斯顿和戴维那样著名人物已经注目的领域中，是需要极大勇气的。"在那个时代，公认的科学家注目某一领域的工作时，就认为下层的人不能进入那同一个领域。"尽管如此，法拉第也不能管那么多了，因为电和磁对他来说实在是爱不释手了，况且沃拉斯顿和戴维遇到了难解的困惑，不能继续实验下去了。

法拉第敏锐地看出了奥斯特的发现的重要意义，他评价道："它猛然打开了一个科学领域的大门，那里过去是一片漆黑，如今充满了光明"。于是，他花了三个月时间查阅了有关这个问题的一切文献，重复了一系列的实验，写了一份电磁研究进展状况的报告，从而为进一步研究电磁现象打下了坚实基础。他认真地分析了奥斯特发现电流致磁针偏转的实验，思索着沃拉斯顿使磁致导线自转试验失败的原因。经过反复试验和思考，他想到，既然磁针试图绕着磁针转，即通电导线绕着磁铁的磁极公转，而不是沃拉斯顿所设想的自转。于是，法拉第就按照这个想法进行了试验：在一个玻璃缸的中央立一根磁棒，磁棒底部用蜡"粘"在缸底上。缸里倒上水银，刚好露出一个磁极，把一根粗铜丝扎在一块软木上，让软木浮在水银面上，导线下端通过水银接到伏打电堆的一个极上，导线上端通过一根又软又轻的铜线接在伏打电堆的另一个极上。这样就形成了一个闭合回路，立在水银面上的导线中就会有电流通过。把电源接通时，果然实现了通电导线绕磁铁公转。这个简陋的装置，就是世界上的第一台电动机。这真是一个了不起的成功，奥斯特只是发现了旋转力的存在，而法拉第则实现了长久的旋转运动。

法拉第本想将自己的实验及结果全部讲述给沃拉斯顿和戴维听，但他们二人都外出了。同时，法拉第的朋友们都劝他将自己的工作立刻公之于众，否则，正在研究这个问题的安培等一旦抢先公布了成果，就要走在法拉第的前头。因此，法拉第同意他的朋友将他的实验报告发表出来，而他自己终于抽出一点时间陪着结婚已三个月的新娘去布莱顿海滨度假。

不料，法拉第的成功，不但没有得到赞赏，反而遭到指责。皇家学会的会员议论纷纷，还有人在报上发表文章，指责法拉第"剽窃沃拉斯顿的研究成果"。

法拉第从布莱顿度假回来，得知这些，十分痛苦。这是他有生以来第一次，荣誉、人格受到怀疑和玷污。于是，他立刻去找沃拉斯顿做解释，沃拉斯顿完全没有参与这件事，他到实验室观看了法拉第的演示，并对法拉第的成功表示祝贺。他坦率地承认，"他是在从事电和磁的工作，但是从不同的角度，因此，法拉第并不能从我那里借用什么"。

其实，法拉第的实验与沃拉斯顿的实验是根本不同的，不但方法、技巧、仪器不同，连理论解释也不一样。这一点戴维是最清楚的。法拉第本指望他的老师能够站出来替他说句公道话。戴维爵士作为第三者、知情人，又是科学界的权威，只要他说句公道话，这桩"案子"将立刻真相大白。然而，法拉第等来的却是戴维的沉默，有时候，这比攻击的语言更恶毒。究其原因，终于发现，是嫉妒，可怕的嫉妒使这位伟人做了小人行径。

多少年来，法拉第对戴维无限崇敬。那是一种复杂而又丰富的感情，既有对恩人的感激，对老师的敬爱，也有对天才的崇拜。然而，当戴维得知法拉第在他失败的领域取得了成功，虚荣心受到了严重挫伤。他看到，学生超过了老师，区区小实验员超过了堂堂大科学家，因而产生了嫉妒。沃拉斯顿到皇家学会实验室做电磁转动试验时，只有沃拉斯顿、戴维和法拉第三人在场。从沃拉斯顿对待法拉第的态度看，散布流言蜚语的不会是沃拉斯顿，况且在大家议论纷纷的时候他外出未回来。那就只有戴维。他是皇家学会会长，又是爵士，交游最广，除了他还有谁知道沃拉斯顿在皇家学院实验室里的试验；除了他还有谁有那么大的煽动性呢！嫉妒蒙住了他的眼睛，使他看不见法拉第实验与沃拉斯顿实验的根本区别，看不到法拉第一贯为人诚实、谦虚的事实；他担心学生超过老师的声誉。

法拉第做出了许多成绩，引起了欧洲大陆各国科学界的重视，被选为法国科学院通讯院士，可是在皇家学会，依旧只是一个年薪100镑的实验助手。于是29位皇家学会会员，联名提议法拉第为皇家学会会员候选人，沃拉斯顿带头签了名。1824年，法拉第终于在只有一张反对票的情况下当选了。不言而喻，这张反对票，就是法拉第的老师、皇家学会会长戴维投出的。这时，戴维的嫉妒已达到了极点。

戴维是一位伟大的科学家。虽然他仅活了51岁。但生命的节奏非常快，他发现了钠、钾、氯、氟、碘……，发明了安全灯、制取电弧的方法……，他所做过的事情，一个寻常的人往往活上100岁也做不完。然而，他获爵士称号以后（1812年），开始自觉不自觉地追求和自己身份相符的财产，走上了爱慕虚荣的道路。在他当了皇家学会会长以后，就更是成了贵族阶层的活跃人物。正是由于这些，当他看到他的学生在他失败的领域取得成功的时候，当他看到他的学生将超过自己的时候，妒火燃烧。

虽然戴维在晚年，曾因嫉妒法拉第的成就而压制过他，但是不能不承认正是戴维对他的培养，为法拉第以后完成科学的勋业创造了必要的条件。所以戴维发现并培养了法拉第这样一个杰出人才，这本身就是对科学事业的一个重大贡献。

4 铷（Rb，rubidium）

概述

铷，原子序数为 37，原子量为 85.47，位于周期表中 s 区、第 5 周期、第 I A 族，是一种银白色的轻金属。熔点低（39℃），沸点为 688℃，密度为 1.53g/cm³，质软（莫氏硬度为 0.3，仅大于铯）而呈蜡状，体心立方结构。其化学性质比钾活泼，在光的作用下易放出电子；遇水起剧烈作用，生成氢气和氢氧化铷；易与氧作用生成复杂的氧化物。由于遇水反应放出大量热，所以可使氢气立即燃烧。纯金属铷通常存储于密封的玻璃安瓿瓶中。铷广泛应用于能源、电子、特种玻璃、医学等领域。

铷无单独工业矿物，常分散在云母、铁锂云母、铯榴石和盐矿层、矿泉之中。全世界铷的储量为 18 万吨，世界年产量约 4 吨，中国储量 754 吨。

发现

19 世纪 50 年代初，住在汉堡的德国化学家本生发明了燃烧煤气而不冒烟的、火焰大小可调节、能产生 2300℃高温的瓦斯灯，被后人称为本生灯。他试着把各种物质放到这种灯的高温火焰里，观察它们在火焰里的变化。

变化果真是有的！火焰本来几乎是无色的，可是当含钠的物质放进去时，火焰却变成了黄色；含钾的物质放进去时，火焰又变成了紫色……连续多次的实验使本生相信，他已经找到了一种新的化学分析方法。这种方法不需要复杂的试验设备，不需要试管、量杯和试剂，而只要根据物质在高温无色火焰中发出的彩色信号，就能知道这种物质里含有的化学成分。

但是，进一步的试验却使本牛感到烦恼，因为有些物质的火焰几乎具有同样的颜色，单凭肉眼根本没法辨清。

他的朋友，物理学教授基尔霍夫发明了装有三棱镜、放大镜和窥管的分光镜。这时，住在同一城市里的基尔霍夫决心帮本生的忙。基尔霍夫想，既然太阳光通过三棱镜能够分解成由七种颜色组成的光谱，那么用这个简单的分光镜是否能分辨高温火焰里那些物质所发出的彩色信号呢？

基尔霍夫把此想法告诉了本生，并把分光镜交给本生。他们把各种物质放到火焰上去，让物质变成炽热的蒸气，由蒸气发出的光，通过分光镜之后，果然分解成由一些分散的彩色线条组成的光谱——线光谱。蒸气成分里有什么元素，线光谱中就会出现这种元素所特有的色线：钾蒸气的光谱里有两条红线、一条紫线；钠蒸气有两条挨得很近的黄线；锂的光谱是由一条亮的红线和一条较暗的橙线组成的；铜蒸气有好几条光谱线，其中最亮的是两条黄线和一条橙线，等等。

1860 年，本生和基尔霍夫发现当物质在本生灯上燃烧激发成气体状态时，通过分光镜可以清晰地看到不同的元素皆可发出自己特有的色彩表征光线，而且元素不同，发出彩色光线的数目和排列也不一样，即都有自己的特征谱线，从而共同创立了比化学分析法灵敏得多的光谱分析法。

这样，人们找到了一种可靠的探索和分析物质成分的方法——光谱分析法。光谱分析法的灵敏度很高，能够"察觉"出几百万分之一克甚至几十亿分之一克的任何元素。

分光镜扩大了人们的视野。当把分光镜放在物质所发出光线的通道上时，其谱线将毫无差错地表征物质的化学元素的成分。

本生和基尔霍夫用分光镜研究过很多物质。1861 年，他们在锂云母矿石中发现了一种产生红色光谱线的未知元素，即铷元素，这是人类发现的第 61 种元素。这个新发现的元素用它的光谱线的颜色"深红色"来命名（在拉丁语里，rubidium（铷）源自 rubius，含意是"深红色"）。

铷的发现，是用光谱分析法研究、分析物质元素成分取得的一个重大胜利。

用途

长期以来，由于金属铷的化学性质比钾还要活泼，在空气中能自燃，其生产、贮存及运输都必须严密隔绝空气，保存在液体石蜡、惰性气体或真空中，因而制约了其在一般工业应用领域的开发研究和广泛使用。

然而，随着人类科学技术的发展，对铷的应用开发研究不断深入，近年来，除在一些传统的应用领域（如电子器件、催化剂及特种玻璃等）有了一定的发展，同时，许多新的应用领域也不断出现，特别是在一些高科技领域，显示了广阔的应用前景。以下综述了铷及其化合物的一些特性，以及其在一些传统和高科技领域的应用现状。

随着人造地球卫星的发射系统、导航、运载火箭导航、导弹系统、无线通信、电视转播、收发分置雷达、全球定位系统（GPS）等空间技术的发展，对其所采用的频率与时间基准的长、短期准确度和稳定性的要求越来越高。由于铷辐射频率具有长时间的稳定性，^{87}Rb 的共振频率被频率标准确定为基准频率。用作频率标准和时间标准的铷原子频标具有低漂移、高稳定性、抗辐射、体积小、质量轻、功耗低等特点。准确度极高的铷原子钟，在 370 万年中的走时误差不超过 1s。

含铷特种玻璃是当前铷应用的主要市场之一。碳酸铷常用作这些特种玻璃的添加剂，可降低玻璃电导率，增加玻璃稳定性和使用寿命等。含铷特种玻璃已广泛应用于光纤通信和夜视装置等方面。

在发达国家，铷的应用主要集中在高科技领域，有 80% 的铷用于开发高新技术，只有 20% 的铷用于传统应用领域。特别值得一提的是，随着世界能源的日趋紧缺，人们都在寻求新的能量转换方式，以提高效率和节约燃料，减少环境污染。铷在新能量转换中的应用显示了光明的前景，并已引起世界能源界的注目。

罗伯特·本生（Robert Bunsen，公元 1811—1899 年）

罗伯特·本生

罗伯特·本生出生在德国哥廷根的一个书香门第。父亲查里斯恩·本生是哥廷根大学图书馆馆长、语言学教授，母亲也有很好的文化素养，是一位学识渊博的高级职员的女儿。本生有兄弟四人，他排行第四。

他曾在霍尔茨明登学院肄业，不久考入哥廷根大学。他在大学学习了化学、物理学、矿物学和数学等课程。他的化学教师是著名化学家弗里德里希·斯特罗迈尔（Friedrich Stromeyer，公元 1776—1835 年），是元素镉的发现人。1830 年，本生以一篇物理学方面的论文获得了博士学位。

本生获博士学位后，因出色的研究工作，得到了一笔游学补助金，使他得以在 1830 年步行到欧洲各地游学，他到过法国、奥地利、瑞士等国，遍访化工厂、矿产地和知名实验室，结识了许多知名科学家。这次游学，对他以后的学术研究有很大帮助。

1833 年，本生游学结束，先后担任了哥廷根大学等学校的教师，1843 年到布雷斯劳大学（现波兰弗罗茨瓦夫大学）任化学教授，在这里，他结识了物理学家基尔霍夫，此后，二人长期合作研究光谱学。

1834 年，本生系统地研究了砷酸盐和亚砷酸盐，他发现水合三氧化二铁可以用作砷中毒的解毒剂，认为三氧化二铁可以与砷结合成亚砷酸铁，形成既不溶于水也不溶于体液的化合物，他的这一发现至今还有使用价值。

1835—1836 年，本生研究了一系列的氰化物，指出亚铁氰化铵、亚铁氰化钾是相同晶型的，还发现了亚铁氰化铵和氯化铵的复盐。

在有机化学领域，本生研究过二甲砷基化合物，指出二甲砷基是一种含砷的有机化合物。他在 1837—1842 年间围绕这一课题发表了五篇论文。但在 1843 年，他在研究二甲砷氰化物时，实验装置发生了爆炸，致右眼失明。

本生还从熔融的氯化物中制得金属钠和铝，用电解法制得锂、钡、钙、镭。他甚至提炼出铈、镧等稀土元素，并用自制仪器精确地测定了这些金属的比热。

1852 年，本生在海德堡大学任教授，一直从事化学教学和研究。在长期的教学生涯中，本生讲授《普通实验化学》课程，为学生做了许多出色的演示实验，课堂上在自己研制的煤气灯上，他用玻璃管很快就可以制作出所需的仪器，这种高超的技巧使他的学生们非常佩服。他研制的实验煤气灯，后来被称为本生灯，一直到现在还在许多化学实验室里使用。此外，他还制成了本生电池、水量热计、蒸气量热计、滤泵和热电堆等实验仪器。

1853 年，他发明了著名的本生灯。此灯的火焰温度可达 2300℃，且没有颜色，正因为这一点本生发现了各种化学物质的焰色反应。不同成分的化学物质，在本生灯上灼烧时，呈现不同的焰色，这一点引起本生极大的注意，成为他以后建立光谱分析的机遇。

本生在他的助手彼得-迪斯德加改进成功的灯上灼烧过各种化学物质，他发现，灼烧时钾盐为紫色，钠盐为黄色，锶盐为洋红色，钡盐为黄绿色，铜盐为蓝绿色。起初，本生认为，他的发现会使化学分析极为简单，只要辨别一下它们灼烧时的焰色，就可以定性地知道其化学成分。但后来研究发现，事情绝不那样简单，因为在复杂物质中，各种焰色互相掩盖，使人无法辨别，特别是钠的黄色，几乎把所有物质的焰色都掩盖了。本生又试着用滤光镜把各种颜色分开，效果比单纯用肉眼观察好一些，但仍不理想。

本生灯

1859 年，本生和物理学家基尔霍夫开始共同探索通过辨别焰色进行化学分析的方法。他们决定，制造一架能辨别光谱的仪器。他们把一架直筒望远镜和三棱镜连在一起，设法让光线通过狭缝进入三棱镜分光。这就是第一台光谱分析仪。

1860 年 5 月 10 日，本生和基尔霍夫用他们创立的光谱分析方法，在狄克海姆（Durkheim）矿物质水中，发现了新元素铯；1861 年 2 月 23 日，他们在分析云母矿时，又发现了新元素铷。此后，光谱分析法被人们广泛采用。1861 年，英国化学家克鲁克斯用光谱法发现了铊；1863 年，德国化学家赖希和李希特也是用光谱法发现了新元素铟，以后又发现了镓、钪、锗等。

本生一生获得过许多荣誉。1842 年，他被选为伦敦化学学会的外籍会员；1853 年，担任德国科学院的通讯院士；1842 年，被法国科学院聘为外籍院士；1860 年，英国皇家学会授予他荣誉奖章；1877 年，本生和基尔霍夫共同获得了戴维奖；1890 年，本生获得了英国工艺学会的何尔伯奖。

本生对荣誉、勋章、奖章很淡漠，他对学生和朋友说："这些荣誉和奖章的价值，全在于它们能使我的母亲感到高兴，可惜，她已经不在人世了。"本生不喜欢政治性的社交，尤其不乐于和显贵们交往，他认为那是浪费时间。1886 年，海德堡大学举行建校五百周年庆祝活动，邀请了许多显贵，校长和显贵们纷纷致词，许多人对本生的成就进行了赞扬，但本生却睡着了。学生的活动惊醒了他，他说他梦见一个试管掉在了地上。

本生终生未娶，有人曾给他介绍女友，他一次也没主动去追求。当学生们问他为什么不结婚时，他总是说："我总是没有功夫。"本生只埋头热衷于研究工作，在结婚当天竟忘记了举行婚礼的时间，并且就那样不了了之。

本生 70 岁时，给他的好友写信说："垂暮之年，来日不多，回忆过去的欢乐，其中最使我快乐的是我们共同进行的研究工作。"

好友悼念本生时说："作为一个科学家，本生是伟大的；作为一个导师，他更伟大；作为一个人和一个朋友，他是最伟大的。"

 5 **铯（Cs，cesium）**

概述

铯(cesium)，原子序数为 55，原子量为 132.91，在化学元素周期表中，铯属于 s 区、ⅠA 族、第六周期的稳定性碱金属元素。铯的密度为 1.88g/cm^3，是一种淡金黄色的活泼金属，熔点为 29℃，沸点为 678℃，莫氏硬度为 0.2（所有元素中最低的）。在空气中极易被氧化，能与水剧烈反应生成氢气并爆炸。铯元素的绝大多数生成于恒星演化核燃烧阶段的中子俘获慢过程和中子俘获快过程。铯在自然界没有单质形态，仅以盐的形式极少地分布于陆地和海洋中。铯的宇宙丰度居第 60 位，地壳丰度居第 46 位。

铯是已知元素中（包括放射性元素）金属性最强的（注意不是金属活动性，活动性最强的是锂）。铯是制造真空件器、光电管等的重要材料。放射性核素铯 -137 是日本福岛第一核电站泄漏出的放射性污染中的一种。

发现

铯是由基尔霍夫和本生于 1860 年在德国海德堡发现的。他们检测了来自狄克海姆的矿物质水，并且在光谱中观察到无法识别的两条天蓝色谱线，这意味着一个新元素的出现，铯是人类发现的第 60 种元素。本生通过一家制造苏打的化工厂，仔细处理了 440t 矿泉水，从中制取了 7g 纯净的铯盐。第一个成功制出金属铯这个荣誉归属于玻恩大学的卡尔·赛特伯格（Carl Setterberg），他由电解熔融的氰化铯（CsCN）获取了它。本生与基尔霍夫为其命名的拉丁文名称为 caesium，该名源于拉丁文 caesius，意思是"天蓝色"。并用拉丁文名称的第一个字母的大写与第四个字母的小写组成它的元素符号：Cs。

用途

长寿命的铯 -137 是铀 -235 的裂变产物，半衰期为 30.17 年，可辐射 β 射线和 γ 射线，可作为 β 和 γ 辐射源，用于工农业和医疗。

铯原子的最外层电子极不稳定，很容易被激发而放射出来，变成带正电的铯离子，所以是宇宙航行中离子火箭发动机的理想"燃料"。铯离子火箭的工作原理是：发动机开动后，产生大量的铯蒸气，铯蒸气经过离化器的"加工"，变成了带正电的铯离子，接着在磁场的作用下加速到 150km/s，从喷管喷射出去，同时给离子火箭以强大的推动力，使火箭高速推进。用这种铯离子作宇宙火箭的推进剂，单位质量产生的推力要比使用的液体或固体燃料高出上百倍。这种铯离子火箭可以在宇宙太空遨游 1 ~ 2 年，甚至更久！

铯原子的最外层电子绕着原子核旋转的速度，总是极其精确地在几十亿分之一秒的时间内转完一圈，其稳定性比地球绕轴自转高得多。利用铯原子的这个特点，人们制成了一种新型的钟——铯原子钟，规定 1s 就是铯原子"振动"9192631770 次（即相当于铯原子的两个超精细电子跃迁 9192631770 次）所需的时间。这就是"秒"的最新定义。

利用铯原子钟，人们可以十分精确地测量出十亿分之一秒的时间，其精确度和稳定性远超世界上曾经有过的任何一种表，也超过了许多年来一直以地球自转作基准的天文时间。有了像铯原子钟这样的钟表，人类就有可能从事更为精细的科学研究和生产实践，比如，对原子弹和氢弹的爆炸、火箭和导弹的发射，以及宇宙航行等实行高度精确地控制，当然也可以用于远程飞行和航海。用铯作成的原子钟，不仅可以精确地测出十亿分之一秒的一刹那，而且连续走上三十万年，误差也不超过 1s，精确度相当高。另外，铯在医学、导弹、宇宙飞船及各种高科技领域都有广泛应用。

钫（Fr，francium）

概述

钫，原子序数是 87，原子量为 223.02，密度为 $1.87g/cm^3$，体心立方结构，位于周期表 s 区、第 7 周期、第 IA 族，带有放射性（其最稳定同位素的半衰期只有 22min），熔点为 27℃，沸点为 677℃。钫是银白色质软碱金属，非常不稳定，其同位素均有放射性，钫在大自然中是很罕见的。据估计，由于钫的半衰期很短，经计算，地壳中任何时刻钫的含量不大于 30g。这使它成为除砹之外的第二稀有的元素。即使是在含量最高的矿石中，每吨也只有 0.0000000000037g。

受相对论效应等影响，钫的金属性反而不如铯，金属活动性更是弱于钾和钡。

发现

钫就是门捷列夫曾经预言的"类铯"，是莫斯莱所确定的原子序数为 87 的元素。它的发现经历了曲折的道路。刚开始，化学家们根据门捷列夫的推断——"类铯"是一种碱金属元素，是成盐的元素，就尝试从各种盐类里去寻找它，但是一无所获。

苏联化学家多布罗谢尔多夫（D. K. Dobroserdov）是第一位声称发现了钫的科学家。1925 年，他在一个钾样本中观察到弱放射性，错误地认为这是 87 号元素造成的。实际上放射性来自自然产生的钾 -40。他而后发布了一篇有关预测 87 号元素的属性的论文，当中将这种元素以他的国家俄罗斯（Russia）命名为"russium"。不久后，多布罗谢尔多夫开始专注于他在敖德萨理工学院的教学工作，而没有继续研究这一元素。翌年，英国化学家杰拉尔德·德鲁斯（Gerald Druce）和弗雷德里克·罗林（Frederick Loring）分析了硫酸锰的 X 射线谱，以为观察到的光谱线来自于 87 号元素。他们发布了这项发现，把该元素命名为"alkalinium"，因为它是最重的碱金属（alkali metal）。

1930 年，弗雷德·艾利森在用磁光仪器研究铯榴石和锂云母后，声称发现了 87 号元素，并建议以他的家乡弗吉尼亚州（Virginia）命名为"virginium"，"Vi"或"Vm"。然而在 1934 年，加利福尼亚大学伯克利分校的麦佛森（H. MacPherson）证明艾利森的仪器是无效的，并且推翻了他的发现。

1936 年，罗马尼亚物理学家霍里亚·胡卢贝伊（Horia Hulubei）与法国物理学家伊弗特·哥舒瓦（Yvette Cauchois）也研究了铯榴石，使用的是高分辨率 X 光仪器。他们观察到几条弱发射光谱线，以为它们来自 87 号元素。胡卢贝伊和哥舒瓦发布了这项发现，并以胡卢贝伊的诞生地罗马尼亚摩尔达维亚省（Moldavia）命名为"moldavium"，符号为"Ml"。1937 年，美国物理学家霍斯（F. Hirsh Jr.）对胡卢贝伊的研究手法进行了批判。霍斯非常肯定 87 号元素不会在自然界中发现，并声称胡卢贝伊观察到的其实是汞和铋的 X 射线光谱线。胡卢贝伊坚持自己的 X 光仪器和实验方法足够准确，他的发现不可能是错误的。胡卢贝伊的导师，诺贝尔奖 1926 年得主让·佩兰（Jean Perrin，公元 1870—1942 年）[1]也支持他的发现。

德国有研究者明确指出：89 号元素锕可进行 α 衰变，它应该能生成 87 号元素。果然，1939 年 1 月，在镭研究所居里实验室工作的法国女科学家玛格丽特·佩里（Marguerite Perey，公元 1909—1975 年），在处理铀的衰变产物时惊喜地发现：锕 -227 有一大一小两种衰变类型，大的分支（98.6%）进行 β 衰变，变成质量数相同、原子序数增加 1 的钍 -227；小的分支（1.4%）进行 α 衰变，生成的就是 87 号

---

① 让·佩兰：法国物理学家，1926 年因"研究物质不连续结构和发现沉积平衡"获诺贝尔物理学奖，于 1948 年入葬巴黎先贤祠。

元素的一个核素 ^{223}87。佩里成功地把它从锕 -227 的衰变产物中分离出来，这是人类发现的第 91 种元素。佩里把这一新同位素命名为锕 -K（今天则称钫 -223），又在 1946 年提出正式命名 "catium"，因为她相信这种元素正离子（cation）的电正性是所有元素中最高的。佩里的一位导师伊雷娜·约里奥 - 居里反对这一命名，因为 "catium" 一词更像是 "猫元素"（cat），而非正离子。佩里继而建议用法国（France）来命名该元素为 francium，也就是钫的现名。IUPAC 在 1949 年接纳了这一名称。钫也成为继镓之后第二个以法国命名的元素。钫最初的符号为 Fa，但不久后便改为 Fr。钫是自 1925 年铼被发现后，最后一个在自然界中发现的元素。

应用

由于它的不稳定性和稀有，钫还没有商业应用。它已经用于生物学和原子结构的研究领域。钫对癌症可能存在诊断帮助也已经开始研究了，但被认为并没有实用价值。

5.2　碱土金属

碱土金属指元素周期表中 ⅡA 族元素，包括铍（Be）、镁（Mg）、钙（Ca）、锶（Sr）、钡（Ba）、镭（Ra）六种元素。其中铍也属于轻稀有金属，镭是放射性元素。碱土金属共价电子构型是 ns^2。在化学反应中易失电子，形成 +2 价阳离子，表现出强还原性。碱土金属在自然界均有存在，前五种含量相对较多，镭为放射性元素，由居里夫妇在沥青矿中发现。

17—18 世纪，人们将难用化学方式分解的一些矿物叫作 "土"，如苦土（氧化镁）、重土（氧化钡）、碱土（氧化钙）、陶土（氧化铝）。类似的但能溶于水且为强碱的一类物质叫作碱，而介于其间的是 "碱土"（如 MgO 等）。元素周期表中的第二主族元素，包括铍、镁、钙、锶、钡、镭六种元素。它们的化学活泼性仅次于钠、钾等碱金属元素。由于它们的氧化物具有碱性，熔点极高，所以叫作碱土金属（现在看来，是第三主族和第三副族金属的氧化物，第三主族金属为土金属，第三副族的一些金属为稀土金属）。后来发现，这些土质能通过电解得到金属单质，但 "碱土金属" 的称呼仍保留了下来。

碱土金属中除铍外都是典型的金属元素，其单质为灰色至银白色金属，硬度比碱金属略大，导电、导热能力好，容易同空气中的氧气、水蒸气、二氧化碳作用，在表面形成氧化物和碳酸盐，失去光泽。碱土金属的氧化物熔点较高，氢氧化物显较强的碱性（氢氧化铍显两性），其盐类中除铍外，皆为离子晶体，但溶解度较小。在自然界中，碱土金属都以化合物的形式存在，钙、锶、钡可用焰色反应鉴别。由于它们的性质很活泼，一般只能用电解方法制取。

常见碱土金属的盐类有卤化物、硝酸盐、硫酸盐、碳酸盐、磷酸盐等。绝大多数碱土金属盐类的晶体属于离子型晶体，它们具有较高的熔点和沸点。常温下是固体，熔化时能导电。碱土金属氯化物的熔点从 Be 到 Ba 依次增高，$BeCl_2$ 熔点最低，易于升华，能溶于有机溶剂中，是共价化合物，$MgCl_2$ 也有一定程度的共价性。

碱土金属的盐比相应的碱金属盐溶解度小，有不少是难溶解的，这是其区别于碱金属的特点之一。在自然界中，碱土金属的矿石常以硫酸盐、碳酸盐的形式存在，如白云石（$CaCO_3 \cdot MgCO_3$）、方解石（大理石，$CaCO_3$）、天青石（$SrSO_4$）、重晶石（$BaSO_4$）等。

铍（Be，beryllium）

概述

铍，原子序数为 4，原子量为 9.01，在周期表中位于 s 区、第 2 周期、第 ⅡA 主族，密度低（$1.85g/cm^3$），约为铝的 2/3，钛的 1/2，是轻稀有金属。铍金属为钢灰色，莫氏硬度为 4，高熔点（1283℃），沸点为 2570℃。铍在室温下为 α-Be，具有密排六方结构；在 1254℃时发生相转变，为 β-Be 结构。铍是所有金属中热容量最大的一种。室温下比热容为 $1.88J/(g \cdot K)$，在相同条件下铍比其他金属吸收的热量多，这一特性一直保持到熔点。铍是在两种环境中生成的：一是在恒星演化的氧燃烧过程中合成，二是在具有高能质子、高能 α 粒子和碳、氮、氖等轻元素的星际气体中，通过散裂反应过程形成。铍的宇宙丰度为 0.73ppm，居第 53 位；地壳丰度为 2.6ppm，居第 47 位。

铍既能溶于酸也能溶于碱性溶液，是两性金属，铍主要用于制备合金。

后来把 Be 译为铍，这个字在我国古代指一种兵器（音 pī），是将短剑装在长柄之上，类似现代的刺刀，后世叫"枪"。考古表明，铍流行于战国初期，南北方都有，尤以赵、秦最多。这些发现说明，战争时期铍作为武器的杀伤力是不可忽视的。"赵铍无镡，秦铍有之"，所以秦国的铍，古人又称为"铩"。当"铍"指化学元素时，念 pí，这是专门新增的一个读音。

铍对可见光的反射率为 50%，对紫外线的反射率为 55%，对红外线（10.6m) 的反射率为 98%。对 X 射线的透过率很高（几乎是透明的），约为铝的 17 倍，是 X 射线窗口不可缺少的材料。铍的弹性模量很高（309GPa)，大约是铝的 4 倍,钛的 2.5 倍，钢的 1.5 倍，特别是从室温到 615℃的温度范围内，比刚度大约是钢、铝、钛的 6 倍。这些优异的光学和力学性质决定了铍在国民经济和国防领域的地位和身价，是航天、航空、电子和核工业等领域不可替代的材料,有"超级金属""尖端金属""空间金属"之称。

在周期表中，铍与第 ⅢA 族中的铝处于对角线位置，它们的性质十分相似。

铍及其化合物都有剧毒，铍的毒性取决于进入途径、不同铍化合物的理化性质以及实验动物的种类。铍的化合物如氧化铍、氟化铍、氯化铍、硫化铍、硝酸铍等毒性较大，而金属铍的毒性相对较小。可溶性铍的毒性大于不溶性铍，静脉注射的毒性最高，其次是呼吸道吸收，口服和经皮肤吸收毒性最低。铍进入人体后，不溶性氧化铍主要储存在肺部，可引起肺炎。可溶性铍化合物主要储存在骨骼、肝脏、肾脏和淋巴结中。它们可与血浆蛋白作用，生成蛋白复合物，引起脏器或组织的病变而致癌。铍从人体组织中排泄出去的速度极其缓慢。因此，接触铍及其化合物要格外小心。

发现

1798 年，法国化学家沃克兰对绿柱石（berylite）和祖母绿（emerald）进行化学分析时发现了铍。但是，单质铍是在 30 年后的 1828 年由德国化学家维勒与法国化学家安托万·伯塞（Antoine Bussy，公元 1794—1882 年）分别独立地用钾还原氯化铍而得到。铍是人类发现的第 32 种元素。

马丁·克拉普罗特曾经分析过秘鲁出产的绿玉石，但他却没能发现铍。托本·柏格曼也曾分析过绿玉石，结论是一种铝和钙的硅酸盐。18 世纪末，沃克兰应法国矿物学家勒内·阿羽伊（René Haüy，公元 1743—1822 年）[1]的请求对金绿石（chrysoberyl）和绿柱石进行了化学分析。沃克兰发现两者的化学成分完全相同，并发现其中含有一种新元素，称其为 glucinium，是"甜"的意思，因为铍的盐类有甜味。沃克兰于 1798 年 2 月 15 日在法国科学院宣读了他发现新元素的论文。由于这种新物质所形成的盐有甜味，因此《化学与物理年刊》的编辑为它起名为"glucine"，源于希腊文 "γλυχυς"（甜）、"γλυχύ"（甜酒）和 "γλυχαιτω"（加入甜味）。之后大约 160 年里，铍元素都被称为 "glucinium" 或 "glucinum"，符号为 "Gl" 或 "G"，中文译作𨠭。然而，当时已经有一种名为 glycine 的植物，而且氧化钇也同样会形成有甜味的盐，所以马丁·克拉普罗特认为更应该以绿柱石（beryl）为这种物质命名为 "beryllina"。维勒在 1828 年首次使用元素名称 beryllium，并用拉丁文名称第一个字母的大写与第二个字母的小写组成它的元素符号：Be。

用途

铍作为一种新兴材料日益被重视，是原子能、火箭、导弹、航空、宇宙航行以及冶金工业中不可缺少的宝贵材料。

在所有的金属中，铍透过 X 射线的能力最强，有"金属玻璃"之称，所以铍是制造 X 射线管小窗口不可取代的材料。

铍是"原子能工业之宝"。在原子反应堆里，铍是能够提供大量中子"炮弹"的

---

① 勒内·阿羽伊：法国晶体学家、矿物学家，通常又被称为阿贝·阿维（Abbé Haüy）。阿羽依最大的贡献是通过对方解石完全解理的研究提出了晶体的微观几何模型——晶胞学说；以及关于晶面的阿维定律——任何晶面在晶胞轴上的截距之比为整数比。

中子源（每秒钟能产生几十万个中子）；铍对快中子有很强的减速作用，可以使裂变反应连续不断地进行下去，所以铍是原子反应堆中最好的中子减速剂。为了防止中子跑出反应堆危及工作人员的安全，反应堆的四周须设置一圈中子反射层，用来强迫那些企图跑出反应堆的中子返回反应堆中去。铍的氧化物不仅能够像镜子反射光线那样把中子反射回去，而且熔点高，特别能耐高温，是反应堆里中子反射层的最好材料。

铍是优秀的宇航材料。人造卫星的质量每增加 1kg，运载火箭的总质量就要增加大约 500kg。制造火箭和卫星的结构材料要求质量轻、强度大。铍比常用的铝和钛都轻，强度是钢的四倍，而且铍的吸热能力强，机械性能稳定，因此铍就派上用场。

在冶金工业中，含铍 1% ~ 3.5% 的青铜叫作铍青铜，机械性能比钢好，且抗腐蚀性好，还保持有很高的导电性，可用于制造手表里的游丝、高速轴承、海底电缆等。

含一定数量镍的铍青铜受撞击时不产生火花，利用这一奇妙的性质，可制作石油、矿山工业专用的凿子、锤子、钻头等，防止火灾和爆炸事故。而且，含镍的铍青铜不受磁铁吸引，可制造防磁零件。

 # 2 镁（Mg，magnesium）

概述

镁是一种金属元素，原子序数为 12，原子量为 24.31，属于元素周期表中 s 区、第 3 周期、ⅡA 族碱土元素，六方结构。镁是银白色、轻质（密度为 1.74g/cm³）且有延展性的金属。熔点为 650℃，沸点为 1090℃，燃烧时能产生眩目的白光。在空气中，镁的表层会生成一层很薄的氧化膜，使空气很难与镁继续反应，并失去光泽。

镁是地球上储量最丰富的轻金属元素之一，镁蕴藏量丰富，在宇宙中含量第八，是地球第四常见（前有铁、氧、硅）元素，占地球质量的 13% 和地壳质量的 2%，且它是海洋中溶解第三多的元素，仅次于钠和氯。镁元素是在巨大星体中由三个氦原子核加上一个碳原子核通过核聚变形成的。当星体爆炸成超新星时，镁元素会逸散到宇宙中，之后可能再融入其他新的星系。

含镁矿物主要来自白云岩、菱镁矿、水镁矿和橄榄石等。海水、天然盐湖水也是含镁丰富的资源。中国是世界上镁资源最为丰富的国家，镁资源矿石类型全，分布广，储量、产量均居世界第一。镁合金具有比强度、比刚度高，导热、导电性能好，很好的电磁屏蔽、阻尼性、减振性、切削加工性，以及加工成本低和易于回收等优点，因而广泛用于航空航天、导弹、汽车、建筑等领域。

发现

第一个确认（1755 年）镁存在的科学家是英国的约瑟夫·布莱克，他辨别了石灰（氧化钙，CaO）中的苦土（氧化镁，MgO），两者各自都是由加热类似于碳酸盐岩、菱镁矿和石灰石来制取。

长时期里，化学家们将从含碳酸镁的菱镁矿焙烧获得的镁的氧化物（苦土）当作是不可再分的物质。在 1789 年拉瓦锡发表的元素表中就列有它。不纯净的镁金属在 1792 年由安东·鲁普雷希特（Anton Rupprecht）通过加热苦土和木炭的混合物而首次制取。1808 年，戴维在成功制得钙后，使用同样的办法又成功地制得了金属镁。从此镁被确定为元素，是人类发现的第 44 种元素，并被命名为 magnesium，元素符号是 Mg。magnesium 来源于希腊城市美格里亚（Magnesia），因为在这个城市附近出产氧化镁，被称为 magnesia alba，即白色氧化镁。1831 年，法国科学家伯塞使用氯化镁和钾反应制取了相当大量的金属镁。

由于镁的氧化物性质与钙一样介于"碱性"和"土性"之间，故称为碱土金属元素。

许多世纪以前，古罗马人认为"magnesia"能治疗多种疾病。但直到 20 世纪 30 年代初，麦卡伦姆（E. McCollum）及其同事首次用鼠和狗做实验动物，才系统地观察了镁缺乏的反应。1934 年，麦卡伦姆首次发表了少数人在不同疾病的基础上发生镁缺乏的临床报道，证实镁是人体的必需元素。

用途

镁是最轻的结构金属材料之一，又具有比强度和比刚度高、阻尼性和切削性好、易于回收等优点。因此，国内外将镁合金应用于汽车行业，以减重、节能、降低污染、改善环境。

与塑料相比，镁合金具有质量轻、比强度高、减振性好、热疲劳性能好、不易老化等优势，又有良好的导热性、强电磁屏蔽能力、非常好的压铸工艺性能，因此是替代钢铁、铝合金和工程塑料的新一代高性能结构材料。为适应电子、通信器件的高度集成化和轻薄小型化的发展趋势，镁合金成为交通、电子信息、通信、计算机、声像器材、手提工具、电机、林业、纺织、核动力装置等产品外壳的理想材料。发达国家非常重视镁合金的开发与应用，尤其是镁合金在汽车零部件以及笔记本电脑等便携电子产品方面的应用，每年以 20% 的速度增长，非常引人注目，发展趋势惊人。

随着汽车工业，石油、天然气管线，海洋钻井平台、桥梁建筑等领域高强度低硫钢需求的不断增加，中国鞍钢、宝钢、武钢、本钢、包钢、攀钢、首钢等钢厂已经用镁粉深脱硫，获得优质钢，取得良好效果。镁粉用于钢铁脱硫具有潜在市场。此外，镁粉还用于制造化工产品、药品、烟花、信号弹、照明弹等，也用作金属还原剂、油漆涂料、焊丝以及供球墨铸铁用球化剂等。

镁是一种参与生物体正常生命活动及新陈代谢过程必不可少的元素。成人身体总镁含量约 25g，其中 60%～65% 存在于骨、齿，27% 分布于软组织。镁缺乏在临床上主要表现为情绪不安、易激动、手足抽搐、反射亢进等，人体每天所需的镁摄入量，成年男性约为 350mg，成年女性约为 300mg，孕期哺乳期女性约为 450mg，2 ~ 3 岁儿童为 150mg，3 ~ 6 岁儿童为 200mg。镁广泛分布于植物中，动物的肌肉和脏器中较多，乳制品中较少。

 ## 3　钙（Ca，calcium）

概述

钙是一种金属元素，英文名称 calcium，化学符号 Ca，原子序数为 20，相对原子质量为 40.09，属元素周期表中 s 区、第 4 周期、ⅡA 族碱土金属，密度为 1.55g/cm³。熔点为 842℃，沸点为 1484℃，莫氏硬度为 1.75。钙是一种银白色晶体，质稍软，化学性质活泼，在空气中表面上能形成一层氧化物（氧化钙）或氮化物薄膜（氮化钙），防止继续受到腐蚀。

钙元素绝大多数生成于恒星演化核燃烧阶段的碳燃烧过程、硅燃烧过程、氖燃烧过程，以及恒星爆炸阶段；极少数生成于地球环境中钾 -40 的 β⁻ 衰变过程。宇宙丰度 61069ppm，居第 13 位。地壳丰度 41000ppm，居第 5 位。

钙在地壳中含量为 3%，仅次于氧、硅、铝、铁，多以离子状态或化合物形式存在；在工业上的主要矿物来源为石灰岩、石膏等。钙可用作合金的油类脱水剂、冶金还原剂、脱氧剂等，主要应用于工业和医学领域。钙是人体必需的常量元素，也是人体中含量最多的无机元素，还是人体内 200 多种酶的激活剂，使人体各器官能够正常运作，钙在人体内含量不足或过剩都会影响人体生长发育和健康。动物的骨骼、贝壳、蛋壳中都含有碳酸钙。

发现

1807 年，英国化学家戴维用电解法分别从碳酸钠和碳酸钾中提取出钠和钾后，他又雄心勃勃和劲头十足地想用同样的办法从石灰、苦土等物质中发现更多的元素。尽管石灰和苦土、重土、碱土、陶土一起，在 1789 年已被法国老牌化学家拉瓦锡在《化学的元素》一书中明确地定为"能成盐的简单土质"元素，戴维依然敢于向权威挑战。1808 年，他首先从石灰与氧化汞的混合物中得到钙汞齐，然后又用蒸馏法从钙汞齐中分离出来单质钙。这是人类发现的第 43 种元素，戴维为其命名的拉丁文名称为 calcium。该名源于拉丁文 calx，意思是"生石灰"；并用拉丁文名称第一个字母的大写和第二个字母的小写组成它的元素符号：Ca。

用途

钙用于与铝、铜、铅制合金，也用作制铍的还原剂、合金的脱氧剂、油脂脱氢等，还用作合金的脱氧剂，油类的脱水剂，冶金的还原剂，铁和铁合金的脱硫与脱碳剂，以及电子管中的吸气剂等。

钙用作高温热还原剂，从氧化物、卤化物制取金属铬、钍、铀、锆、稀土元素，以及磁性材料钐钴合金、吸氢材料镧镍合金和钛镍合金等。Ca-Si 合金加入钢中，可以阻止碳化物生成。含钙 0.04% 的铅钙合金有较高硬度和耐蚀性，用作电缆线外皮和蓄电池铅板；铝合金中加入钙，可增强塑性。钙还用作冶炼锡青铜、镍、钢的脱氧剂，电子管和电视显像管中的消气剂、有机溶剂的脱水剂、石油精制的脱硫剂、纯制惰性气体（如氩）的除氮剂，分解具有恶臭的噻吩和硫醇。氟化钙用作光学玻璃、光导纤维、搪瓷的原料，还用作助熔剂。过氧化钙是温和的氧化剂，用作杀菌、防腐、漂白药剂，亦用于封闭胶泥的快干剂。

钙是生物必需的元素。对人体而言，无论肌肉、神经、体液和骨骼中，都有用 Ca^{2+} 结合的蛋白质。钙是人类骨骼和牙齿的主要无机成分，也是神经传递、肌肉收缩、血液凝结、激素释放和乳汁分泌等所必需的元素。钙参与新陈代谢，所以人体每天必须补充钙；人体中钙含量不足或过剩都会影响生长发育和健康。

钙是人体内含量最多的一种无机盐。正常人体内钙的含量为 1200 ～ 1400g，占人体质量的 1.4%，其中 99% 存在于骨骼和牙齿之中。

以下为不同人群表现的缺钙症状。

儿童：夜惊、夜啼、烦躁、盗汗、厌食、方颅、佝偻病、骨骼发育不良、免疫力低下、易感染。

青少年：腿软、抽筋、体育成绩不佳、疲倦乏力、烦躁、精力不集中、偏食、厌食、蛀牙、牙齿发育不良、易感冒、易过敏。

青壮年：经常性的倦怠、乏力、抽筋、腰酸背痛、易感冒、过敏。

孕产妇：小腿痉挛、腰酸背痛、关节痛、浮肿、妊娠高血压等。

中老年：腰酸背痛、小腿痉挛、骨质疏松和骨质增生、骨质软化、各类骨折、高血压、心脑血管病、糖尿病、结石、肿瘤等。

 # 锶（Sr，strontium）

概述

锶是一种金属元素，元素符号为 Sr，原子数为 38，原子量为 87.62，密度为 $2.54g/cm^3$，立方晶体，属于元素周期表上 s 区、ⅡA 族、第 5 周期，是一种有银白色光泽的碱土金属。熔点为 769℃，沸点为 1384℃。化学性质活泼，加热到熔点时即燃烧，呈红色火焰，生成氧化锶（SrO），在加压条件下与氧气化合生成过氧化锶（SrO_2）。与硫、硒、卤素等容易发生化合反应。锶在地壳中的含量约 0.04%，丰度居第 15 位。由于锶极易与空气和水发生化学反应，所以不存在自然态的锶，都是以化合物的形式出现，它的主要矿物是天青石和菱锶矿。锶元素广泛存在于矿泉水中，是一种人体必需的微量元素，具有防止动脉硬化，预防骨质疏松患者骨折，防止血栓形成的功能。质量数 90 的锶是一种放射性同位素，可作 β 射线放射源，半衰期为 28.8 年。金属锶用于制造合金、光电管，以及分析化学、烟火等。锶具有很强的吸收 X 射线辐射功能和独特的物理化学性能，被广泛应用于电子、化工、冶金、军工、轻工、医药和光学等各个领域。

自然界存在锶 -84、锶 -86、锶 -87、锶 -88 四种稳定的同位素。

发现

锶的发现是从一种矿石开始的。1787 年，苏格兰人在斯特朗提安（Strontian）的铅矿中开采出一种新矿石，当时多数人认为它是毒重石——碳酸钡，少数人认为它是萤石，实际上它是 $SrCO_3$。

1790 年间，英国物理学家、医生阿代尔·克劳福德（Adair Crawford）分析研究了这种矿石，发现 Strontian 矿石显示出与其他"重晶石"中常见的特性不同的特性。因此，他在研究报告中得出这样的结论："……苏格兰的这种矿石可能其实是一种新型土壤，但却没有对其进行过足够的研究，"并将其命名为菱锶矿（strontianite）。克劳福德把这种矿石溶解在盐酸中，获得一种氯化物，这种氯化物在多方面和氯化钡的性质不同；其在水中的溶解度比氯化钡大，在热水中的溶解度又比在冷水中大得多，在溶于水后使温度降低的效应较大；其和氯化钡的结晶形也不同。他认为其中可能存在一种新土（氧化物）。

此后不久，大约在 1791—1792 年间，英国化学家、医生托马斯·霍普（Thomas Hope）再次研究了这种矿石，明确它是碳酸盐，但是与碳酸钡不同，并肯定其中含有一种新土，就以其产地 Strontian 命名为 strontia（锶土）。他指出锶土比石灰和重土（氧化钡）更易吸收水分，在水中的溶解度很大，且在热水中的溶解度比在冷水中大得多。并且霍普指出，它的化合物在火焰中呈现洋红色，而钡的化合物在火焰中呈现绿色。

这样，在 1789 年拉瓦锡发表的元素表中就没有来得及把锶土排进去，戴维却赶上了，在 1808 年他利用电解法，电解氧化锶和氧化汞的混合物得到锶汞齐，然后用蒸馏法蒸发掉汞得到纯净的金属锶。这是人类发现的第 46 种元素。

用途

金属锶用于制造合金、光电管、照明灯。它的化合物用于制信号弹、烟火等。

锶原子光钟：与现行的铯原子钟比较，中国锶原子光钟具有实现更高准确度的潜力，被公认为下一代时间频率基准。用光钟替代现行的铯原子喷泉钟来重新定义秒，可以显著提高卫星导航系统的定位精度。

锶在人体内的代谢与钙极相似。含钙较丰富的器官也有较多的锶，因此骨骼和牙齿是锶的主要储存地。锶在骨骼中的正常浓度为 360ppm，是骨骼、牙齿正常钙化时不可缺少的元素。锶缺乏时，会破坏锶与钙、钡、锌之间的比例关系，引起牙齿的骨溃疡。此外，根据最新研究资料表明：人体一旦缺乏锶，将会引起体内代谢紊乱，同时会出现肢体乏力，出虚汗等严重后果。最严重时缺锶还有可能使人患上肿瘤。

5 钡（Ba，barium）

概述

钡，英文名称barium，元素符号Ba，原子序数56，原子量为137.3，是元素周期表中s区、ⅡA族、第6周期的碱土金属元素，密度为3.51g/cm³，熔点为727 ℃，沸点为1870℃，莫氏硬度为1.25。

钡是一种具有银白色光泽的碱土金属，焰色为黄绿色，柔软，有延展性。钡的化学性质十分活泼，能与大多数非金属反应，从来没有在自然界中发现钡单质。钡盐除硫酸钡外都有毒。此外，金属钡的还原性很强，可还原大多数金属的氧化物、卤化物和硫化物，从而得到相应的金属。钡在地壳中的含量为0.05%，在自然界中最常见的矿物是重晶石（硫酸钡）和毒重石（碳酸钡）。钡被广泛应用到电子、陶瓷、医学、石油等领域。

发现

碱土金属的硫化物具有磷光现象，即它们受到光的照射后在黑暗中会继续发光一段时间。钡的化合物开始正是因这一特性而被人们注意。

1602年，意大利波罗拉城（Bologna，现称博洛尼亚）一位制鞋工人、炼金术士温琴佐·卡西奥劳罗（Vincenzo Casciorolus）对一种被称为"博洛尼亚石"（又名"太阳石"）的矿物非常着迷。他将一种含硫酸钡的重晶石与可燃物质一起焙烧后，发现它在黑暗中可以发光，这引起了当时炼金术士们强烈的兴趣。不过当伽利略拿着一块博洛尼亚石向意大利罗马学院哲学系教授及医生朱利奥·拉加拉（Giulio Lagalla，公元1571—1624年）展示时，拉加拉仍然不相信这是真的。后来这种石头被称为"波罗拉石"，并引起了欧洲化学家分析研究的兴趣。通过进一步研究，拉加拉发现持续发光的现象主要发生在经过煅烧后的"博洛尼亚石"上，并将之记录在他发表于1612年的 *De Phenomenis in Orbe Lunae* 一书中。

1774年，瑞典化学家舍勒发现氧化钡是一种比重大的"新土"（氧化物），称为"Baryta"（重土）。舍勒认为这种石头是一种"新土"和硫酸结合成的，1776年他加热"新土"的硝酸盐，获得纯净的"土"。

1808年，戴维用汞作阴极，铂作阳极，电解重晶石（$BaSO_4$）制得钡汞齐，经蒸馏去汞后，得到一种纯度不高的金属，并以希腊文barys（"重"）命名。元素符号定为Ba，中文译名为钡。这是人类发现的第45种元素。

重晶石

用途

钡可用于制钡盐、焰火、核反应堆等，也是精炼铜时的优良除氧剂；还广泛用于合金，有铅、钙、镁、钠、锂、铝及镍等合金。金属钡可用作除去真空管和显像管痕量气体的消气剂、精炼金属的脱气剂。

硫酸钡是 X 射线检查的辅助用药，其为无嗅无味的白色粉末，X 射线检查中在体内可提供阳性对比的物质。医用硫酸钡在胃肠道内不吸收，也没有过敏反应，其中不含有氯化钡、硫化钡和碳酸钡等可溶性钡化合物，主要用于胃肠道造影，偶用于其他目的的检查。

钡对人类来说，不是必需元素而是有毒元素，食入可溶性钡化合物会引起钡中毒。

 # 6 镭（Ra，radium）

概述

镭是一种具有很强放射性的元素，在化学元素周期表中位于 s 区、第 ⅡA 族、第 7 周期，原子序数为 88，原子量为 226，体心立方结构，密度为 $6.0g/cm^3$，熔点为 960℃，沸点为 1737℃。

纯的金属镭是几乎无色的，但是暴露在空气中会与氮气反应产生黑色的氮化镭（Ra_3N_2）。镭的所有同位素都具有强烈的放射性，其中最稳定的同位素为镭 -226，半衰期约为 1600 年，会衰变成氡 -222。当镭衰变时，会产生电离辐射，使得荧光物质发光。镭是居里夫人发现的新元素，镭的发现对科学贡献巨大。

发现

在贝可勒尔对铀的放射性质进行了开创性地观察和研究后，随之发现铀的射线也像 X 射线，能使空气和其他气体产生导电性，而钍的化合物也发现有类似的性质。1896 年起，居里夫妇进行了系统的研究，在各种元素及其化合物以及天然物中寻找这种效应。

贝可勒尔现象引起了居里夫妇的浓厚兴趣，射线放出来的力量究竟是从哪里来的呢？这种放射的性质又怎样呢？

居里夫人被铀盐矿石神奇的射线所吸引，全身心地投入对铀盐的研究，她广为搜集并研究了各种铀盐矿石。

居里夫人在研究铀盐矿石时认为，没有任何理由可以证明铀是唯一能发射射线的化学元素。她猜想，一定还会有尚未人知的别的元素也具有同样的力量。

她依据门捷列夫的元素周期律排列的元素，逐一进行测定，结果很快发现另外一种钍元素的化合物，也自动发出射线，与铀射线相似，强度也较接近。

居里夫人认识到，这种现象绝不只是铀的特性，必须给它起一个新名称。居里夫人把它命名为"放射性"，铀、钍等有这种特殊"放射"功能的物质，叫作"放射性元素"。

后来，她又测定了能够收集到的所有矿物，她想知道还有哪些矿物具有放射性。在测量中，她又获得了一个戏剧性的发现：一种来自波希米亚的沥青铀矿，其放射性强度远超出预期。

这种不正常且过度的放射性又是从哪里来的呢？用这些沥青铀矿中的铀和钍的含量，决不能解释她观察到的放射性的强度。因此，只能有一种解释，这些沥青矿物中含有一种比铀和钍的放射性强得多的未知新元素。

在条件极其简陋的实验室里，经过居里夫妇锲而不舍地长期努力，1898 年 7 月，他们宣布发现了这种新元素，它比纯铀的放射性要高出 400 倍。为了纪念她饱经磨难的祖国，新元素被命名为钋（即波兰的意思）。

1898 年 12 月，居里夫妇又根据大量的实验事实宣布，他们发现了第二种放射性元素，这种新元素的放射性比钋还强，他们把这种新元素命名为"镭"。

但是，由于没有钋和镭的样品，也没有钋和镭的原子量，当时的科学界几乎没人愿意相信这个惊世骇俗的新发现。居里夫妇决心，无论付出什么样的代价，都要提炼出钋和镭的样品，这一方面是为了证实它们的存在，另一方面，也是为了使自己更有把握。

居里夫妇是一对经济相当拮据的知识分子，他们无力支付购买沥青铀矿所需的高昂费用。但他们几乎想尽了各种办法。经过无数次的周折，奥匈帝国政府这才正式决定，先捐赠一吨残矿渣给居里夫妇，并且许诺，如果他们将来还需要大量的矿渣，可以在最优惠的条件下供应。

居里夫人立即投入繁重地提取工作，她每次把 20 多千克的废矿渣放入冶炼锅里加热熔化，连续几个小时不间断地用一根粗大的铁棍搅动沸腾的渣液，而后从中提取仅百万分之一含量的微量物质。从 1898 年到 1902 年，经过无数次地提取，处理了近一吨矿石残渣后，终于得到了 0.1g 的镭盐，并测定出镭的原子量是 226。这是人类发现的第 82 种元素。

镭的发现在科学界爆发了一次真正的革命，1911 年，居里夫人因此获得诺贝尔化学奖。

用途

镭能放射出 α 和 γ 两种射线，并生成放射性气体氡。

镭放出的射线能破坏、杀死细胞和细菌。因此，常用来治疗癌症等。此外，镭盐与铍粉的混合制剂可作中子放射源，用来探测石油资源、岩石组成等。

镭是制作原子弹的材料之一。老式的荧光涂料也含有少量的镭。中子轰击镭 -225 可以获取锕。

第6章

五 金 趣 谈

1　五金

金、银、铜、铁、锡，在中国古代被称为"五金"，即五种金属，特别是指经人工加工制成的农具、刀、剑、艺术品等金属物品。现代泛指金属。

《汉书》上有记载："金谓五色之金也，黄者曰金，白者曰银，赤者曰铜，青者曰铅，黑者曰铁。"

在人类社会，五金的发现、制备和利用，对历史的发展和文明的进步起到了重要的作用。金属制品，出现在经济生活、政治生活以及军事活动的各个角落，一部分五金制品甚至成为人们生活必须的工具。

"五"是中国人喜欢的一个数字，很多归类都用到"五"，如"五行""五岳""五金"，成语里有"五谷丰登""五彩缤纷""五体投地"等。

让我们从象征着财富与不朽，人人都喜欢、人人都崇拜、人人都想占有的"金"开始说起。

2　金（Au，gold，aurum）

概述

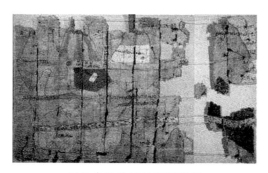

记录金矿的杜林纸草地图

金是一种金属元素，俗称"金属之王"。英文为 gold，化学符号是 Au（源自拉

丁文名称 aurum，而 aurum 源自罗马神话中的黎明女神欧若拉（Aurora），意为"闪耀的黎明"。在古墨西哥的阿兹特克人使用的语言中，黄金的写法是 teocuitlatl，意思是"上帝的大便"）。一万多年前，人类在自然界发现了这种反射耀眼光芒的金属。古代炼金术士用太阳的符号表示金，它是人类发现的第 2 种元素。

从金属这个词，就可以看出，金是人类最早发现、认识、利用和重视的元素。

金是稀有、珍贵和极为人类重视的金属之一。国际上黄金都是以盎司（1 盎司 =28.350 克，1 盎司 =16 打兰（dram），16 盎司 =1 磅（pound），相当于中国过去 16 两制的 1 两）[①] 为单位，中国古代是以"两"作为黄金的单位。

元素周期表中的很多元素都可以确定其发现者，但金几乎和人类文明同时（甚至更早）存在。在史前时期金已经被人类认知及高度重视，它可能是人类最早使用的金属，被用于装饰及原始的祭奠仪式。最初在公元前 2600 年的古埃及象形文字中已经有对金的描述，米坦尼国王图什拉塔（Tushratta）称金在古埃及"比泥土还多"。古埃及及努比亚等国家和地区拥有的资源令它们在大部分历史中成为主要的黄金产地。已知的最早的地图是公元前 1320 年的杜林纸草地图（Turin Papyrus Map），显示了金矿在努比亚的分布及当地地质的标示。原始的采矿方法由斯特拉波的描述得知，当中包括放火。大型金矿亦在红海右岸产生，现今为沙特阿拉伯的汉志（希贾兹）地区。

黄金矿石

当矿石含有天然金时，金会以粒状或微观粒子状态藏在岩石中，通常会与石英或如黄铁矿的硫化物矿脉同时出现。以上情况称为脉状矿床（lode）或是岩脉金。天然金亦会以叶片、粒状或大型金块的形式出现，它们由岩石中侵蚀出来，最后形成冲积矿床的沙砾，称为砂矿，或是冲积金。冲积金比脉状矿床的表面含有较丰富的金，因为在岩石中的金的邻近矿物氧化后，再经过风化作用、清洗后流入河流与溪流，在那里通过水作收集及结合再形成金块。在自然界，金通常以单质形式（金属状态）出现在岩石中的金块或金粒、地下矿脉及冲积层中。金的单质在室温下为固体，密

---

① 中国古代衡制以铢、两、斤、钧、石为单位，二十四铢为一两，十六两为一斤，三十斤为一钧，四钧为一石。二十四铢为一两：有些物品很珍贵，必须精确衡量，所以为 24，可称半两、三分之一两、四分之一两，六分之一两等；十六两为一斤：天平可以将东西分割两份，斤为 2 的四次方；三十斤为一钧：是一个士兵一周的口粮，为了方便计算及运输定为 30；四钧为一石，即为一个月口粮。十六两秤称为十六金星秤，由北斗七星、南斗六星加福禄寿三星（猎户座的腰带）组成十六两的秤星。

度高、柔软、光亮、抗腐蚀。但亦常与银形成合金。天然金通常会有 8% ～ 10% 的银，而银含量超过 20% 称为银金。当银含量上升时，物件的颜色会变得较白及较轻。金有时亦会与其他元素，特别是碲形成化合物。例如针状碲金矿（calaverite）、针碲金银矿（sylvanite）、叶碲矿（nagyagite）、碲金银矿（petzite）及白碲金银矿（krennerite）。

金的莫氏硬度为 2.5，与人指甲的硬度不相上下，因此在手上戴着黄金首饰非常舒适。金是质软而展性高的金属（延性仅次于铂），1g 纯金可拉成直径为 0.0043mm、长度为 3500m 的金丝，或者锻压成 9m² 的金箔。金叶甚至可以被打薄至半透明，透过金叶的光会呈现蓝绿色，因为金反射黄色光及红色光能力很强。纳米级金材料的延展性显著不同，极脆、易碎，300 个原子厚的金箔须用红松鼠毛靠静电吸起，否则极易遭到破坏。

物理化学性质

原子量	比热容	硬度（莫氏）	热导率	电导率
196.966	$0.13 \times 10^3 J/(kg \cdot K)$	2.5 ～ 3	318W/(m · K)	$45 \times 10^6/(m \cdot \Omega)$
熔点	沸点	密度	晶体结构	磁性
1064℃	2856℃	19.32g/cm³	面心立方	抗磁性
价层电子	电负性	氧化数	常见化合价	发现年代	发现者
$5d^{10}6s^1$	2.54	0	0、+3	一万年前	古人

金的原子序数是 79，位于元素周期表中第 6 周期，属过渡金属。黄金的挥发性极小，在熔炼环境下（1100 ～ 1300℃）只有 0.01% ～ 0.025% 的损耗率。

电子层 1 2 3 4 5 6

原子核　K L M N O P

核外电子数79
排列为：2 8 18 32 18 1
金原子

在元素周期表中，金的上面是银，下面是轮，左边是铂，右边是汞。纯金是无味道的，因为它非常耐侵蚀（其他金属的味道源自金属离子）。另外，金的密度相当高，1m³ 的金质量为 19.32t（水为 1t，铁为 7.8t）。铅的密度为 11.34g/cm³，而密度最高的元素是锇，其密度为 22.66g/cm³。高纯度金单晶可反射红外线。

黄金作为一种贵金属[1]，有良好的物理特性，"真金不怕火炼"就是指金的化学

---

[1] 贵金属主要指金、银和铂族金属（钌、铑、钯、锇、铱、铂）8 种金属元素。这些金属大多数拥有美丽的色泽，具有较强的化学稳定性，一般条件下不易与其他化学物质发生化学反应。

稳定性很高，不容易与其他物质发生化学反应，不必担心会氧化变色。金即使在熔融状态下也不会氧化变色，冷却后照样金光闪闪。纯金具有艳丽的黄色，可与太阳光媲美。熔化的金呈现绿色，细粒分散金一般为深红色或暗紫色。自然金有时会覆盖一层铁的氧化物薄膜，此时可能呈褐色、深褐色甚至黑色。但掺入其他金属后颜色变化较大，如金铜合金呈暗红色，含银合金呈浅黄色或灰白色。金易被磨成粉状，这也是金在自然界中呈分散状的原因，纯金首饰也易被磨损而减少分量。

成色

黄金及其制品的纯度称为"成色"，通常有两种表示方法：一种是百分比，如G999；另一种是K金，如G24K、G22K和G18K等。

（1）用百分比表示纯度。

足金：含金量不小于990‰，常有9999与9995成色的黄金。

（2）用"K金"表示纯度。

K是德文karat（英文是carat）的缩写，每K含金量为4.166%。

$8K = 8 × 4.166\% = 33.328\%$（333‰）

$9K = 9 × 4.166\% = 37.949\%$（375‰）

$10K = 10 × 4.166\% = 41.660\%$（417‰）

$12K = 12 × 4.166\% = 49.992\%$（500‰）

$14K = 14 × 4.166\% = 58.324\%$（583‰）

$18K = 18 × 4.166\% = 74.998\%$（750‰）

$20K = 20 × 4.166\% = 83.320\%$（833‰）

$21K = 21 × 4.166\% = 87.486\%$（875‰）

$22K = 22 × 4.166\% = 91.652\%$（333‰）

$24K = 24 × 4.166\% = 99.984\%$（999‰）

括号内为国家标准。24K金常被认为是纯金，称为"1000‰"（千足金），但实际含金量为99.99%，折合为23.988K。

千足金

关于成色，俗语有"七青、八黄、九带赤，四六不成金"。七青指七成黄金为青黄色；八黄指八成黄金为正黄色；九带赤指九成，含90%~95%的黄金的颜色为浅赤黄色，含95%以上的为深赤黄色。六成以下的黄金为白中微黄色；四成以下，完全泛白。

货币价值

公元前 6 世纪，吕底亚王国[①]铸造了第一枚黄金铸币。黄金铸币的出现，彻底改变了黄金的命运。铸币让黄金从信仰变为了现实，融入所有人的生活之中。自此之后人们普遍达成共识，黄金是一种货币，即便一千年以后，它仍然物有所值。

14、15 世纪欧洲货币：威尼斯共和国金币

17 世纪末，英国在走向"海上霸主"征途中深陷战争，政府欠下巨额债务，货币严重不足，于是英国政府就是否为减少货币铸造成本而削减货币的含金量，展开了一场著名的论战。矛盾双方的代表，是英国财政大臣威廉·朗兹和哲学家约翰·洛克（John Locke，公元 1632—1704 年）。

铸造于 1663 年的"基尼"金币，金币的边缘有一圈齿印，是为了防止被偷挫或削剪

1695 年 9 月 12 日，鉴于种种问题的严重性，朗兹发表了一篇带有政治色彩的经济论文，即《银币改造论》。这篇文章引发了一场关于货币的大讨论，或者说是大争论，这在世界历史上还是第一次。这次大争论极具历史意义，它可以被理解为现代货币与古典货币认知上的分水岭，由此往后，人们对货币的理解日趋成熟化，从而对现代货币与金融体系的建立产生了不可估量的影响。

朗兹支持货币贬值，他指出过去 200 年英国货币已累计贬值 450%。他认为货币只是一个工具，只要货币上有国王的印章，不管是何材料，重量与成色是否充足，人们就应该接受这种货币。他建议，将新币中的含金量减少 25%。

朗兹的观点就是让货币贬值。

洛克则坚决反对。他认为真正的货币必须有十足的重量与成色。虽然降低质量可以暂时解决货币短缺的问题，但让货币贬值的手段，将会动摇政府的公信力。

就在朗兹和洛克僵持不下的时候，伟大的物理学家艾萨克·牛顿走上了擂台。1696 年，牛顿成为皇家铸币局的总监。在牛顿上任的三年里，他对铸币机器以及制

---

① 吕底亚（Lydia），小亚西亚中西部一古国（公元前 1200—公元前 546 年），频临爱琴海，位于当代土耳其的西北部，它大约在公元前 660 年开始铸币，可能是最早使用硬币的国家。

造流程进行改善，提高了金币以及银币的质量。1699 年，英国的铸币改革告一段落，同年牛顿升任英国皇家铸币局局长。但他无奈地发现，金银币在现实流通中相互产生的影响，并不比万有引力更容易摸清。于是牛顿决定：提高黄金定价，降低白银定价。但想不到的是，人们迅速跑到铸币厂买白银，将其出口，再换回黄金卖给铸币厂。随着这一套利现象的持续发生，英国的银储备大幅下降。

面对这个尴尬的局面，牛顿做了一个大胆的，改变货币史走向的决定——他提出彻底放弃白银铸币，让黄金成为唯一的货币标准。

1717 年，按照当时金币的含金量，1 盎司黄金等于 3 英镑 17 先令 10.5 便士。直到 100 年后，即 1816 年，英国才颁布《金本位制法案》，从法律上认可了金本位，标志着金本位在英国正式确立，黄金和英国货币单位正式挂钩。

金本位制即黄金就是货币，在国际上是硬通货。

金砖和金币

金本位制具有自由铸造、自由兑换和自由输入输出三大特点。随着金本位制的形成，黄金承担了商品交换的一般等价物的功能，成为商品交换的媒介。金本位制是黄金货币属性表现的高峰。

在金本位制下，各国的货币供应量必须与黄金储备量一致。从 1750 年到 1914 年，长达 165 年的岁月中，英国物价总体只上涨了 48%。

1914 年 8 月，第一次世界大战爆发，各参战国政府为了维持战争经费，不得不印钞，禁止纸币与黄金兑换，同时禁止黄金外运，以保护本国黄金储备。

这场战争，扭转了世界金融格局。昔日的金融霸主英国，花在战争上的开销多达 430 亿美元，其中包括 270 亿美元的长期借款。而作为债权国的美国则在这四年中大发战争财，将大量他国黄金收入囊中。美国的黄金储备在这一时期翻了一倍，成为世界上最大的黄金储备国。美国在一片战火纷飞中，走上全球金融霸主的宝座。

1939 年，德国突袭波兰，拉开了第二次世界大战的序幕，欧洲再一次陷入混乱。与此同时，美国一边向德国输出物资发着战争财，一边向欧洲其他国家提供"援助"。第二次世界大战期间，黄金源源不断流入美国，美国的黄金储备已达到顶峰，成为唯一拥有能力维持本币与黄金兑换的国家。

金与科学研究

（1）公元前 200 多年，古希腊数学家阿基米德（Archimdes，公元前 287—前 212

年）曾为判断一项皇冠是否纯金做成的而发现了被后人称为阿基米德定律的浮力原理。这应该是黄金对科学作出的第一个贡献。

（2）1879年美国物理学家艾德文·霍尔（Edwin Hall，公元1855—1938年）在研究金属（金箔）的导电机制时发现，当电流垂直于外磁场通过金箔时，载流子发生偏转，垂直于电流和磁场的方向会产生一附加电场，从而在金箔的两端产生电势差。这一现象称为霍尔效应。

在霍尔效应发现约100年后，德国物理学家克劳斯·冯·克利青（Klaus von Klitzing，公元1943—　）等在研究极低温度和强磁场中的半导体时发现了量子霍尔效应，这是当代凝聚态物理学令人惊异的进展之一，克利青为此获得了1985年的诺贝尔物理学奖。之后，美籍华裔物理学家崔琦（Daniel Chee Tsui，公元1939—　）和美国物理学家罗伯特·劳克林（Robert Laughlin，公元1950—　）、霍斯特·施特默（Horst Stormer，公元1949—　）在更强磁场下研究量子霍尔效应时发现了分数量子霍尔效应，这个发现使人们对量子现象的认识更进一步，他们为此获得了1998年的诺贝尔物理学奖。

复旦校友、斯坦福大学教授张首晟（公元1963—2018年）与母校合作开展了"量子自旋霍尔效应"的研究。"量子自旋霍尔效应"最先由张首晟教授预言，之后被实验证实。这一成果是美国《科学》杂志评出的2007年十大科学进展之一。如果这一效应在室温下工作，它可能导致新的低功率的"自旋电子学"计算设备的产生。

2013年，由清华大学薛其坤（公元1963—　）、清华大学物理系和中国科学院物理研究所组成的实验团队从实验上首次观测到量子反常霍尔效应。《科学》杂志于2013年3月14日在线发表这一研究成果。

量子反常霍尔效应不同于量子霍尔效应，它不依赖于强磁场而由材料本身的自发磁化产生。在零磁场中就可以实现量子霍尔态，更容易应用到人们日常所需的电子器件中。

（3）α粒子散射实验。

1909年汉斯·盖革（Hans Geiger，公元1882—1945年）和恩斯特·马斯登（Ernest Marsden，公元1888—?）在卢瑟福指导下于英国曼彻斯特大学做的一个著名物理实验。

实验用准直的α射线轰击厚度为微米的金箔，发现绝大多数的α粒子都照直穿过金箔，偏转很小，但有少数α粒子发生角度比汤姆孙模型所预言的大得多的偏转，大约有1/8000的α粒子偏转角大于90°，甚至观察到偏转角等于150°的散射，称为大角散射，无法用汤姆孙模型说明。1911年，卢瑟福由此提出原子的有核模型（又称行星模型），与正电荷联系的质量集中在中心形成原子核，电子绕着核在核外运动，由此导出α粒子散射公式，说明了α粒子的大角散射。

炼金术（中世纪化学哲学思想）

炼金术是中世纪的一种化学哲学思想，是当代化学的雏形。

曾经炼金术与占星术（Astrology）、神通术（Theurgy）等一起列为"全宇宙三大智慧"。直到19世纪之前，炼金术尚未被科学证据所否定，一些著名科学家都曾进行过炼金术尝试。现代化学诞生后，人们才否定了炼金术。

炼金术是一门非常神秘而复杂的学问，要给它下定义并不容易。有人把它定义为一种以把贱金属转变为黄金或制备长生不老药为目的的技艺。但这似乎只是从技术层面来解释炼金术，并不能概括炼金术的全部含义。西方最早的炼金术著作是假借德谟克利特的名字所著（约公元100年）。西方炼金术认为金属都是活的有机体，可逐渐发展成为十全十美的黄金。这种发展可加以促进，或者用人工仿造。所采取的手段是把黄金的形式或者灵魂隔离开来，使其转入常见金属；这样常见金属就会具有黄金的形式或特征。金属的灵魂或形式被看作是一种灵气，主要是表现在金属的颜色上。因此常见金属的表面镀上金银就被当作是炼金术者所促成的转化。

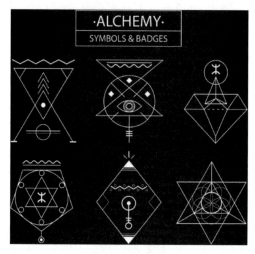

神秘的炼金术符号

铅或铜这样的贱金属，怎样才能变成黄金？炼金家认为，铅或铜之所以不像黄金那样的高贵和耐久，是因为在性质上有缺欠的地方。因而就需要设法用各种物质来加以补充。一些人又认为在亚里士多德所主张的"四元素"以外，作为各种金属的最常见的共同元素，还有汞、硫和盐这三种。根据这三种元素的配比的不同，就可以得到铅、铜或黄金。于是他们就以不同的方法并按不同的比例把三种元素相混合，或是在贱金属中加入某一种元素，以试验能否制出黄金。

最早从炼金术士转变为化学家的，要算德国商人亨宁·布兰德。1669年，他试图从人体的尿液中提取黄金（可能因为它们都是黄色的缘故），于是抱着发财的目的，用尿液做了大量实验，意外地发现了白磷。这种物质在空气中会迅速燃烧，发出光亮，因此布兰德给它起名Phosphorum，意思是光亮。后来，德国科学家孔克尔探知这种发光的物质是从尿液中提取出来的，于是也开始做类似的实验，并且在1678年成功地提取出了白磷。几乎同时，英国的科学家玻意耳也用相近的方法获得了磷。后来，玻意耳的学生康福利·汉克维茨（Codfrey Hanckwitz）制得大量的磷并运到欧洲其他国家出售。磷的发现，可以说是从炼金术到化学的一个重要转折点，因为不同的人用类似的方法得到了同样的结果，这个过程是可以重复的。

罗伯特·玻意耳，牛顿在剑桥的导师兼同事，于 1661 年发表了《怀疑的化学家》。玻意耳在本书中提出了新的元素论：只有那些不能用化学方法再分解的简单物质才是元素。这正是现在出现在我们的化学教材中关于元素的定义的最早版本。他同时还提出："化学，为了完成其光荣而又庄严的使命，必须抛弃古代传统的思辨方法，而像物理学那样，立足于严密的实验基础之上。"这就完全去除了炼金术中的神秘学思想，从而在自然哲学思想独立出来一门新的学科：近代化学。玻意耳也由此被称为"近代化学之父"。

自此，炼金术发生了有史以来最严重的分裂，失去了自然哲学思想的炼金术从此完全被归为神秘学的范畴之内。

 # 银（Ag，silver，argentum）

概述

银（英文名 silver，拉丁文名 argentum，是"浅色、明亮"的意思），为过渡金属的一种。化学符号 Ag，银的本义是"（价值）接近于黄金的金属"。银是古代就已知并加以利用的金属之一，是一种重要的贵金属。银在自然界中有单质存在，但绝大部分是以化合态的形式存在于银矿石中。银的理化性质均较为稳定，导热、导电性能很好，质软，富延展性。其反光率极高，可达 99% 以上。有许多重要用途。

纯银颜色白，掺有杂质金属光泽，质软，掺有杂质后变硬，颜色呈灰、红色。银质软，有良好的柔韧性和延展性，延展性仅次于金，能压成薄片，拉成细丝。常温下，卤素能与银缓慢地化合，生成卤化银。银不与稀盐酸、稀硫酸和碱发生反应，但能与氧化性较强的浓硝酸和浓盐酸产生化学反应。

银大约发现于 6000 年前。银的储量虽然是黄金的几十倍，但它的发现却比黄金晚约 1500 年。银相对于黄金不仅不容易被发现，而且提炼技术也复杂得多，以至古代的银产量比金产量少，银比金贵。公元前 1780—公元前 1580 年的 300 年间，古埃及白银的价格是黄金价格的两倍。银是人类发现的第 3 种元素。

在古代，人类就对银有了认识。银和黄金一样，是一种应用历史悠久的贵金属，至今已有 4000 多年的历史。与金一样，银的历史也富有传奇色彩，贯穿整个人类文明史。如果说黄金高贵、永恒、神秘，白银则沉静、内敛、细腻。"一部金银史就是一部世界史"。银和金类似，走过了从"皇家金属"到"货币金属"，再到"工业金属"的历程，"金归政府用作财富，银归商人用于交易，铜归百姓用于生活"。在远古时代，"银比金更早地充当货币"；在中世纪，白银是很多国家的主币；直到 17世纪 20 年代，"金银本位制"才让位于"金本位制"。

银砖和银币

我国考古学者从出土的春秋时代的青铜器当中就发现镶嵌在器具表面的"金银错"（一种用金、银丝镶嵌的图案）。从汉代古墓中出土的银器已经十分精美。由于银独有的优良特性，人们曾赋予它货币和装饰的双重价值，在古代，银的最大用处是充当商品交换的媒介——货币。英国的英镑和中国的银元，就是以银为主的银、铜合金。

在清代，1两银子相当于今天的400～500元人民币。

银，永远闪耀着月亮般的光辉，银的拉丁名原意，也就是"明亮"的意思。我国也常用"银"字来形容白而有光泽的东西，如银河、银杏、银鱼、银耳、银幕等。

中国古代常把银与金铜并列，称为"唯金三品"。《禹贡》一书便记载着"唯金三品"，可见中国早在公元前23世纪，即距今4000多年前便发现了银。在大自然中，银常以纯银的形式存在，人们曾找到一块重达13.5吨的纯银！另外，也有以氯化物与硫化物的形式存在，常同铅、铜、锑、砷等矿石共生在一起。

天然银多半是和金、汞、锑、铜或铂成合金，天然金几乎总是与少量银成合金。中国古代已知的琥珀金，在英文中称为electrum，就是一种天然的金银合金，含银约20%。

银制餐具

物理化学性质

原子量	比热容	硬度（莫氏）	热导率	电导率
107.8682	$0.232\times10^3J/(kg\cdot K)$	2.7	429W/(m·K)	$63\times10^6/(m\cdot\Omega)$
熔点	沸点	密度	晶体结构		磁性
962℃	2212℃	$10.49g/cm^3$	面心立方		抗磁性
价层电子	电负性	氧化数	常见化合价	发现年代	发现者
$4d^{10}5s^1$	2.54	0	0、+3	6000年前	古人

电子层 1 2 3 4 5

原子核

K L M N O

核外电子数47

排列为：2 8 18 18 1

银原子

银富延展性，是导热、导电性能很好的金属。第一电离能 7.576eV。化学性质稳定，对水与大气中的氧都不起作用。

自然界中的银是银 -107 和银 -109，其中银 -107 的丰度最大（51.839%）。银的两种同位素的丰度几乎相同，这在元素周期表中十分罕见。银共有 28 种同位素（从银 -93 到银 -130），大部分同位素的半衰期都小于 3min。

古代常用砒霜做毒药，而由于技术的限制，砒霜中会混有大量的硫或硫化物。银会与硫反应生成黑色硫化银沉淀，从而能够试毒。由此可见，银针试毒其实是检出砒霜中的硫。

应用

1）电子电器

若令汞的导电性为 1，则铜的导电性为 57，而银的导电性为 59，居首位，因此，银常用来制作灵敏度极高的物理仪器元件。各种自动化装置、火箭、潜水艇、计算机、核装置以及通信系统，所有这些设备中的大量的接触点都是用银制作的。在使用期间，每个接触点要工作上百万次，必须耐磨且性能可靠，能承受严格的工作要求，银能完全满足以上要求。如果在银中掺杂稀土元素，其性能会更加优良。用这种掺杀稀土元素的银制作的接触点，寿命可以延长好几倍。

电子电器是用银量最大的行业，其使用领域分为电接触材料、复合材料和焊接材料。银和银基电接触材料可以分为：纯银类、银合金类、银 - 氧化物类、烧结合金类，全世界银和银基电接触材料的年产量为 2900 ～ 3000t。复合材料是利用复合技术制备的材料，分为银合金复合材料和银基复合材料，从节银技术来看，银复合材料是一类大有发展前途的新材料。银的焊接材料包括纯银焊料、银 - 铜焊料等。

2）感光材料

卤化银感光材料是用银量最大的领域之一。目前生产和销售量最大的几种感光材料是摄影胶卷、相纸、X 光胶片、荧光信息纪录片、电子显微镜照相软片和印刷胶片等。20 世纪 90 年代，世界照相业用银量为 6000 ～ 6500t。由于电子成像、数字化成像技术的发展，使卤化银感光材料用量有所减少，但卤化银感光材料的应用在某些方面尚不可替代，仍有很大的市场空间。

3）化学化工

银在这方面有两个主要的应用，一是银催化剂，其广泛用于氧化还原和聚合反应，用于处理含硫化物的工业废气等；二是电子电镀工业制剂，如银浆、氰化银钾等。

4）工艺饰品

银具有诱人的白色光泽、较高的化学稳定性和收藏观赏价值，深受人们的青睐，广泛用作首饰、装饰品、银器、餐具、敬贺礼品、奖章和纪念币。银首饰在发展中国家有广阔的市场，银餐具备受家庭欢迎。银质纪念币设计精美，发行量少，具有保值增值功能，深受钱币收藏家和钱币投资者的青睐。20 世纪 90 年代仅造币用银每年就保持在 1000 ～ 1500 吨，占银消费量的 5% 左右。

银手环

 4 # 铜（Cu，copper，cuprum）

概述

铜是人类最早使用的金属之一，是人类发现的第 5 种元素。早在史前时代，人们就开始采掘露天铜矿，并用获取的铜制造武器、工具和其他器皿，铜的使用对早期人类文明的进步影响深远。人类使用铜及其合金已有数千年历史。古罗马时期铜的主要开采地是塞浦路斯（Cyprus），因此最初得名 cyprium（意为 "塞浦路斯的金属"），后来变为 cuprum，这是其英文（copper）、法文（cuivre）和德文（kupfer）名称的来源。铜是一种存在于地壳和海洋中的金属。铜在地壳中的含量约为 0.01%，在个别铜矿床中，铜的含量可以达到 3% ～ 5%。自然界中的铜，多数以化合物即铜矿石存在。

铜是一种过渡元素，化学符号 Cu，英文名称 copper，原子序数为 29。纯铜是柔软的金属，表面刚切开时为红橙色带金属光泽，单质呈紫红色。延展性好，导热性和导电性高，因此是电缆和电气、电子元件最常用的材料，也可用作建筑材料，可以组成多种合金。铜合金机械性能优异，电阻率很低，其中最重要的是青铜和黄铜。此外，铜也是耐用的金属，可以多次回收而无损其机械性能。

二价铜盐是最常见的铜化合物，其水合离子常呈蓝色，而氯作配体时则显绿色，是蓝铜矿和绿松石等矿物颜色的来源，历史上曾广泛用作颜料。装饰艺术主要使用金属铜和含铜的颜料。

　　铜及其合金在干燥的空气里很稳定，但在潮湿的空气里其表面会生成一层绿色的碱式碳酸铜（$Cu_2(OH)_2CO_3$），俗称铜绿。自然界中的铜资源分为自然铜、氧化铜矿和硫化铜矿。

物理化学性质

原子量	比热容	硬度（莫氏）	热导率	电导率
63.546	$0.232×10^3J/(kg\cdot K)$	3.0	$401W/(m\cdot K)$	$57×10/(m\cdot \Omega)$
熔点	沸点	密度	晶体结构	磁性
1083.4℃	2567℃	8.96g/cm³	面心立方	抗磁性
价层电子	电负性	—	常见化合价	发现年代	发现者
$3d^{10}4s^1$	2.54	—	+1、+2	6000年前	古人

电子层 1 2 3 4

原子核
K L M N

核外电子数29
排列为：2 8 18 1
铜原子

分类

1）化合物

铜常见的价态是 +1 和 +2 价。

一价铜（Cu（Ⅰ））通常称为亚铜，氯化亚铜（CuCl）、氧化亚铜（Cu_2O）、硫化亚铜（Cu_2S）都是常见的一价铜化合物。$Cu(NH_3)_2$一是亚铜和氨的配离子，无色，易被氧化，在酸性溶液中自行歧化，生成 Cu（Ⅱ）和 Cu。

二价铜（Cu（Ⅱ））是铜最常见的价态，它可以和绝大部分常见的阴离子形成盐，如众所周知的硫酸铜，其存在白色的无水物和蓝色的五水合物。碱式碳酸铜，又称铜绿，有好几种组成形式。氯化铜和硝酸铜也是重要的铜盐。

Cu（Ⅱ）可以形成一系列的配离子，如 Cu（H_2O）$_4$（蓝色）、$CuCl_4$（黄绿）、Cu（NH_3）$_4$（深蓝）等，它们的颜色也不尽相同。

常见铜化合物有：硫酸铜（五水、一水和无水）、醋酸铜（$(CH_3COO)_2Cu\cdot H_2O$）、氧化铜（CuO）和氧化亚铜（Cu_2O）、氯化铜（$CuCl_2$）和氯化亚铜（CuCl）、硝酸铜（$Cu(NO_3)_2$）、氰化铜（$Cu(CN)_2$）、脂肪酸铜、环烷酸铜（$C_{22}H_{14}CuO_4$）等。

2）铜合金

（1）红铜（copper）。红铜又名紫铜，即铜单质，因其颜色为紫红色而得名。各种性质见铜。红铜是工业纯铜,其熔点为1083℃,无同素异构转变,相对密度为8.9,为镁的5倍。同体积的质量比普通钢重约15%。因其具有玫瑰红色,表面形成氧化膜后呈紫色,故一般称为紫铜。它是含有一定氧的铜,因而又称含氧铜。

红铜具有很好的导电性和导热性,可塑性极好,易于热压和冷压力加工,大量用于制造电线、电缆、电刷、电火花专用电蚀铜等要求导电性良好的产品。

(2)黄铜(brass)。黄铜是由铜和锌所组成的合金,由铜、锌组成的黄铜就称为普通黄铜,如果在普通黄铜中加入其他元素,组成的多元合金就称为特殊黄铜。黄铜有较强的耐磨性能,强度高、硬度大、耐化学腐蚀性强,因此常被用于制造阀门、水管、空调内外机连接管和散热器等。

从约公元1230年起,黄铜制品在欧洲流行了约300年,因为它们比大型的雕塑品便宜得多。始于1231年的威尔普大主教的铜像,是人们所知的用黄铜制作的最早的铜像。普通黄铜的用途极为广泛,如水箱带、供排水管、奖章、波纹管、蛇形管、冷凝管、弹壳,以及各种形状复杂的冲制品、小五金件等。随着锌含量的增加,它们均能很好地承受热态加工,多用于机械及电器的各种零件、冲压件,以及乐器等。

为了提高黄铜的耐蚀性、强度、硬度和切削性等,在铜-锌合金中加入少量(一般是1%~2%,少数达3%~4%,极个别的达5%~6%)锡、铝、锰、铁、硅、镍、铅等元素,构成三元、四元,甚至五元合金,即复杂黄铜,亦称特殊黄铜。

(3)青铜(bronze):青铜是金属冶铸史上最早的合金,是在纯铜(紫铜)中加入锡或铅而形成的合金,有特殊重要性和历史意义,与纯铜相比,青铜强度高且熔点低(25%的锡冶炼青铜,熔点就会降低到800℃。纯铜的熔点为1083℃)。青铜铸造性好,耐磨且化学性质稳定。

青铜发明后,立刻盛行起来,从此人类历史也就进入新的阶段——青铜时代。

青铜具有熔点低、硬度大、可塑性强、耐磨、耐腐蚀、色泽光亮等特点,适用于铸造各种器具、机械零件、轴承、齿轮等。

青铜器的类别有食器、酒器、水器、乐器、兵器、车马器、农器与工具、货币、玺印与符节、度量衡器、铜镜、杂器十二大类,其下又可细分为若干小类。其中食器、酒器、水器、乐器、兵器,这五类是最主要的、最基本的。

青铜器(左)和青铜矛(右)

最早的青铜器出现于6000年前的古巴比伦的两河流域。苏美尔文明时期雕有狮子形象的大型铜刀是早期青铜器的代表。荷马在《伊利亚特》史诗中提到希腊火神赫斐斯塔司（Hephaestus）①把铜、锡、银、金投入熔炉，结果炼成阿基里斯（Achilles）②所用的盾牌。铜和锡的比例变化范围很大（从残存的人工制品中测得，铜含量为67%～95%）；但在中世纪人们已经知道不同的比例可以产生不同的效用。威尼斯圣马可教堂图书馆收藏的11世纪希腊手抄本中列举了1磅铜与2盎司锡的合金，即8比1的比例，这与后来使用的炮青铜相近。青铜较铜坚硬，熔点较低，容易熔化和铸造；青铜也较纯铁坚硬，不同合金成分的青铜适于制造炮管和机器轴承。在工具和武器中，历史上以铁代替青铜并不是由于铁本身有任何特殊优点，而是由于铁较铜和锡丰富。钟青铜的特性是受敲击时能发出洪亮的声音，其含锡量较高，为1/4～1/7。雕塑青铜的含锡量低到1/10，有时还加入锌和铅的混合物。锌能提高硬度，轴承合金中通常含少量的锌。青铜中加入少量的磷能改善其性能和强度；磷青铜的含磷量，铸锭可达1%～2%，铸件只含微量；它的强度高，特别适用于作泵的柱塞、阀和套。在机械工业中也使用锰青铜，它含有少量锡或甚至不含锡，但含有大量锌和锰。除用作工具和武器外，青铜也广泛用于制作钱币；很多铜币实际上是用青铜铸造的，其典型组分是4%的锡和1%的锌。青铜是会热胀冷缩的物质。

中国青铜器文化的发展大致可划分为三大阶段，即形成期、鼎盛期和转变期。形成期是指龙山文化时代，距今4500～4000年；鼎盛期即中国青铜器时代，包括夏、商、西周、春秋及战国早期，延续时间约1600余年，也就是中国传统体系的青铜器文化时代；转变期指战国末期至秦汉时期，青铜器已逐步被铁器取代，不仅数量上大减，而且也由原来的礼乐兵器及使用在礼仪祭祀、战争活动等重要场合变成日常用具，其相应的器别种类、构造特征、装饰艺术也发生了转折性的变化。

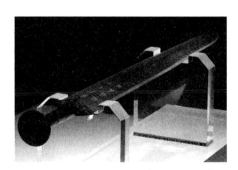

越王勾践（青铜）剑：1965年湖北省出土，现收藏于湖北省博物馆

（4）白铜。白铜是以镍为主要添加元素的铜基合金，呈银白色，有金属光泽，

---

① 赫斐斯塔司：希腊宗教的火神和冶炼之神。掌管火、火山、冶炼技巧和神奇手艺，来源可能出自亚洲的火山神。

② 阿基里斯：又译为阿喀琉斯，是荷马史诗《伊利亚特》中描绘特洛伊战争的半神英雄之首，海洋女神忒提斯（Thetis）和凡人英雄珀琉斯（Peleus）之子。在阿喀琉斯出生后，母亲忒提斯从命运女神处得知他将会战死，于是用天火烧去阿喀琉斯凡人部分的躯体并用神膏恢复，在即将完成时被父亲珀琉斯发现而中断（一说忒提斯握住阿喀琉斯的脚踝将他浸入冥河）。所以阿喀琉斯除了脚踵的致命死穴，全身刀枪不入，诸神难侵。

故名白铜。铜镍之间彼此可无限固溶，从而形成连续固溶体，即不论彼此的比例多少，而恒为 α 单相合金。当把镍熔入红铜里，含量超过 16% 时，产生的合金色泽就变得洁白如银，镍含量越高，颜色越白。白铜中镍的含量一般为 25%。

白铜的发明是我国古代冶金技术中的杰出成就，我国古代把白铜称为"鋈"（音 wù）。《旧唐书·舆服志》载："自馀一品乘白铜饰犊车。"也就是说唐代时规定，只有为一品朝臣拉车的牛身上，才能用白铜作为装饰品，表明白铜在唐代相当贵重。这里所说的白铜当是镍白铜而非砷白铜，因为镍白铜抗腐蚀，适于装饰牛车，而砷白铜性质不稳定，时间长了会因砷的挥发而渐渐变为黄色。

在中国古代文献中，白色的铜合金统称为白铜，这包括三种铜合金。一是含锡很高的铜锡合金，如被称作白铜钱的"大夏真兴"铜钱（公元 419—424 年）和隋五铢钱，经检验均为高锡青铜，不含镍。又如日本正仓院收藏的一批奈良时代（7—8 世纪）的中国白铜镜，经分析含锡约 25%、铅约 5%，也是高锡青铜。二是含砷在 10% 以上的铜砷合金，即砷白铜。三是铜镍合金即镍白铜。三种白铜中，镍白铜最为重要，其次是砷白铜。

云南人发明和生产白铜，不仅在中国，在世界上也是最早的，这为国内外学术界所公认。

17—18 世纪，镍白铜大量传入欧洲，并被贵为珍品，称作"中国银"或"中国白铜"，对西方近代化学工艺曾起过巨大影响。16 世纪以后，欧洲的一些化学家、冶金学家开始研究和仿造中国白铜。法国的耶稣会教士杜霍尔德在其 1735 年出版的《中华帝国全志》中写道："最特出的铜是白铜，其色泽和银一样，只有中国才有，也只见于云南省。"

白铜手炉

1822 年，英国爱丁堡大学化学师菲孚发表了他分析云南白铜的结果，其合金比例为铜 40.4%、镍 31.6%、锌 25.4%、铁 2.6%。并说在英国当时还没有人知道应如何仿制这种中国白铜。

其后一年，英国的汤麦逊首先制出和中国云南白铜相似的合金。同年，德国的海宁格尔兄弟仿制云南白铜成功。随即西方开始了大规模工业化生产，并将这种合金改名为"德国银"或"镍银"，而名副其实的云南白铜，反而被湮没无闻了。

除了镍白铜，中国古代还有一种砷白铜，它是砷铜合金。这种砷白铜则是中国古代炼丹家的突出贡献。不过他们叫它"药银"，意思是用丹药点化而成的白银。点化这种"药银"比冶炼镍白铜要更困难，而且很容易中砷毒。因此炼丹家们为取得这项成就曾付出了很大的代价。

砷白铜是用砷矿石（砒石、雄黄等）或砒霜（As_2O_3）点化赤铜而得到的。铜中含砷小于10%时，呈金黄色，炼丹家称其为"药金"（即砷黄铜）；当含砷量等于或大于10%时（砷白铜），就变得洁白如雪，灿烂如银。

在铜合金中，白铜因耐蚀性优异，且易于塑型、加工和焊接，广泛用于造船、石油、化工、建筑、电力、精密仪表、医疗器械、乐器制作等部门作耐蚀的结构件。某些白铜还有特殊的电学性能，可制作电阻元件、热电偶材料和补偿导线。非工业用白铜主要用来制作装饰工艺品。

由于白铜饰品从颜色、做工等方面和纯银饰品差不多。有的不法商家利用消费者对银饰不了解的心理，把白铜饰品当成纯银饰品来卖，从而从中获取暴利。那么，怎样来辨别是纯银饰品还是白铜饰品呢？

一般纯银饰品都会标有S925、S990、××足银等字样，而白铜饰品没有这样的标记或标记很不清楚；用针可在银的表面划出痕迹；而铜质地坚韧，不容易划出划痕；银的色泽呈略黄的银白色，这是银容易氧化的缘故，氧化后呈现暗黄色，而白铜的色泽是纯白色，带一段时间后会出现绿斑。

铜是人体健康不可缺少的微量元素，但铜也是一种重金属[①]，摄入过量也会有危害。

1752年6月，富兰克林就是用铜钥匙，完成了著名的"风筝实验"。

5　铁（Fe，iron，ferrum）

概述

人类最早发现铁是从天空落下的陨石中，陨石中铁的质量分数很高（铁陨石中为90.85%），是铁和镍、钴的混合物。考古学家曾经在古坟墓中，发现陨铁制成的小斧；早在4000年前的古埃及第五王朝至第六王朝的金字塔所藏的宗教经文中，就记述了当时太阳神等重要神像的宝座是用铁制成的。铁在当时被认为是带有神秘性的最珍贵的金属，古埃及人干脆把铁叫作"天石"。在古希腊文中，"星"与"铁"是同一个词。

铁制物件最早发现于公元前3500年的古埃及。它们含7.5%的镍，表明它们来

---

①　重金属原义是指密度大于4.5g/cm³的金属，包括金、银、铜、铁、汞、铅、镉等，重金属在人体中累积达到一定程度，会造成慢性中毒。但就环境污染方面所说的重金属主要是指汞（水银）、镉、铅、铬以及类金属砷等生物毒性显著的重元素。重金属非常难以被生物降解，相反却能在食物链的生物放大作用下，成千百倍地富集，最后进入人体。重金属在人体内能和蛋白质及酶等发生强烈的相互作用，使它们失去活性，也可能在人体的某些器官中累积，造成慢性中毒。

自流星。世界上最早锻造铁器的是赫梯王国，古代小亚细亚半岛（也就是现今的土耳其）的赫梯人，是西亚地区乃至全球最早发明冶铁术和使用铁器的国家，也是世界最早进入铁器时代的民族。考古发现的证据显示，铁器的生产至少可以追溯到公元前20世纪。在冶铁方面颇具名气，赫梯王把铁视为专利，不许外传，以至铁贵如黄金，其价格竟是黄铜的60倍。赫梯的铁兵器曾使古埃及等国为之胆寒，坚硬的金属给了他们经济和政治上的力量。直到公元前1180年左右赫梯灭亡之后，赫梯铁匠散落各地，才将冶铁技术扩散开来，公元前800年左右传至印度。某些种类的铁明显优于其他的，这依赖于它的碳含量。某些铁矿石含钒，能生产出"大马士革钢"，很适合制剑。

中国在公元前5世纪大部分地区已使用铁器。由于陨石来源极其稀少，从陨石中得来的铁对生产没有太大作用。随着青铜技术的成熟，铁的冶炼技术才逐步发展。我国最早人工冶炼的铁是在春秋战国之交的时期出现的，距今大约2500年。我国炼钢技术发展也很早，1978年，湖南省博物馆"长沙铁路车站建设工程"文物发掘队从一座古墓出土一口钢剑，从古墓随葬器的器型、纹饰以及墓葬的形制断定是春秋晚期的墓葬。这口剑所用的钢经分析是含碳量0.5%左右的中碳钢，金相组织比较均匀，说明可能还进行过热处理。

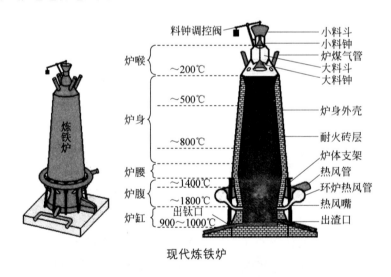

现代炼铁炉

在中国，从战国时期到东汉初年，铁器的使用开始普遍起来，成为我国最主要的金属。铁的化合物四氧化三铁就是磁铁矿，是早期司南的材料。

铁在环境中分布较广，地壳中的含量为4.75%，仅次于氧、硅、铝，位居第四。纯铁是柔韧而延展性较好的银白色金属，用于制发电机和电动机的铁芯，铁及其化合物还用于制磁铁、药物、墨水、颜料、磨料等，是工业上所说的"黑色金属"（其实纯净的生铁是银白色的，铁元素被称之为"黑色金属"是因为铁表面常常覆盖着一层主要成分为黑色四氧化三铁的保护膜）。另外人体中也含有铁元素，+2价的亚铁离子是血红蛋白的重要组成成分，用于氧的输运。

铁是人类发现的第7种元素。

原子量	比热容	硬度（莫氏）		热导率	电导率
55.85	0.46×10³J/(kg·K)	6		80W/(m·K)	9.93×10⁶/(m·Ω)
熔点	沸点	密度	晶体结构		磁性
1538℃	2750℃	7.874g/cm³	面心立方、体心立方		铁磁性
价层电子	电负性		常见化合价	发现年代	发现者
3d⁶ 4s²	2.54		+2、+3	5000 年前	古人

　　铁（英文 iron，化学元素符合为 Fe，源自拉丁文 ferrum）的原子序数是 26，位于元素周期表中第 4 周期，属过渡金属。纯铁是白色或银白色有光泽的金属，晶体结构是面心立方和体心立方。有良好的延展性、导电、导热性能，有很强的铁磁性 [①]，属于磁性材料。声音在铁中的传播速率可达到 5120m/s。铁有 0 价、+2 价、+3 价、+4 价、+5 价和 +6 价，其中 +2 价和 +3 价较常见，+4 价、+5 价和 +6 价少见。基态原子核外电子排布式为 Fe:$1s^2\ 2s^2\ 2p^6\ 3s^2\ 3p^6\ 3d^6\ 4s^2$。

电子层 1 2 3 4

核外电子数26
排列为：2 8 14 2

铁原子

　　铁的居里温度 [②]（Curie temperature，T_c）为 768℃（钴：1070℃，镍：355℃，钆：20℃），即块状铁在这个温度以上就会失去磁性。

　　铁是工业上不可缺少的金属。铁与少量的碳制成合金——钢，磁化之后不易去磁，是优良的硬磁材料，同时也是重要的工业材料，并且也作为人造磁的主要原料。铁有多种同素异形体。铁是比较活泼的金属，在金属活动顺序表里排在氢的前面，化学性质比较活泼，是一种良好的还原剂。铁在空气中不能燃烧，在氧气中却可以

---

　　① 铁磁性是指物质中相邻原子或离子的磁矩由于它们的相互作用而在某些区域中大致按同一方向排列，当所施加的磁场强度增大时，这些区域的合磁矩定向排列程度会随之增加到某一极限值的现象。仅有四种金属元素在室温以上是铁磁性的，即铁，钴，镍和钆。极低低温下有五元素是铁磁性的，即铽、镝、钬、铒和铥（以及面心立方的镨、面心立方的钕）。

　　② 居里温度又称为居里点（Curie point），是指磁性材料中自发磁化强度降到零时的温度，是铁磁性或亚铁磁性物质转变成顺磁性物质的临界点。低于居里点温度时该物质成为铁磁体，此时和材料有关的磁场很难改变。当温度高于居里点时，该物质成为顺磁体，磁体的磁场很容易随周围磁场的改变而改变。居里点由物质的化学成分和晶体结构决定。

剧烈燃烧。

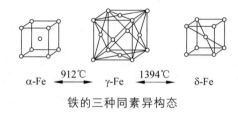

α-Fe   912℃   γ-Fe   1394℃   δ-Fe

铁的三种同素异构态

纯铁有三种同素异构状态：912℃以下为体心立方晶体结构，称为 α-Fe；912～1394℃为面心立方晶体结构，称为 γ-Fe；1394℃以上，又呈体心立方结构，称为 δ-Fe。

6 锡（Sn，tin，stannum）

概述

锡（英文为 tin，元素符号 Sn，来自拉丁语 stannum），第Ⅳ主族元素，原子序数 50，元素名来源于拉丁文。锡在地壳中的含量为 0.004%，几乎都以锡石（氧化锡）的形式存在，此外还有极少量的锡的硫化物矿。锡有 14 种同位素，其中 10 种是稳定同位素。

电子层 1 2 3 4 5

原子核   K L M N O

核外电子数50
排列为：2 8 18 18 2

锡原子

锡，金属元素，普通形态的白锡是一种有银白色光泽的低熔点金属元素，在化合物内是二价或四价，不会被空气氧化，主要以二氧化物（锡石）和各种硫化物（如硫锡石）的形式存在。元素符号 Sn。锡是大名鼎鼎的"五金"——金、银、铜、铁、锡之一。早在远古时代，人们便发现并使用锡了。在我国的一些古墓中，常发掘到一些锡壶、锡烛台之类锡器。据考证，中国周代时，锡器的使用已十分普遍了。在埃及的古墓中，也发现有锡制的日常用品。

中国有丰富的锡矿，特别是云南省个旧市，是世界闻名的"锡都"。此外，广西、广东、江西等省区也都产锡。1800 年，全世界锡的年产量仅 4000 吨，1900 年为 85000 吨，1940 年为 25 万吨，现在已超过 60 万吨。

但与锡相生相伴的，是砷，其化合物是砒霜的主要成分。

锡对人类历史有直接的影响，主要是因为青铜，然而它也可以作为其自身使用，一个锡环和朝圣瓶在第十八王朝（公元前 1580—公元前 1350 年）的古埃及坟墓被发现。中国人开采锡大约在公元前 700 年，在云南地区。纯净的锡在印加人山上的城堡马丘比丘有被发现。

在自然界中，锡很少呈游离状态存在，因此就很少有纯净的金属锡。最重要的锡矿是锡石，化学成分为二氧化锡。炼锡比炼铜、炼铁、炼铝都容易，只要把锡石与木炭放在一起燃烧，木炭便会把锡从锡石中还原出来。很显然，古代的人们如果在有锡矿的地方烧篝火烤野物时，地上的锡石便会被木炭还原，银光闪闪的、熔化了的锡液便流了出来。正因为这样，锡很早就被人们发现了。

人类发现最早的金属是金，但没有得到广泛的应用。而最早发现并得到广泛应用的金属却是铜和锡。锡和铜的合金就是青铜，它的熔点比纯铜低，铸造性能比纯铜好，硬度也比纯铜大。所以它们被人类一发现，便很快得到了广泛的应用，并在人类文明史上写下了极为辉煌的一页，这便是"青铜器时代"。后来，由于铁的发现和使用，青铜在我们祖先的生产和生活中才逐渐退居次要地位。但这并没有使锡在人类发展史上变得无足轻重，相反，随着现代科技的飞速发展，它在工农业生产中，以及尖端科技中，有了越来越广泛的应用。

锡既怕冷也怕热。这是怎么回事呢？原来锡在不同的温度下，有 3 种性质大不相同的形态。在 −13.2 ∼ 161℃的温度范围内，锡的性质最稳定，叫作"白锡"。如果温度升高到 161℃以上，白锡就会变成一碰就碎的"脆锡"。锡对于低温十分敏锐，每当温度低于 −13.2℃时，它就会由银白色逐渐转变成一种煤灰状的粉，叫作"灰锡"。这个过程是慢慢进行的，但当温度低于 −33℃时，完全转化为灰锡。另外，从白锡到灰锡的转变还有一个有趣的现象，这就是灰锡有"传染性"，白锡只要一碰上灰锡，哪怕是碰上一小点，白锡马上就会向灰锡转变，直到把整块白锡毁坏掉为止。这种现象叫作"锡疫"，最早是由亚里士多德发现的。幸好这种"病"是可以治疗的，把"有病的"锡再熔化一次，就会复原。

历史上就曾发生过这样一件事：1912 年，一群人登上冰天雪地的南极洲探险，他们带去的汽油全部离奇地漏光了，致使燃料短缺，探险队全军覆灭。原来汽油桶是用锡焊接的，一场"锡疫"使汽油漏得无影无踪，造成惨祸。

锡是人类使用的最古老的金属之一，随着锡的工业用途不断拓展，锡的开采、选矿、冶炼和加工得到了快速发展，逐步形成了门类齐全的锡产业。今天，古老的锡仍然是现代工业不可缺少的关键稀有金属，号称"工业味精"，广泛应用于电子、信息、电器、化工、冶金、建材、机械、食品包装等行业。世界锡资源主要分布在中国、印度尼西亚、秘鲁、巴西、马来西亚、玻利维亚、俄罗斯、泰国和澳大利亚等国。

如果在黄铜中加入锡，就成了锡黄铜，它多用于制造船舶零件和船舶焊接条等。素有"海军黄铜"之称。

至于锡和铅的合金，那是大家最熟悉不过的了，它就是通常的焊锡，在焊接金属材料时是很有用的。

在印刷史上所用的铅字，也是锡的合金。不过由于激光印刷技术的推广，铅字已被逐渐淘汰。

锡不仅能和许多金属结合成各种合金，而且还能和许多非金属结合在一起，组成各种化合物。在化学工业、染料工业、橡胶工业、搪瓷、玻璃、塑料、油漆、农药等工业中，它们都作出了应有的贡献。

随着现代科技的发展，人们还用锡制造了许多特种锡合金，应用于原子能工业、电子工业、半导体器件、超导材料，以及宇宙飞船制造业等尖端技术，这里就不再一一细说了。

锡是人类发现的第 4 种元素。

物理化学性质

原子量	比热容	硬度（莫氏）	热导率	电导率
55.85	0.218×10^3J/(kg·K)	1.5～1.8	67W/(m·K)	9.17×10^6/(m·Ω)
熔点	沸点	密度	晶体结构		磁性
214℃	2270℃	5.75g/cm³	立方、四方、斜方		顺磁性
价层电子	电负性		常见化合价	发现年代	发现者
$5s^2\,5p^2$	1.8		+4、+2	5000 年前	古人

用途

锡在常温下富有展性。特别是在 100℃时，它的展性非常好，可以展成极薄的锡箔。平常，人们便用锡箔包装香烟、糖果，以防受潮（近年来，已逐渐用铝箔代替锡箔。铝箔与锡箔很易分辨——锡箔比铝箔光亮得多）。不过，锡的延性却很差，一拉就断，不能拉成细丝。

锡铜合金（青铜）在古代应用广泛；巴氏合金（锡占 80%，其余为铜、锑）承受负荷大、耐冲击、耐腐蚀、耐高温，主要用在飞机、汽轮机、发电机、轧钢机和内燃机上。

第7章

贵金属（铂系）攀谈

 铂系贵金属

　　贵金属主要指铂系金属（钌、铑、钯、锇、铱、铂）、金和银8种金属元素。这些金属大多数拥有美丽的色泽，具有较强的化学稳定性，一般条件下不易与其他化学物质发生化学反应。

　　物以稀为贵，钌、铑、钯、锇、铱、铂6种元素在地壳中的含量都非常少。除了铂在地壳中的含量为亿分之五、钯在地壳中的含量为亿分之一，钌、铑、锇、铱4种元素在地壳中的含量都只有十亿分之一。又由于它们多分散于各种矿石之中，很少形成大的聚集，所以价格昂贵。

　　由于第6章五金中已经谈了金和银，本章只攀谈铂族金属。

 钌（Ru，ruthenium）

概述

　　钌是一种硬而脆，呈浅灰色的稀有金属元素，是铂族金属中的一员。在地壳中含量仅为十亿分之一，是最稀有的金属之一，可钌确实是铂族金属中最便宜的一种金属，尽管铂、钯等比钌丰富一些。钌的性质很稳定，耐腐蚀性很强，常温即能耐盐酸、硫酸、硝酸以及王水的腐蚀。

　　金属钌呈银灰色，原子序数为44，相对原子质量为101.1，六方密排结构，密度为12.2g/cm³，熔点为2310℃，沸点为3900℃，莫氏硬度为6.5，声速为5970m/s，位于周期表d区、5周期、8族，密度中等、硬度较大，质硬而脆，不能机械加工。单质具有顺磁性，电阻率低，传热导电性能好，在 −272.67℃低温下有超导性。

发现

钌是铂系元素中在地壳中含量最少的一个，也是铂系元素中最后被发现的。它在铂被发现 100 多年后才被发现，比其余铂系元素晚 40 年。

1807 年，从南美的铂金属矿中，波兰化学家约德泽伊·什尼亚代基声称分离出 44 号元素（他称之为 "vestium"，是依据在不久前发现的小行星 "Vesta" 命名）。他于 1808 年发表了一份声明。然而，他的工作从未获得证实，他后来撤回了他的声明。

永斯·贝采里乌斯和哥特弗雷德·奥桑（Gottfried Osann）在 1827 年也声称发现了钌。他们试验了以王水溶解乌拉尔山脉含铂的原矿石后留下的残留物。永斯·贝采里乌斯没有发现任何不寻常的金属元素，但奥桑认为他自己发现了三种新金属元素，称为 pluranium、ruthenium 和 polinium。这种差异导致永斯·贝采里乌斯和奥桑之间关于残留物成分的长期争论。由于奥桑无法重复他离析钌的实验，最终他放弃了自己的主张。奥桑把他分离出的新元素样品寄给了贝采里乌斯，贝采里乌斯认为其中只有 pluranium 一个是新金属元素，其余的分别是硅石和钛、锆以及铱的氧化物的混合物。

1844 年，德意志裔俄罗斯科学家卡尔·克劳斯（Karl Claus，公元 1796—1864 年）发现，奥桑制备的化合物中确实含有少量的钌。克劳斯当年在喀山大学工作时，从卢布硬币制程的铂金属残留物中，分离出钌，就像 40 年前，在喀山发现钌的更重的同族元素锇一样。克劳斯表明，氧化钌含有一种新的金属元素，并从不溶于王水的粗铂中获得 6g 的钌。替新元素选择名称时，克劳斯说："我为新元素命名，以纪念我的祖国，Ruthenium。我有权使用这个名字，因为奥桑先生放弃了他的钌，所以这个字还不存于化学界。"奥桑之所以选择 "ruthenium"，是因为分析的样本来自俄罗斯的乌拉尔山脉。这个名字本身来源于鲁塞尼亚（Ruthenian），拉丁语的 "Rus"。这是一个历史区域，包括今天的乌克兰、白俄罗斯、俄罗斯西部，以及斯洛伐克和波兰的部分地区。

克劳斯取得新金属钌后，也将样品寄给贝采里乌斯，请求指教。贝采里乌斯认为它是不纯的铱。可是克劳斯和奥桑不同，没有理睬贝采里乌斯的意见，继续进行自己的研究，并且将每次制得的样品连同详细的说明逐一寄给贝采里乌斯。最后的事实迫使贝采里乌斯在 1845 年发表文章，承认钌是一个新元素。钌是人类发现的第 59 种元素。

用途

钌用于制备耐腐蚀合金、耐磨合金与特殊的电接触合金，作为铂的硬化添加剂，可制作人造宝石等装饰品，也可制坚韧锋利而不生锈的手术刀和剃须刀。

三氯化钌用作有机物聚合、加氢、异构化等反应的催化剂，也用来监测二氧化硫。

利用钌在太阳光的强辐射下很容易进入高能状态，可非常节能地分解水，制取氢与氧。

铑（Rh，rhodium）

概述

铑是一种银白色、坚硬的金属，具有高反射率。铑金属通常不会形成氧化物，熔融的铑会吸收氧气，但在凝固的过程中释放。铑的熔点比铂高，密度比铂低。铑不溶于多数酸，完全不溶于硝酸，稍溶于王水。

其颜色为银白色，金属光泽，不透明。原子序数为45，相对原子质量为102.91，面心立方结构，密度为12.41g/cm³，熔点为1966℃，沸点为3727℃，莫氏硬度为6.0，位于周期表 d 区、5 周期、9 族，密度和硬度较大，质硬而脆，耐磨、延展性差，不能机械加工。单质具有顺磁性，电阻率低，传热导电性能好，在 −270.77℃低温下有超导性。能溶进比自身体积大 2900 倍的氢气，自身膨胀成大胖子，发生晶格畸变，成为海绵状态。

发现

铑是在 1803 年由沃拉斯顿发现的。他和史密森·台奈特在一个商业投资中合作，本意是为了生产出纯铂来出售。这个程序的第一步是溶解普通的铂在王水中。不是所有的物质都溶入溶液中，它留下了黑色的残渣（台奈特研究了这些残渣，最终从中提取出了锇和铱）。沃拉斯顿全神贯注于这个溶解的铂溶液，其也包含钯。他用沉淀法移除了这些金属，然后留下了一种漂亮的红色溶液（铑盐的溶液呈现玫瑰的艳红色），他从中获得了玫瑰红晶体。这些就是氯铑酸钠（Na_3RhCl_6）。他最终从中提取出这种金属自身的样本。这是人类发现的第 36 种元素，他用 rhodium 命名，源自希腊语 rhodon，意思是"玫瑰"。

用途

除了制造合金外，铑可用作其他金属的光亮而坚硬的镀膜，例如，镀在银器或照相机零件上。将铑蒸发至玻璃表面，形成一层薄蜡，便造成一种特别优良的反射镜面。

 ## 钯（Pd，palladium）

概述

钯是世界上最稀有的贵金属之一，是铂族元素之一。银白色过渡金属，质软，有良好的延展性和可塑性，能锻造、压延和拉丝。钯是块状金属，能吸收大量氢气，使体积显著胀大，变脆乃至破裂成碎片。钯是航天、航空等高科技领域以及汽车制造业不可缺少的关键材料。钯的纯度极高，外观与铂相似，自然状态下呈银白色金属光泽而且永远不会褪色。钯耐高温、耐腐蚀、耐磨损，具有延展性。在纯度、稀有度及耐久度上，都可与铂互相替代，无论单独制作首饰还是镶嵌宝石都是理想材质。钯与铂、黄金、银同为国际贵金属现货、期货的交易品种之一，且历史上曾一度比铂价格还高。

原子序数为46，相对原子质量为106.4，面心立方结构，密度为12.02g/cm³，熔点为1554℃，沸点为2970℃，莫氏硬度为4.75，位于周期表d区、5周期、10族，硬度较小，柔软，是铂族中延展性和可塑性较好的金属之一。单质具有反磁性，电阻率低，传热导电性能好。

发现

1803年，英国化学家沃拉斯顿从铂矿中又发现了一种新元素。他将天然铂矿溶解在王水中，除去酸后，滴加氰化汞（$Hg(CN)_2$）溶液，获得黄色沉淀。将硫磺、硼砂和沉淀物共同加热，得到光亮的金属颗粒。他称它为palladium（钯），元素符号定为Pd。这一词来自1802年发现的小行星智神星，源自希腊神话中司智慧的女神巴拉斯（Pallas）[1]。钯是人类发现的第37种元素。

沃拉斯顿发现钯的重要一步是选用氰化汞。尽管氰化汞溶液中几乎不含氰离子（CN^-），但是当钯的离子（Pd^{2+}）与它相遇时，却立即生成淡黄色的氰化钯（$Pd(CN)_2$）沉淀，而其他铂系元素是不会形成这种氰化物沉淀的。

用途

钯是航天、航空、航海、兵器和核能等高科技领域以及汽车制造业不可缺少的关键材料，也是国际贵金属投资市场上的不容忽略的投资品种。

氯化钯还用于电镀；氯化钯及其有关的氯化物用于循环精炼并作为热分解法制造纯海绵钯的来源。一氧化钯（PdO）和氢氧化钯（$Pd(OH)_2$）可作钯催化剂的来源。四硝基钯酸钠（$Na_2Pd(NO_3)_4$）和其他络盐用作电镀液的主要成分。

钯在化学中主要作催化剂；钯与钌、铱、银、金、铜等熔成合金，可提高钯的电阻率、硬度和强度，用于制造精密电阻、珠宝饰物等。

5 锇（Os, osmium）

概述

锇元素绝大多数生成于恒星演化核燃烧阶段的中子俘获慢过程、中子俘获快过

---

① 巴拉斯，古希腊神话中的智慧女神和战争女神，奥林匹斯十二主神、奥林匹斯山三处女神之一；同时也是艺术女神、工艺的女神。她传授纺织、园艺、陶艺、畜牧等技艺；绘画、雕塑、音乐等艺术给人类。航海、农业、医疗的保护神；法庭、秩序的女神，她创立人类的第一座法庭。

程和质子俘获过程；极少数生成于地球环境中铼 -187 的 β⁻ 衰变过程、铂 -186 和铂 -188 的 α 衰变过程。锇的宇宙丰度 0.6754，居第 55 位；地壳丰度 0.0001，居第 80 位。在化学元素周期表中，锇属于 d 区 Ⅷ B 族第六周期的铂系稳定性金属元素。

锇（osmium）

锇是已知金属单质中密度最大的，其密度达到 22.59g/cm³，熔点为 3045℃，沸点在 5300℃以上。六方密集晶格，莫氏硬度为 5.8 ～ 7.6。灰蓝色金属，质硬而脆，放在铁臼里捣，就会很容易地变成粉末。锇粉呈蓝黑色，且锇金属粉末可自燃。锇的蒸气有剧毒，会强烈地刺激人的眼部黏膜，严重时可造成失明。

发现

1803 年，法国化学家维多·科莱 - 德科提尔（Victor Collet-Descotils，公元 1773—1815 年）等研究了铂系矿石溶于王水后的残渣。他们宣布残渣中有两种不同于铂的新金属存在，它们不溶于王水。1804 年，台奈特发现并命名了它们。其中一个曾被命名为 ptenium，后来改为 osmium（锇），元素符号定为 Os。ptenium 来自希腊文，原意是 "易挥发"，osmium 来自希腊文 osme，原意是 "臭味"，这是因为四氧化锇 OsO_4 的熔点只有 41℃，易挥发，气体有刺激性气味。这是人类发现的第 39 种元素。

用途

锇在工业中可以用作催化剂。合成氨或进行加氢反应时用锇作催化剂，就可以在不太高的温度下获得较高的转化率。如果在铂里掺进一点锇，就可做成硬度大且锋利的锇铂合金手术刀。利用锇与一定量的铱可制成锇铱合金，比如，某些高级金笔的笔尖上那颗银白色的小圆点即锇铱合金。锇铱合金坚硬耐磨，可用于钟表和重要仪器的轴承，使用年限很长。

6 铱（Ir, iridium）

概述

铱，铂族贵金属元素，原子序数 77，原子量为 199.22，面心立方，密度为 22.562g/cm³。熔点为 2410℃，沸点为 4130℃，莫氏硬度为 6.5，硬而脆，属 d 区、ⅧB 族、第六周期铂族贵金属元素。热加工时，只要不退火，可延展加工成细丝和薄片；一旦退火，就失去延展性变得硬脆。铱 -191 和铱 -193 是仅有的两种天然同位素，也是仅有的两种稳定同位素，铱 -193 较铱 -191 丰富。

铱的化学性质很稳定，是最耐腐蚀的金属，铱对酸的化学稳定性极高，不溶于酸，只有海绵状的铱才会缓慢地溶于热王水中，如果是致密状态的铱，即使是沸腾的王水，也不能腐蚀。在地壳中含量仅有 9×10^{-9}%，主要存在于锇铱矿中。可用锌与在提炼铂时所得的锇铱合金中分离制得。

很多高熔点氧化物单晶，是在纯铱制成的坩埚中进行生长的。纯铱、铂铱合金、铱铑合金多用于制作科学仪器、热电偶、电阻线等。含 10% 铱和与 90% 铂的铂铱合金，因膨胀系数极小，用来制造国际米原器，世界上的千克原器也曾是由铂铱合金制作的。

发现

铱的发现与铂以及其他铂系元素息息相关。古埃塞俄比亚人和南美洲各文化的人自古便有使用自然产生的铂金属，当中必定含有少量其他铂系元素，这也包括铱。17 世纪，西班牙征服者在今天的哥伦比亚乔科省发现了铂，并将其带到欧洲。然而直到 1748 年，科学家才发现它并不是已知任何金属的合金，而是一种全新的元素。

当时研究铂的化学家将它置于王水中，从而产生可溶盐。制成的溶液每次都留下少量深色的不可溶残留物。约瑟夫·普鲁斯特（Joseph Proust，公元 1754—1826 年）曾以为残留物是石墨。法国化学家科莱 - 德科提尔、福尔克拉伯爵安东万·弗朗索瓦（Antoine François）和沃克兰在 1803 年也同样观察到黑色残留物，但因量太少而没有进行进一步实验。

1803 年，台奈特分析了残留物，并推断其中必含新的金属元素。沃克兰把该粉末在酸碱中反复浸洗，取得了一种挥发性氧化物。他认为这是新元素的氧化物，并把新元素命名为 ptene，源于希腊文的 "πτηνος"（ptènos），即 "有翼的"。台奈特则拥有更大量的残留物，并在不久后辨认出两种新元素，也就是锇和铱。在一连串用到氢氧化钠和氢氯酸的反应之后，他制成了一种深红色晶体（很可能是 $Na_2[IrCl_6] \cdot nH_2O$）。铱的许多盐都有鲜艳的颜色，所以台奈特取希腊神话中的彩虹女神伊里斯（Iris）之名，把铱命名为 Iridium。铱元素的发现被记录在 1804 年 6 月 21 日致英国皇家学会的一封信中，是人类发现的第 38 种元素。

1813 年，英国化学家约翰·裘尔德伦（John Children）首次熔化铱金属。1842 年，罗伯特·海尔（Robert Hare）首次取得高纯度铱金属。他量得的铱密度为 21.8g/cm³，并发现这一金属几乎不可延展，且硬度极高。1860 年，德维尔和朱尔·德布雷（Jules Debray）第一次大量熔化铱。每千克铱的熔化过程需要超过 300L 的纯 O_2 和 H_2。

铱如此难熔化这大大限制了它的实际应用。约翰·霍金斯（John Hawkins）在 1834 年发明了装有铱造笔尖的金质钢笔。1880 年，约翰·霍兰德（John Holland）和威廉·达德利（William Dudley）利用磷大大简化了铱的熔化过程。奥托·佛斯纳（Otto Feussner）在 1993 年第一次在热电偶中使用铱 - 钌合金材料，使这种新型器材能够测量高达 2000℃的温度。

用途

铱金是稀有贵重金属，是铂和铱的合金，稀有程度在铂金之上。其熔点、强度和硬度都很高。颜色为银白色，具强金属光泽，硬度 7。相对密度 22.40，性脆但在高温下可压成箔片或拉成细丝，熔点高。化学性质非常稳定，不溶于王水。主要用于制造科学仪器、热电偶、电阻绫等。高硬度的铁铱和铱铂合金，常用来制造笔尖和铂金首饰。由于其极高的熔点和超强的抗腐蚀性，铱在高水平技术领域中得到广泛的使用，如航天技术、制药和汽车行业。

铱的应用大部分是运用其高熔点、高硬度和抗腐蚀性质。铱金属以及铱 - 铂合金和锇 - 铱合金的耗损很低，可用来制造多孔喷丝板。

铱的耐腐蚀、耐高温性质很强，所以非常适合作为合金添加物。飞机发动机中一些长期使用的部件是由铱合金组成的，铱 - 钛合金也被用作水底管道材料。加入铱可提升铂合金的硬度。汽车用含铱合金火花石的寿命是普通合金火花石寿命的 3 ~ 4 倍。

"航海家"号、"维京"号、"先锋"号、"卡西尼 - 惠更斯"号、"伽利略"号和"新视野"号等无人宇宙飞船都有使用含有钚的放射性同位素热电机。由于热电机要承受高达 2000 ℃的高温，所以包裹着钚 -238 同位素的容器是由既坚硬又耐高温的铱所制。

穆斯堡尔效应

1957 年，鲁道夫·穆斯堡尔（Rudolf Mössbauer，公元 1929—2011 年）在只含铱的固体金属样本中，发现原子能够进行无反冲的 γ 射线共振发射及吸收。他所进行的实验是 20 世纪标志性的物理实验之一。此现象称为穆斯堡尔效应（Mössbauer effect），在物理学、化学、生物化学、冶金学和矿物学中都有重要

鲁道夫·穆斯堡尔

的应用。

穆斯堡尔使用 ^{191}Os（锇）晶体作 γ 射线放射源，用 ^{191}Ir（铱）晶体作吸收体，于 1958 年首次在实验上实现了原子核的无反冲共振吸收。为减少热运动对结果的影响，放射源和吸收源都冷却到 88K。放射源安装在一个转盘上，可以相对于吸收体作前后运动，用多普勒效应调节 γ 射线的能量。^{191}Os 经过 β⁻ 衰变成为 ^{191}Ir 的激发态，^{191}Ir 的激发态可以发出能量为 129keV 的 γ 射线，被吸收体吸收。实验发现，当转盘不动，即相对速度为 0 时共振吸收最强，并且吸收谱线的宽度很窄，几厘米每秒的速度就足以破坏共振。除了 ^{191}Ir 外，穆斯堡尔还观察到了 ^{187}Re、^{177}Hf、^{166}Er 等原子核的无反冲共振吸收。论文发布仅仅 3 年之后，即 1961 年，由于这些工作，穆斯堡尔被授予 1961 年的诺贝尔物理学奖，获奖时年仅 32 岁。

穆斯堡尔效应对环境的依赖性很高。细微的环境条件差异会对穆斯堡尔效应产生显著的影响。在实验中，为减少环境带来的影响，需要利用多普勒效应对 γ 射线光子的能量进行细微的调制。具体做法是令 γ 射线辐射源和吸收体之间具有一定的相对速度，通过调整 ν 的大小来略微调整 γ 射线的能量，使其达到共振吸收，即吸收率达到最大，透射率达到最小。透射率与相对速度之间的变化曲线称为穆斯堡尔谱。应用穆斯堡尔谱可以清楚地检查到原子核能级的移动和分裂，进而得到原子核的超精细场、原子的价态和对称性等方面的信息。应用穆斯堡尔谱研究原子核与核外环境的超精细相互作用的学科称为穆斯堡尔谱学。

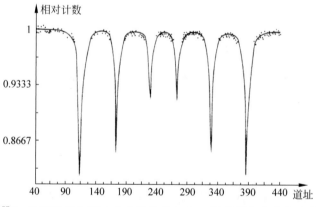

^{57}Fe 的穆斯堡尔谱（含化学位移、电四级分裂和塞曼效应）

截至 2015 年，人们已经在固体和黏稠液体中实现了穆斯堡尔效应，样品的形态可以是晶体、非晶体、薄膜、固体表层、粉末、颗粒、冷冻溶液等，涉及 40 余种元素、90 余种同位素的 110 余个跃迁。然而大部分同位素只能在低温下才能实现穆斯堡尔效应，有的需要使用液氮甚至液氦对样品进行冷却。在室温下只有 ^{57}Fe、^{119}Sn、^{151}Eu 三种同位素能够实现穆斯堡尔效应。其中 ^{57}Fe 的 14.4keV 跃迁是人们最常用的，也是研究最多的谱线。

铂（Pt，platinum）

概述

铂，其单质俗称白金，属于铂族贵金属元素，位于周期表 d 区、Ⅷ B 族、第六周期。原子序数为 78，原子量为 195.078，略小于金的原子量，属于过渡金属。熔点为 1772℃，沸点为（3827±100）℃，面心立方结构，密度为 21.45g/cm³，莫氏硬度为 3.5，银白色，具有导热性和导电性，较软，有良好的延展性。1g 铂能拉成 4km 长的丝，能压成 2.5μm 厚的箔，20 张叠一起还不及一张普通纸厚。有顺磁性，无超导电性。

海绵铂为灰色海绵状物质，有很大的比表面积，对气体（特别是氢、氧和一氧化碳）有较强的吸收能力。粉末状的铂黑能吸收大量氢气。铂的化学性质不活泼，在空气和潮湿环境中稳定，低于 450℃加热时，表面形成二氧化铂薄膜，高温下能与硫、磷、卤素发生反应。

铂是地壳中最稀少的元素之一。铂在地壳中的含量为 5×10^{-7}%，常与其他铂系元素一起分散在冲积矿床和砂积矿床的多种矿物（如原铂矿、硫化镍铜矿、磁铁矿等）中。独立矿物有砷铂矿、硫铂矿、锑铂矿、硫铂钯矿、硫镍钯铂矿等。还有以游离状态存在的自然铂。

铂和它的同系金属——钌、铑、钯、锇、铱一样，几乎完全呈单质状态存在于自然界中。它们在地壳中的含量也和金相近，且它们的化学惰性和金比较也不相上下，但是人们发现并使用它们却远在金后。它们在自然界中的极度分散和它们的高熔点，可能是造成这种状况的原因。至今发现的最大的天然铂块是 9.6kg。

发现

铂这样的重元素产生于超新星爆炸。铂产生于 Ⅰb 型、Ⅰc 型、Ⅱ型超新星内的 R- 过程，被 Ⅰb 型、Ⅰc 型、Ⅱ型超新星喷射到宇宙各处。另有新证据显示，像铂、金这样的重元素也可能产生于两个中子星的相撞。

人类用铂史最早可追溯到古埃及。考古学家在最早公元前 1200 年的古埃及墓与象形文字所用的金内发现了微量铂。然而，不确定早期埃及人对此金属的了解程度，很大可能他们未认出他们的金内有铂。

1557 年，意大利人文主义者朱利斯·斯卡利杰（Julius Scaliger）对铂金属作出描述，称在达连（Darian，今巴拿马）和墨西哥之间所发现的未知贵金属"用火焰或任何西班牙技术都无法将其熔化"。

18 世纪初，英国冶金学家查尔斯·伍德（Charles Wood）在新格拉纳达（今巴拿马、哥伦比亚、厄瓜多尔和委内瑞拉）的卡塔赫纳采集到嵌有铂粒的砂石。

1735 年，西班牙人安东尼奥·德·乌罗阿（Antonio de Ulloa，公元 1716—1795 年）在平托附近的金矿发现一块难以加工的金属，很像银，便取名为 platinum，该词来自西班牙文 platina，含义是"平托河畔的银"。当时不少人认为它不是单一的金属，而是天然的金铁合金或金铁汞合金。

1741 年，伍德在牙买加发现了各种来自哥伦比亚的铂样本，并将样本寄给威廉·布朗里格（William Brownrigg）作进一步分析。

直到 1752 年，瑞典化学家特亨利克·谢菲尔（Henrik Scheffer）才确认这是一种新元素。这是人类发现的第 15 种元素。它与银一样喜欢和金共生在一起。

由于铂是第一个被发现的铂系元素，所以谢菲尔和卡尔·冯·西金根（Carl von Sickingen）以为，铂的硬度（比铁稍高）会使它较难弯曲，甚至有脆性；然而事实上铂的可塑性很高，与金相近。当时他的铂样本混杂了不少其他铂系元素，如锇和铱等，这增大了铂样本的脆性。要制成可塑的铂化合物，他只能掺入金。如今，人们有制高纯度铂金属的能力。由于铂的晶体结构和许多软金属相似，所以很容易制成很长的铂金属丝。

用途

铂由于有很高的化学稳定性（除王水外不溶于任何酸、碱）和催化活性，因此，应用很广。可与钴合制强磁体。多用来制造耐腐蚀的化学仪器，如各种反应器皿、蒸发皿、坩埚、电极、铂网等，铂和铂铑合金常用作热电偶，来测定 1200～1750℃的温度。还可用于制造首饰。铂在氢化、脱氢、异构化、环化、脱水、脱卤、氧化、裂解等化学反应中均可作催化剂。在医药中，可做抗癌药，铂的化合物如顺铂（cisplatin）则用于癌症的化疗之用。

第8章

过渡金属叙谈

　　过渡金属是指元素周期表中 d 区的一系列金属元素，又称过渡元素。一般来说，这一区域包括 3～12 共 10 个族的元素，但不包括 f 区内的过渡元素。

　　"过渡元素"这一名词首先由门捷列夫提出，用于指代第Ⅷ族元素。他认为从碱金属到锰族是一个"周期"，铜族到卤素又是一个，那么夹在两个周期之间的元素就一定有过渡的性质。这个词虽然还在使用，但已失去了原意。过渡金属元素的一个周期称为一个过渡系，第 4、5、6 周期的元素分别属于第一、二、三过渡系。

　　大多数过渡金属都是以氧化物或硫化物的形式存在于地壳中，只有金、银等几种单质可以稳定存在。

　　最典型的过渡金属是 4～10 族。铜一族能形成配合物，但由于 d^{10} 构型太稳定，最高价只能达到 +3。靠近主族的稀土金属没有可变价态，也不能形成配合物。12 族元素只有汞有可变价态，锌基本上就是主族金属。由于性质上的差异，有时铜、锌两族元素并不看作是过渡金属，这时 d 区元素这一概念也就缩小至 3～10 族，铜锌两族合称 ds 区元素。

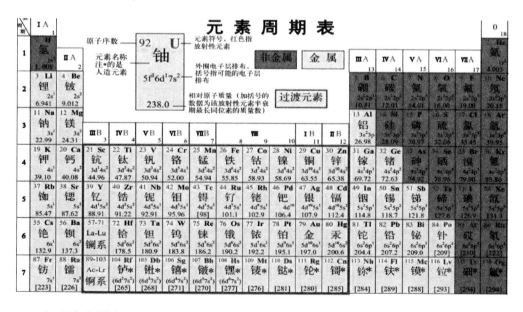

　　在过渡金属中，钪、钇、锕系和镧系放在第 9 章详谈，金、银、铜、铁已经在

第 6 章中趣谈，钌、铑、钯、锇、铱、铂已经在第 7 章中攀谈，而第 7 周期的其他过渡金属会在第 10 章浅谈，因此本章叙谈的过渡金属与元素周期表上的相比，大大减少，仅剩钛、钒、铬、锰、钴、镍、锌、锆、铌、钼、镉、镉、铪、钽、钨、铼、汞等 17 种元素。下面，我们分三个周期一个一个慢慢叙谈。

8.1　第 4 周期

 ## 钛（Ti，titanium）

概述

钛是一种银白色的过渡金属，原子序数为 22，原子量为 22.154，属于元素周期表上的ⅣB族金属元素。钛的熔点为 1660℃，沸点为 3287℃，六方密堆积，密度为 4.54g/cm³，莫氏硬度为 6.0。其特征是质量轻、强度高、有良好的抗腐蚀能力。由于其稳定的化学性质，良好的耐高温、耐低温、抗强酸、抗强碱，以及高强度、低密度，被美誉为"太空金属"。钛最常见的化合物是二氧化钛（俗称钛白粉）。钛耐湿氯气腐蚀，但不能应用于干氯气中，即使是 0℃以下的干氯气，也会与钛发生剧烈的化学反应，生成四氯化钛，再分解生成二氯化钛，甚至燃烧。只有当氯气中的含水量高于 0.5% 的时候，钛在其中才能保持可靠的稳定性。

钛的主要特点是密度小，高于铝而低于铁、铜、镍，但比强度位于金属之首。机械强度大，容易加工。钛的塑性主要依赖于纯度。钛越纯，塑性越大。有良好的抗腐蚀性能，不受大气和海水的影响。钛的导热性和导电性能较差，近似或略低于不锈钢，钛具有超导性，纯钛的超导临界温度为 0.38 ～ 0.4K。

钛的最大缺点是难于提炼。主要是因为钛在高温下化合能力极强，可以与氧、碳、氮以及其他许多元素化合。因此，不论在冶炼或者铸造的时候，人们都小心地防止这些元素"侵袭"钛。在冶炼钛的时候，空气与水当然是严格禁止接近的，甚至连冶金上常用的氧化铝坩埚也禁止使用，因为钛会从氧化铝里夺取氧。人们利用镁与四氯化钛在惰性气体——氦气或氩气中相作用，来提炼钛。

钛被认为是一种稀有金属，这是由于在自然界中其存在分散并难于提取。但其储量相对丰富，在所有元素中居第 10 位。 主要矿物为锐钛矿（anatase）、板钛矿（brookite）、钛铁矿（ilmenite）、钙钛矿（perovskite）、金红石（rutile）、榍石（titanite）及大部分铁矿石（iron ore）。这些矿物中，只有金红石和钛铁矿具有经济价值，但即使是这两种矿物，它们的高浓度矿源仍十分难找。铁钛矿的重要矿源主要分布于澳大利亚西部、加拿大、中国、印度、莫桑比克、新西兰、挪威及乌克兰。钛亦同时存在于几乎所有生物、岩石、水体及土壤中。从主要矿石中萃取出钛需要用到克罗尔法或亨特法。钛最常见的化合物是二氧化钛，可用于制造白色颜料。其他化合物还包括四氯化钛（$TiCl_4$）（作催化剂和用于制造烟幕作空中掩护）及三氯化钛（$TiCl_3$）（用于催化聚丙烯的生产）。钛的矿石主要有钛铁矿和金红石。钛最为突出的两大优点是比强度高和耐腐蚀性强，这就决定了钛必然在航空航天、武器装备、能源、化工、冶金、建筑和交通等领域应用前景广阔。储量丰富为钛的广泛应用提供了资源基础。

发现

1791 年，钛以含钛矿物的形式在英格兰的康沃尔郡被发现，发现者是英格兰业余矿物学家威廉·格雷戈尔（William Gregor，公元 1762—1817 年），当时主业为康沃尔郡的克里特（Creed）教区的牧师。他在邻近的马纳坎（Manaccan）教区的小溪旁找到了一些黑砂，后来他发现了那些砂会被磁铁吸引，他意识到这种矿物（钛铁矿）包含着一种新的元素。经过分析，发现砂里面有两种金属氧化物：氧化铁（砂受磁铁吸引的原因）及一种他无法辨识的白色金属氧化物。意识到这种未被辨识的氧化物含有一种未被发现的金属，格雷戈尔在康沃尔郡皇家地质学会及德国的《化学年刊》（*Crell's Annalen*）发表了这次的发现，这是人类发现的第 29 种元素。大约就在同时，米勒·冯·赖兴斯泰因（Müller von Reichenstein，公元 1740—1825 年）也提取出类似的物质，但却无法辨识它。

1795 年，德国化学家马丁·克拉普罗特在分析匈牙利产的红色金红石时也发现了这种氧化物。他主张采用与铀（1789 年由克拉普罗特本人发现的）命名同样的方法，引用希腊神话中泰坦神族 Titanic 的名字给这种新元素起名为 Titanium，中文按其译音定名为钛。当听闻格雷戈尔较早前的发现之后，克拉普罗特取得了一些马纳坎矿物的样本，也证实它含钛。

格雷戈尔和克拉普罗特当时所发现的钛是粉末状的二氧化钛，而不是金属钛。因为钛的氧化物极其稳定，而且金属钛能与氧、氮、氢、碳等直接激烈地化合，所以单质钛很难制取。直到 1910 年才被美国化学家马修·亨特（Matthew Hunter，公元 1878—1961 年）用钠和 $TiCl_4$ 一起加热至 $700 \sim 800℃$，第一次制得纯度达 99.9% 的金属钛。

但是这时钛的应用仍只限于实验室，直到 1932 年威廉·克罗尔（William Kroll）证明可以利用镁将四氯化钛还原以提炼出钛。八年后他改良了这个过程，当中使用镁甚至是钠来还原钛，后来被称为克罗尔法。尽管研究如何能更有效及便宜地提炼钛的工作仍然持续（如 FFC 剑桥法），但是钛金属的商业提炼还在使用克罗尔法。

用途

钛的密度为 $4.54g/cm^3$，比钢轻 43%，比久负盛名的轻金属镁稍重一些。机械强度却与钢相差不多，是铝的 2 倍，镁的 5 倍。钛耐高温，熔点比钢高近 $500℃$。

钛属于化学性质比较活泼的金属。加热时能与 O_2、N_2、H_2、S 和卤素等非金属作用。但在常温下，钛表面易生成一层极薄的致密的氧化物保护膜，可以抵抗强酸甚至王水的作用，表现出强的抗腐蚀性。因此，一般金属在酸、碱、盐的溶液中变得千疮百孔而钛却安然无恙。

人们常利用钛在高温下化合能力极强的特点。在炼钢的时候，氮很容易溶解在钢水里，当钢锭冷却的时候，钢锭中就形成气泡，影响钢的质量。所以炼钢工人往钢水里加进金属钛，使它与氮化合，变成炉渣——一氮化钛，浮在钢水表面，这样钢锭就比较纯净了。

液态钛几乎能溶解所有的金属，因此可以和多种金属形成合金。钛加入钢而制得的钛钢坚韧而富有弹性。钛与金属 Al、Sb、Be、Cr、Fe 等生成填隙式化合物或金属间化合物。

钛合金制成的飞机比其他金属制成的同样质量的飞机多载旅客 100 多人。制成的潜艇，既能抗海水腐蚀，又能抗深层压力，其下潜深度比不锈钢潜艇增加 80%。同时，钛无磁性，不会被水雷发现，具有很好的反水雷作用。

钛具有"亲生物"性，因此被广泛用于制医疗器械，制人造髋关节、膝关节、肩关节、头盖骨、主动心瓣、骨骼固定夹。当新的肌肉纤维环包在这些"钛骨"上时，这些钛骨就开始维系着人体的正常活动。

当超音速飞机飞行时，它的机翼的温度可以达到 500℃。即使用比较耐热的铝合金制造机翼，在 200～300℃时也会吃不消，必须有一种又轻、又韧、又耐高温的材料来代替铝合金，而钛恰好能够满足这些要求。钛还能经得住零下一百多摄氏度的考验，在这种低温下，钛仍旧有很好的韧性而不发脆。

利用钛和锆对空气的强大吸收力，可以除去空气，造成真空。比如，利用钛制成的真空泵，能达到 $10^{-7}Pa$ 的压强。

重要的钛化合物有：二氧化钛（TiO_2）、四氯化钛（$TiCl_4$）、偏钛酸钡（$BaTiO_3$）。

纯净的二氧化钛是白色粉末，是优良的白色颜料，商品名称"钛白"。它兼有铅白（$PbCO_3$）的遮盖性能和锌白（ZnO）的持久性能。因此，人们常把钛白加在油漆中，制成高级白色油漆；在造纸工业中作为填充剂加在纸浆中；纺织工业中作为人造纤维的消光剂；在玻璃、陶瓷、搪瓷工业上作为添加剂，改善其性能；在许多化学反应中用作催化剂。在化学工业日益发展的今天，二氧化钛及钛系化合物作为精细化工产品，有着很高的附加价值，前景十分诱人。

四氯化钛是一种无色液体；熔点为 -23℃、沸点为 136℃，有刺激性气味。它在水中或潮湿的空气中都极易水解，冒出大量的白烟。因此 $TiCl_4$ 在军事上作为人造烟雾剂，尤其是用在海洋战争中。在农业上，人们用 $TiCl_4$ 形成的浓雾覆盖地面，减少夜间地面热量的散失，保护蔬菜和农作物不受严寒、霜冻的危害。

人工制得的 $BaTiO_3$ 具有高的介电常数，由它制成的电容器有较大的容量，更重要的是 $BaTiO_3$ 具有显著的"压电性能"，其晶体受压会产生电流，一通电，又会改变形状。人们把它置于超声波中，它受压便产生电流，通过测量电流强弱可测出超声波强弱。几乎所有的超声波仪器中都要用到它。随着钛酸盐的开发利用，它愈来愈广泛地用来制造非线性元件、介质放大器、电子计算机记忆元件、微型电容器、电镀材料、航空材料、强磁、半导体材料、光学仪器、试剂等。

钛、钛合金及钛化合物的优良性能使其应用面极广。然而，生产成本之高，又使应用受到限制。即使是一副钛合金眼镜架，价格也不菲。

2 钒（V，vanadium）

概述

钒，银灰色过渡金属，在元素周期表中属 VB 族、第 4 周期，原子序数为 23，原子量为 50.94，体心立方晶体，密度为 5.96g/cm³，熔点为 1890℃，沸点为 3000℃，莫氏硬度大于 5.0。钒的熔点很高，常与铌、钽、钨、钼并称为难熔金属[①]。有延展性，质坚硬，无磁性。具有耐盐酸和硫酸的本领，并且耐气、耐盐、耐水腐蚀的性能要比大多数不锈钢好。室温下致密状态的金属钒较稳定，不与空气、水和碱作用，也能耐稀酸。

钒的盐类的颜色五光十色，有绿的、红的、黑的、黄的，绿的碧如翡翠，黑的犹如浓墨。例如，二价钒盐常呈紫色，三价钒盐呈绿色，四价钒盐呈浅蓝色，四价钒的碱性衍生物常是棕色或黑色，而五氧化二钒则是红色的。这些色彩缤纷的钒的化合物，被制成鲜艳的颜料；把它们加到玻璃中，制成彩色玻璃，也可以用来制造各种墨水。

发现

钒先后被两次发现。第一次是在 1801 年由墨西哥城的矿物学教授安德烈·德尔·里奥（Andrés del Río，公元 1764—1849 年）发现的。他发现它在亚钒酸盐样本中（这个样本就是 $Pb_5(VO_4)_3Cl$），由于这种新元素的盐溶液在加热时呈现鲜艳的红色，所以被取名为"爱丽特罗尼"，即"红色"的意思，并将这种物品送到巴黎。然而，法国化学家推断它是一种被污染的铬矿石，所以没有被人们公认。

第二次发现是在 1830 年，瑞典化学家塞夫斯特伦在研究斯马兰矿区的铁矿时，用酸溶解铁，在残渣中发现了钒。这是人类发现的第 55 种元素。因为钒的化合物的颜色五颜六色，十分漂亮，所以就用北欧神话中一位美丽女神和生育女神凡娜迪丝（Vanadis）的名字命名这种新元素为 Vanadium。中文按其译音定名为钒。塞夫斯

---

① 难熔金属一般指熔点高于 1650℃并有一定储量的金属，如钨、钼、铌、钽、钒、锆，也可以包括铼和铪。这类金属的特点为熔点高、硬度大、抗蚀性强，多数能同碳、氮、硅、硼等生成高熔点、高硬度并有良好化学稳定性的化合物。

特伦、维勒、贝采里乌斯等都曾研究过钒，确认钒的存在，但他们始终没有分离出单质钒。与此同时，另一位来自锡马潘（墨西哥）的化学家沃勒，也在对另一种钒矿石进行研究。

1840年，俄罗斯矿物工程师苏宾写道，"含铜生铁、黑铜、铜锭是含钒合金，由于钒的存在，使它们具有较高的硬度"。

1869年，英国化学家罗斯（H. Rose，公元1833—1915年）用氢气还原二氧化钒，才第一次制得了纯净的金属钒，而且他证明了之前的金属样本其实是氮化钒（VN）。

用途

在钢中加入百分之几的钒，就能使钢的弹性、强度大增，抗磨损和抗爆裂性极好，既耐高温又抗奇寒。在汽车、航空、铁路、电子技术、国防工业等部门，到处可见到钒的踪迹。此外，钒的氧化物已成为化学工业中最佳催化剂之一，有"化学面包"之称。钒主要用于制造高速切削钢及其他合金钢和催化剂。把钒掺进钢里，可以制成钒钢。钒钢比普通钢结构更紧密，韧性、弹性与机械强度更高。钒钢制的穿甲弹，能够射穿40cm厚的钢板。但是，在钢铁工业上，并不是把纯的金属钒加到钢铁中制成钒钢，而是直接采用含钒的铁矿炼成钒钢。

钒具有众多优异的物理性能和化学性能，因而钒的用途十分广泛，有金属"维生素"之称。最初的钒大多应用于钢铁，通过细化钢的组织和晶粒，提高晶粒粗化温度，从而增加钢的强度、韧性和耐磨性。后来，人们逐渐又发现了钒在钛合金中的优异改良作用，并应用到航空航天领域，从而使航空航天工业取得了突破性的进展。随着科学技术水平的飞跃发展，人类对新材料的要求日益增加。钒在非钢铁领域的应用越来越广泛，其范围涵盖了航空航天、化学、电池、颜料、玻璃、光学、医药等众多领域。

钒有多种价态（2+、3+、4+、5+），其中4+和5+是有生物学意义的。四价态钒为氧钒基阳离子，易与蛋白质结合形成复合物，而防止被氧化。五价态钒为氧钒基阳离子，易与其他生物物质结合形成复合物。在许多生化过程中，钒酸根能与磷酸根竞争，或取代磷酸根。钒酸盐可被维生素C、谷胱甘肽或NADH（Nicotinamide adenine dinucleotide）还原。钒在人体内含量极低，体内总量不足1mg，主要分布于内脏，尤其是肝、肾、甲状腺等部位，骨组织中含量也较高。人体对钒的正常需要量为100μg/d。

3　铬（Cr，chromium）

概述

铬，属于元素周期表中ⅥB族过渡金属元素，原子序数为24，原子量为51.996，密度为7.19g/cm³，熔点为1857℃，沸点为2672℃。体心立方晶体，常见化合价为

+3、+6 和 +2，电离能为 6.766eV。铬是一种银白色金属，质极硬而脆，莫氏硬度为 9.0，耐腐蚀；属不活泼金属，常温下对氧和湿气都稳定。

铬在地壳中的含量为 0.01%，居第 17 位。自然界不存在游离状态的铬，主要含铬矿石是铬铁矿。铬被广泛应用于冶金、化工、铸铁、耐火等领域。

发现

1761 年，法国人约翰·莱曼（Johann Lehmann）在乌拉尔山区发现一种橘红色的金属矿，取名为"西伯利亚红铅"，但这种矿石实际上是由铬铅矿构成。1770 年，彼得·帕拉斯（Peter Pallas，公元 1741—1811 年）在同一个地点，见到这种矿石。这种金属被带回欧洲后，被当成颜料用于油画等。当时欧洲的铬铅矿都需要由俄国进口，产量不大。

1797 年，法国化学家沃克兰用一份西伯利亚红色含铅矿粉末和两份碳酸钾同煮，除得到了意料之中的碳酸铅外，还有一种性质不明的鲜黄色液体；当在这种液体中加入氯化汞后，就转变成一种美丽的红色溶液；当加入铅盐溶液后，又出现了鲜艳的黄色沉淀物；再加入氯化亚锡后，又变成了绿色溶液。他便确定这种矿石中含有一种未知的元素。不过，沃克兰这时发现的并不是铬单质，两年后，他才制得纯净的金属铬。这是人类发现的第 31 种元素，沃克兰为其命名的拉丁文名称为chromium。该名源于希腊文 chroma，意思是"彩色"；并用拉丁文名称第一个字母的大写与第三个字母的小写得到铬的元素符号 Cr。差不多在同一个时期里，克拉普罗特也从铬铅矿中独立地发现了铬。

铬

用途

铬用于制不锈钢、汽车零件、工具、磁带和录像带等。铬镀在金属上可以防锈，俗称"克罗米"，意为坚固美观。由于铬合金性脆，作为金属材料使用受到一定限制，铬主要以铁合金（如铬铁）形式用于生产不锈钢及各种合金钢。金属铬用作铝合金、钴合金、钛合金及高温合金、电阻发热合金等的添加剂。氧化铬用作耐光、耐热的涂料，也可用作磨料，玻璃、陶瓷的着色剂，化学合成的催化剂。碱式硫酸铬（三价铬盐）用作皮革的鞣剂。铬矾、重铬酸盐用作织物染色的媒染剂、浸渍剂及各种颜料。镀铬和渗铬可使钢铁和铜、铝等金属形成抗腐蚀的表层，并且光亮美观，大量用于家具、汽车、建筑等工业。此外，铬矿石还大量用于制作耐火材料。红、绿宝石的色彩也来自于铬。作为现代科技中最重要的金属之一，以不同百分比熔合的铬镍钢千变万化，种类繁多，令人难以置信。

铬的毒性与其存在的价态有关，六价铬比三价铬毒性高 100 倍，并易被人体吸收且在体内蓄积，三价铬和六价铬可以相互转化。天然水中不含铬；海水中铬的平均浓度为 0.05μg/L；饮用水中更低。铬的污染源有含铬矿石的加工、金属表面处理、皮革鞣制、印染等排放的污水。

铬是人体内必需的微量元素之一，它在维持人体健康方面起关键作用。铬是对人体十分有利的微量元素，不应该被忽视，它是正常生长发育和调节血糖的重要元素。当缺乏铬时，就很容易表现出糖代谢失调，如不及时补充，就会患糖尿病，诱发冠状动脉硬化导致心血管病，严重的会导致白内障、失明、尿毒症等并发症。

但铬是一种毒性很大的重金属，容易进入人体细胞，对肝、肾等内脏器官和 DNA 造成损伤，在人体内蓄积具有致癌性并可能诱发基因突变。由此，铬吸收超标对人体是一件严重的事情。

1994 年，秦始皇陵兵马俑二号坑开挖，坑中取出来一批秦代青铜剑，经过检验后发现其外层含有约 10μm 的铬盐化合物，可惜使用的涂布工艺已失传，铸造的实际年代与当时是否拥有铬提炼法，目前还不清楚。

 # 锰（Mn，manganese）

概述

锰最早的使用可以追溯到石器时代。早在 17000 年前，锰的氧化物（软锰矿）就被旧石器时代晚期的人们当作颜料用于洞穴的壁画上，后来在古希腊斯巴达人使用的武器中也发现了锰。古埃及人和古罗马人则使用锰矿给玻璃脱色或染色。

锰是银白色金属，质坚而脆，属于ⅦB族元素，密度为 7.44g/cm³，熔点为 1244℃，沸点为 2061，莫氏硬度为 6.0。在固态状态时它以四种同素异形体存在：α锰（体心立方）、β锰（立方）、γ锰（面心立方）、δ锰（体心立方）。

发现

一直到 18 世纪的 70 年代以前，化学家们仍认为软锰矿是含锡、锌和钴等的矿物。18 世纪后期，瑞典化学家柏格曼（T.O. Bergman）研究了软锰矿，认为它是一种新金属氧化物，并曾试图分离出这种金属，却没有成功。瑞典化学家舍勒也同样没有从软锰矿中提取出金属，便求助于他的好友、柏格曼的助手——约翰·甘恩（Johan Gahn，公元 1745—1818 年）。1774 年，甘恩用舍勒提纯的软锰矿粉和木炭在坩埚中加热 1h 后得到了纽扣状的金属锰块，柏格曼将它命名为 manganese。锰是人类发现的第 22 种元素。锰的拉丁文名称为 manganum，源于拉丁文 magnes，意即"具磁性的"，但只有经过特殊处理的锰才会具有磁性。

用途

锰在钢铁工业中主要用于钢的脱硫和脱氧；也用作为合金的添加料，以提高钢的强度、硬度、弹性极限、耐磨性和耐腐蚀性等；在高合金钢中，还用作奥氏体化合元素，用于炼制不锈钢、特殊合金钢、不锈钢焊条等。此外，还用于有色金属、化工、医药、食品、分析和科研等方面。

锰钢的"脾气"十分古怪而有趣：如果在钢中加入 2.5% ～ 3.5% 的锰，那么所制得的低锰钢脆得简直像玻璃一样，一敲就碎。然而，如果加入 13% 以上的锰，制成高锰钢，那么就变得既坚硬又富有韧性。高锰钢加热到淡橙色时，变得十分柔软，易进行各种加工。另外，它没有磁性，不会被磁铁所吸引。如今，人们大量用锰钢制造钢磨、滚珠轴承、推土机与掘土机的铲斗等经常受磨的构件，以及轨道、桥梁等。新建的上海文化广场观众厅的屋顶，采用新颖的网架结构，用几千根锰钢钢管焊接而成。在纵 76m、横 138m 的扇形大厅里，中间没有一根柱子。由于用锰钢作为结构材料，非常结实，而且用料比别的钢材省，平均每平方米的屋顶只用 45kg 锰钢。在军事上，用高锰钢制造钢盔、坦克钢甲、穿甲弹的弹头等。炼制锰钢时，是把含锰达 60% ～ 70% 的软锡矿和铁矿一起混合冶炼而成的。

锰是正常机体必需的微量元素之一，它构成体内若干种有重要生理作用的酶，正常情况人体每天从食物中摄入锰 3 ～ 9μg。成年人每日锰供给量为 0.1mg 每千克体重。食物中茶叶、坚果、粗粮、干豆含锰最多，蔬菜和干鲜果中锰的含量略高于肉、乳和水产品，鱼肝、鸡肝含锰量比其肉多。当正常人出现体重减轻、性功能低下、头发早白时，可怀疑锰摄入不足。

⑤ 铁（Fe，iron，ferrum）

铁在第 6 章五金中趣谈，这里不再赘述。

⑥ 钴（Co，cobalt）

概述

钴，银白色铁磁性金属，表面呈银白色，略带淡粉色，在周期表中位于第 4 周期、第Ⅷ族，原子序数为 27，原子量为 58.93，密排六方晶体结构，密度为 8.9g/cm³，熔点为 1495℃，沸点为 2870℃，莫氏硬度为 5.0。钴是具有光泽的钢灰色金属，比较硬而脆，有铁磁性，加热到 1150℃时铁磁性消失。

钴的化合价为 +2 价和 +3 价。在常温下不和水反应，即使在潮湿的空气中也很稳定。在空气中加热至 300℃以上时氧化生成 CoO，在白热时燃烧成 Co_3O_4。氢还原法制成的细金属钴粉在空气中能自燃生成氧化钴。钴是生产耐热合金、硬质合金、防腐合金、磁性合金和各种钴盐的重要原料。

世界卫生组织国际癌症研究机构公布的致癌物清单中，钴和钴化合物列为 2B 类致癌物。

发现

关于钴，在中国古代就已知并用于陶器釉料，古希腊人和古罗马人曾利用它的化合物制造有色玻璃，生成美丽的深蓝色。中国唐代彩色瓷器上的蓝色也是由于有钴的化合物存在。含钴的蓝色矿石辉钴矿（CoAsS），在中世纪的欧洲被称为 kobalt，它首先出现在 16 世纪居住在捷克的德国矿物学家阿格里科拉的著作里，这一词在德文中原意是"妖魔"。这可能是因为当时他认为这种矿石是无用的，而且由于辉钴矿中含砷，妨害工人的身体健康才使用的。今天钴的拉丁名称 cobaltum 和元素符号 Co 正是由德文中"妖魔"一词而来，这是由当时的人们对新事物的不了解所致。1735 年，瑞典化学家格·布兰特（G. Brandt）对"妖魔矿石"进行持续加热。当加热到 500℃时，从辉钴矿中分离出浅玫色的灰色金属，这是纯度较高的金属钴。钴是人类发现的第 16 种元素。因此布兰特被人们认为是钴的发现者。

1780 年，瑞典化学家伯格曼制得纯钴，确定钴为金属元素。

1789 年，拉瓦锡首次把它列入元素周期表中。

用途

钴的物理、化学性质决定了它是生产耐热合金、硬质合金、防腐合金、磁性合金和各种钴盐的重要原料。钴基合金或含钴合金钢被用作燃气轮机的叶片、叶轮、导管、喷气发动机、火箭发动机、导弹的部件和化工设备中各种高负荷的耐热部件，以及原子能工业的重要金属材料。钴作为粉末冶金中的黏结剂能保证硬质合金有一定的韧性。磁性合金是现代化电子和机电工业中不可缺少的材料，用来制造声、光、电和磁等器材的各种元件，钴也是永久磁性合金的重要组成部分。在化学工业中，钴除用于高温合金和防腐合金外，还用于有色玻璃、颜料、珐琅及催化剂、干燥剂等。

钴基合金是由钴和铬、钨、铁、镍中的一种或几种制成的合金的总称。含有一定量钴的刀具钢可以显著地提高钢的耐磨性和切削性能。含钴 50% 以上的"司太立特"（Stellite）硬质合金即使加热到 1000℃也不会失去其原有的硬度。航空航天技术中应用最广泛的合金是镍基合金，也可以使用钴基合金，但两种合金的"强度机制"不同。含钛和铝的镍基合金强度高，是因为合金中形成了组成为 NiAl（Ti）的相强化剂，但当运行温度高时，相强化剂颗粒就转入固溶体，这时合金很快失去强度。钴基合金的耐热性高是因为形成了难熔的碳化物，这些碳化物不易转为固体熔体，扩散活动性小，当温度在 1038℃ 以上时，钴基合金的优越性就显示无遗。当用于制造高效率的高温发动机时，钴基合金就恰到好处。在航空涡轮机的结构材料中使用含 20%～27% 铬的钴基合金时，可以不需要保护覆层就能使材料达到高抗氧化性。

钴是磁化一次就能保持磁性的少数金属之一。在热作用下，失去磁性的温度点称为居里点，铁的居里点为 769℃，镍为 358℃，钴可达 1150℃。含有 60% 钴的磁性钢要比一般磁性钢的矫顽磁力提高 2.5 倍。在振动下，一般磁性钢失去差不多 1/3 的磁性，而钴钢仅失去 2%～3.5% 的磁性。因而钴在磁性材料上的优势就很明显。钴金属在电镀、玻璃、染色、医药医疗等方面也有广泛应用。用碳酸锂与氧化钴制成的钴酸锂是现代应用最普遍的高能电池正极材料。钴还可能用来制造核武器，一种理论上的原子弹或氢弹，装于钴壳内，爆炸后可使钴变成致命的放射性尘埃。

钴 -60

钴 -60（^{60}Co）是金属元素钴的放射性同位素之一，其半衰期为 5.27 年。它会通过 β 衰变放出能量高达 315keV 的高速电子而衰变成为镍 -60，同时会放出两束 γ 射线。

钴 -60 放射源的应用非常广泛，几乎遍及各行各业。在农业上，常用于辐射育种、刺激增产、辐射防治虫害和食品辐照保藏与保鲜等；在工业上，常用于无损探伤、辐射消毒、辐射加工、辐射处理废物，以及用于厚度、密度、物位的测定和在线自动控制等；在医学上，常用于癌和肿瘤的放射治疗。

钴 -60 具有极强的辐射性，能导致脱发，会严重损害人体血液内的细胞组织，造成白细胞减少，引起血液系统疾病，如再生性障碍贫血症，严重的会使人患上白血病（血癌），甚至死亡。

1992 年 11 月 19 日，山西省忻州市一位农民张某在忻州地区环境检测站宿舍工地干活时，捡到一个亮晶晶的小东西，便放进了上衣口袋里。几小时后，便出现了恶心、呕吐等症状。十几天后，便不明不白地死去。没过几天，在他生病期间照顾他的父亲和弟弟也得了同样的"病"而相继去世，妻子也病得不轻。后来经过医务工作者的调查，才找到了真正的病因，那个亮晶晶的小东西是废弃的钴 -60，其放射性强度高达 3.7×10^{10} 贝可勒尔[①]。

钴 -60 要用铅容器密闭保存，存放于地下深井中。工作环境中有钴 -60 放射性元素时，一定要穿专用防护服，佩戴辐射剂量卡。

---

① 放射性强度单位为贝可勒尔（Becquerel，Bq），表示每秒放射出一个粒子。

7 ## 镍（Ni，niccolum）

概述

镍是一种有光泽的银白色金属，其银白色带一点淡金色，原子序数为28，原子量为58.69，面心立方结构，密度为8.91g/cm³，熔点为1455℃，沸点为2913℃，莫氏硬度为4.0。镍属于过渡金属，质硬，具有延展性。

纯镍的化学活性相当高，这种活性可以在反应表面积最大化的粉末状态下看到，但大块的镍金属与周围的空气反应缓慢，因为其表面已形成了一层带保护性质的氧化物。即使如此，由于镍与氧之间的活性也够高，所以在地球表面还是很难找到自然金属镍。地球表面的自然镍都被封在较大的镍铁陨石里面，这是因为陨石在太空的时候接触不到氧气。在地球上，自然镍总会和铁结合在一起，这点反映出它们都是超新星核合成主要的最终产物。一般认为地球的地核就是由镍铁混合物所组成。

发现

由于镍矿石很容易被误认为银矿石，因此对这种金属的认识和使用是相对近期的事。然而，偶然使用到镍是一件自古已有的事，可追溯至公元前3500年。在现今叙利亚境内出土的青铜含镍量可高达2%。此外，中国有文献记载在公元前1700—公元前1400年期间已经有人使用白铜（一种铜镍合金）。英国早在17世纪就已经从中国进口这种白铜，但这种合金含镍的事实直到1822年才被发现。

中世纪的德国人在厄尔士山脉（位于德国和捷克边界）发现了一种跟铜矿石很像的红色矿物。然而，矿工们却未能从中提炼到铜，因此他们就把这种困扰归咎于他们传说中的妖精Nickel（与英语中魔鬼别称"Old Nick"相近）。他们把这种矿石命名为"铜妖"（kupfernickel，其中kupfer是"铜"的意思）。这种矿石就是现在的红砷镍矿，它是一种镍的砷化物。

1751年，工作于斯德哥尔摩的阿克塞尔·克龙斯泰特（Alex Cronstedt，公元1722—1765年）正研究一种新的金属——称为红砷镍矿（NiAs）——其来自瑞典的海尔辛兰的Los。他以为其包含铜，但他提取出的是一种新的白色金属，因此他用为矿石命名的妖精名字"Nickel"来为这种金属命名。这是人类发现的第17种元素。现代德语中，由于原来"铜妖"一字中的"妖"变成了镍的名字，因此原来的kupfernickel（又作kupfer-nickel）就另外有了"镍铜"的意思，所以用于称呼白铜。

许多化学家认为它是钴、砷、铁和铜的合金——这些元素以微量的污染物出现。直到1775年纯净的镍才被托尔本·伯格曼制取，这才确认了它是一种元素。

镍在被发现以后的唯一来源就是罕见的"铜妖"矿石。直至1822年，才开始从制作钴蓝色染料的副产品中取得镍。最早大规模生产镍的国家是挪威，他们自1848年开始就用本地含镍量高的磁黄铁矿生产镍。在1889年铁的生产中引入了镍，因此镍的需求量增加。新喀里多尼亚的镍矿床在1865年被发现，于1875年至1915年间为全世界提供了大部分的镍。之后发现了更多大型的镍矿床，使镍的真正大规模生产变得可行，这些矿床为 1883 年发现的加拿大索德柏立盆地（Sudbury Basin）、1920 年发现的俄罗斯诺里尔斯克 - 塔尔纳赫和 1924 年发现的南非梅伦斯基暗礁（Merensky Reef）。

用途

因为镍的抗腐蚀性好，常被用在电镀上。镍镉电池中含有镍。

镍主要用于合金（配方）（如镍钢和镍银）及用作催化剂（如拉内镍，尤指用作氢化的催化剂），还可用来制造货币等，镀在其他金属上可以防止生锈。主要用来制造不锈钢和其他抗腐蚀合金，如镍钢、镍铬钢及各种有色金属合金，含镍成分较高的铜镍合金，就不易腐蚀。也用作加氢催化剂和用于陶瓷制品、特种化学器皿、电子线路、玻璃着绿色以及镍化合物制备等。

电解镍是使用电解法制成的镍，用它制造的不锈钢和各种合金钢被广泛地用于飞机、坦克、舰艇、雷达、导弹、宇宙飞船和民用工业中的机器制造、陶瓷颜料、永磁材料、电子遥控等领域。

镍从 19 世纪开始就成为铸造硬币的材料。在美国，Nickel（镍，或其简称 Nick）这个昵称原本指的是由铜及镍铸成的 1 美分飞鹰硬币，这种硬币在 1857—1858 年间把纯铜成分中的 12% 换成镍。之后 1859—1864 年流通的印第安头像硬币也用了一样的合金成分，因此也用上了这个昵称。要注意的是在之后的 1865 年，在镍成分提高至 21% 后，这个昵称就被改作"3 美分硬币"。1866 年，5 美分盾牌硬币名正言顺地以 25% 的镍含量（其余 75% 为铜）承继了这个昵称。时至今日，对于 5 美分硬币，当年的合金比例与昵称仍然在用。瑞士于 1881 年最早使用几乎以纯镍铸造的硬币，而最有名的镍币当数 1922—1981 年期间，由加拿大（当时世界最大的镍生产国）铸造的含镍量达 99.9% 的 5 加分硬币，而高含镍量使得这些硬币带磁性。第二次世界大战期间的 1942—1945 年，由于镍在装甲中的功用使其成为战争资源，所以美国和加拿大都把硬币中的大部分或全部的镍成分换掉。

⑧ 铜（Cu，copper，cuprum）

铜在第 6 章五金中已作趣谈，这里不再赘述。

⑨ 锌（Zn，zinc）

概述

锌，原子序数是 30，相对原子质量是 65.39，密堆六方结构，密度为 7.14g/cm^3，熔点为 420℃，沸点为 907℃，莫氏硬度为 2.5，抗磁性。锌由于形、色类似铅，故也称为亚铅，古称倭铅。锌是第四"常见"的金属。在化学元素周期表中位于第4周期、第ⅡB族。在现代工业中，锌是电池制造上有不可替代的，为一种相当重要的金属。此外，锌也是人体必需的微量元素之一，起着极其重要的作用。

在常温下锌是硬而易碎的，且带有蓝银色光泽，但在100～150℃下会变得有韧性。当温度超过210℃时，锌又重新变脆，可以用锤子敲打来粉碎它。锌的电导率居中。在所有金属中，它的熔点和沸点相对较低。除了汞和镉以外，它的熔点是所有过渡金属里最低的。在某些方面，锌的化学性质与镁相似：两者皆呈现单一氧化态（+2），且Zn^{2+}和Mg^{2+}大小相似。锌为地壳中含量第24多的元素，有5种稳定的同位素。最常见的含锌矿石为闪锌矿，是锌硫化物。

发现

人们在古罗马和古希腊时就知道锌金属，但很少使用。锌也是人类自远古时就知道其化合物的元素之一。锌矿石和铜熔化制得合金——黄铜，早为古代人们所利用。但金属状锌的获得比铜、铁、锡、铅要晚得多，一般认为这是由于碳和锌矿共热时，温度很快高达1000℃以上，而金属锌的沸点是906℃，故锌即成为蒸气状态，随烟散失，不易为古代人们所察觉，只有当人们掌握了冷凝气体的方法后，单质锌才有可能被取得。锌是人类发现的第10种元素。

公元6世纪，锌的大规模精炼已在中国进行。在10—11世纪中国是首先大规模生产锌的国家。明朝末年宋应星所著的《天工开物》一书中有世界上最早的关于炼锌技术的记载。1750—1850年人们已开始用氧化锌和硫化锌来治病。1745年，东印度公司的船在瑞典的海岸沉没，其运载的货物是中国的锌，分析打捞的铸锭证明了它们是几乎纯净的金属。

在1668年，佛兰德斯（今比利时北部和荷兰南部地区）的冶金家莫拉斯·德·里斯坡（Moras de Respour），从氧化锌中提取了金属锌，但欧洲认为锌是由德国化学家安德里亚斯·马格拉夫（Andreas Marggraf，公元1709—1782年）在1746年发现的，而且的确是他第一个确认了其是一种新的金属。此元素可能是由炼金术士帕拉塞尔苏斯（Paracelsus，公元1493—1541年）经德语Zinke（"叉、牙齿"之意）命名。

用途

锌最主要的应用为抗腐蚀的铁镀锌（热浸镀锌），最具代表性的用途为"镀锌铁板"，该技术被广泛用于汽车、电力、电子及建筑等各种产业中。锌还应用于电池、小型非结构铸件及合金（如黄铜）等。人们在生活中普遍地使用各种锌化合物，例如碳酸锌和葡萄糖酸锌（膳食补充剂）、氯化锌（除臭剂）、吡硫锌（去屑洗发精）、硫化锌（荧光涂料），及有机实验室的二甲基锌或二乙基锌。

锌合金是以锌为基础加入其他元素组成的一种合金。根据加入的元素不同可分成不同的种类，从而形成不同种类的低温锌合金。许多合金都包含锌元素，比如黄铜就是锌和铜的合金。其他可与锌组成二元合金的金属包括铝、锑、银、锡、镁、钴、镍、碲、镉、铅、钛和钠。虽然锌和锆均非铁磁材料，它们的合金 $ZrZn_2$ 却能在 35K 时表现出铁磁性。

锌是人体必需的微量元素之一，在人体生长发育过程中起着极其重要的作用，常被人们誉为"生命之花"和"智力之源"，包含产前生长及产后发育。全球约有二十亿人受到缺锌症的影响及其连带的疾病。若儿童缺锌，将导致生长迟缓、性晚熟、免疫力下降及头发稀疏，色无光泽。成人锌缺乏会导致免疫力低下、食欲不振、下痢、掉发、夜盲、前列腺肥大、男性生殖功能减退、动脉硬化、贫血等问题。锌缺乏导致腹泻的过程包括肠细胞绒毛结构破坏、含锌消化酵素减少、发炎造成肠壁水肿、消化道免疫力变差。缺锌与腹泻容易形成恶性循环，腹泻更减少锌吸收，增加锌的流失，造成双重的缺锌原因。缺锌常发生在老人、婴幼儿、胰脏功能不全、肠病变或肠手术者的身上。

19 世纪末，路易吉·伽伐尼（Luigi Galvani，公元 1737—1798 年）和亚历山德罗·伏打揭示了锌的电化学性质。伏打就是利用锌和铜，发明了电池。

8.2　第 5 周期

 锆（Zr，zirconium）

概述

锆是一种金属元素，位于元素周期表中第ⅣB族，原子序数是 40，原子量为 91.224，密度为 $6.49g/cm^3$，六方密堆结构，熔点为 1852℃，沸点为 4377℃，莫氏硬度为 5.0。

锆的原文名称 zirconium 来自"锆石"（德文：zirkon）。

早在几个世纪前，锆石（$ZrSiO_4$）已经被人类用作珠宝。锆石在《圣经》中也有被提及，称其是以色列人祭司佩戴的 12 种宝石之一。锆石具有从橙到红的各种美丽的颜色，无颜色的锆石经过切割后会呈现出夺目的光彩。因此，锆石在很长一段时间内被误认为是一种软质的钻石。锆石的名字源于波斯文زرگون（zargun），意思为"金色"，因为一些锆石珠宝的颜色很夺目。锆石的颜色有很多种，红色、棕色、绿色和黄色比较普遍。

锆是一种银白色、坚硬且带有光泽的过渡金属，与铪极为相似，与钛的相似性稍低。

锆在室温时为有延展性，有光泽的灰白色金属；但在纯度较低时则硬且易碎。粉末状时极易燃，固体则不燃。其与锌的合金在低于 35K（−238℃）时具有磁性。锆的电负度为 1.33，在 d 区元素里排名倒数第五，在铪、钇、镧和锕之前。室温时锆呈六方最密堆积的结晶，称为 α 锆；而在 863℃时则会转变为体心立方结晶的 β 锆，锆会处于 β 锆状态直到温度上升至熔点。

锆因其制取工艺复杂，不易被提取，所以也常被称为"稀有金属"。事实上，锆在地壳中的含量约为 0.025%，居第 19 位，几乎与铬相等，比常见的金属铜、铅、镍、锌还多，但分布非常分散。锆在空气中表面易形成一层氧化膜，具有光泽，外观与钢相似。高温时，可与许多元素反应。生成固体溶液化合物，锆的耐腐蚀性优于钛，与钽、铌接近。鉴于锆良好的可塑性，常被加工成板、丝等。锆在加热时能大量地吸收氧、氢、氮等气体，可用作贮氢材料。锆作为一种相对稀缺性资源，被广泛地应用于电子、陶瓷、玻璃、石化、建材、医药、纺织以及日用品等领域。澳大利亚和南非是锆资源集中地，中国和欧洲是锆的主要消费地区。

发现

含锆的天然硅酸盐 $ZrSiO_4$ 称为锆石（zircon）或风信子石（hyacinth），广泛分布于自然界中，具有从橙到红的各种美丽的颜色，自古以来被认为是宝石，据说 zircon 一词来自阿拉伯文 zarqūn，意思是"朱砂"，又说是来自波斯文 zargun，意思是"金色"，hyacinth 则来自希腊文的"百合花"一词。印度洋中的岛国锡兰（今斯里兰卡）盛产锆石。包含锆的宝石作为锆石的形式在古代就已知了。

1789 年，德国人马丁·克拉普罗特证明了锆石并不是钻石，澄清了人们对锆石的误解。他对锆石进行研究时发现，将它与氢氧化钠共熔，再用盐酸溶解冷却物，在溶液中添加碳酸钾，沉淀，过滤并清洗沉淀物。再将沉淀物与硫酸共煮，然后滤去硅的氧化物，在滤液中检查钙、镁、铝的氧化物，均未有所发现。他又在溶液中添加碳酸钾后才发现出现沉淀。这个沉淀物不像氧化铝那样溶于碱液，也不像镁的氧化物那样和酸反应，克拉普罗特认为这个沉淀物和以前所知的氧化物都不一样，是由 zirkonerde（锆土，德文）构成的，这是人类发现的第 27 种元素。

不久，法国化学家德·莫洛（de Morueau）和沃克兰两人都证实克拉普罗特的分析是正确的，该元素拉丁名为 zirconium，符号记为 Zr。当时无法提取出纯锆，因为它与铪的化学性质很相似，而铪常常与锆共同赋存在锆矿石中。直到 35 年之后，1824 年，瑞典化学家贝采里乌斯首次制取出纯锆。当时，还有其他几位化学家也致力于这项工作，但是都没能成功。贝采里乌斯通过将钾和氟锆酸钾的混合物放置于一个铁管中进行加热成功提取出纯锆。实验所得的黑色粉末状的锆纯度达 93%，之后贝采里乌斯的提纯制出的锆的纯度一直没能再提高。直到 1914 年，荷兰一家金属白热电灯制造厂的研究人员用无水四氯化锆和过量金属钠同盛入一空球中，利用电流加热到 500℃，才取得了纯金属锆。

用途

二氧化锆（ZrO_2）是自然界的矿物原料，主要有斜锆石和锆英石。锆英石系火成岩深层矿物，颜色有淡黄、棕黄、黄绿等，比重为 4.6～4.7，莫氏硬度为 7.5，具有强烈的金属光泽，可作为陶瓷釉原料。纯的二氧化锆是一种高级耐火原料，其熔融温度约为 2900℃，它可提高釉的高温黏度和扩大黏度变化的温度范围，有较好的热稳定性，其含量为 2%～3% 时，能提高釉的抗龟裂性能，还因它的化学惰性大，故能提高釉的化学稳定性和耐酸碱能力，还能起到乳浊剂的作用。在建筑陶瓷釉料中多使用锆英石，一般用量为 8%～12%，并为"釉下白"的主要原料。二氧化锆为黄绿色颜料良好的助色剂，若想获得较好的钒锆黄颜料必须选用质纯的二氧化锆。

硅酸锆（$ZrSiO_4$），折射率高（1.93～2.01），化学性能稳定，是一种优质、价廉的乳浊剂，被广泛用于各种建筑陶瓷、卫生陶瓷、日用陶瓷、一级工艺品陶瓷等的生产中，在陶瓷釉料的加工生产中，使用范围广，应用量大。硅酸锆之所以在陶瓷生产中得以广泛应用，还因为其化学稳定性好，因而不受陶瓷烧成气氛的影响，且能显著改善陶瓷的坯釉结合性能，提高陶瓷釉面硬度。硅酸锆也在电视行业的彩色显像管、玻璃行业的乳化玻璃、搪瓷釉料生产中得到了进一步的应用。硅酸锆的熔点高达 2500℃，所以在耐火材料、玻璃窑炉锆捣打料、浇注料、喷涂料中也被广泛应用。

锆和锂及钛一样能强烈地吸收氮、氢、氧等气体。当温度超过 900℃，锆能猛烈地吸收氮气。在 200℃ 的条件下，100g 金属锆能够吸收 817L 氢气，相当于铁的 80 多万倍。锆的这种特性已被广泛利用，比如，在电真空工业中，人们广泛利用锆粉涂在电真空元件和仪表的阳极和其他受热部件的表面上，吸收真空管中的残余气体，制成高度真空的电子管和其他电真空仪表，从而提高它们的质量，延长它们的使用时间。

锆还可以用作冶金工业的"维生素"，发挥它强有力的脱氧、除氮、去硫的作用。钢里只要加进千分之一的锆，硬度和强度就会惊人地提高；含锆的装甲钢、不锈钢和耐热钢等，是制造装甲车、坦克、大炮和防弹板等国防武器的重要材料。把锆掺进铜里，抽成铜线，导电能力并不减弱，而熔点却大大提高，用作高压电线非常合适。含锆的锌镁合金，又轻又耐高温，强度是普通镁合金的两倍，可用到喷气发动机构件的制造上。

锆的热中子俘获截面小，有突出的核性能，是发展原子能工业不可缺少的材料，可作反应堆芯结构材料。锆粉在空气中易燃烧，可作引爆雷管及无烟火药。锆可用于优质钢脱氧去硫的添加剂，也是装甲钢、大炮用钢、不锈钢及耐热钢的组元。锆是镁合金的重要合金元素，能提高镁合金的抗拉强度和加工性能。锆还是铝镁合金的变质剂，能细化晶粒。

② 铌（Nb，niobium）

概述

铌，原子序数 41，原子量为 92.91，体心立方结构，密度为 8.57g/cm³，熔点为 2477℃，沸点为 4744℃，莫氏硬度为 6.0，是一种良好的超导体。铌旧称"钶"

（columbium，化学符号 Cb），原在美洲使用。1949 年，IUPAC 决定采用欧洲使用的名称。铌是一种质软的灰色可延展过渡金属，一般出现在烧绿石和铌铁矿中。

铌是一种银灰色、质地较软且具有延展性的稀有高熔点金属。常温下，铌不与空气发生反应，在氧气中红热时也不会被完全氧化。铌在高温下能与硫、氮、碳直接化合。铌不与无机酸或碱发生反应，也不溶于王水，但可溶于氢氟酸。铌在地壳中的含量为 20ppm，铌资源分布也相对集中。由于铌具有良好的超导性、熔点高、耐腐蚀、耐磨等特点，被广泛应用到钢铁、超导材料、航空航天、原子能等领域。

发现

查理斯·哈切特（Charles Hatchett，公元 1765—1847 年）在 1801 年考察大英博物馆的矿石时，被一个标签为"columbite（钶铁矿）"的样本激起了兴趣，推测其包含一种新的金属。他加热一块样本与碳酸钾，溶解产物到水中，添加了酸后获得了沉淀物。然而，进一步的处理也没能生成元素本身，他把得到的沉淀物命名为 columbium（钶——铌元素的旧称）。这是人类发现的第 33 种元素。

在 1844 年，德国化学家海因里希·罗泽（Heinrich Rose）证明了钶铁矿包含了这种元素，他把 columbium（钶）改名为 niobium（铌）。"columbium"（钶）是哈切特对新元素所给的最早命名。这一名称在美国一直有广泛的使用，美国化学学会在 1953 年出版了最后一篇标题含有"钶"的论文。"铌"则在欧洲通用。1949 年在阿姆斯特丹召开的 IUPAC 第 15 届会议上最终决定以"铌"作为第 41 号元素的正式命名，结束了一个世纪来的命名分歧，尽管"钶"的使用时间更早。这算是一种妥协：IUPAC 依北美的用法选择"tungsten"而非欧洲所用的"wolfram"作为钨的命名，并在铌的命名上以欧洲的用法为先。

当时，科学家未能有效地把铌和性质极为相似的钽区分开。1809 年，沃拉斯顿对铌和钽的氧化物进行比较，得出两者的密度分别为 5.918g/cm^3 及超过 8g/cm^3。虽然密度值相差巨大，但他仍认为两者是完全相同的物质。罗泽在 1846 年驳斥这一结论，并称原先的钽铁矿样本中还存在着另外两种元素。他以希腊神话中泪水女神尼俄柏（Niobe）[①]和兄弟珀罗普斯（Pelops）[②]把这两种元素分别命名为"niobium（铌）"

---

① 尼俄柏是坦塔罗斯和底比斯国王安菲翁的妻子所生的女儿。尼俄柏为自己七个英俊的儿子和七个美丽的女儿而自豪，并在勒托女神面前自吹自擂，因为勒托仅有阿波罗和阿尔忒弥斯两个孩子。有一次尼俄柏打断对勒托的祭拜，要求人们应该崇拜自己而不是勒托，于是激怒了勒托。她派阿波罗和阿尔忒弥斯杀死了尼俄柏的孩子们。尼俄柏十分悲伤，宙斯可怜她，将她变为一座喷泉，喷泉中涌出的全是她的泪水。人们将它移到她的故乡佛里吉亚的西皮洛斯山上，泪水仍然继续涌出。

② 珀罗普斯是雅典神话人物坦塔罗斯的儿子。坦塔洛斯亵渎神祇，而他的儿子珀罗普斯与父亲相反，对神祇十分虔诚。父亲被罚入地狱后，他被邻近的特洛伊国王伊洛斯赶出了国土，流亡到希腊。最后他统治了伊利斯（古希腊城邦，位于伯罗奔尼撒半岛西北部）全国，并夺取了奥林匹亚城，创办了闻名于世的奥林匹克运动会。

和 "pelopium（钅白）"。钽和铌的差别细微，而因此得出的新"元素""pelopium"或 "ilmenium" 或 "dianium" 实际上都只是铌或者铌钽混合物。

1864 年，克利斯蒂安·布隆斯特兰（Christian Blomstrand）、亨利·德维尔和路易·特鲁斯特（Louis Troost）明确证明了钽和铌是两种不同的化学元素，并确定了一些相关化合物的化学式。瑞士化学家让·德·马里尼亚（Jean de Marignac）在 1866 年进一步证实钶铁矿中除钽和铌以外别无其他元素。然而直到 1871 年还有科学家发表有关 "Ilmenium" 的文章。

1864 年，德·马里尼亚在氢气中对氯化铌进行还原反应，首次制成铌金属。虽然他在 1866 年已能够制备不含钽的铌金属，但要直到 20 世纪初，铌才开始有商业上的应用：电灯泡灯丝。但铌很快就被钨淘汰了，因为钨的熔点比铌更高，更适合作灯丝材料。20 世纪 20 年代，人们发现铌可以加强钢材，这成为铌一直以来的主要用途。贝尔实验室的尤金·昆兹勒（Eugene Kunzler）等发现，铌锡在强电场、磁场环境下仍能保持超导性，这使铌锡成为第一种能承受高电流和磁场的物质，可用于大功率磁铁和电动机械。这一发现促使了 20 年后多股长电缆的生产。这种电缆在绕成线圈后可形成大型强电磁铁，用在旋转机械、粒子加速器和粒子探测器当中。

用途

具有超导性能的元素不少，铌是其中转变温度最高（9.2K）的一种。而用铌制造的合金，转变温度高达 18.5 ～ 21K，是目前最重要的超导材料。

人们曾经做过这样一个实验：把一个冷到超导状态的金属铌环，通上电流然后再断开电流，然后，把整套仪器封闭起来，保持低温。过了两年半后，人们把仪器打开，发现铌环里的电流仍在流动，而且电流强弱跟刚通电时几乎完全相同！

世界上很大一部分铌以纯金属态或以高纯度铌铁和铌镍合金的形态，用于生产镍、铬和铁基高温合金中。这些合金可用于喷射引擎、燃气涡轮发动机、火箭组件、涡轮增压器和耐热燃烧器材。铌在高温合金的晶粒结构中会形成 γ 相态。这类合金一般含有最高 6.5% 的铌。

铌在外科医疗上也占有重要地位，它不仅可以用来制造医疗器械，而且是很好的"生物适应性材料"。用铌片可以弥补头盖骨的损伤，铌丝可以用来缝合神经和肌腱，铌条可以代替折断了的骨头和关节，铌丝制成的铌纱或铌网，可以用来补偿肌肉组织，等等。

 ## 钼（Mo，molybdenum）

概述

钼位于元素周期表第 5 周期、第ⅥB族，为一过渡性元素，钼原子序数为 42，原子量为 95.95，熔点为 2622℃，沸点为 5560℃，体心立方结构，密度为 10.29g/cm³，莫氏硬度为5.5。钼是一种银白色的金属，硬而坚韧，熔点高，热导率也比较高，常温下不与空气发生氧化反应。作为一种过渡元素，它极易改变其氧化状态，钼离子的颜色也会随着氧化状态的改变而改变。由于钼具有高强度、高熔点、耐腐蚀、耐磨研等优点，被广泛应用于钢铁、石油、化工、电气和电子技术、医药和农业等领域。

钼为人体及动植物必须的微量元素，对人以及动植物的生长、发育、遗传起着重要作用。人体各种组织都含钼，在人体内总量为9mg，肝、肾中含量最高。

发现

虽然钼是在18世纪后期被人们发现的，但在钼被发现之前，就已经被人们使用，如14世纪，日本使用含钼的钢制造马刀。16世纪，辉钼矿因为与铅、方铅矿及石墨的外观和性质都很相似，被人们当作石墨使用，当时的欧洲人还将这几种矿石统称为"molybdenite"（辉钼矿）。1754年，瑞典化学家本特·奎斯特（Bengt Qvist）检测了辉钼矿，发现里面不含铅，因而他认为辉钼矿与方铅矿并不是同一种物质。

1778年，舍勒指出石墨与辉钼矿是两种完全不同的物质。他发现硝酸对石墨没有影响，而与辉钼矿反应，获得一种白垩状的白色粉末，将它与碱溶液共同煮沸，结晶析出一种盐。他认为这种白色粉末是一种金属氧化物，用木炭混合后加热，没有获得金属，但与硫共热后却得到原来的辉钼矿，因而他认为辉钼矿应该是种未知元素的矿物。钼是人类发现的第24种元素。根据舍勒的启发，1781年舍勒的朋友，同是瑞典人的彼得·海基尔姆（Peter Hjelm，公元1746—1813年）把钼土用"碳还原法"分离出新的金属钼，命名为molybdenum，元素符号定为Mo，它得到贝采里乌斯等的承认。1953年确知，钼为人体及动植物必须的微量元素。

用途

钼的熔点为2620℃，由于原子间结合力极强，所以在常温和高温下强度都很高。它的膨胀系数小，电导率大，导热性能好。在常温下不与盐酸、氢氟酸及碱溶液反应，仅溶于硝酸、王水或浓硫酸之中，对大多数液态金属、非金属熔渣和熔融玻璃亦相当稳定。因此，钼及其合金在冶金、农业、电气、化工、环保和宇航等重要部门有着广泛的应用和良好的前景，成为国民经济中一种重要的原料和不可替代的战略物资。钼主要分布在美国、中国、智利、俄罗斯、加拿大等国。我国已探明的钼金属储量为172万吨，基础储量为343万吨，仅次于美国，居世界第二位。钼矿集中分布在陕西、河南、吉林和辽宁等省。

钼在钢铁工业中的应用仍然占据着最主要的位置。钼作为钢的合金化元素，可以提高钢的强度，特别是高温强度和韧性；提高钢在酸碱溶液和液态金属中的抗蚀性；提高钢的耐磨性和改善淬透性、焊接性和耐热性。钼是一种良好的形成碳化物的元素，在炼钢的过程中不被氧化，可单独使用也可与其他合金元素共同使用。特殊钢的耗钼量在有规律地增长，每吨特殊钢的钼消耗量已达到0.201kg的水平。

钼在电子行业有可能取代石墨烯。同硅和石墨烯相比，辉钼的优势之一是体积更小，辉钼单分子层是二维的，而硅是一种三维材料。在一张 0.65nm 厚的辉钼薄膜上，电子运动和在 2nm 厚的硅薄膜上一样容易，而且辉钼矿是可以被加工到只有 3 个原子厚的。

辉钼所具有的机械特性也使得它受到关注，有可能成为一种用于弹性电子装置（如弹性薄层晶片）中的材料，可以用于制造可卷曲的电脑或是能够贴在皮肤上的装置，甚至可以植入人体。

由于钼的重要性，各国政府视其为战略性金属，钼在 20 世纪初被大量应用于制造武器装备，现代高、精、尖装备对材料的要求更高，例如，钼和钨、铬、钒的合金用于制造军舰、火箭、卫星的合金构件和零部件。

4　锝（Tc，technetium）

概述

锝为银白色金属，原子序数 43，原子量为 98.91，熔点为 2172℃，沸点为 4877℃，密排六方结构，密度为 11.5g/cm³。在元素周期表中属ⅦB族。

锝长久以来折磨着化学家们，因为人们不能找到它。我们现在知道它所有的同位素都是有放射性的，而且任何来自地球地壳的这种元素的矿物早已衰变。有些锝原子会在铀发生核裂变产生，但一吨铀只有约 1mg 锝。锝是地球上已知的最轻的没有稳定同位素的化学元素。

发现

门捷列夫在建立元素周期系的时候，曾经预言它的存在，命名它为 "eka-manganese（类锰）"。莫塞莱确定了它的原子序数为 43。其实，有关这种元素发现的报告早在门捷列夫建立元素周期系以前就开始了。在 1846 年，俄罗斯的盖尔曼声称，从黑色钛铁矿（ilmenite）中发现了这种元素，就以这种矿石的名称命名它为 "ilmenium"，并且测定了它的原子量（约 104.6），叙述了它的一些性质与锰相似。接着，1877 年，俄罗斯圣彼得堡的化学工程师谢尔盖·柯恩（Serge Kern）发表报告称，发现了一种占据钼和钌之间的 "新元素"，其原子量经测定等于 100，但后被另外一些化学家证明是铱、铑和铁的混合物。1908 年，日本化学家小川正孝（公元 1865—1930 年）声称从方钍石中发现这一元素，并命名为 "nipponium"；到 1924 年，又有化学家报告，利用 X 射线光谱分析从锰矿中发现了这一元素，命名为 "moseleyum"。至 1925 年，德国科学家也宣布，在铌铁矿中发现了这一元素。但这些发现都没有被证实和承认。

于是 43 号元素被认为是 "失踪了" 的元素。后来，物理学家们的同位素统计规则[①]解释了它"失踪"的缘由，该规则在1934年由德国物理学家马陶赫确定。根据这个规则，不能有核电荷仅仅相差一个单位的稳定同量素存在。同量素是指质量数相同而原子序数不同的原子，如氩-40、钾-40、钙-40都有相同的质量40。由于它们的原子序数不同，所以它们在元素周期表不同的位置上，因而又称异位素。锝前后的两个元素钼（42）、钌（44）分别有一连串质量数94～102的稳定同位素存在，所以再也不能有锝的稳定同位素存在，因为锝的质量数应当是在这些质量数之间。

在1936—1937年首次实现了锝的人工方法制取。1936年年底，意大利年轻的物理学家塞格雷到美国伯克利（Berkeley）进修。他利用那里一台先进的回旋加速器，用氘核照射钼，并把照射过的钼带回意大利帕勒莫（Palermo）大学。他在化学教授佩里埃协助下，经历近半年时间，分离出10g的锝-99，并确定新元素的性质与铼非常相似，而与锰的相似程度较差。锝是人类发现的第89种元素。帕勒莫大学当局希望他们把新元素以帕勒莫的拉丁文名称Panormus命名为"panormium"。但是1947年，43号元素根据希腊语τεχνητός（technetos）命名为technetium，意为"人造"，因为它是第一个用人工方法制得的元素。

1952年，美国天文学者保罗·麦里尔在S-型红巨星的光谱中观察到了锝发射的谱线。这些星体的年龄是锝的最长寿同位素半衰期的几千倍，这意味着它们还在通过核反应产生锝。此前，"恒星通过核合成产生重元素"只是一个假说，此观测无疑给这一假说提供了证据。

1962年，有人从比属刚果（现刚果民主共和国，简称刚果（金））的沥青铀矿中分离出了锝-99。其含量极低，每千克铀矿仅含有0.2ng（纳克，十亿分之一克）锝，是铀-238自发裂变的产物。有证据表明，加蓬的奥克洛天然核反应堆曾产生大量的锝-99，但在过去亿万年中已经几乎全部衰变为钌-99。

用途

1960年以前，锝只能小量生产，价格曾高达2800美元/克；20世纪70年代末已能进行千克量级生产，价格已下降到60美元/克以下。现在锝已经达到成吨级的产量，是从核燃料的裂变产物中提取的。金属锝抗氧化，在酸中溶解度不大，因此可用作原子能工业设备的防腐材料。

因为同位素锝-97具有260万年的长半衰期，故用于化学研究。过锝酸盐是钢的良好缓蚀剂。锝在冶金中用作示踪剂，还用于低温化学及抗腐蚀产品中，亦用作核燃料燃耗测定。

---

① 同位素统计规则是判断某种元素是否有稳定同位素的一种规则，由马陶赫于1934年发现，因此也称为马陶赫同位素规则。这条规则指出，不可能存在质量数相同，元素序号相差1的两种稳定同位素。这是一条由统计资料得出的规律，虽然有少数例外，但可以用来解释为什么43号元素锝和61号元素钷没有稳定同位素。

锝 -99m，一种锝的半衰期极短的不稳定同位素，是核医学临床诊断中应用最广的医用核素，常用锝（锝 -99m）焦磷酸盐注射液。

⑤ 钌（Ru，ruthenium）

钌元素已在第 7 章贵金属攀谈过了，这里不再赘述。

⑥ 铑（Rh，rhodium）

铑元素已在第 7 章贵金属攀谈过了，这里不再赘述。

⑦ 钯（Pd，palladium）

钯元素已在第 8 章贵金属攀谈过了，这里不再赘述。

⑧ 银（Ag，silver，argentum）

银已在第 6 章五金详谈过了，这里不再赘述。

⑨ 镉（Cd，cadmium）

概述

镉是银白色有光泽的稀有金属，原子序数为 48，原子量为 112.41，熔点为 321℃，沸点为 765℃，六方密排结构，密度为 8.65g/cm³，莫氏硬度为 2.0，有韧性和延展性，与锌一同存在于自然界中。它是一种吸收中子的优良金属，可制成棒条在核反应堆内减缓链式裂变反应速率，而且在锌 - 镉电池中颇为有用。它的硫化物颜色鲜明，可用来制成镉黄颜料。镉在潮湿空气中缓慢氧化并失去金属光泽，加热时表面形成棕色的氧化物层，若加热至沸点以上，则会产生氧化镉烟雾。高温下镉与卤素元素反应激烈，形成卤化镉，也可与硫直接化合，生成硫化镉。镉可溶于酸，但不溶于碱。

第 ⅡB 族中的镉及其同族元素通常不被视为过渡金属，因为它们没有在元素或共同氧化态下部分填充 d 或 f 电子壳。镉在地壳中的平均浓度是 0.1 ～ 0.5ppm。

发现

首先发现镉的是德国哥廷根大学的化学和医药学教授斯特罗迈尔。他兼任政府委托的药商视察专员。他在视察药商的过程中，观察到含锌药物中出现的问题，正是这个问题促使他在1817年发现了镉。他从不纯的氧化锌中分离出褐色粉，使它与木炭共热，制得镉。由于发现的新金属存在于锌中，就以含锌的矿石菱锌矿的名称calamine命名它为cadmium，元素符号定为Cd。这是人类发现的第49种元素。

镉与它的同族元素汞和锌相比，被发现的时间要晚得多。它在地壳中含量比汞还多一些，但是汞一经出现就以强烈的金属光泽、较大的比重、特殊的流动性和能够溶解多种金属的优点吸引了人们的注意。镉在地壳中的含量比锌少得多，常常以少量存在于锌矿中，很少单独成矿。金属镉比锌更易挥发，因此在用高温炼锌时，它比锌更早逸出，逃避了人们的觉察。这就注定了镉不可能先于锌而被人们发现。

用途

镉作为合金组元能配成很多合金，例如，含镉0.5%～1.0%的硬铜合金，有较高的抗拉强度和耐磨性，镉（98.65%）镍（1.35%）合金是飞机发动机的轴承材料。很多低熔点合金中含镉，著名的伍德易熔合金中含镉达12.5%。

镉的化合物曾广泛用于制造（黄色）颜料、塑料稳定剂、荧光粉、杀虫剂、杀菌剂、油漆等。

镉的毒性较大，被镉污染的空气和食物对人体危害严重，且在人体内代谢较慢，日本因镉中毒曾出现"痛痛病"。镉会对呼吸道产生刺激，长期暴露会造成嗅觉丧失症、牙龈黄斑或渐成黄圈。镉化合物不易被肠道吸收，但可经呼吸道被体内吸收，积存于肝或肾脏对人体造成危害，尤以对肾脏损害最为明显，还可导致骨质疏松和软化。镉不是人体的必需元素。人体内的镉是出生后从外界环境中吸取的，主要通过食物、水和空气而进入体内蓄积下来。

8.3 第6周期

 铪（Hf，hafnium）

概述

铪，原子序数为72，原子量为178.49，属元素周期表中第ⅣB族。铪是一种带光泽的银灰色过渡金属，密度为13.31g/cm³，熔点为2233℃，沸点为4603℃。致密的金属铪性质不活泼，与空气发生反应形成氧化物覆盖层，在常温下很稳定，而粉末状的铪在空气中则容易自燃。铪不与稀盐酸、稀硫酸和强碱溶液发生反应，但可溶于氢氟酸和王水。铪在地壳中含量很少，常与锆共存。铪具有耐高温、抗腐蚀、抗氧化、易加工、快速吸热和放热等性能，被用作原子能材料、合金材料、耐高温材料、电子材料等。

晶体结构有两种：在1300℃以下时，为六方密堆积结构（α铪）；在1300℃以上时，为体心立方结构（β铪）。铪是具有塑性的金属，当有杂质存在时质地变硬而脆。空气中稳定，灼烧时仅在表面上发暗。细丝可用火柴的火焰点燃。由于受镧系收缩①的影响，铪的原子半径几乎和锆相等，因此铪与锆的性质极为相似，很难分离，最主要的区别是铪的密度是锆的2倍。铪在化合物中主要呈+4价。铪合金（Ta_4HfC_5）是已知熔点最高的物质（约4215℃）。

发现

英国物理学家莫塞莱对元素的X射线研究后，确定在钡和钽之间应当有16种元素存在。这时除了61号元素和72号元素之外，其余14种元素都已经被发现，而且它们都属于今天所属的镧系，也就是当时认为的稀土元素。

那么72号元素应当归属于稀土元素？还是和钛、锆同属一族？当时多数化学家主张其属于前者。法国化学家于尔班1911年从镱的氧化物中分离出镥后，又分离出一个新的元素。在1914年于尔班去英国将该元素的样品送请莫塞莱进行X射线光谱检测，得到的结论是否定的，没有发现相当于72号元素的谱线。于尔班坚信新元素的存在，认为出现这样的结果是因为新研制的机器灵敏度不够，无法检测到样品中痕量新元素的存在。他回到巴黎后与光谱科学家达维利埃共同用"一战"后改进的X射线谱仪进行检测。1922年5月，他们宣布测到两条X谱线，因此断定新元素是存在的。但是他们的研究结论在经过长期的争论后被推翻。

1913年，丹麦物理学家玻尔提出了原子结构的量子论，接着在1921—1922年间又提出原子核外电子排布理论。玻尔认为根据他的理论，72号元素不属于稀土元素，而与锆一样是同族元素。也就是说，72号元素不会从稀土元素矿物中出现，而应当从含锆和钛的矿石中去寻找。

1923年初，基于玻尔的原子理论、莫塞莱的X射线光谱以及弗里德里希·帕内特（Friedrich Paneth，公元1887—1958年）的化学参数理论，一些物理学家和化学家都认为72号元素与锆性质相似，因而不属于稀土元素。

1923年，匈牙利化学家赫维西和荷兰物理学家迪尔克·科斯特（Dirk Coster，公元1889—1950年）在挪威和格陵兰所产的锆石中发现铪元素，并命名为hafnium，它来源于哥本哈根城的拉丁名称Hafnia。1925年，赫维西和科斯特用含氟络盐分级结晶的方法分离掉锆、钛，得到纯的铪盐；并用金属钠还原铪盐，得到纯的金属铪。赫维西制得了几毫克纯铪的样品，这是人类发现的第87种元素。

用途

由于铪容易发射电子而很有用处（如用作白炽灯的灯丝）。在电器工业中可用于

---

① 见9.1节"镧"。

制造 X 射线管的阴极，铪和钨或钼的合金用作高压放电管的电极。纯铪具有可塑性、易加工、耐高温、抗腐蚀，是原子能工业的重要材料。铪的热中子捕获截面大，是较理想的中子吸收体，可作原子反应堆的控制棒和保护装置。铪粉可用于火箭的推进器。铪的合金可作火箭喷嘴和滑翔式重返大气层的飞行器的前沿保护层，Hf-Ta 合金可制造工具钢及电阻材料。在耐热合金中铪可用作添加元素，例如钨、钼、钽的合金中有添加铪。HfC 由于硬度和熔点高，可作硬质合金添加剂。铪可作为很多充气系统的吸气剂。铪吸气剂可除去系统中存在的氧、氮等不需要气体。铪常作为液压油的一种添加剂，防止在高危作业时候液压油的挥发，具有很强的抗挥发性，所以一般用于工业液压油、医学液压油。

铪元素也用于英特尔（Intel）45nm 处理器。由于二氧化硅（SiO_2）具有易制性，且能减少厚度以持续改善晶体管效能，处理器厂商均采用二氧化硅作为制作栅极电介质的材料。当英特尔公司导入 65nm 制造工艺时，虽已全力将二氧化硅栅极电介质厚度降低至 1.2nm，相当于 5 层原子，但由于晶体管缩至原子大小的尺寸时，耗电和散热难度亦会同时增加，产生电流浪费和不必要的热能，所以，若继续采用时下材料，进一步减少厚度，栅极电介质的漏电情况将会明显攀升，令缩小晶体管技术遭遇极限。为解决此关键问题，英特尔公司正规划改用较厚的高 k 材料（铪元素为基础的物质）作为栅极电介质，取代二氧化硅，此举也成功使漏电量降低 10 倍以上。

② 钽（Ta，tantalum）

概述

钽是一种金属元素，原子序数为 73，密度为 16.68g/cm³，莫氏硬度为 6.5，熔点为 3017℃，沸点为 5458℃，是仅次于钨、铼的第三种最难熔的金属。钽有两种结构：α-Ta 为体心立方结构，β-Ta 为四方晶格结构。纯钽略带蓝色色泽，延展性极佳，在冷却状态下无需中间退火就可轧成很薄（小于 0.01mm）的板。

钽属于难熔金属，常作为合金的次要成分。钽的抗腐蚀能力与玻璃相同，在中温（约 150℃）只有氟、氢氟酸、三氧化硫（包括发烟硫酸）、强碱和某些熔盐对钽有影响。金属钽在常温的空气中稳定，加热到高于 500℃ 则加速氧化生成 Ta_2O_5。钽具有熔点高、蒸气压低、冷加工性能好、化学稳定性高、抗液态金属腐蚀能力强、表面氧化膜介电常数大等一系列优异性能，在电子、冶金、钢铁、化工、硬质合金、原子能、超导技术、汽车电子、航空航天、医疗卫生和科学研究等高新技术领域有重要应用。目前钽的最主要应用为钽电容。钽在自然条件下一定与化学性质相近的铌一起出现，一般蕴藏在钽铁矿、铌铁矿和钶钽铁矿中。巴西和澳大利亚是钽资源最为丰富的两个国家。

发现

1802 年，瑞典化学家安德斯·埃克伯格（Anders Ekeberg，公元 1767—1813
年）在分析斯堪的纳维亚半岛的一种矿物（铌钽矿）时，使它们的酸生成氟化复盐
后，进行再结晶，从而发现了新元素，他参照希腊神话中宙斯神的儿子坦塔洛斯
（Tantalus）[①] 的名字，将这个元素命名为 tantalum（钽）。钽是人类发现的第 34 种元素。

早期炼成的钽金属都含有较多的杂质。维尔纳·冯·博尔顿（Werner von
Bolton）在 1903 年首次制成纯钽金属。钽曾被用作电灯泡灯丝，直到其被钨淘汰为止。

用途

钽所具有的特性，使它的应用领域十分广阔。在制取各种无机酸的设备中，钽
可用来替代不锈钢，寿命比不锈钢提高了几十倍。此外，在化工、电子、电气等工
业中，钽可以取代过去需要由贵重金属铂承担的任务，使所需费用大大降低。 钽还
被制造成了电容装备到军用设备中。

世界上 50% ～ 70% 的钽以电容器级钽粉和钽丝的形式用于制作钽电容器。由于
钽的表面能形成致密稳定、介电强度高的无定形氧化膜，易于准确方便地控制电容
器的阳极氧化工艺，同时钽粉烧成结块可以在很小的体积内获得很大的表面积，因
此钽电容器具有电容量高、漏电流小、等效串联电阻低的优异性能，且高低温特性
好、使用寿命长、综合性能优异，其他电容器难以与之媲美。它被广泛用于通信（交
换机、手机、传呼机、传真机等）、计算机、汽车、家用和办公用电器、仪器仪表、
航空航天、国防军工等工业和科技部门。所以，钽是一种用途极其广泛的功能材料。

钽和铌

这里，把钽和铌放到一起来比较一下是有道理的，因为它们在元素周期表里是
同族，物理、化学性质很相似，而且常常"形影不离"，在自然界伴生在一起，真称
得上是一对惟妙惟肖的"孪生兄弟"。事实上，当人们在 19 世纪初首次发现铌和钽
的时候，还以为它们是同一种元素呢。大约过了 42 年，人们用化学方法第一次把它
们分开，这才弄清楚它们原来是两种不同的金属。铌、钽和钨、钼一样都是稀有难
熔金属，它们的性质和用途也有不少相似之处。

既然被称为稀有难熔金属，铌、钽最主要的特点当然是耐热。它们的熔点分别
超过 2400℃和将近 3000℃，不要说一般的火势烧不化它们，就是炼钢炉里烈焰翻

---

① 坦塔洛斯：希腊神话中阿耳戈斯或科斯林的国王，宙斯的儿子，珀洛普斯和尼俄柏的父亲。因
偷窃神的酒食，并把自己的儿子剁成碎块宴请众神而在冥间受到惩罚。他站在没颈的水池里，当他口渴
想喝水时，水就退去；他的头上有果树，肚子饿想吃果子时，却搞不到果子，永远忍受饥渴的折磨；还
说他头上悬着一块巨石，随时可以落下来把他砸死，因此永远处在恐惧之中。坦塔洛斯的形象吸引着许
多诗人和艺术作家，索福克勒斯写了关于坦塔洛斯的悲剧，高尔基也对坦塔洛斯作了评价。稀有金属钽
的命名就是来自坦塔洛斯。

腾的火海也奈何它们不得。难怪在一些高温高热的部门里，特别是制造1600℃以上的真空加热炉，钽金属是十分适合的材料。

一种金属的优良性能往往可以"移植"到另一种金属里。用铌作合金元素添加到钢里，能使钢的高温强度增加，加工性能改善。铌、钽与钨、钼、钒、镍、钴等一系列金属合作，得到的"热强合金"，可以用作超音速喷气式飞机和火箭、导弹等的结构材料。科学家们在研制新型的高温结构材料时，已开始把注意力转向铌和钽。许多高温、高强度合金都有这一对"孪生兄弟"参加。

铌、钽本身很顽强，它们的碳化物更有能耐，这个特点与钨、钼也毫无二致。用铌和钽的碳化物作基体制成的硬质合金，有很高的强度和抗压、耐磨、耐蚀本领。在所有的硬质化合物中，碳化钽的硬度是最高的。用碳化钽硬质合金制成的刀具，能抗得住3800℃以下的高温，硬度可以与金刚石匹敌，使用寿命比碳化钨更长。

 # 3　钨（W，wolfram，tungsten）

概述

钨，英文名称wolfram或tungsten，元素符号W，元素周期表中原子序数为74，原子量为183.84，是第ⅥB族第6周期金属。密度为19.35g/cm³，与黄金接近，熔点为3422℃，沸点为5927℃，莫氏硬度为7.5。钨是一种银白色金属，外形似钢，熔点为所有金属元素中最高的，蒸发速度慢。钨以两种晶体结构存在：α晶体和β晶体。前者以立方体心堆积，是较稳定的组成。后者则是亚稳定的A15立方体堆积，但因为非平衡合成或杂质造成的稳定性，可以与周围条件下的α相共存。相较于α相拥有等长的晶粒，β相展现圆柱状的晶体。

钨的化学性质很稳定，常温下不跟空气和水反应，不与任何浓度的盐酸、硫酸、硝酸、氢氟酸发生反应，但可以迅速溶解于氢氟酸和浓硝酸的混合酸中，而在碱溶液中则不起作用。钨在地壳中的含量为0.001%，已发现的钨矿物和含钨矿物有20余种，但其中具有开采经济价值的只有黑钨矿和白钨矿，黑钨矿约占全球钨矿资源总量的30%，白钨矿约占70%。钨由于其熔点高、硬度高、密度高、导电性和导热性良好、膨胀系数较小等特性而被广泛应用到合金、电子、化工等领域。

发现

1781年，瑞典化学家舍勒发现白钨矿，并提取出新的元素酸——钨酸。1783年，西班牙人德·鲁亚尔发现了黑钨矿，也从中提取出钨酸，同年，他用碳还原三氧化钨第一次得到了钨粉，并命名该元素。这是人类发现的第26种元素。

舍勒最早由白钨矿中分离出钨酸，因此根据白钨矿这种矿石的瑞典古名，将这种元素以瑞典文tungsten（这个词可被分解为tung和sten，字面意义为"重石"）命名。

在欧洲其他国家，主要以德文及各斯拉夫语为代表，则使用德文 wolfram 或 volfram。这个名称源自黑钨矿（wolframite）这种矿石的名字。符号"W"及中文"钨"都来源于 wolfram。

黑钨矿（wolframite）的名字来自德文 wolfrahm，于 1747 年由约翰·瓦莱里乌斯（Johan Wallerius，公元 1709—1785 年）给定。这源自于拉丁文"lupi spuma"，是格奥尔格·阿格里科拉在 1546 年对这种矿物的称呼，英文翻译为"狼的白沫"，指的是这种矿物在萃取的过程消耗大量的锡。

用途

钨是一种有色金属。通常人们根据金属的颜色和性质把金属 94 种（指含金字旁的）分成两大类：黑色金属和有色金属。黑色金属主要指铁、锰、铬及其合金，如钢、生铁、铁合金、铸铁等。黑色金属以外的金属称为有色金属。钨则属于有色金属范畴。有色合金的强度和硬度一般比纯金属高，电阻比纯金属大，电阻温度系数小，具有良好的综合机械性能。因此，作为一种有色金属，钨的强度和硬度非常高。由于这种特性，具有硬度高、耐磨性强的钨硬质合金被大规模应用于切削工具、矿山工具中。

钨是一种稀有金属。稀有金属通常指在自然界中含量较少或分布稀散的金属。钨是一种分布较广泛的元素，几乎遍见于各类岩石中，但含量较低。钨在地壳中的含量为 0.001%，在花岗岩中含量平均为 1.5×10^{-6}，这种特性导致其提取难度非常大。

钨是一种战略金属。众所周知，稀有金属是国家的重要战略资源，而钨是典型的稀有金属，具有极为重要的用途。它是当代高科技新材料的重要组成部分，一系列电子光学材料、特殊合金、新型功能材料及有机金属化合物等均需使用独特性能的钨。用量虽说不大，但至关重要，缺它不可。因而广泛用于当代通信技术、电子计算机、宇航开发、医药卫生、感光材料、光电材料、能源材料和催化剂材料等。

18 世纪 50 年代，化学家曾发现钨对钢性质的影响。然而，钨钢开始生产和广泛应用是在 19 世纪末和 20 世纪初。

1900 年，在巴黎世界博览会上首次展出了高速钢。从此，钨的提取工业得到了迅猛发展。这种钢的出现标志着金属切割加工领域的重大技术进步。钨成为最重要的合金元素。

1900 年，俄国发明家首先建议在照明灯泡中应用钨。1909 年，在制定基于粉末冶金法，采用压力加工的工艺方法之后，钨才有可能在电真空技术中得到广泛的应用。

1927—1928 年，采用以碳化钨为主要成分研制出硬质合金，这是钨的工业发展史中的一个重要阶段。这些合金各方面的性质都超过了最好的工具钢，在现代技术中得到了广泛的使用。

世界上开采出的钨矿，约 50% 用于优质钢的冶炼，约 35% 用于生产硬质钢，约 10% 用于制钨丝，约 5% 用于其他用途。钨可以制造枪械、火箭推进器的喷嘴，穿甲弹，切削金属的刀片，钻头，超硬模具，拉丝模等，钨的用途十分广泛，涉及矿山、冶金、机械、建筑、交通、电子、化工、轻工、纺织、军工、航天等各个工业领域。

 # 铼（Re，rhenium）

概述

铼，原子序数为 75，原子量为 186.21，是第 VII B 族金属，六方密堆结构，密度为 21.04g/cm³，熔点和沸点分别为 3186℃和 5596℃，莫氏硬度为 7.0。铼是一种银白色的稀有高熔点金属，其熔点在所有元素中排第三（前两位为钨、钽），沸点居首位，密度则排在第四位（前三位有铂、铱和锇）。金属铼坚硬、耐磨、耐腐蚀。铼在空气中稳定，在高温下与硫蒸气化合成二硫化铼，与氟、氯、溴形成卤化物。铼不溶于盐酸，但溶于硝酸和热的浓硫酸。铼不与氢、氮作用，但能吸收氢气。铼是一种稀散元素，在地壳中的含量为 10^{-7}%，主要存在于辉钼矿中。现在，铼及其合金被广泛应用到航空航天、电子、石油化工等领域。

发现

铼（rhenium）的名称源自拉丁文 Rhenus，意为"莱茵河"。铼是拥有稳定同位素的元素中最后一个发现的（之后在自然界发现的其他元素都是不具有稳定同位素的放射性元素，如锝和钷等）。门捷列夫在发布元素周期表时，就预测了这一元素的存在。英国物理学家莫塞莱在 1914 年推算了有关该元素的一些数据。德国的沃尔特·诺达克（Walter Noddack）、伊达·诺达克（Ida Noddack，公元 1896—1978年）、奥托·伯格（Otto Berg）在 1925 年表示，在铂矿和铌铁矿中探测到了此元素。他们后来也在硅铍钇矿和辉钼矿内发现了铼。1928 年，他们在 660kg 辉钼矿中提取出了 1g 铼元素。铼是人类发现的第 88 种元素。

用途

全球铼产量的 70% 都用于制造喷射引擎的高温合金部件。铼的另一主要应用是铂 - 铼催化剂，可用于生产无铅、高辛烷的汽油。

加入铼会提升镍高温合金的蠕变强度。铼合金一般含有 3% ～ 6% 的铼。第二代合金的含铼量为 3%，曾用在 F-16 和 F-15 战机的发动机中。第三代单晶体合金的含铼量则有 6%，曾用在 F-22 和 F-35 战机的发动机中。铼高温合金还用于工业燃气轮机。高温合金在加入铼后会形成拓扑密排相（TCP），因此其微结构会变得不稳定。第四代和第五代高温合金使用钌以避免这一现象。

铼可增强钨的物理性质。钨 - 铼合金在低温下可塑性更高，易于制造、塑形，且在高温下的稳定性也得以提高。这一变化会随铼的含量而增加，所以钨 - 铼合金含有 27% 的铼，这也是铼在钨中的溶解极限。X 射线源是钨 - 铼合金的其中一个应用。钨和铼的熔点和原子量都很高，有助于抵抗持续的电子撞击。这种合金还用作热电偶，可测量最高 2200℃的温度。

铼在高温下十分稳定，蒸气压低，耐磨损，且能够抵御电弧腐蚀，所以是很好的自动清洗电触头材料。不过，开关时的电火花会对触头进行氧化耗损且七氧化二铼（Re_2O_7）在 360℃左右升华，也会在放电过程中耗去。

⑤ 锇（Os，osmium）

锇已在第 7 章贵金属中攀谈，这里不再赘述。

⑥ 铱（Ir，iridium）

铱已在第 7 章贵金属中攀谈，这里不再赘述。

⑦ 铂（Pt，platinum）

铂已在第 7 章贵金属中攀谈，这里不再赘述。

⑧ 金（Au，gold，aurum）

金已在第 6 章贵五金属中详谈，这里不再赘述。

⑨ 汞（Hg，mercury，hydrargyrum）

概述

汞是一种金属元素，俗称水银，还有"白澒、姹女、澒、神胶、元水、铅精、流珠、元珠、赤汞、砂汞、灵液、活宝、子明"等别称。英文名称 mercury，化学元素符号 Hg，原子序数为 80，元素周期表中第ⅡB 族金属。汞在地壳中自然生成，通过火山活动、岩石风化或作为人类活动的结果，释放到环境中。汞在自然界中分布量极小，被认为是稀有金属。汞极少以纯金属状态存在，多以化合物形式存在，主要常见含汞矿物有朱砂、氯硫汞矿、硫锑汞矿和其他一些与朱砂相连的矿物，常用于制造科学测量仪器（如气压计、温度计等）、药物、催化剂、汞蒸气灯、电极、雷汞等，也用于牙科医学和化妆品行业。

汞是唯一常温常压下以液态形式存在的金属（镓和铯在温度分别大于 29.76℃

和 28.44℃时也呈液态，因此会熔化于人的手中；另外，铷大于 39.31℃和钾大于 63.38℃后也呈液态），熔点为 −38.87℃，沸点为 356.6℃，密度为 13.59g/cm³；有恒定的体积膨胀系数，热膨胀率很大，有良好的导电性，内聚力很强。常温下蒸发出汞蒸气，汞蒸气有剧毒，天然的汞是汞的七种同位素的混合物。汞使用的历史悠久，用途广泛，在中世纪炼金术中与硫磺、盐共称"炼金术神圣三元素"。

汞在空气中稳定，微溶于水，溶于硝酸和热浓硫酸，能和稀盐酸作用，在其表面产生氯化亚汞膜，但与稀硫酸、盐酸、碱都不起作用。汞能溶解许多金属包括金和银（但不包括铁），形成合金，称为汞齐。汞具有强烈的亲硫性和亲铜性，即在常温状态下，很容易与硫和铜的单质化合并生成稳定化合物，因此在实验室通常会用硫单质去处理撒落的水银。汞化合物的化合价一般是 +1、+2，+4 价，而 +3 价的汞化合物不存在，汞的金属活跃性低于锌和镉，且不能从酸溶液中置换出氢气。二价汞的含氧酸盐都是离子化合物，在溶液中完全电离，但其硫化物和卤化物都是共价化合物，与水、空气、稀的酸碱都不起作用。

1911 年，昂尼斯就是在汞金属中首先发现超导电性的。

汞在自然界中分布极少，被认为是稀有金属，极少以纯金属状态存在，多以化合物形式存在，常见含汞矿物主要有朱砂（HgS)、氯硫汞矿、硫锑汞矿及其他一些与朱砂相连的矿物。美国地质调查局 2015 年发布的数据显示，中国、吉尔吉斯斯坦、墨西哥、秘鲁、俄罗斯、斯洛文尼亚、西班牙和乌克兰占有世界上大部分的汞资源，约为 60 万吨。

发现

汞在自然界中分布量极小，被认为是稀有金属，但是人们很早就发现了水银。天然的硫化汞又称为朱砂（丹砂），由于具有鲜红的色泽，所以很早就被人们用作红色颜料。根据殷墟出土的甲骨文上涂有丹砂，可以证明中国在有史料记载以前就使用了天然的硫化汞。

根据中国古文献记载：在秦始皇去世以前，一些王侯在墓葬中也灌输水银，例如，齐桓公葬在今山东淄博市临淄区，其墓中倾水银为池。这就是说，中国在公元前 7 世纪或更早就已经取得大量汞。

中国古代还把汞作为外科用药。1973 年，长沙马王堆汉墓出土的帛书中的《五十二药方》，抄写年代在秦汉之际，是现已发掘的中国最古医方，其可能成于战国时期。其中有四个药方就应用了水银，例如，用水银、雄黄混合，治疗疥疮等。

东西方的炼金术士们都对水银产生了兴趣。西方的炼金术士们认为水银是一切金属的共同性——金属性的化身。他们所认为的"金属性"是一种组成一切金属的"元素"。

中国古人把丹砂（也就是硫化汞），在空气中煅烧得到汞。但是生成的汞容易挥发，不易收集，而且操作人员会发生汞中毒。后来改用密闭方式制汞，有的是密闭在竹筒中，有的是密闭在石榴罐中。

根据西方化学史的资料，曾在埃及古墓中发现一小管水银，据历史考证是公元前 16—前 15 世纪的产物。但中国古人首先制得了大量水银，汞是人类发现的第 9 种元素。

炼金术士用罗马神话中贸易与边界之神墨丘利（Mercury）来命名汞，它的化学符号 Hg 来自拉丁文 hydrargyrum，这是一个新的拉丁词，其源于希腊文 hydrargyros，这个词的两个词根分别表示"水"（hydro）和"银"（argyros）。炼金术士用符号 ☿ 代表汞。

用途

汞常应用在化学药物以及在电子或电器产品中。汞还用于温度计，尤其是测量体温的温度计。气态汞用于制造日光灯，还有很多的其他应用都因影响健康和安全的问题而被逐渐淘汰，取而代之的是毒性弱但贵很多的 galinstan 合金[①]。

银锡汞齐因为凝固快而又坚硬，用作补牙的材料；金汞齐用来镶牙；锡汞齐用来制镜；锌汞齐用于制造多种电池；铊汞齐用于制造低温温度计；钛汞齐和钠汞齐用于制造汞灯和荧光灯。

雷酸汞是诺贝尔发现的一种非常灵敏的起爆剂，可作为雷管、子弹与炮弹的底火用药；也可作催化剂，催化苯生成硝基苯酚。

碲化汞和碲化镉按适当配比形成的闪锌矿结构固溶体，适合制造 8 ～ 14μm 的红外线探测器，用于各种红外光学器件以及导弹的制导和跟踪。

汞是中国古代炼丹术所用的主要材料之一。

炼丹术（中国在前期化学的大规模长期试验）

炼丹术是人类历史上持续时间最长、规模最大的一次（化学）试验。它的主要目标是追求人的长生不老（虽然不现实，客观上积累了知识，为化学的建立作了充分的准备）。

我国自春秋战国以来就创始和应用了将药物加温升华的制药方法，为世界各国之最早者。公元 9—10 世纪我国炼丹术传入阿拉伯，12 世纪传入欧洲。

炼丹术是近代化学的先驱，它所用的实验器具和药物则成为化学发展初期所需要的物质准备。虽然道家外丹黄白术最终未能达到预期的目的，但道家金丹家顽强不息的实践和探索活动，客观上却刺激、推动了中国古代科学的发展。直至传到欧洲以后，与炼金术一道，推动整个化学的进步和发展。

纵观整个世界化学发展史，正如在西方"化学在炼金术的原始形式中出现了"一样，在东方，道家外丹黄白术则孕育了中国灿烂的古代化学，中国人引以为自豪的古代四大发明之一黑火药最初就是在唐代道家金丹家的"伏火"实验中孕育的，

[①] 环保液态金属镓铟锡三元合金，熔点是 −19℃。

在北宋时期领先全球。而道家外丹黄白术中的金丹思想在中国古代化学思想史上则占有极重要的地位和意义。

丹，是中药的一种剂型，古今许多药方都名之曰"丹"，以示灵验，如天王补心丹、至宝丹、山海丹等。这些方药，主要由动植物药配制而成，与本来意义上的丹毫不相干，只是借用"丹"名而已。古代炼丹术对后世的深刻影响，由此可见一斑。

炼丹术所用的药物和工具同化学的产生有关，根据中国著名化学史专家袁翰青（公元1905—1994年）对炼丹文献作出的一个不完全统计，包括无机物和有机物在内，共有60多种。当然，这个统计还不够完整，因为不仅植物性、动物性药物没有列入，即使单从金石药来看，恐怕也不止这60多种。不过，我们从这里可以对古代炼丹的常用药物得到一个大概的印象。

汉代是炼丹兴起的时期，虽然真金没有炼出来，却制成了多种貌似"黄银"和"白银"的假金，更发现了许多种化学反应，最主要的是铅、汞、硫、砷等之间的反应，还创造了各种炼丹仪器和提炼药品的方法。

炼丹家不但通过火法炼成能使人"长生"的神丹，还能利用神丹"点铁成金"。葛洪《抱朴子·金丹篇》："神丹既成，不但长生，又可作黄金。"魏伯阳《周易参同契》："金性不败朽，故为万宝物。"自然界中的金、银、玉石等矿物，其性质稳定，不易发生朽化，故炼丹家认为人类服用金、银、玉等"不败朽"之物，就能将其性质转移到人体，可以使血肉之躯也同样"不败朽"，进而引发出通过炼丹方法以升炼金银，即将汞（水银）与铅、铜、铁等贱金属按不同比例配方烧成黄色的金或白色的银。

化学的英文名chemistry，源于阿拉伯炼金术al-kimiya。据曹元宇（公元1898—1988年）教授考证，这是源于中国金丹术中最重要的追求目的——金液。"金液"一词的泉州方言正是"kim-ya"，而泉州正是唐代最繁盛的通商口岸。而阿拉伯炼金术的鼻祖吉伯尔（Geber，？—780年）就曾经著过一本名为《东方的水银》的炼丹书。吉伯尔的最大贡献是用绿矾、硝石与明矾蒸馏而制得了硝酸。这对于后来在欧洲由研究溶液而发展的化学的贡献极大。而我国则以火炼金丹为主，还可能因缺玻璃及制品，未能认真研究溶液中的反应和产生的气体（中国的"气"是抽象的）。这也是东西方发展化学途径不同的原因之一。

尽管炼丹术当初的目标没有达到（也不可能达到），但炼丹的实践毕竟使炼丹家们接触到各种自然现象，从而提高了对自然界的认识，从而提出了一种可贵的思想："物质之间可以用人工的方法互相转变"，因此炼丹术发展起来了许多工艺，如炼钢、炼铁、造纸、制作火药等。马克思在评价空想社会主义者傅里叶、欧文、圣西门等时说过："既然我们不应该舍弃这些社会主义的鼻祖，正如现代化学家不能舍弃他们的祖先炼丹术士一样，那我们就应该努力，无论如何不再重犯他们的错误。"从现代科学认识的水平上来看，古代的炼丹家确实做了许多蠢事，甚至丢掉了生命，但这些愚迹可能又起了推动文明进步的作用。没有前期的炼丹术，很难想象原子核蜕变、人工合成元素、人工合成天然叶绿素或人工合成蛋白质能够实现。

但是，与后来发展起来的炼金术相比，炼丹术的神秘主义色彩更浓。正是这种神秘色彩阻碍了它顺利地向近代化学过渡。

汞污染与水俣病

水俣（音 yǔ）病是因食入被有机汞污染的河鱼、贝类所引起的甲基汞为主的有机汞中毒，或是孕妇食入被有机汞污染的海产品后引起婴儿患先天性中枢神经障碍，是有机汞侵入脑神经细胞而引起的一种综合性疾病。因首先发现于日本熊本县水俣湾附近的渔村而得名，水俣病是慢性汞中毒的一种类型。主要是表现为神经精神症状。

（1）肢体表现：感觉障碍、疼痛、麻木、无力、步行困难、共济失调、偏瘫、震颤等。

（2）精神症状：精神迟钝、性格异常、智力迟钝、大发作性癫痫、发笑、意识模糊、惊厥等。

（3）其他神经系统障碍：咀嚼吞咽困难、言语不清、耳聋、视力障碍、斜视、畏光等。

婴儿生后不久即出现不同程度的瘫痪和智力障碍，致幼儿天生弱智。轻者表现生长缓慢，生长发育不良，发病起三个月内约有半数重症者死亡。

这是一起严重的汞污染事件，一场只要 GDP（国内生产总值）不要命的惨案。

日本熊本县水俣湾外围的"不知火海"是被九州本土和天草诸岛围起来的内海，那里海产丰富，是渔民们赖以生存的主要渔场。水俣镇是水俣湾东部的一个小镇，有 4 万多人居住，周围的村庄还居住着 1 万多农民和渔民。"不知火海"丰富的渔产使小镇格外兴旺。

1925 年，日本氮肥公司在这里建厂，后又开设了合成醋酸厂。1949 年后，这个公司开始生产氯乙烯（C_2H_3Cl），年产量不断提高，1956 年超过 6000 吨。与此同时，工厂把没有经过任何处理的废水直接排放到水俣湾中。

1956 年，水俣湾附近发现了一种奇怪的病。这种病症最初出现在猫身上，被称为"猫舞蹈症"。病猫步态不稳、抽搐、麻痹，甚至跳海死去，被称为"自杀猫"。随后不久，此地也发现了患这种病症的人。患者由于脑中枢神经和末梢神经被侵害，症状如上。当时这种病由于病因不明而被叫作"怪病"。这种"怪病"就是日后轰动世界的"水俣病"，是最早出现的由工业废水排放污染造成的公害病。

"水俣病"的罪魁祸首是当时处于世界化工业尖端技术的氮（N）生产企业。氮用于肥皂、化学调味料等日用品等工业用品的制造上。日本的氮产业始创于 1906 年，其后由于化学肥料的大量使用而使化肥制造业飞速发展，甚至有人说"氮的历史就是日本化学工业的历史"，日本的经济成长是"在以氮为首的化学工业的支持下完成的"。然而，这个"先驱产业"肆意的发展，却给当地居民及其生存环境带来了无尽的灾难。

氯乙烯和醋酸乙烯在制造过程中要使用含汞的催化剂，这使得排放的废水含有大量的汞。当汞在水中被水生物摄入体内后，会转化成甲基汞（CH_3Hg）。这种剧毒物质只要有挖耳勺的一半大小的量就可以致人死命，而当时由于氮的持续生产已使水俣湾的甲基汞含量达到了足以毒死日本全国人口2次都有余的程度。水俣湾由于常年的工业废水排放而被严重污染，水俣湾里的鱼虾类也由此被污染。这些被污染的鱼虾通过食物链又进入动物和人类的体内。甲基汞通过鱼虾进入人体，被肠胃吸收，侵害脑部和身体其他部分。进入脑部的甲基汞会使脑萎缩，侵害神经细胞，破坏掌握身体平衡的小脑和知觉系统。据统计，有数十万人食用了"水俣湾"中被甲基汞污染的鱼虾。

早在多年前，就屡屡有过关于"不知火海"的鱼、鸟、猫等生物异变的报道，有的地方甚至连猫都绝迹了。"水俣病"危害了当地人的健康和家庭幸福，使很多人身心受到摧残，经济上受到沉重的打击，甚至家破人亡。更可悲的是，由于甲基汞污染，水俣湾的鱼虾不能再捕捞食用，当地渔民的生活失去了依赖，很多家庭陷于贫困之中。"不知火海"失去了生命力，伴随它的是无期的萧索。

"水俣病"的罪魁祸首就是汞造成的严重污染。

伊拉克麦粒汞中毒事件

1971年，伊拉克也发生过大规模汞中毒事件。大量病人涌入全国各地的医院，他们的症状相同，包括感觉失调，手、脚、唇、舌麻木，运动机能失调，听力及视力减弱等神经系统损伤的症状。

这些患者的共同点是食用过由进口小麦种子制成的面饼。伊拉克政府从美国和墨西哥进口了73000吨小麦种子和22000吨大麦种子。这批种子先运至各地谷仓，再免费发放到农民手中。

在农业领域，常使用甲基汞来起到杀灭真菌的效果。尤其是当种子需要远洋运输时，防止霉变成了重中之重，甲基汞便成为经常使用的杀菌剂。经过处理的种子可以播种，但决不能食用。种子被染成粉红色以示警告，包装袋上明确标示警示语，并画上黑色骷髅加十字交叉的骨头图样，政府也命令经销商必须尽到告知义务。

但包装袋上的警示语用英文和西班牙文写成，伊拉克农民根本看不懂。貌似全球通用的黑色骷髅图案，在当地文化中也没有警示的含义。这条防线没起到半点作用。

经销商发种子时没有尽到告知义务，又或者农民未将告知当回事。而且，种子染的粉红色是可以洗掉的，这恰恰给人一种错觉，那就是毒素已经被洗掉，可以放心食用了，可是甲基汞是洗不掉的。

更致命的是，汞中毒从摄入到发病有一段平均16～38天的潜伏期。有些农民首先尝试将种子喂给牲畜，等一段时间看牲畜没事便放心制成面饼食用，孰不知那只是潜伏期没过毒性未发而已。

总共73000吨小麦种子，受灾人数令人不敢想象。

据统计，伊拉克全国一共接收了6530名汞中毒患者，其中459人在医院死亡。

然而外界普遍认为实际的发病率和死亡率远远高过这一数字。由于医疗资源的不平衡，许多只有轻微症状的患者根本没有去医院。而很多病重患者临终前被亲人接出医院，在家中去世，这些人没有纳入统计。

1972 年 1 月，伊拉克政府发布警告，告知民众种子的危害性，警告他们不要食用。恐慌的民众纷纷将手中的种子抛入河流和湖泊中，尤其是底格里斯河，继而引发水体污染。

事件发生后，联合国粮农组织和世界卫生组织建议经有毒物质处理过的种子，必须用当地语言标识其毒性，危险标志也须符合当地文化。种子外表可涂上苦味的物质，防止误食。经销商的告知义务也必须尽到。两个组织还督促各国放弃使用甲基汞，仅在无其他手段可用的情况下才使用甲基汞。

稀土及锕系详谈

9.1　稀土

稀土元素 [①]

稀土（rare earth）是元素周期表中钪、钇和镧系元素共 17 种金属元素的总称。自然界中有 250 种稀土矿。

最早发现稀土的是芬兰化学家约翰·加多林（John Gadolin，公元 1760—1852年）。1794 年，他从一块形似沥青的重质矿石中分离出第一种稀土"元素"（钇土，即 Y_2O_3）。

17 种稀土元素通常分为二组：

（1）轻稀土包括镧、铈、镨、钕、钷、钐、铕。

（2）重稀土包括钆、铽、镝、钬、铒、铥、镱、镥、钪、钇。

稀土是历史遗留的名称，从 18 世纪末开始被陆续发现。当时人们惯于把不溶于水的固体氧化物称作土，例如把氧化铝称作陶土，氧化镁称作苦土。稀土是以氧化物状态分离出来，很稀少，因而得名稀土，稀土元素的原子序数是 21（Sc）、39（Y）、57（La）至 71（Lu）。它们的化学性质很相似，这是由其核外电子结构的特点所决定的。它们一般均生成三价化合物。

17 种稀土元素困惑了化学家 100 多年。在从 18 世纪末到 20 世纪中叶的一个半世纪的漫长岁月里，化学家们不断摸索着，试图搞清楚稀土元素的真面目。他们经历了千辛万苦，饱尝了甜酸苦辣。有时刚刚宣布为新发现的元素，过不多久又被证明是一个多组分的混合物，先后被命名过的"稀土元素"将近 100 种。英国化学家克鲁克斯曾说："这些稀土元素使我们的研究产生困难，使我们的推理遭受挫折，在我们的梦中萦回。它们像一片未知的海洋，展现在我们面前，嘲弄着、迷惑着我们的发现，述说着奇异的希望。"

发现第一种稀土元素的桂冠应该戴在芬兰化学家加多林头上。1794 年，年仅 34

---

① 本节内容选自参考文献 [17]。

岁的加多林从一位研究矿物学的朋友那里，得到了一块奇特的黑颜色的石头，这块石头是在瑞典首都斯德哥尔摩附近的伊特比（Ytterby）村发现的。加多林对这块石头作了仔细的分析，发现其中有一种新金属氧化物含量达38%，它的性质一部分像氧化钙，一部分像氧化铝，但又不是这两者，于是认为在这种矿石里含有一种新的土性氧化物，即既难熔融又难溶解于水的氧化物。他相信这是一种新元素的氧化物，命名为 yttria，以纪念发现伊特比村，中译名为钇土，元素名称为钇，符号为 Y。

现在知道，加多林研究过的这种稀土矿石就是硅铍钇矿（$Y_2FeBe_2Si_2O_{10}$）。后人为了纪念加多林的这一功绩，将上述矿石命名为加多林矿，将后来发现的另一种稀土元素（64号元素）命名为 gadolinium（中译名钆，音 gá）。

1803年，德国化学家马丁·克拉普罗特、瑞典化学家贝采里乌斯和希辛格彼此独立地从瑞典瓦斯塔拉斯地方的一块重矿石硅石 $Ce(SiO_4)_2(OH)$ 中发现了另一种新的土性氧化物，他们都认为这是一种新元素的氧化物，称之为 ceria，以纪念当时发现不久的一颗小行星——谷神星（Ceres），中译名为铈土，元素名称铈，符号为 Ce。从那时开始，化学家们便称上述两种元素为"稀土元素"，因为它们的存在是很稀少罕见的，而且性质很类似于当时已知的"土"，即金属氧化物如氧化钙（CaO）、氧化铝（Al_2O_3）和氧化镁（MgO）等。

钇和铈的发现具有重大意义。其意义不仅仅是发现了钇和铈本身，而且带来了其他稀土元素的发现，其他稀土元素的发现无不是从这两个元素的发现开始的。稀土元素的发现是一个漫长的故事，它可分为两条路径，一条是钇途径，另一条是铈途径。让我们沿着这两条途径慢慢道来。

钇和铈在自然界中的含量比较高，因此它们首先被发现。虽然当时一些化学家已经意识到，最初发现的钇和铈不是纯净的，但一直没弄清楚究竟还有什么稀土元素混在里面。大约40年后，大化学家贝采里乌斯的门徒瑞典化学家莫桑德尔对最初发现的钇土重新进行了仔细的分析研究，他在1842年指出："最初发现的钇土不是单纯一种元素的氧化物，而是多种元素氧化物的混合物"。他把其中一种仍称为钇土，其余两种分别命名为 erbia 和 terbia，中译名为铒土和铽土，元素名称为铒和铽，元素符号为 Er 和 Tb。这些命名都是为了纪念最初发现钇土的那块矿石的产地伊特比。莫桑德尔杰出的研究工作为解开稀土元素之谜奠定了坚实的基础。然而铒和铽的发现对全部稀土元素的"亮相"来说，还差得很远。

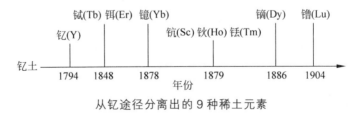

从钇途径分离出的 9 种稀土元素

自1843年莫桑德尔从钇土中分离出铒土和铽土后，1878年法国光谱学家、化学家马克·德拉方丹（Marc Delafontaine，公元1837—1911年）又从钇土中分离出一个"新土"称为"philippium"，但这个"新土"没有得到承认。同年，德·马里尼亚又从铒土中分离出一个新的土称为 yt-terbia，中译名为镱土，元素名称为镱，符号为 Yb，也是为了纪念首次发现稀土元素矿石的瑞典伊特比村。

1879 年，瑞典化学家尼尔森对镱土进行了详细的研究，期望能测定出稀土元素的化学和物理常数，借以验证元素周期律。这项工作未获成功，然而他却证明了镱土也是一种混合物，并从中分离得到了又一个新的土，称为 scandia（钪土），以纪念瑞典所在的半岛斯堪的纳维亚（Scandinavian），元素中文名为钪，符号为 Sc。瑞典化学家克利夫（Per Theodore Cleve）在研究了钪的一些性质后指出，它就是门捷列夫曾经预言的"类硼"。尼尔森在德国化学协会关于发现钪的导言中写道："毫无疑问，俄罗斯化学家的预言如此极其明显地被证实，他不但使我们预见到他所命名的元素的存在，而且还预先举出了它的一些最重要的性质。"

同年，克利夫从制得的氧化铒中分离出氧化镱和氧化钪后，继续进行分离，结果又得到两个新元素的氧化物，他分别称这两个新元素为 holmium 和 thulium，中译名为钬和铥，元素符号为 Ho 和 Tm。前者是为纪念他的出生地——瑞典首都斯德哥尔摩（古代人称它为 Holmia），后者是为纪念传说中的世界末端之国杜尔（Thule），含义是要分离出铥，其困难程度并不亚于到达遥远的世界末端之国杜尔。

法国化学家布瓦博德朗继续对氧化钬进行研究，1886 年他把氧化钬分为两种氧化物，全面研究了它们的光谱，证实其中的一种就是氧化钬。他还根据发现的两条新谱线，认定还存在一种新的未知元素。在多次重结晶除去杂质后，他得到了这种新的氧化物。他称这种新的氧化物为 dysprosia，即氧化镝，元素中译名为镝，元素符号为 Dy，它取意于希腊文 dysprositos，即"难以取得"。这样，就从氧化铒中先后分离出氧化镱、氧化钪、氧化钬、氧化铥以及氧化镝。但是问题仍然没有完，1905 年，法国化学家于尔班把氧化镱分成两种元素的氧化物，一种就是原来的氧化镱，另一种元素被称为 lutetium，中译名为镥，符号为 Lu，以纪念他的出生地——巴黎（古代人称它为 Lutetia）。

至此，先后从钇土中分离得到了氧化钇、氧化铽、氧化铒、氧化镱、氧化钪、氧化钬、氧化铥、氧化镝和氧化镥一共 9 种稀土元素的氧化物。

现在，让我们再来谈铈土。

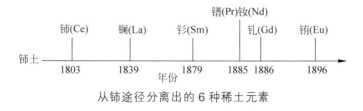

从铈途径分离出的 6 种稀土元素

1839 年，莫桑德尔在实验中将"硝酸铈"加热分解，发现只有一部分氧化物溶解在硝酸中。他把溶解的氧化物称为 lanthana，中译名为镧土。元素名称为镧，符号为 La，来自希腊文 lanthano，寓有"隐藏"的意思。不溶解的那部分氧化物（即

CeO，现在知道，高温受热后的氧化铈不溶于盐酸和硝酸，只溶解于热浓硫酸）仍称为 cerea（铈土）。2 年后，他又从最初被发现的铈土中分离出另一个"新元素"氧化物，将它命名为"didymium"，来自希腊文 didymos，寓有"双生子"的意思（中国曾译作"锚"），也就是说，莫桑德尔认为"锚"和镧是一对形影不离的孪生兄弟。虽然那时有不少科学家用光谱法检验氧化"锚"后，认为它不是一个单独元素的氧化物，可能是由于没能通过实验实际分离出新元素的氧化物，所以"锚"仍被看作是一个单独的元素。例如，在 1869 年门捷列夫发表的第一张元素周期表中，"锚"符号"Di"，被算作第Ⅲ族元素。

1879 年，布瓦博德朗在北美洲发现了一种新的稀土矿物铌钇矿（Y,Fe,U,Th,Ca）$_2$（Nb,Ta）$_2$O$_8$，又叫杉马尔斯克矿（samarskite），为纪念矿石发现人俄罗斯矿务官员瓦西里·杉马尔斯基 - 别克霍夫茨（Vasili Samarsky-Bykhovets）而得名，他因此间接成为第一位名字被用来命名化学元素的人。自铌钇矿发现后，稀土元素便有了新的来源，从此改变了稀土原料严重短缺的状况，使许多化学实验室有了稀土原料，这样化学家们就能完成更加细致的实验以及适当重复核对所得到的结果。

铌钇矿的深入研究导致"锚"的末日来临。1878 年，德拉方丹开始研究从铌钇矿中提取的"锚"，在它的光谱中找到两条新谱线，那时普遍认为，光谱中出现一种新的谱线就意味着发现了一种新元素。因此德拉方丹认为在"锚"中含有一种新的以前未知的元素，他称之为"decipium"（"铪"），拉丁文含义为"蒙骗""使人迷惑"。1879 年，布瓦博德朗揭开了"铪"的秘密。他从铌钇矿中提取出"锚"，并用光谱法彻底研究了这种样品，他比德拉方丹技高一筹，从"锚"中成功地分离出一种新的氧化物，并命名为 samarium，元素中译名为钐，符号为 Sm。第 2 年（1880 年），马里尼亚对布瓦博德朗的钐进行了多次重结晶，结果从中分离出两个新组分，分别以 γ$_α$ 和 γ$_β$ 称呼它们。后来索莱特用光谱分析法确定，γ$_β$ 与钐是同一个元素。那么 γ$_α$ 是否就是剩下的"锚"呢，或者说"锚"的元素地位现在是否可以得到确认呢？

捷克化学家布拉乌勒尔（B. Brauner），他是门捷列夫的一位好朋友和元素周期律概念的热情追随者。从 1875 年开始，他就一直在研究"锚"，目的是想证明这一元素能氧化成 +5 价状态。要是能得到肯定的结果，就可以把"锚"放置在周期表的第 V 族中。因为在当时，都说第Ⅰ族和第Ⅲ族已没有了空位置。自然，布拉乌勒尔得不到 +5 价的"锚"（现在知道，稀土元素是不可能呈 +5 价状态的）。但是为了更准确地测定"锚"的原子量，布拉乌勒尔决定要得到尽可能纯粹的"锚"的氧化物。结果他发现分离出钐后的"锚"可以分成 3 个组分，它们的分子量稍有差别，布拉乌勒尔于 1883 年完成这一实验后由于其他一些原因中断了进一步的研究，这是十分令人惋惜的，因为他已接近这个漫长的"锚"的故事的尾声。

揭示"锚"奥秘的殊荣属于奥地利化学家奥尔·冯·威尔斯巴赫（Auer von Welsbach）。威尔斯巴赫对稀土元素化学作出了伟大的贡献。他在 1885 年详细报告了对"锚"的研究结果，他将"锚"分成了 2 个组分，其中之一称为 praseodymium，中译元素名为镨，符号为 Pr（按希腊文是"绿色的双生子"的意思，因为它的盐具有浅绿色），第二个组分称为 neodymium，中译元素名为钕，符号为 Nd，意即"新的双生子"。至此，"锚"的历史就宣告结束了。威尔斯巴赫不仅最终揭开了"锚"的奥秘，而且是他首次找到了稀土元素的实际应用。1884 年，他发明了用含有稀土元素盐的特殊混合溶液浸泡的白炽罩。煤气灯使用这种新纱罩后，亮度显著增大，使用寿命大大延长。这就是当时闻名于世的奥尔（Auer）罩。1886 年，人们又在巴西找到了含有大量稀土元素的独居石砂矿，这进一步满足了化学研究和工业应用的需求。

前面提到过，1880 年马里尼亚从杉马尔斯克矿中分离出 γ_α 和 γ_β 两个组分。γ_β 被证明就是钐。马里尼亚对 γ_α 是不是一种新元素犹豫不决。1886 年，布瓦博德朗经仔细研究后断定它就是一种新元素的氧化物，并决定将它命名为 gadolinium，中译名为钆，符号为 Gd，以纪念稀土元素化学的先驱——加多林，并请求马里尼亚赞同他的意见。马里尼亚既不声称自己对钆具有共同发现权，更不提出任何优先权，而是爽快地同意了布瓦博德朗的意见，他的这种宽厚博大的胸怀让人们赞叹不已。

至于钐本身，很多科学家也不承认它是一个纯净的化学元素，并且不断宣布从它里面又分离出新的元素，用各式各样的名称命名它们，有的甚至就简单地用一个希腊字母代表它。直到 1896 年，尤金·德马尔赛（Eugène-Anatole Demarçay，公元 1852—1904 年）从中分离出了一个命名为 europium 的新元素后才最后得到公认。这个名称源自 Europe，即"欧洲"，中译元素名为铕，符号为 Eu。至此，先后从铈土分出的元素有铈、镧、钐、钕、镨、钆和铕。

门捷列夫生活的年代正是不断宣布发现稀土元素的年代。1871 年门捷列夫精确地预言了"类硼"的存在和性质，指出它的原子量为 44，可能生成一种如 Eb_2O_3 的氧化物，比重 3.5，碱性比氧化铝强，比氧化钇或氧化镁弱，盐类无色，其碳酸盐不溶于水等。门捷列夫的这些预言都被尼尔森发现的钪完全证实了。钪的原子量为 44.96，氧化物为 Sc_2O_3，比重 3.86，碱性比氧化铝强，比氧化钇或氧化镁弱，碳酸钪不溶于水……，这再次证实了元素周期律的正确性和重大科学意义。

在 19 世纪 80 年代，门捷列夫的周期律和周期系已被广泛接受。那时大多数稀土元素已被发现，可是谁也不知道稀土元素究竟有多少。周期表中，在钡和钽之间（铪 Hf 是在 1923 年发现的）原子量的差别是 45 个单位，从原子量变化的情况分析，这里有一个相当大的空间留给稀土元素，但是究竟有多少个？20 个，30 个，还是40 个？都是有可能的。因此当时有许多科学家受此鼓舞，期望着新稀土元素的辉煌发现。他们信心十足地从已知稀土元素中寻找新的结果，并时有新稀土元素发现的宣布。但是事隔不久，又不得不宣布这种发现是错误的。钪的发现者拉尔斯·尼尔森和他的助手克鲁斯（G. Krüss）在 1887 年自信地报告说，"钬可以分为 4 个组分，而镝则可以分成 3 个组分。"这样，2 个元素一下变成了 7 个。布拉乌勒尔的研究报告曾被认为是十分谨慎的，可是他也宣称在铈中发现了一种杂质，称为亚铈。诸如此情，不一而足。

稀土元素留给周期表的第二个问题是，它们应该安排在什么位置？当时已经把钪（"类硼"）和钇分别安排在第 4、第 5 周期的第 I 副族中，可是其余稀土元素的归宿不得而知。虽然从原子量角度来说，在钡、钽之间还有大批空位可留给稀土元素，但钡是第 II 族，钽是第 V 族，在第 6 周期中，只有两个空格可以提供。而且稀土元素的性质也不像第 IV 族元素。如果采用传统的做法即周期表中一个元素占用一个空格，那么众多的稀土元素势必"无家可归"。上述两个问题的最后解决，有赖于 20 世纪物理学和化学理论的新发展以及实验技术的新成就。

1913 年，英国年轻的物理学家莫塞莱通过对各种金属的 X 射线的衍射谱的研究，发现元素的性质是随着元素原子序数（即从氢开始，每种元素获得的 1 个序号）而不是原子量的变化而呈现周期性变化。这种原子序数就是该元素原子的核电荷数。并由此推断，从原子序数为 57 的镧到原子序数为 71 的镥一共应有 15 种元素，称为镧系元素。再加上与之同族的钪和钇一共 17 种，所以说稀土元素一共有 17 种。到 1906 年为止，已经知道 16 种，还有一种元素即 61 号元素未被发现。

搞清楚镧系元素的数目之后，剩下的一个问题就是，在周期表中如何安排这 15 种镧系元素的位置了。如果照惯例，一个元素占用"元素大厦"一间"房间"，那么第 6 周期的元素就不得不占用 32 间并成一排的房间。我们知道，周期表中属于同一族的元素，它们的物理和化学性质很相似，而且从上到下还呈现出规律性的变化。如果照前面的方法安排稀土元素，等于彻底破坏了周期系整个大厦的结构。镧系元素的性质彼此间非常相似，而且跟第 4 周期的钪和第 5 周期的钇很相似，就此而论，它们应该共用"一间房间"，安排在钇的下面。可是一间房间住 15 个成员也实在太"挤"了。怎么办？科学家们最终想出了一个非常巧妙的办法，即在钇的下面，钡和铪之间给它们 15 个成员留下一间"办公室"，供它们共同使用，挂以"镧系"的牌子（符号为 Ln，lanthanide 的缩写），而在元素大厦的前面，另盖一排 15 间的"平房"，把这 15 个镧系成员依次安排在里面居住，自成一家，称之为镧系。这就圆满地解决了前述的难题。直至今日，我们见到的周期表仍然是采取这种排列方式的。

根据莫塞莱定律，在钕和钐之间应该存在一个未知的镧系元素，它的原子序数为 61。长期以来，人们通过各种方法在寻找这个"千呼万唤"不出来的镧系成员。1926 年，美国芝加哥的化学家霍普金斯（B. Hopkins）、英特马（L. Intema）和哈里斯（J. Harris）经过艰苦的工作，分析了各种不同的矿物样品后，于同年 4 月报道说"发现了 61 号元素"。由于这项工作是在伊利诺伊（Illinois）大学进行的，于是取名为"illinium"，中译名为"锒"，符号为"Il"。但是他们连一星半点的新元素样品都没能拿到手。它的存在是根据 X 射线和可见光的光谱数据推断的。时过半年，两位意大利科学家罗拉（L. Rolla）和洛伦佐·费尔南德斯（L. Fernandes）也宣布"发现了 61 号元素"，命名为"florencium"，中译名为"锜"，符号为"Fl"。并且他们说"发现 61 号元素"比美国人还早 2 年，只是由于某些未曾宣布的原因而延误了报道。就在美国科学家接受各方面的祝贺，并开始与意大利同行论证其发现权时，1926 年 11 月从英国《自然》（*Nature*）杂志上传出了要求发现权的第三者的声音。他就是布拉乌勒尔。布拉乌勒尔的要求也不是完全无中生有的。

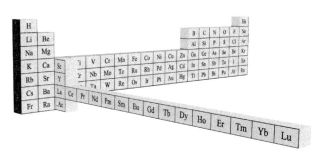

元素周期表中的"镧系"

早在 1882 年，正当莫桑德尔发现的"锚"快要"寿终正寝"时，布瓦博德朗已从"锚"中提取出一个新元素钐。布拉乌勒尔仔细分析了它的残余物，并用极其复杂的化学方法把它分离成 3 种带有不同分子量的组分。由于多种原因，他不得不中断自己的工作。1885 年，威尔斯巴赫超越了这位捷克化学家，从布拉乌勒尔研究的残余物中分离出了镨和钕，即布拉乌勒尔的第一和第三组分。那么，这第二组分又是什么呢？布拉乌勒尔注意到了钕和钐的原子量之间的差值比任何两个邻近的稀土元素之间的相应差都大很多，基于他的卓越的稀土知识，并回忆起他在 1882 年的工作，他认为在稀土系列中钕和钐之间存在着性质变化上的不连续性，意味着在钕和钐之间能找到一个未知元素。但他当时没有仓促下此结论，直到 1901 年才明确地在钕和钐之间留下一个空格。所以他后来说："1902 年，我曾预言 61 号元素是一个失落的元素。"

然而，不论是美国的、意大利的，还是这位捷克的化学家都未能提供 61 号元素的任何细节。按惯例，一个元素的发现要获得承认，除了应提供光谱或其他物理信息外，还应该获得有关该元素的一些确凿的化学性质信息，应该能提供该元素的哪怕是一毫克甚至半毫克的样品。可是上述的发现者对此都无能为力。

1926 年，诺达克夫妇也开始了对 61 号元素的试验工作。他们利用一切可能的技术分析预期含有"锬"的 15 种各色各样的矿物，处理了 100kg 稀土矿物，都没有能检测到该元素。诺达克夫妇声明，即使这种元素稀少到只有钕或钐的一千万分之一，他们也能找到它。那么对美国人的结果如何解释呢？是否可以认为"锬"的存在量低于千万分之一的钕和钐的量？地球化学家反对这种看法，认为铈组元素（从镧到钆）在自然界中的丰度比钇组元素（从铽到镥，包括钇）高，没有理由在钕和钐之间的"锬"是一个例外。是不是采用的矿物不对？诺达克夫妇又分析了好几种碱土金属钙和锶的矿物，结果还是空手而归！

看来化学家们已是山穷水尽，无路可走了。现在该轮到理论物理学家来揭开 61 号元素的奥秘了。德国理论物理学家马陶赫在 30 年代初提出了一条定律，否定了 61 号元素存在稳定同位素的可能性，因为"锬"的半衰期远小于地球的年龄。这似乎最后也埋葬了在地球上寻找 61 号元素的希望。物理学家们普遍相信，只有像锝一样采用人工合成的办法才能解开 61 号元素之谜。

1938 年，俄亥俄大学的两位物理学家进行了 61 号元素人工合成的第一次实验。他们用快速的氘核（D）轰击钕靶，通过核反应产生了 61 号元素的一个同位素，质量数（中子数＋质子数）为 144，半衰期为 12.5h。但是他们的结果仅是根据辐射测量数据得出的，人们怀疑钕靶的纯度和他们的鉴定方法，所以 1938 年不能算作是 61 号元素诞生之年。此后还不断有"人工合成 61 号元素的多种同位素"的报道，并取名为"cyclonium"以纪念它是从回旋加速器（cyclotron）中产生的（中译名为"镟"，符号"Cy"）。但是所有这些报道都是关于实验者探测到的"镟"的放射性信号，只是关于"镟"存在的间接证据。谁也没有得到哪怕是一丝一毫的新元素，也没有记录到它的光谱。

20 世纪 30 年代中最伟大的发现之一是铀的裂变。铀-235 同位素在慢中子作用下，分裂成两块碎片，每一片都是周期表中一种元素的同位素。使用这一方法可以产生从锌到钆 30 多种元素的各种同位素，由此法得到的 61 号元素约为裂变产物总量的 3%。可是用普通的化学方法很难提取这 3% 的 61 号元素。

美国化学家马林斯基（J. Marinsky）等应用了一种新的化学技术——离子交换色谱技术来分离铀的裂变碎片。离子交换色谱法中使用了离子交换树脂，这种树脂被加工成细小球体，填装于玻璃柱中。离子交换树脂是一种专门设计合成的高分子化合物，它们对各种离子的结合能力表现出明显差异。树脂像是一套孔径各不相同的"分子筛子"，可依据各种元素的离子和树脂之间结合能力的差异筛分元素。应用这一技术，马林斯基等在 1945 年最终分离出了望眼欲穿的元素——质量数为 147 和 149 的 61 号元素的两种同位素。他们把该元素命名为 promethium，以示对古代希腊神话中普罗米修斯的崇敬，中译名为钷（音 pǒ），符号为 Pm。钷是 1945 年分离得到的，但是首次发表是在 1947 年。1948 年人们在美国化学会年会上见到了钷化合物的最早的一些样品（黄色的氧化物，桃红色的硝酸盐），每种重 3mg。

马陶赫定律实际上只是否定了地球上存在原生钷的可能性。因为 15 种钷的同位素中，寿命最长的一种的半衰期也只有 30 年。换句话说，随地球一起诞生的钷，早已荡然无存了。可是锝（Tc）最后是在地球上的铀自发裂变的碎片中找到的，这种锝称为次生锝。人们会问，在铀自发衰变的碎片中是否也可以找到次生钷？这一伟大的任务终于在 1968 年完成了。一批美国科学家在铀矿石样品（沥青油矿）中找到了质量数为 147 的天然钷同位素，这是寻找 61 号元素艰巨历程的最后一步，也是稀土元素发现史故事的最后一个情节。

稀土元素的异乎寻常的发现史是耐人寻味的。从 1794 年钇的发现开始到 1945 年最后一个稀土元素钷的分离检定为止，前后经历了 151 年。这是一个长达一个半世纪的故事，它是由几代人、几十位富于自我牺牲和艰苦奋斗精神的科学家共同写成的。这里没有给企图轻易成名和获得成功的人留下位置。为了分离这些"孪生"

元素，他们克服了重重困难，运用了化学分析、光谱学、核反应、离子交换等各种方法，不怕麻烦、不辞辛劳进行反复实验，最后才打开了化学迷宫——稀土元素的一扇扇大门。

稀土元素的发现史是一部完整的教科书，期间不仅有成功的发现，也不乏有错误的报道。稀土元素一共是 17 个，可是正式报道发现的稀土元素竟达 100 多种。在元素发现史上再也找不到第二个事例。

化学家们在分离鉴定稀土元素的艰苦工作中，逐渐建立了一整套完善的研究方法，依靠这些精细的方法，把性质极其相似的稀土元素一一分离开来。这套方法如分级结晶、分级沉淀以及离子交换技术等一直沿用到 20 世纪末，这是科学与技术相辅相成密不可分的鲜明例证。

从稀土元素发现史中我们看到了科学实验是如何推动科学理论发展的。稀土元素的发现向元素周期系提出了挑战，给理论化学家提出了新课题：稀土元素在周期表中应该放在哪里？稀土元素究竟有多少？它们的性质为什么如此相似？直到 1913 年英国科学家莫塞莱、1921 年丹麦科学家玻尔等，依据他们创立的现代原子结构理论，提出了镧系理论，才解决了这些难题，从而发展了周期系理论。

就这样，沿着钇途径和铈途径，一共发现了 16 个稀土元素，最后一个（第 17 个）稀土元素钷（Pm）在 1945 年被发现。至此，稀土家族齐了。17 个稀土元素按照以下次序分别登上化学的舞台：

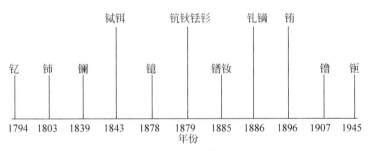

17 种稀土元素的发现历程

在现代工业中，稀土应用极广，也极为重要，有工业"黄金"之称。由于其具有优良的光、电、磁等物理特性，稀土能与其他材料组成性能各异、品种繁多的新型材料，其最显著的功能就是大幅度提高其他产品的质量和性能。比如大幅度提高用于制造坦克、飞机、导弹的钢材、铝合金、镁合金、钛合金的性能。而且，稀土同样是电子、激光、核工业、超导等诸多高科技的润滑剂。稀土科技一旦用于军事，必然带来军事科技的跃升。从一定意义上说，美军在冷战后几次局部战争中的压倒性控制，得益于稀土科技领域的技术。

在冶金工业中，稀土金属或氟化物、硅化物加入钢中，能起到精炼、脱硫、中和低熔点有害杂质的作用，并可以改善钢的加工性能；稀土硅铁合金、稀土硅镁合金作为球化剂生产稀土球墨铸铁，由于这种球墨铸铁特别适用于生产有特殊要求的复杂球铁件，被广泛用于汽车、拖拉机、柴油机等机械制造业；稀土金属添加至镁、铝、铜、锌、镍等有色合金中，可以改善合金的物理化学性能，并提高合金室温及高温机械性能。

石油化工中用稀土制成的分子筛催化剂，具有活性高、选择性好、抗重金属中毒能力强的优点，因而取代了硅酸铝催化剂，用于石油催化裂化过程；在合成氨生产过程中，用少量的硝酸稀土为助催化剂，其处理气量比镍铝催化剂大1.5倍；在合成顺丁橡胶和异戊橡胶过程中，采用环烷酸稀土 - 三异丁基铝型催化剂，所获得的产品性能优良，具有设备挂胶少、运转稳定、后处理工序短等优点；复合稀土氧化物还可以用作内燃机尾气净化催化剂，环烷酸铈还可用作油漆催干剂等。

稀土在超导陶瓷、压电陶瓷、导电陶瓷、介电陶瓷及敏感陶瓷等方面也有广泛的应用。

下面，我们按照元素周期表的顺序，一个一个地认识这些稀土元素。

钪（Sc，scandium）

概述

钪，其命名scandium源自斯堪的纳维亚半岛的拉丁文名称Scandia，化学符号Sc，原子序数为21，原子量为44.96，熔点为1541℃，沸点为2836℃，六方密堆结构，密度为2.99g/cm³，是一种柔软、银白色的过渡性金属。它常跟钇、镧系元素等稀土金属混合存在。

钪存在于大多数稀土矿和铀化合物的沉积物中，但它仅可以从全球某些矿场的矿石萃取。由于钪不易取得及制备困难，所以直到1937年才首次取得，而它的应用直到20世纪70年代才被研发出来。在20世纪70年代人们发现钪对于铝合金具有增益效果，此应用目前仍是其主要用途，氧化钪的全球贸易量约为每年10吨钪化合物的性质介于铝和钇之间。钪和镁之间也存在着对角线规则，就像铍和铝的关系。钪是Ⅲ族的元素，就像其他第Ⅲ族的元素，钪的主要氧化数为+3。

国际市场上交易的钪产品主要是金属钪和氧化钪，纯度越高价格也就越贵。2017年，99.99%纯度的氧化钪价格为4600美元 / 千克，蒸馏金属钪的价格高达226000美元 / 千克，是黄金价格（44445美元 / 千克）的5倍。

在稀土家族中，钪的价格也远远高于其他轻稀土元素，甚至高于稀缺的重稀土元素铽和镥。以2011年的稀土价格为例，国内氧化钪（99%）的价格（26000元 / 千克）比其他稀土氧化物当年价格最高的氧化铕（12000元 / 千克）和氧化铽（10200元 / 千克）高出1倍多。

发现

钪是排位最靠前的过渡金属，原子序数只有21，不过就发现而言，钪比它在元素周期表上面的左邻右舍都要晚，即使在稀土里面，钪的发现也不是较早的，其发现较晚的原因很简单，含量低，钪在地壳里的含量只有 5×10^{-6}，也就相当于每一吨地壳物质里面只有 5g，比其他轻元素相比要低不少。另外，稀土元素分离非常困难，这样一来，想从混生的矿藏中找到钪，其实并不容易。不过虽然一直没被发现，这个元素的存在却已经有人作出过预言。在门捷列夫 1869 年给出的第一版元素周期表中，就赫然在钙的后面留有一个原子量为 45 的空位。后来门捷列夫将钙之后的元素暂时命名为"类硼"（eka-boron），并给出了这个元素的一些物理化学性质。

19 世纪晚期，对稀土元素的研究成为一股热潮。在钪发现之前一年，瑞士的德·马里尼亚从玫瑰红色的铒土中，通过局部分解硝酸盐的方式，得到了一种不同于铒土的白色氧化物，他将这种氧化物命名为镱土。瑞典乌普萨拉大学的尼尔森在斯堪的纳维亚半岛的黑稀金矿（euxenite）和硅铍钇矿（gadolinite）中，按照马里尼亚的方法将铒土提纯，并精确测量铒和镱的原子量（因为他这个时候正在专注于精确测量稀土元素的物理与化学常数，以期对元素周期律作出验证）。当他经过 13 次局部分解之后，得到了 3.5g 纯净的镱土。但是这时候奇怪的事情发生了，马里尼亚给出的镱的原子量是 172.5，而尼尔森得到的则只有 167.46。尼尔森敏锐地意识到这里面可能有什么轻质的元素。于是他将得到的镱土又用相同的流程继续处理，最后当只剩下十分之一样品的时候，测得的原子量更是掉到了 134.75；同时光谱中还发现了一些新的吸收线。尼尔森用他的故乡斯堪的纳维亚半岛给钪命名为 scandium，这是人类发现的第 67 种元素。1879 年，尼尔森正式公布了自己的研究结果，在他的论文中，还提到了钪盐和钪土的很多化学性质。不过在这篇论文中，他没有能给出钪的精确原子量，也还不确定钪在元素周期表中的位置。

尼尔森的好友，同在乌普萨拉大学任教的克利夫也在做这个工作。他从铒土出发，将铒土作为大量组分排除掉，再分出镱土和钪土之后，又从剩余物中找到了钬和铥这两个新的稀土元素。作为副产物，他提纯了钪土，并进一步了解了钪的物理和化学性质。这样一来，门捷列夫放出的"漂流瓶"沉睡了十年之后，终于被克利夫"捞"了起来。

钪就是门捷列夫当初所预言的"类硼"元素。钪的发现再次证明了元素周期律的正确性和门捷列夫的远见卓识。

而钪金属在 1937 年才由电解熔化的氯化钪生产出来。

用途

钪的用途（作为主要工作物质，而不是用于掺杂的）都集中在很光明的方向，称它为"光明元素"也不为过。

钪钠灯，可以用来给千家万户带来光明。这是一种金属卤化物电光源：在灯泡中充入碘化钠和碘化钪，同时加入钪和钠箔，在高压放电时，钪离子和钠离子分别发出它们的特征发射波长的光，钠的谱线为 589.0nm 和 589.6nm 两条著名的黄色光线,而钪的谱线为 361.3～424.7nm 的一系列近紫外光和蓝色光发射,因为互为补色,产生的总体光色就是白色光。正是由于钪钠灯具有发光效率高、光色好、节电、使用寿命长和破雾能力强等特点,使其可广泛用于电视摄像和广场、体育馆、马路照明,被称为第三代光源。

太阳能光电池,可以将洒落地面的光明收集起来,变成推动人类社会的电力。在金属-绝缘体-半导体硅光电池和太阳能电池中,钪是最好的阻挡金属。

钪也是铁的优良改化剂,只需加入微量的钪(0.07%～0.35%)就可显著提高合金的强度和硬度。另外,钪还可用作高温钨和铬合金的添加剂。当然,除了"为他人作嫁衣裳"之外,因为钪具有较高熔点,而其密度却和铝接近,也被应用在钪钛合金和钪镁合金这样的高熔点轻质合金上,但是因为价格昂贵,一般只有航天飞机和火箭等高端制造业才会使用。

2 钇(Y,yttrium)

概述

钇(英文 yttrium)是化学元素,符号为 Y,原子序数为 39,原子量为 88.91,熔点为 1526℃,沸点为 2730℃,六方密堆结构,密度为 4.47g/cm³,莫氏硬度为 4.0,是银白色过渡金属,化学性质与镧系元素相近,常归为稀土金属。

太阳系中的钇元素是在恒星核合成过程中产生的,大部分经 S-过程[①](约 72%),其余的经 R-过程(约 28%)。在 R-过程中,轻元素在超新星爆炸中进行快中子捕获;而在 S-过程中,轻元素在红巨星脉动时,在星体内部进行慢中子捕获。

在核爆炸和核反应堆中,钇同位素是铀裂变过程中的一大产物。在核废料的处理上,最重要的钇同位素为 ⁹¹Y 和 ⁹⁰Y,半衰期分别为 58.51 天和 64h。虽然 ⁹⁰Y 的半衰期短,但它与其母同位素锶-90(⁹⁰Sr)处于长期平衡状态(即产生率接近衰变率),实际半衰期为 29 年。

所有第Ⅲ族元素的原子序数都是奇数,所以稳定同位素很少。钇只有一种稳定同位素 ⁸⁹Y。在 S-过程当中,经其他途径产生的同位素有足够时间进行 β 衰变(中子转换为质子,并释放电子和反微中子)。中子数为 50、82 和 126 的原子核(原子量分别为 90、138 和 208)特别稳定,所以这种慢速过程使这些同位素能够保持其较高的丰度。⁸⁹Y 的质量数和中子数分别靠近 90 和 50,所以其丰度也较高。

---

① S-过程,或称为慢速中子捕获过程,是发生在相对来说中子密度较低和温度中等条件下的恒星进行核合成过程。在这样的条件下,原子核俘获中子的速率相较之下就低于 β⁻ 衰变,稳定的同位素俘获中子;但是放射性同位素在另一次中子俘获前就先衰变成为稳定的子核,这样经由 β 稳定的过程,使同位素沿着 β 稳定线附近移动。

发现

在 1787 年，同时为陆军中尉和化学家的卡尔·阿伦尼乌斯（Carl Arrhenius，公元 1757—1824 年）在斯德哥尔摩附近的伊特比（Ytterby）村的一个老采石场，发现了一块不同寻常的黑色石头，即硅铍钇矿，并根据发现地伊特比村的名称将它命名为"Ytterbite"。他以为自己发现了一种新的钨矿石，然后把样本送给了住在芬兰的加多林。在 1794 年，加多林宣布矿石中含一种新的"泥土"，构成了其质量的 38%。钇是人类发现的第 30 种元素。它被称为"泥土"是因为它是氧化钇（Y_2O_3），在将其用木炭加热后也没能进一步还原。

把这一氧化物命名为"Yttria"（钇土）。金属钇是在 1828 年由维勒通过氯化钇和钾反应制得。然而，钇土中还藏着其他的元素。

1843 年，莫桑德尔发现，该样本中其实含有三种氧化物：白色的氧化钇（yttria）、黄色的氧化铽（terbia）以及玫红色的氧化铒（erbia）。1878 年，德·马里尼亚分离出第四种氧化物氧化镱。这四种氧化物所含的新元素都以伊特比命名，除钇以外还有镱（ytterbium）、铽（terbium）和铒（erbium）。在接下来的数十年间，科学家又在加多林的矿石样本中发现了 7 种新元素。马丁·克拉普罗特后将这种矿物命名为加多林矿（gadolinite，即硅铍钇矿），以纪念加多林为发现这些新元素所做出的贡献。

用途

氧化钇（Y_2O_3）可以做掺铕（Eu^{3+}）过程中所用的主体晶格，以及正钒酸钇（YVO_4）：Eu^{3+} 或氧硫化钇（Y_2SO_2）：Eu^{3+} 磷光体的反应剂。这些磷光体在彩色电视机的显像管中能产生红光。实际上红光是铕所产生的，钇只是把电子枪的能量传递到磷光体上。它还是材料科学中的常用原料，许多钇化合物的合成也需要从氧化钇开始。

钇可以用来生产各种合成石榴石。钇铁石榴石（$Y_3Fe_5O_{12}$，简称 YIG）是十分有效的微波电子滤波器，其生产就需用到氧化钇。钇、铁、铝和镓石榴石（如 $Y_3(Fe, Al)_5O_{12}$ 和 $Y_3(Fe, Ga)_5O_{12}$）具有重要的磁性质。

添加少量的钇（0.1% ~ 0.2%）可以降低铬、钼、钛和锆的晶粒度。它也可以增强铝合金和镁合金的材料强度。在合金中加入钇，可以降低加工程序的难度，使材料能抵抗高温再结晶，并且大大提高对高温氧化的抵御能力。

 ## 镧（La，lanthanum）

概述

镧是一种金属稀土元素，原子序数为 57，原子量为 138.91，熔点为 921℃，沸点为 3457℃，莫氏硬度为 2.5。有三种晶型，α 型，六方晶系，密度为 6.174g/cm³；β 型，面心立方结构，350℃稳定存在，密度为 6.19g/cm³；γ 型，>868℃稳定存在，密度为 5.98g/cm³。

镧呈银灰色光泽，质地较软，化学性质活泼，暴露于空气中很快失去金属光泽而生成一层蓝色的氧化膜，但是它并不能保护金属，继而进一步氧化生成白色的氧化物粉末。能和冷水缓慢作用，易溶于酸，可以和多种非金属反应。金属镧一般保存于矿物油或稀有气体中。镧在地壳中的含量为 0.00183%，在稀土元素中含量仅次于铈。镧有两种天然同位素：镧 -139 和放射性镧 -138。

元素周期表中镧和镥之间的一组 15 个相似元素，称作镧系元素，其中镧是排序中的第一个。 镧有时也被认为是第 6 周期第Ⅲ族的过渡金属的第一个元素，而镥也是第Ⅲ族元素。 所有的镧系元素都属于稀土元素，通常氧化态为 +3 价。 镧在人体内没有扮演任何生物角色，但对某些特定细菌来说，它非常重要。镧对人体没有特别的毒性，但显示出一些抗菌活性。

虽然镧被归类为稀土元素，但镧在地壳中元素含量的排名为第 28，几乎是铅的3 倍。 在独居石和氟碳铈矿等矿物中的镧占镧元素含量的四分之一。直到 1923 年人们终于从这些复杂的矿物中成功提取出纯镧金属。 镧化合物可作为多种用途，如催化剂、玻璃添加剂、用于影室灯或投影机的碳弧灯、打火机及火炬中的点火元件、阴极射线管、闪烁体、气体保护钨极电弧焊（GTAW）电极或其他用品。在肾衰竭的情况下，碳酸镧可作为磷酸盐结合剂。

发现

镧于 1839 年 1 月，由斯德哥尔摩卡罗林斯卡研究所的莫桑德尔发现。他从在 1803 年已经发现的铈中提取了它。莫桑德尔注意到他的大多数氧化铈样本不可溶，而有些是可溶的，他推断这是一种新元素的氧化物。他把新的氧化物称为镧土（lanthana），元素称为 lanthanum（镧），元素符号是 La，来自希腊文 lanthanō（"隐藏"）。他发现新元素的消息传开了，但莫桑德尔出奇地沉默。这是人类发现的第 56 种元素。

同年，阿克塞尔·埃德曼（Axel Erdmann），一位同样来自卡罗林斯卡研究所的学生，他从一种来自位于挪威峡湾的 Låven 岛的新矿物中发现了镧。

最终，莫桑德尔解释了他的延迟，说他从铈中提取出了第二种元素，他称之为"didymium"。然而他没有意识到"didymium"也是混合物（镨钕混合物），在 1885年它被分离成了镨和钕。

铈和钇被发现后，虽然一些化学家们意识到，它们不是纯净的元素，但是直到它们被发现大约 40 年后，由于瑞典化学家莫桑德尔等耐心的分析人们才把谜解开。

用途

金属镧用于生产镍氢电池，这是镧最主要的应用之一。

镧主要用于制造特种合金精密光学玻璃、高折射光学纤维板，适合做摄影机、照相机、显微镜镜头和高级光学仪器棱镜等。还用于制造陶瓷电容器、压电陶瓷掺入剂和 X 射线发光材料溴氧化镧粉等。

另外，镧系金属元素的氯化物作精炼石油的催化剂，可提高出油率和产品质量。镧、铈等多元合金用于制作打火机的火石、子弹和炮弹的引信及点火装置。在 218- 铝合金中添加 0.1% ～ 0.2% 的镧，能极大地改善延伸率和机械工性能；在 122- 铝合金中加入 0.1% 的镧，能使常温下的拉伸强度提高七至八成。在炼钢中加入镧，有利于脱氧、脱硫、除去气体，减少有害元素的影响，可显著提高钢的韧性、耐磨性和抗腐蚀性，从而提高钢材的质量。以镧镍合金作负极制造的稀土储氢电池，储电能量大，充放电速度快、过度充电和过度放电无不良后果，使用寿命长而又不造成环境污染。

镧 -138 是放射性的，半衰期为 1.1×10^{11} 年，曾尝试用来治疗癌症。

镧系元素（lanthanide element）

镧系元素是周期系第ⅢB族中原子序数为 57 ～ 71 的 15 种化学元素的统称，包括镧、铈、镨、钕、钷、钐、铕、钆、铽、镝、钬、铒、铥、镱、镥，它们都是稀土元素的成员。镧系元素通常是银白色有光泽的金属，比较软，有延展性并具有顺磁性。镧系元素的化学性质比较活泼。新切开的有光泽的金属在空气中迅速变暗，表面形成一层氧化膜，它并不紧密，会被进一步氧化，加热至 200 ～ 400℃生成氧化物。与冷水缓慢作用；与热水反应剧烈，产生氢气；溶于酸，不溶于碱。200℃以上在卤素中剧烈燃烧，在 1000℃以上生成氮化物；在室温时缓慢吸收氢气，300℃时迅速生成氢化物。镧系元素是比铝还要活泼的强还原剂，在 150 ～ 180℃时着火。镧系元素最外层（6s）的电子数不变，都是 2。而镧原子核有 57 个电荷，从镧到镥，核电荷数增至 71 个，使原子半径和离子半径逐渐收缩，这种现象称为镧系收缩。由于镧系收缩，这 15 种元素的化合物的性质很相似，氧化物和氢氧化物在水中溶解度较小、碱性较强，氯化物、硝酸盐、硫酸盐易溶于水，草酸盐、氟化物、碳酸盐、磷酸盐难溶于水。

4 铈（Ce，cerium）

概述

铈是镧系元素之一，也是一种稀土元素。原子序数为 58，原子量为 140.12，熔点为 795℃，沸点为 3443℃，莫氏硬度为 2.5。灰色金属，有延展性。密度为 6.9g/cm³（正方晶体）、6.7g/cm³（立方晶体）。

铈是一种银灰色的活泼金属，粉末在空气中易自燃，易溶于酸。铈的名称来源于小行星谷神星的英文名。铈在地壳中的含量约0.0046%，是稀土元素中丰度最高的。铈拥有所有元素中第二长（镎是第一长的）的液态范围：2648℃（795～3443℃）。

发现

1752年，瑞典化学家克龙斯泰特发现一种新的矿石。西班牙矿物学家唐·德埃尔乌耶分析后认为它是钙和铁的硅酸盐。

1803年，德国化学家马丁·克拉普罗特分析了该矿石，确定有一种新的金属氧化物存在，称它为ochra（赭色土），矿石称为赭色矿（ochroite），因为它在灼烧时出现赭色。同时，瑞典化学家贝采里乌斯和瑞典矿物学家希辛格也在分析瑞典产的tungsten矿（"重石"之意）时发现了同一新元素氧化物，不同于钇土。钇土溶于碳酸铵溶液，在煤气灯焰上灼烧时呈现红色，而这种土不溶于碳酸铵溶液，在煤气灯焰上灼烧没有呈现特征焰色。于是称它为ceria（铈土），元素命名为cerium（铈），元素符号定为Ce，矿石称为铈硅石（cerite）。铈是人类发现的第35种元素。其实这种铈硅石是一种水合酸盐，含铈66%～70%，其余是钙、铁和钇的化合物。

早在两年前的1801年1月1日晚，意大利的天文学家朱塞普·皮亚齐（Giuseppe Piazzi，公元1746—1826年）在火星和木星之间的大间隙里找到了一颗绕行太阳运行的新行星，为了维持行星以罗马神明为名的传统，这个天体就以农事女神之名命名为谷神星（Ceres，克瑞斯）①。麦片类食物的英文为cereal，也是源自于农事女神。谷神星发现的当年，科学界颇为兴奋，因此在谷神星发现后找到的第一个新元素，就命名为铈（cerium）来向谷神星致敬。

在稀土这个元素大家族中，铈是当之无愧的"老大哥"。其一，稀土在地壳中总的丰度为238ppm，其中铈为68ppm，占稀土总配份的28%，居第一位；其二，铈是在发现钇（1794年）9年之后，被发现的第二个稀土元素。

严格说来，最初发现的"铈土"只能算作是铈的富集物，或者说是与镧、镨、钕等共生在一起的轻稀土混合氧化物，当时镧、镨、钕等尚隐藏在"铈土"中未被发现。但无论如何，在稀土这17个"相貌极为相似的孪生兄弟姐妹"中，铈最容易辨认。因为铈有种显著的化学特性，除了像其他稀土元素通常以三价状态存在外，他还会以四价状态稳定存在。这种离子价态的差异性必然会扩大化学性质的差异性，利用这种差异性就能比较容易地把铈同相邻的其他稀土元素分离开来。

① 克瑞斯：罗马神话中的农业和丰收女神，罗马十二主神之一，对应希腊神话中的德墨忒尔。克瑞斯是萨图恩和奥普斯的女儿，朱庇特的妹妹兼配偶，普洛塞庇娜的母亲，朱诺、维斯塔、尼普顿和普鲁托的兄弟姐妹，以及西西里岛的守护神，也是西方最受欢迎的神祇之一。她教会人类耕种，给予大地生机。她具有无边的法力，可以使土地肥沃、植物茂盛、五谷丰登，也可以令大地枯萎、万物凋零、寸草不生。可以让人拥有享之不尽的财富，同时也可以让人家徒四壁、一贫如洗。

用途

直到发现"铈土"的 83 年后，人们才为铈（也是稀土）找到第一个用途：用作汽灯纱罩的发光增强剂。1886 年，奥地利人威尔斯巴赫发现，将 99% 的氧化钍和 1% 的氧化铈加热时，会发出强光，用于煤气灯纱罩可以大大提高汽灯的亮度。而汽灯在当时电灯尚未普及的欧洲是照明的主要光源，对于工业生产、商贸和生活至关重要。而 19 世纪 90 年代开始，汽灯纱罩的大规模生产，增加了钍和铈的需求，有力推动了世界范围内对稀土矿藏的勘察，在巴西和印度陆续发现了大型独居石矿，遂发展成为所谓的"独居石工业"，也就是早期稀土工业。尽管第一次世界大战后，电灯逐步取代了煤气灯，但铈又不断开拓出新的用途。

1903 年，铈的第二大用途又被发现——还是那位奥地利人威尔斯巴赫，发现铈铁合金在机械摩擦下能产生火花，可以用来制造打火石。铈的这种经典用途，至今已有 100 年的历史。都知道打火机要用打火石，但许多人却不了解稀土，更不知道是其中的铈在给人们带来了火种。只是如今，打火石遭遇压电陶瓷的有力挑战，产量已经大减。这期间，还发现铈基合金（如 Th2dl-RE）可用作电子设备和真空管的吸气剂。

1910 年，发现了铈的第三大用途，用于探照灯和电影放映机的电弧碳棒。与汽灯纱罩类似，铈可以提高可见光转换效率。探照灯曾是战争防空的重要用具。电弧碳棒也曾是放映电影不可缺少的光源。

 5　镨（Pr，praseodyium）

概述

镨是一种金属元素，属稀土金属，镧系元素。原子序数为 59，原子量为 140.91，熔点为 931℃，沸点为 3520℃，密度为 6.773g/cm³。晶体结构为六方晶胞。镨在空气中抗腐蚀能力比镧、铈、钕和铕都要强，但暴露在空气中会产生一层易碎的绿色氧化物，纯镨必须在矿物油或密封塑料中保存。镨的用途之一是用于石油催化裂化。以镨钕富集物的形式加入 Y 型沸石分子筛中制备石油裂化催化剂，可提高催化剂的活性、选择性和稳定性。镨像其他稀土元素一样，具有慢性低毒，不是生物必需元素。

镨在地壳中的含量约为 5.53×10^{-4}%，主要存在于独居石和氟碳铈矿中，核裂变产物中也含有镨。自然界存在的镨均为稳定同位素镨 -141。

发现

1841 年，莫桑德尔从铈土中得到镨、钕混合物，命名为 didymia。

1885 年，奥地利化学家威尔斯巴赫在从氧化"镝"中分离出氧化钐后又分离出新元素的氧化物，将这种新元素命名为 preseodidymium，由 praseo（绿色）和

didymos（成对的）组成，原意是"绿色的孪生兄弟"。这是因为镨和钕共生在一起，而且镨的氧化物 Pr_2O_3 也为浅绿色。这个元素的名称简化成 praseodymium，它是人类发现的第 71 种元素。

用途

镨作为用量较大的稀土元素，很大一部分是以混合稀土的形式被利用，比如，用作金属材料的净化变质剂、化工催化剂、农用稀土等。以镨钕富集物的形式加入 Y 型沸石分子筛中制备石油裂化催化剂，可提高催化剂的活性、选择性和稳定性。作为塑料改性添加剂，在聚四氟乙烯（PTFE）中加入镨钕富集物，可明显提高 PTFE 的耐磨性能。

稀土永磁材料是当今最热门的稀土应用领域。镨单独用作永磁材料性能并不突出，但它却是一个能改善磁性能的优秀协同元素。加入镨还能提高磁体抗氧化性能（耐空气腐蚀）和机械性能，已被广泛应用于各类电子器件和马达上。

镨还可用于研磨和抛光材料。纯铈基抛光粉通常为淡黄色，是光学玻璃的优质抛光材料，已取代抛光效率低又污染生产环境的氧化铁红粉。氧化钕对抛光作用不大，但镨却有良好的抛光性能。含镨的稀土抛光粉会呈红褐色，也被称作红粉，但这种"红"不是氧化铁红，而是由于含有氧化镨使稀土抛光粉颜色变深。

镨在光纤领域的用途也越来越广，已开发出在 1300~1360nm 谱区起放大作用的掺镨光纤放大器（PDFA），技术日趋成熟。

 6 钕（Nd，neodymium）

概述

钕为银白色金属，原子序数为 60，原子量为 144.24，熔点为 1024℃，沸点为 3074℃，密度为 7.0g/cm³，有顺磁性。钕是最活泼的稀土金属之一，在空气中能迅速变暗，生成氧化物；在冷水中缓慢反应，在热水中反应迅速。掺钕的钇铝石榴石和钕玻璃可代替红宝石作激光材料，钕和镨玻璃可作护目镜。伴随着镨元素的诞生，钕元素也应运而生，钕元素的到来活跃了稀土领域，在稀土领域中扮演着重要角色，并且影响着稀土市场。

发现

1839 年，瑞典人莫桑德尔发现了镧和镨钕混合物（didymium）。这之后，各国化学家特别注意从已发现的稀土元素去分离新的元素。

1885 年，奥地利人威尔斯巴赫从莫桑德尔认为是"新元素"的镨钕混合物中发现了镨和钕。其中一种被命名为 neodidymium，后来被简化为 neodymium，元素符号 Nd，就是钕元素。钕、镨、钇、钐都是从当时被认为是一种稀土元素的 didymium 中分离出来的。由于它们的发现，didymium 不再被保留。钕是人类发现的第 72 种元素。

用途

钕元素凭借其在稀土领域中的独特地位，多年来成为市场关注的热点。金属钕的最大用户是钕铁硼永磁材料。钕铁硼永磁体的问世，为稀土高科技领域注入了新的生机与活力。钕铁硼磁体磁能积高，被称作当代"永磁之王"，以其优异的性能广泛用于电子、机械等行业。阿尔法磁谱仪的研制成功，标志着我国钕铁硼磁体的各项磁性能已跨入世界一流水平。钕还应用于有色金属材料。在镁或铝合金中添加 1.5% ～ 2.5% 钕，可提高合金的高温性能、气密性和耐腐蚀性，广泛用作航空航天材料。另外，掺钕的钇铝石榴石产生短波激光束，在工业上广泛用于厚度在 10mm 以下薄型材料的焊接和切削。在医疗上，掺钕钇铝石榴石激光器代替手术刀用于摘除手术或消毒创伤口。钕也用于玻璃和陶瓷材料的着色以及橡胶制品的添加剂。随着科学技术的发展，稀土科技领域的拓展和延伸，钕元素将会有更广阔的利用空间。

 ## 7 钷（Pm，promethium）

概述

钷，原子序数为 61，原子量为 145，熔点为 1042℃，沸点为 3000℃，六方晶体结构，密度为 7.26g/cm³。它的所有同位素都具有放射性；它极为稀有，任何时候在地壳中自然存在的只有 500 ～ 600g。在原子序数 82 的铅以前只有两个元素没有稳定的同位素，其中一个即为钷，另一个是锝。化学上，钷是一种镧系元素。钷只表现出一种稳定的氧化态，即 +3 价。钷元素是唯一具有放射性的稀土金属元素。

发现

1902 年，捷克化学家博胡斯拉夫·布劳纳（Bohuslav Brauner，公元 1855—1935 年）发现，所有相邻的镧系元素中钕和钐之间的差异是最大的，因此他认为有一个元素有它们之间的中间性质。这一预测在 1914 年由莫塞莱所证实，同时他发现有几个原子序数并没有相对应的元素，分别为 43，61，72，75，85，87。第一个发表其发现的是来自意大利佛罗伦萨的路易·吉罗拉和费尔南德斯。利用巴西矿物独居石的分级结晶分离出硝酸盐的稀土元素后，他们得到的溶液主要含有钐。此溶液得到的 X 射线的光谱属于钐和元素 61。为了纪念他们的城市，他们命名元素 61 为

"^{61}florentium"。该研究结果发表在 1926 年，但科学家们声称他们的实验是在 1924 年进行的。

此外，在 1926 年，伊利诺伊大学的史密斯·霍普金斯和莱昂·英特马公布了元素 61 的发现。他们把该元素命名为 "illinium"。这些发现被指出是错误的，因为在所谓元素 61 的光谱上的线跟钕是相同的。

1934 年，马陶赫制定了同量异位素的规则。其中一个对于这些规则的间接后果是元素 61 无法形成稳定的同位素。1938 年，在俄亥俄州立大学进行了核试验，产生一定的核素钕和钐的放射性同位素，命名为 "cyclonium"，但是没有被承认。

1939 年，加利福尼亚大学用 60 英寸回旋加速器制造钷，但未成功。

1945 年，美国橡树岭克林顿实验室的研究人员马林斯基、格伦丁宁和克里尔在铀裂变产物中发现了 61 号元素。他们应用了新的离子色层分离法把它分离出来，并研究了它。新元素被命名为 promethium，元素符号定为 Pm，名称来自希腊神话中偷取火种给人类的英雄普罗米修斯。1949 年国际纯粹和应用化学联合会接受了这一名称。钷是人类发现的第 96 种元素。

钷是继锝之后，人工制得的第二个化学元素。在天然矿物中寻找 61 号元素的工作，花费了科学家们不少的时间和精力，但最后都无功而返。后来在 "同位素统计规则" 的指导下，科学家们放弃了从天然矿石中寻找，转而走向核反应的产物中。后来证实，微量的钷的确以核裂变的结果出现在铀矿石中，但含量少于 $1\mu g$ 每百万吨矿石。

用途

在核反应堆中用中子轰击钕可以得到钷的同位素。钷的所有同位素半衰期都比较短，所以长期以来，人们普遍认为自然界中不存在钷。然而，在 1964 年有报道称，芬兰科学家从天然磷灰石中分离出 $82\mu g$ 的钷；1965 年荷兰的一个磷酸盐工厂在处理磷灰石发现了钷的痕量成分。因此，人们认为作为天然核裂变产物，自然界中也存在极微量的钷，只是这极微量并无提取价值。而要生产利用钷，必须采取用核反应堆人造元素的办法。

放射发光是钷的主要应用领域之一。所谓放射发光，是指某些物体在放射性同位素的射线作用下产生长时间光辐射的现象。放射性同位素可以自发地、连续不断地发生核结构的改变，并在改变过程中不断产生放射性辐射。这些辐射以高能粒子的形式连续不断地释放出来，将能量传输给发光基体，进而引起材料产生发光现象。这种发光现象并不产生热量，故被称作 "冷光"。

放射发光材料作为良好的夜间显示器材，广泛应用于陆、海、空三军武器装备的仪器和仪表，如各种飞机、军舰、坦克、车辆的驾驶室、仪表舱、控制台的仪器刻度和指针，以及炮兵用来观察、测地、指挥器材的分划镜、水准器等。

钷同位素放射发光照明早就被用于航天航空技术。美国的 "阿波罗" 登月舱中就曾使用了 125 个钷 -147 原子灯。用钷制成的荧光物可用于航标灯。

钷 -147 可用于制造放射性同位素电池，利用钷发出射线产生热量，通过热电偶将热能转化为电能。也可以利用放射线作用于荧光物质产生的荧光照射在硅光电池上而产生电能，这类特殊的电池只有纽扣大小，能持续工作 5 年之久，是人造卫星上非常需要的体积小、质量轻、寿命长的电源。这种同位素电池，还被用作导弹中的仪器核动力电池和心脏起搏器的电源。

8　钐（Sm，samarium）

概述

钐，原子序数为 62，原子量为 150.36，熔点为 1072℃，沸点为 1791℃，菱方结构，密度为 7.52g/cm³。这是一种中等硬度的银白色金属，在空气中容易氧化。典型的镧系元素，最常见的化合物是 SmO，SmS，SmSe 和 SmTe。

在环境条件下，钐通常呈现出菱方结构（α 形）。当加热到 731℃时，其晶体对称性变为六方最密堆积（hcp 结构），但转变温度取决于金属纯度。进一步加热到 922℃时，金属会转变为体心立方（bcc 结构）。加热至 300℃并将其压缩至 40kbar（千巴，1bar=10⁵Pa）后，形成双六方最密堆积结构（dhcp）。施加数百或数千千巴的高压力则会引起一系列的相变，特别是在约 900kbar 时出现四方晶系结构。

发现

钐是镧系元素（属于稀土元素）之一，纠缠且困惑着 19 世纪的化学家。它的历史开始于 1803 年铈土的发现。铈土被推测包含其他金属，在 1839 年莫桑德尔声称从铈土中获取了镧和 didymium，然而 didymium 实际上是镨钕混合物。1879 年，布瓦博德朗从铌钇矿中再次提取了 didymium，之后他制作了硝酸 didymium 的溶液并加入了氢氧化铵，发现沉淀物分两个阶段形成。他全神贯注于第一种沉淀物并测量了它的光谱，得出它是一种新的元素：钐。钐是人类发现的第 70 种元素。

用途

钐的主要商业应用是钐钴磁铁，其永磁化程度仅次于钕磁铁；且钐的化合物可以承受较高的温度，超过 700℃，这是因为此合金的居里点较高，因此可以承受较高的温度而不会失去磁性。

钐用于制造激光材料、微波和红外器材，在原子能工业上也有较重要的用处。

钐也用于电子和陶瓷工业。钐容易磁化却很难退磁，这意味着将来在固态元件和超导技术中将会有重要的应用。

9　铕（Eu，europium）

概述

铕，原子序数为 63，原子量为 151.96，熔点为 822℃，沸点为 1529℃，体心立方结构，密度为 5.26g/cm³，是一种铁灰色金属元素；能燃烧成氧化物，氧化物近似白色。铕是稀土元素中密度最小、最软和最易挥发的元素，也是最活泼的金属。室温下，铕在空气中立即失去金属光泽，很快被氧化成粉末；它与冷水剧烈反应生成氢气；铕能与硼、碳、硫、磷、氢、氮等反应。

铕是一种可延展金属，硬度与铅相约。铕的一些性质和其半满的电子层有很大的关系。在镧系元素中，铕的熔点第二低，密度最低。在冷却至 1.8K、加压至 80GPa 时，铕会变成超导体。这是因为，铕在金属态下化合价为 +2，在受压的情况下化合价变为 +3。二价状态下强大的局域磁矩（$J = 7/2$）抑制了超导相态，而三价时的磁矩为零，因此超导性质得以发挥。

发现

铕的故事是稀土(又称镧系元素)复杂历史的一部分,它开始于 1803 年铈的发现。1839 年,莫桑德尔从铈中分离了其他两种元素:镧和一个他称之为 didymium 的元素,其实它是镨和钕混合物。1879 年,布瓦博德朗分离出了钐,但仍然是不纯的。1886 年德·马里尼亚从中提取了钆。但这个故事还是没有结束,1901 年,德马尔赛开展一连串艰苦的硝酸钐镁结晶工作,然后分离产生了另一种新的元素铕,这是人类发现的第 77 种元素。

稀土元素的发现从 18 世纪末到 20 世纪初，经历了 100 多年，发现了上百个，但只肯定了其中的十几个。铕被认为是 20 世纪初被发现的一个稀土元素。1892 年布瓦博德朗利用光谱分析，鉴定钐中存在两种新元素，分别命名为 γ_a 和 γ_β。后来在 1906 年，德马尔赛经过研究，确定这两种元素其实是同一种元素，并命名为 europium，元素名来源于拉丁文，原意是"欧洲"，元素符号 Eu。铕和另一个稀土元素镥的发现完成了自然界中存在的所有稀土元素的发现。

用途

用作彩色电视机的荧光粉，在激光材料及原子能工业中有重要的应用。

近些年氧化铕还用于新型 X 射线医疗诊断系统的受激发射荧光粉。氧化铕还可用于制造有色镜片和光学滤光片，用于磁泡贮存器件，在原子反应堆的控制材料、屏蔽材料和结构材料中也能一展身手。因它的原子比任何其他元素都能吸收更多的中子，所以常用于原子反应堆中作吸收中子的材料。此外，可用作彩色电视机的荧光粉，这些荧光粉发出闪亮的红色，用来制造电视荧光屏以及激光材料等。

钆（Gd，gadolinium）

概述

钆，原子序数为 64，原子量为 157.25，呈银白色，有延展性，熔点为 1313℃，沸点为 3233℃，密排六方，密度为 7.9g/cm³。钆具有铁磁性，居里点约在室温（19℃），即将一块钆放入冰水中冷却会吸附磁铁，但回温后钆会脱离磁铁掉落。

钆元素名来源于对镧系元素研究有卓越贡献的芬兰科学家加多林。1880 年瑞士的马里尼亚分离出钆，1886 年法国化学家布瓦博德朗制出纯净的钆，并命名。钆在地壳中的含量为 0.000636%，主要存在于独居石和氟碳铈矿中。

发现

自莫桑德尔先后发现镧、铒和铽以后，各国化学家特别注意从已发现的稀土元素去分离新的元素。在发现钐后的第 2 年，1880 年瑞士科学家马里尼亚发现了两个新元素并分别命名为 γ$_\alpha$ 和 γ$_\beta$。后来证实 γ$_\beta$ 和钐是同一元素。1886 年布瓦博德朗制得纯净的 γ$_\alpha$，并确定它是一种新元素，命名为 gadolinium，这是为了纪念芬兰矿物学家加多林，元素符号 Gd。钆是人类发现的第 73 种元素。钆、钐、镨、钕都是从当时被认为是一种稀土元素的 didymium 中分离出来的，由于它们的发现，didymium 不再被保留。

用途

钆常用作原子反应堆中吸收中子的材料。也用于微波技术、彩色电视机的荧光粉。其水溶性顺磁络合物在医疗上可提高人体的核磁共振（NMR）成像信号。在钆镓石榴石中的钆对于磁泡记忆存储器是理想的单基片。

铽（Tb，terbium）

概述

铽，镧系元素，原子序数为 65，原子量为 158.93，熔点为 1356 ℃，沸点为 3230 ℃，六方晶格结构，密度 8.23g/cm³。铽是银白色的稀土金属，具有延展性、韧性且硬度高。

铽在高温下易被空气所腐蚀，室温下腐蚀极慢。溶于酸，盐类且无色，氧化物 Tb_4O_7 是棕色。在自然界中不存在纯元素铽，但它含于许多矿物中，包括铈硅石（cerite）、硅铍钇矿（gadolinite）、独居石、磷钇矿（xenotime）和黑稀金矿（euxenite）。就像其他的镧系元素一样，它在空气中相对稳定。铽拥有两种晶型的同素异形体，转化温度为 1289℃。

发现

1843 年瑞典的莫桑德尔通过对钇土的研究，发现铽元素（terbium）。当初命名为氧化铒，1877 年才正式命名为铽。铽是人类发现的第 57 种元素。1905 年第一次由于尔班提纯制出。

在发现镧的同一时期里，莫桑德尔对最初发现的钇进行了分析研究，并于 1842 年发表报告，明确最初发现的钇土不是单一的元素氧化物，而是三种元素的氧化物。他把其中的一种仍称为钇土，其中一种命名为 terbia（铽土）。元素符号定为 Tb。它的命名来源和钇一样，出自最初发现钇矿石的产地，瑞典斯德哥尔摩附近的伊特比村。

用途

诊断人的骨和肺等使用的 X 射线照相必须用铽。为提高 X 射线底片的感光度，就需要受到 X 射线照射就能发出荧光的增感剂。

材料在磁化方向上伸缩，即尺寸的改变叫磁偏斜，又叫作磁歪。铽 - 铁，铽 - 镝 - 铁具有很大的磁偏斜效果，用于计算机打印机的打印头及精密加工设备。这个秘密在于铽的平坦的 4f 电子云的形状，并且在加了磁场后，电子依靠与其有对应关系的周围原子运动的结果。

荧光粉用于三基色荧光粉中的绿粉的激活剂，如铽激活的磷酸盐基质、铽激活的硅酸盐基质、铽激活的铈镁铝酸盐基质，在激活状态下均发出绿色光。

作为计算机记录媒体的光磁盘，使用了铽 - 铁 - 钴合金为代表的重稀土类元素 - 过渡金属元素系列的合金。激光照射时，利用由表面磁化的反射光的变化写入、读出信息。

磁光贮存材料，铽系磁光材料已达到大量生产的规模，用 Tb-Fe 非晶态薄膜研制的磁光光盘，作计算机存储元件，存储能力提高 10 ～ 15 倍。

含铽的法拉第旋光玻璃是在激光技术中广泛应用的旋转器、隔离器和环形器的关键材料。特别是铽镝铁磁致伸缩合金（terfenol），当 terfenol 置于一个磁场中时，其尺寸的变化比一般磁性材料变化大，这种性质可以使一些精密机械运动得以实现。铽镝铁开始主要用于声呐，现已广泛应用于各种领域，包括从燃料喷射系统、液体阀门控制、微定位，到机械致动器、飞机太空望远镜的调节、机翼调节器，再到个别种类的扬声器的制作等领域。

12 镝（Dy，dysprosium）

概述

镝为银白色金属，质软可用刀切开。原子序数为 66，原子量为 162.50，熔点为

1412℃，沸点为2562℃，六方密堆结构，密度为8.55g/cm³。

镝和钬拥有所有元素中最高的磁强度，这在低温状态下更为显著。镝在85K（−188.2℃）以下具有简单的铁磁序，但在这一温度以上会转变为一种螺旋形反铁磁状态，其中特定基面上所有原子的磁矩都互相平行，并相对相邻平面的磁矩有固定的角度。这种奇特的反铁磁性在温度达到179K（−94℃）时再转变为无序顺磁态。镝在接近绝对零度时有超导性。

镝在空气中相当稳定，高温下易被空气和水氧化，生成氧化镝。镝主要用于制造新型照明光源镝灯，反应堆的控制材料，镝化合物在炼油工业中可作催化剂。

发现

镝是在1886年由布瓦博德朗发现的，是人类发现的第74种元素。

1842年莫桑德尔从钇土中分离出铒土和铽土后，不少化学家利用光谱分析鉴定，确定它们不是纯净的一种元素的氧化物，这就鼓励了化学家们继续去分离它们。在铽被分离出来7年后，1886年布瓦博德朗又把它一分为二，保留了铽，另一个称为dysprosium，元素符号Dy。这一词来自希腊文dysprositos，是"难以取得"的意思。

用途

镝作为钕铁硼系永磁体的添加剂使用，在这种磁体中添加2%～3%的镝，可提高其矫顽力。过去镝的需求量不大，但随着钕铁硼磁体需求的增加，它成为必要的添加元素，品位必须在95%～99.9%，需求也在迅速增加。

镝用作荧光粉激活剂，三价镝是一种单发光中心三基色发光材料的激活离子，它主要由两个发射带组成。一个为黄光发射，另一个为蓝光发射，掺镝的发光材料可作为三基色荧光粉。

镝是制备大磁致伸缩合金铽镝铁合金的必要的金属原料，能使一些机械运动的精密活动得以实现。

镝金属可用做磁光存贮材料，具有较高的记录速度和读数敏感度。

镝还可用于镝灯的制备，在镝灯中采用的工作物质是碘化镝，这种灯具有亮度大、颜色好、色温高、体积小、电弧稳定等优点，已用于电影、印刷等照明光源。

⑬ 钬（Ho，holmium）

概述

钬，原子序数为67，原子量为164.93，熔点为1474℃，沸点为2695℃，六方晶格结构，密度为8.79g/cm³。

钬为银白色金属，质地较软，有延展性。钬在地壳中的含量为0.000115%，与其他稀土元素一起存在于独居石和稀土矿中。天然稳定同位素只有钬-165。钬在干燥空气中稳定，高温时很快氧化；氧化钬是已知顺磁性最强的物质。钬的化合物可作新型铁磁材料的添加剂；碘化钬用于制造金属卤素灯——钬灯，钬激光在医学领域也应用非常广泛。

发现

1878年为索里特（Jacques-Louis Soret）发现，1879年又被克利夫发现，是人类发现的第68种元素。

1842年莫桑德尔从钇土中分离出铒土和铽土后，不少化学家利用光谱分析鉴定，确定它们不是纯净的一种元素的氧化物，这就鼓励了化学家们继续去分离它们。在从氧化铒分离出氧化镱和氧化钪以后，1879年克利夫又分离出两个新元素的氧化物。其中一个被命名为holmium，以纪念克利夫的出生地，瑞典首都斯德哥尔摩，古代的拉丁名称为Holmia，元素符号为Ho。其后1886年布瓦博德朗又从钬中分离出了另一元素，但钬的名称被保留了。

用途

钬用作金属卤素灯添加剂。金属卤素灯是一种气体放电灯，它是在高压汞灯基础上发展起来的，其特点是在灯泡里充有各种不同的稀土卤化物。它主要使用的是稀土碘化物，在气体放电时发出不同的谱线光色。在钬灯中采用的工作物质是碘化钬，在电弧区可以获得较高的金属原子浓度，从而大大提高了辐射效能。

钬可以用作钇铁或钇铝石榴石的添加剂。掺钬的钇铝石榴石（Ho：YAG）可发射2μm激光，人体组织对2μm激光吸收率高，几乎比Hd：YAG高3个数量级。所以用Ho：YAG激光器进行医疗手术时，不但可以提高手术效率和精度，而且可使热损伤区域减至更小。钬晶体产生的自由光束可消除脂肪而不会产生过大的热量，从而减少对健康组织产生的热损伤，用钬激光治疗青光眼，可以减少患者手术的痛苦。中国2μm激光晶体的水平已达到国际水平，应大力开发生产这种激光晶体。

另外用掺钬的光纤可以制作光纤激光器、光纤放大器、光纤传感器等光通信器件，在光纤通信迅猛的今天将发挥更重要的作用。

钬激光

钬激光是以钇铝石榴石（YAG）为激活媒质，掺敏化离子铬（Cr）、传能离子铥（Tm）、激活离子钬（Ho）的激光晶体（Cr：Tm：Ho：YAG）制成的脉冲固体激光装置产生的新型激光。可应用于泌尿外科、五官科、皮肤科、妇科等科室手术。该激光手术为无创或微创手术，病人的治疗痛苦非常小。

钬激光碎石技术：医用钬激光碎石，它适用于体外冲击波碎石法无法碎解的、坚硬的肾结石、输尿管结石和膀胱结石。医用钬激光碎石时，纤细光纤借助膀胱镜和输尿管软镜通过尿道、输尿管直抵膀胱结石、输尿管结石和肾结石部位，然后由泌尿外科专家操纵钬激光将结石击碎。这种治疗方法的优点是可以解决输尿管结石、膀胱结石和绝大部分的肾结石。

14 铒（Er，erbium）

概述

铒元素符号为 Er，原子序数为 68，原子量为 167.26，熔点为 1529℃，沸点为 2863℃，六方最密堆积结构，密度为 $9.07g/cm^3$。

铒在地壳中的含量为 0.000247%，存在于许多稀土矿中。有六种天然同位素：铒 -162、铒 -164、铒 -166、铒 -167、铒 -168、铒 -170。

发现

1843 年，由莫桑德尔发现，是人类发现的第 58 种元素。他将原来铒的氧化物命名为氧化铽，因此，早期德文献中，氧化铽和氧化铒是混同的。直到 1860 年以后，才得以纠正。

在发现镧的同一时期里，莫桑德尔对最初发现的钇进行了分析研究，并于 1842 年发表报告，明确最初发现的钇土不是单一的元素氧化物，而是三种元素的氧化物。他把其中的一种仍称为钇土，其中一种命名为 erbia（铒土）。元素符号定为 Er。它的命名来源和钇一样，出自最初发现钇矿石的产地，瑞典斯德哥尔摩附近的伊特比村。铒和另两个元素镧、铽的发现打开了发现稀土元素的第二道大门，是发现稀土元素的第二阶段。它们的发现是继铈和钇两个元素后又找到稀土元素中的三种。

用途

铒的氧化物 Er_2O_3 为玫瑰红色，可用来制造陶器的釉彩。陶瓷业中使用氧化铒产生一种粉红色的釉质。铒还能作为其他金属的合金成分，例如钒中掺入铒能够增强其延展性。

铒最突出的用途是制造掺铒光纤放大器（erbium dopant fiber amplifier，EDFA）。掺铒光纤放大器是 1985 年首先研制成功的，它是光纤通信中最伟大的发明之一，甚至可以说是当今长距离信息高速公路的"加油站"。掺铒光纤是在石英光纤中掺入少量稀土元素铒离子（Er^{3+}），它是放大器的核心。掺铒光纤放大光信号的原理是：当 Er^{3+} 受到波长 980nm 或 1480nm 的光激发吸收泵浦光的能量后，由基态跃迁到高能级的泵浦态。由于粒子在泵浦态的寿命很短，很快以非辐射的方式由泵浦态弛豫到亚稳态，粒子在该状态下能带有较长的寿命，逐渐积累。当有 1550nm 信号光通过时，亚稳态的 Er^{3+} 离子以受激光辐射的方式跃迁到基态，也正好发射出 1550nm 波长的光。这种从高能态跃迁至基态时发射的光补充了衰减损失的信号光，从而实现了信号光在光纤传播过程中随着衰减又不间断地被放大。

铒的另一个应用热点是激光，尤其是用作医用激光材料。铒激光是一种固体脉冲激光，波长为2940nm，能被人体组织中的水分子强烈吸收，从而用较小的能量获得较大的效果，可以非常精确地切割、磨削和切除软组织。铒-YAG激光还被用作白内障摘除。因为白内障晶体的主要成分是水，铒激光能量低，易被水吸收，将是一种很有发展前景的摘除白内障的手术方法。铒激光治疗仪正为激光外科开辟出越来越广阔的应用领域。

15 铥（Tm，thulium）

概述

铥是一种银白色金属，有延展性，质较软可用刀切开。原子序数为69，原子量为168.93，熔点为1545℃，沸点为1947℃，六方晶格结构，密度为$9.32g/cm^3$。

铥在空气中比较稳定；氧化铥为淡绿色晶体。铥在地壳中的含量为十万分之二，是稀土元素中含量最少的元素，主要存在于硅铍钇矿、黑稀金矿、磷钇矿和独居石中，天然稳定同位素只有铥-169。广泛应用于高强度发电光源、激光、高温超导体等领域中。

发现

1879年，瑞典化学家克利夫通过分析其他稀土元素的氧化物中的杂质而发现了铥（这与莫桑德尔之前发现其他稀土元素的方法相同）。克利夫首先排除了已知元素铒，并经过处理观察到两种新物质：一种棕色，一种绿色。其中棕色物质是由克利夫命名的钬元素的氧化物，而绿色的则是一种未知元素的氧化物。克利夫以斯堪的纳维亚的"极北之地"杜尔（Thule）为名，将其氧化物命名为thulia，新元素命名为铥（thulium）。铥早期的元素符号是Tu，后来改为Tm，是人类发现的第69种元素。

由于铥极度稀少，早期研究人员难以将其提纯到足以真正观察到其化合物的绿色的程度；实际上是通过电子显微镜，加强其两条特征吸收谱带，与此将铒元素的谱带去除后观察到的。首个获得纯净铥单质的研究人员是查尔斯·詹姆斯（Charles James），以英国外籍人员的身份在新罕布什尔州达勒姆大学工作。他于1911年报告了他的研究成果，以溴酸盐的分步结晶的方法进行了提纯。他的方法以通过15000个提纯工序以保证材料均一而著称。高纯度的氧化铥直到20世纪50年代末，随着离子交换技术的发展，才开始商业化地生产。从1959—1998年，高纯度的氧化铥价格在每千克4600美元到13300美元之间变动，仅次于镥氧化物的价格，是价格第二高的稀土元素。

用途

钬—铬—铥—三掺杂钇铝石榴石（Ho：Cr：Tm：YAG）是高效率的主动激光

介质材料。它能发出波长为 2097nm 的激光，被广泛应用在军事，医学和气象学方面。铥 - 单掺杂钇铝石榴石（Tm：YAG）可发出波长在 1930 ～ 2040nm 之间的激光，在组织表面进行消融时十分有效，无论在空气中还是在水中都能使凝血不致过深。这使得铥激光器在基础激光手术方面十分具有应用潜力。

类似于钇，铥也应用于高温超导体中。铥在铁素体中具有潜在使用价值：作为微波设备中所使用的陶瓷磁性材料。由于其特殊的光谱，铥可以像钪一样应用于弧光灯照明方面，使用铥的弧光灯发出的绿色光线不会被其他元素的发射线覆盖。 由于铥会在紫外线的照射下发出蓝色的荧光，铥也在欧元纸币中用作防伪标志之一。加入铥的硫酸钙所发出的蓝色荧光在个人剂量仪中用来进行放射剂量检测。

 # 镱（Yb，ytterbium）

概述

镱，原子序数为 70，原子量为 173.04，熔点为 824℃，沸点为 1196℃，有三种晶体结构：α 型为六方晶系（低于 −13℃，密度为 $6.9g/cm^3$），β 型为面心立方（−13 ～ 798℃，密度为 $6.98g/cm^3$）和 γ 型为体心立方（高于 798℃，密度为 $6.54g/cm^3$）。

与低温下呈反铁磁性或铁磁性的其他稀土金属不同，镱在 1.0K 以上具有顺磁性。α 型则有抗磁性。由于镱的熔点在 824℃，沸点在 1196℃，因此是所有金属中液态温度区间最小的。

金属镱为银灰色，有延展性，质地较软，室温下镱能被空气和水缓慢氧化。与钐和铕相似，镱属于变价稀土，除通常呈正三价外，也可以呈正二价状态。由于这种变价特性，制备金属镱不宜用电解法，而采用还原蒸馏法进行制备和提纯。镱在镧系元素中虽然排在铥之后，但其地壳丰度达却到 3.3ppm，不但高于铽、钬、铥、镥等其他中、重稀土，甚至高于铕（2.2ppm）。镱主要存在于离子型稀土矿、磷钇矿和黑稀金矿等中重稀土矿物中，有 7 种天然同位素。

发现

1878 年，瑞士化学家德·马里尼亚从一种称为"erbia"的稀土物质中分离出新的成分，并以矿物的发现地瑞典伊特比将该成分命名为"ytterbia"。他猜测 ytterbia 是某新元素的化合物，因此又把该元素命名为"ytterbium"，即镱元素，是人类发现的第 66 种元素。该名称源自 ytterby，意思是"伊特比"，仍是为了纪念发现第一块钇矿石的产地伊特比村，这是以同一地名命名的第 4 个元素。

1907 年，法国化学家于尔班发现德·马里尼亚的 Ytterbia 物质实际上由两种不同的成分组成：neoytterbia 和 lutecia。neoytterbia（意为"新 ytterbia"）也就是今天的镱元素，而 lutecia 就成了镥元素（lutetium）。奥地利化学家奥尔·冯·威尔斯巴赫（Auer von Welsbach）在同个时期也分离出这两种物质，但他却将它们分别命名为"aldebaranium"和"cassiopeium"；美国化学家查尔斯·詹姆斯（Charles James）也同时独立分离出这些新元素。于尔班和威尔斯巴赫互相指责对方在看过自己的研究结果后才发表论文。当时审理新元素命名的是由弗兰克·克拉克（Frank Clarke）、威廉·奥斯特瓦尔德和于尔班所组成的国际原子量委员会，委员会以于尔班最早从德·马里尼亚的样本中分离出镥元素作为原因，在 1909 年决定采用于尔班的命名方案，从而解决了争议。之后，neoytterbium 一名又改回现名 ytterbium。

在 1953—1998 年间，镱价格稳定维持在每千克 1000 美元左右。镱作为重稀土元素，由于可利用的资源有限，产品价格昂贵，限制了其用途研究。随着光纤通信和激光等高新技术的出现，镱才逐渐找到大显身手的应用舞台。

用途

镱离子由于拥有优异的光谱特性，可以像铒和铥一样，被用作光通信的光纤放大材料。尽管稀土元素铒至今仍是制备光纤放大器的主角，但传统的掺铒石英光纤增益带宽较小（30nm），已难以满足高速大容量信息传输的要求。而 Yb^{3+} 离子在 980nm 附近具有远大于 Er^{3+} 离子的吸收截面，通过 Yb^{3+} 的敏化作用和铒镱的能量传递，可使 1530nm 光得到大大加强，从而大大提高光的放大效率。

近几年来，铒镱共掺的磷酸盐玻璃受到越来越多研究者的青睐。磷酸盐和氟磷酸盐玻璃具有较好的化学稳定性和热稳定性，并具有较宽的红外透过性能和大的非均匀展宽特性，是宽带高增益掺铒放大光纤玻璃的理想材料。若在其中引入 Yb^{3+} 离子，制成铒镱共掺光纤，就可大大改善光纤放大性能。中国研制的高浓度铒镱共掺磷酸盐光纤（纤芯直径 7μm、数值孔径为 0.2）适用于全波放大器。利用 980nm 半导体激光器，在 1.5μm 的通信窗口对小信号实现了 3.8dB 的净增益，单位长度增益达 2.5dB/cm，比商用石英放大器高出两个数量级。

掺 Yb^{3+} 光纤放大器可以实现功率放大和小信号放大，因而可用于光纤传感器、自由空间激光通信和超短脉冲放大等领域。镱的光谱特性还被用作优质激光材料，既被用作激光晶体，也被用作激光玻璃和光纤激光器。

半导体激光器（LD）是固体激光器的一种新型泵浦源。Yb：YAG 具有许多特点适合高功率 LD 泵浦，已成为大功率 LD 泵浦用激光材料。Yb：S-FAP 晶体将来有可能用作实现激光核聚变的激光材料，而引起人们的关注。在可调谐激光晶体中，Ho：YAGG 石榴石，其波长在 2.84～3.05μm 连续可调。据统计，世界上用的导弹红外追寻弹头大部分是采用 3～5μm 的中波红外探测器，因此研制 YSGG 激光器，可对中红外制导武器对抗提供有效干扰，具有重要的军事意义。

镥（Lu，lutetium）

概述

镥，原子序数为 71，原子量为 174.97，熔点为 1663℃，沸点为 3395℃，六方密堆结构，密度为 9.8404g/cm³。

由于镧系收缩现象，镥原子是所有镧系元素中最小的。因此镥的密度、熔点和硬度都是镧系元素中最高的。另一原因是，镥位于 d 区，所以性质与一些较重的过渡金属相似。有时镥也可以归为过渡金属，但 IUPAC 把它归为镧系元素。

镥在空气中比较稳定，氧化镥为无色晶体，溶于酸生成相应的无色盐。镥主要用于研究工作，其他用途很少。镥溶于稀酸，能与水缓慢作用。盐类无色，氧化物白色。天然存在的同位素有：^{175}Lu 和半衰期为 2.1×10^{10} 年的 β 发射体 ^{176}Lu。自然界储量极少，价格较贵，由氟化镥 $LuF_3 \cdot 2H_2O$ 用钙还原而制得。

发现

法国科学家于尔班、奥地利矿物学家威尔斯巴赫以及美国化学家查尔斯·詹姆斯于 1907 年分别独自发现了镥元素。他们都是在氧化镱矿物中发现了含有镥的杂质。瑞士化学家德·马里尼亚曾以为该矿物完全由镱组成。发现者各自对镱和镥提出命名方案：于尔班建议 "neoytterbium"（即 "新镱" 的意思）和 "lutecium"（取自巴黎的拉丁文名卢泰西亚，Lutetia），而威尔士巴赫则选择 "aldebaranium" 和 "cassiopeium"。两者都指责对方的论文是在看过自己的论文后才发表的。

国际原子量委员会当时负责审理新元素的命名，于 1909 年认定于尔班为最先发现者，并因为他最先从德·马里尼亚的镱样本中分离出镥，因此元素以他的提议命名，这是以罗马帝国时代坐落在巴黎境内的一个村庄名来命名的。在于尔班的命名受到公认之后，"neoytterbium" 一名就被镱的现名 "ytterbium" 淘汰了。直到 20 世纪 50 年代，一些德国化学家仍然采用威尔斯巴赫的名称 "Cassiopeium"。1949 年，元素的拼法从 "lutecium" 改为 "lutetium"。

镥是人类发现的第 85 种元素，也是 20 世纪初发现并肯定的稀土元素。

用途

由于镥相当稀有，价格昂贵，所以商业用途不多。稳定的镥可以用作石油裂化反应中的催化剂，另在烷基化、氢化和聚合反应中也有用途。

镥铝石榴石（$Al_5Lu_3O_{12}$）可以用于高折射率浸没式光刻技术，作镜片材料。磁泡存储器中用到的钆镓石榴石当中也含有少量的镥，其功用为掺杂剂。掺铈氧正硅酸镥是目前正电子发射计算机断层扫描（PET）技术中的首选探测器物质。镥也被用作发光二极管当中的荧光体。

多余的话

一个村子命名了四种元素

伊特比（Ytterby）村，一个位于瑞典的平淡无奇的小村子，除了当地人几乎无人知道的地方。但是，这里其实是一个化学的圣地：有 7 种元素的发现都源于这里，其中直接用伊特比命名的化学元素就多达 4 种。

在伊特比矿场，这是当地人开采长石的地方。长石虽然不是什么稀有的矿物，但它可以制作瓷器，市场需求还是很多的。1787 年，化学家阿伦尼乌斯在这个矿场发现了一种奇怪的、沉重的黑色矿石，他把这种石头命名为 "ytterbite"（名字后来改成了 gadolinite，即硅铍钇矿），并将样本送到了他的朋友化学家加多林那里。加多林从这些矿石中首先得到了一种新金属元素的氧化物——氧化钇（Y_2O_3）。这是人们所知道的第一种稀土化合物，钇的命名就来源于伊特比，它被叫作 yttrium。

在此之后，研究者们又陆续从伊特比的矿石中分离出了更多新的稀土元素。其中有四种元素的名字都是直接取自伊特比：钇（yttrium）、镱（ytterbium）、铽（terbium）和铒（erbium）。

新的元素还在发现，还继续用 Ytterby 的几个字母实在不太合适，于是化学家们终于放弃了这种命名方式……其他通过当地矿石发现的元素分别获得了这样的名字：钬（holmium），来自斯德哥尔摩的拉丁名字 Holmia；铥（thulium），来自 Thule，斯堪的纳维亚地区的一个古希腊名；钪（scandium），来自斯堪的纳维亚（Scandinavia）。

伊特比旧矿场的元素发现纪念牌

一个小村子为什么能带来这么多新元素发现？这其中自然有一些巧合，但也与稀土元素的特性有关。稀土金属元素在自然界常常结伴出现，而且它们彼此之间分离比较困难，所以从同一个地方的矿石里就可以持续地分离发现新的元素。

伊特比矿场附近的 "铽路"（Terbiumvägen）

9.2 锕系元素

锕系元素（actinicles），别名 5f 过渡系，是周期系第ⅢB族中原子序数为 89～103 的 15 种化学元素的统称。包括锕、钍、镤、铀、镎、钚、镅、锔、锫、锎、锿、镄、钔、锘、铹，它们都是放射性元素。它们化学性质相似，所以单独组成一个系列，在元素周期表中占有特殊位置，用符号 An 表示。

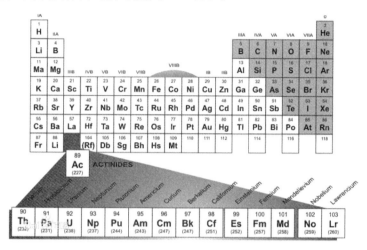

铀以后的原子序数为 93～118 的 27 种元素称为超铀元素。锕系的前 6 种元素锕、钍、镤、铀、镎、钚存在于自然界中，其余 9 种全部由人工核反应合成。

1789 年，马丁·克拉普罗特从沥青铀矿中发现铀，是锕系中第一个被发现的元素。1828 年，贝采里乌斯发现钍。铀和钍的发现为大部分其他锕系元素的制取开辟了道路。1899 年，在居里实验室工作的安德烈·德比尔纳（Andre-Debierne）发现了锕，1902 年，吉赛尔（F. Giesel）也独立发现了锕。1913 年，卡什米尔·法扬斯（Kasimir Fajans，公元 1887—1975 年）和奥斯瓦德·格林（Oswald Göhring）发现了镤的同位素 ^{234}Pa，1917 年，奥托·哈恩（Otto Hahn，公元 1879—1968 年）和莉泽·迈特纳（Lise Meitner，公元 1878—1968 年）发现了 ^{231}Pa。1940 年，埃德温·麦克米伦（Edvin McMillan，公元 1907—1991 年）和艾贝尔森（P. Abelson）用中子辐射天然铀得到镎（Np）。同年，格伦·西博格（Glenn Seaborg，公元 1912—1999 年）等用氘核轰击铀得到钚（Pu）。1944 年，他又利用钚同位素的中子俘获反应获得镅（Am），用氦离子轰击钚同位素获得锔，1949 年，斯坦利·汤普森（Stanley Thompson，公元 1912—1976 年）等用氦离子轰击 ^{241}Am 获得锫（Bk），1950 年，用氦离子轰击 ^{242}Cm 获得锎（Cf）。吉奥索等又于 1952 年、1953 年、1955 年、1958 年、1961 年分别获得锿（Es）、镄（Fm）、钔（Md）、锘（No）和铹（Lr）。

当前世界锕系各种元素的生产规模相差很大：铀的年产量以万吨计，钍以千吨计，钚以吨计，镎、镅、锔以千克计，锕、镤、锎、锿以克计，锿外锕系元素以毫克甚至以原子数计。中国已制得所有的锕系元素。

锕系元素主要用作核反应堆的原料，便携式的 γ 或 X 射线源；铀和钚等是制造核武器的主要原料。

镄以后的重锕系元素由于量极微，半衰期很短，仅应用于实验室条件下研究和鉴定核素性质。1789 年，德国马丁·克拉普罗特从沥青铀矿中发现了铀，它是被人们认识的第一个锕系元素。其后陆续发现了钍、钍和镤。铀以后的元素都是在 1940 年后用人工核反应合成的，称为人工合成元素。由于锕系元素都是金属，所以又可以和镧系元素统称为 f 区金属。

α 衰变和自发裂变是锕系元素的重要核特性。随着原子序数的增大，半衰期依次缩短。以元素中半衰期最长的同位素为例，铀 -238 的半衰期为 4.468×10^9 年，锔 -251 的半衰期为 898 年，铹 -260 的半衰期仅 3min。

锕系元素和镧系元素中都发现离子半径收缩的现象，即随着原子序数的增大，离子半径反而减小。锕系元素中，充填最初几个 5f 电子时，离子半径收缩比较明显，后来趋于平缓，使得这些元素的离子半径十分接近。因此锕系元素在化学性质上的差别随着原子序数增大而逐渐变小，以致逐个地分离锕系元素（尤其是重锕系元素）越来越困难。

9.2.1　天然元素

 　　锕（Ac，actinium）

概述

锕，原子序数为 89，原子质量为 227.03，熔点为 1050℃，沸点为 3200℃，面心立方结构，密度为 10.1g/cm³。

锕是一种柔软的银白色放射性金属，其剪切模量与铅相近。锕的放射性很强，它放射出的高能粒子足以把四周的空气电离，因而发出暗蓝色光。锕的化学属性与包括镧在内的镧系元素相近，因此要将锕从铀矿石中分离出来十分困难。分离过程一般使用溶剂萃取法和离子层析法。

锕是锕系中第一个元素。锕系元素的特性比镧系元素更多元化，因此直到 1945 年，西博格才提出为元素周期表加入锕系元素。这是自从门捷列夫创造元素周期表以来对周期表最大的变动之一。

发现

锕 -227 的半衰期为 21.77 年。它于 1899 年首先被法国科学家德比尔纳发现，随后在 1902 年德国化学家弗里德里希·吉赛尔也独立地发现了该元素。锕存在于沥青铀矿及其他含铀矿物中。人工制备锕的数量极少，其在商业和科学研究方面的应用极为有限。其名字来自于希腊文 aktinos，意为"射线"或"光束"。锕是人类发现的第 83 种元素。

用途

由于存量稀少，价格昂贵，所以锕目前并无重要的工业用途。

锕元素在地球上十分稀少，只有痕量的 ^{227}Ac 同位素出现在铀矿石中：每吨铀矿石只含有大约 0.2mg 的锕。

^{227}Ac 放射性很强，因此有潜力用于放射性同位素热电机中，应用范围包括航天器。

^{225}Ac 在医学中用于制造 ^{213}Bi，或直接作放射线疗法的辐射源。^{225}Ac 及其衰变产物所释放的 α 粒子可以杀死身体内的癌细胞。

^{227}Ac 的半衰期为 21.77 年，可用来研究海水的缓慢垂直混合作用。这种水流的速度大约为每年 50m，因此直接测量是无法得到足够的精度的。科学家通过探测各同位素在不同深度的相对比例变化，可以推算出混合作用的发生速率。

 # 2 钍（Th，thorium）

概述

钍，原子序数为 90，原子量为 232.04，熔点为 1750℃，沸点为 4790℃，密度为 11.72g/cm³。在 1400℃以下原子排列成面心立方晶体；当加热达到此温度后，便成为体心立方晶体；高压下（约 100GPa）为体心四方堆积。钍为银白色金属，暴露在大气中渐变为灰色。

钍金属的体积模量 54GPa，与锡约同（58.2GPa），小于铝（75.2GPa）、铜（137.8GPa）、软钢（低碳钢，160 ~ 16GPa）。钍的硬度与软钢差不多，所以加热后可被滚成薄板及拉制成线。钍具有顺磁性，为亮银色放射锕系金属元素。钍的密度约为铀及钚的一半，但硬度比二者高。温度低于 1.4K 时会变成超导体。在周期表中，位于锕之右，镁之左，铈之下。

钍的熔点比锕（1227℃）及镁都要高（1568℃）。在第 7 周期前段，从钫到钍，熔点逐渐上升（与其他周期相同），这是因为原子中的非定域电子数目从钫的一个增加到钍的四个，这导致金属的电荷从 +1 增加到 +4，而电子与金属离子的吸引力也因此上升。在钍之后直到钚，熔点开始下降，f 电子的数目也从 0.4[①] 左右增加到 6 左右，这是因为 5f 轨域及 6d 轨域混成比例增加，在更复杂的晶体结构中形成了有方向的化学键而弱化了金属键。在锕系元素里，在锕之前的元素中，钍则具有最高的熔点、沸点，以及第二低的密度，只有锕比钍轻。钍的沸点为 4790℃，在所有已知沸点的元素中是第 5 高。

---

① 钍之中的 f 电子数目并非整数，因为 5f 及 6d 之间有重叠。

自然的钍几乎都是纯 ^{232}Th，它有着最长的生命且是钍最稳定的同位素，其半衰期与宇宙年龄相当。它的放射衰变热是地热的主要来源。

发现

在 1815 年，瑞典化学家贝采里乌斯分析了从瑞典中部城市法伦的铜矿中得来的不寻常硅铍钇矿样本，他注意到一个白色矿物的浸渍痕迹，并谨慎地假设其为某种未知元素的氧化物。贝采里乌斯已经发现了两种元素，铈及硒。但他也曾错误地公开发表了一个新元素"gahnium"，后来发现其实是氧化锌。1817 年，贝采里乌斯私下里以北欧神话的雷神 Thor[①]，分别将这假定的元素及其推定的氧化物命名为"thorium"及"thorina"。1824 年，在挪威的西阿格德尔郡发现了更多相同矿物的矿床后，他撤回了他的发现，因为这个矿物（后被命为磷钇矿）被证明大多是正磷酸钇。

1828 年，莫滕·埃斯马克（Morten Esmark）在挪威泰勒马克郡的岛上发现了一种黑色矿物。他是挪威的神父，也是一个业余的矿物学家，在泰勒马克郡研究矿物，并在当地担任神职人员。他常将最有意思的标本，像是这个，寄给他父亲延斯·埃斯马克（Jens Esmark）。他父亲是知名的矿物学家，也是克里斯蒂安尼亚（今奥斯陆）皇家腓特烈大学的矿物学及地质学教授。老埃斯马克判定这不是已知的矿物，并寄了份样本给贝采里乌斯寻求鉴定。贝采里乌斯判定这含有一种新元素。1829 年，在利用钾金属还原氟钍酸钾（$KThF_5$），分离出不纯的样品后，贝采里乌斯发表了他的发现。贝采里乌斯重用了之前误判的新元素名称，将这个矿物命名为 thorite。钍是人类发现的第 54 种元素。

贝采里乌斯对这新金属元素及其化学化合物做了初步的鉴定，他正确地得到了氧化钍中的钍氧质量比 7.5（正确值约为 7.3），但他假设这种新元素是二价而非三价，所以算出的原子量为氧原子量的 7.5 倍（12amu），实际上的量应为氧的 15 倍。他判定钍是一种电正度很高的金属，其电正度比铈高但比锆低。

用途

大多数钍的应用，使用了它的氧化物（在工业界有时称之为 thoria）而非钍金属。这化合物熔点高达 3300℃，是所有已知氧化物中最高的，只有少数物质的熔点比它高。这有助于化合物在火焰中保持固态，而且它明显增加了火焰亮度，这是钍被用在煤气网罩的主要原因。所有物质在高温时都会放出能量（发光），但钍放出的光几乎全是可见光，所以钍制网罩才会这么亮。

自 1950 年代起，因钍及其衰变产物的放射性导致环境上的考量，其与放射性无

---

① 托尔（Thor，另译索尔）：北欧神话中的雷霆与力量之神，同时还司掌风暴、战争、丰饶。他是神王奥丁与女巨人娇德的儿子，常作为凡人的保护神现身，自身象征着男性的生殖力。星期四的英文名 Thursday，正是来源于托尔。

关的应用已逐渐被取代。

③ 镁（Pa，protactinium）

概述

镁是一种天然放射性元素。原子序数为 91，原子量为 231.04，熔点为 1568℃，沸点为 4027℃，密度为 15.37g/cm³。在室温下，镁是体心四方结构，其可以被视为扭曲的体心立方晶格结晶，而这种结构在被压缩高达 53GPa 时仍然不改变。 镁目前在任何温度下具有顺磁性而不会转变磁性。在温度低于 1.4K 时将成为超导体。在室温下镁四氯化碳是顺磁性的，而冷却至 182K 后会变成铁磁。

镁是周期表中位于铀的左侧，钍的右侧，而其物理性质正介于这两个锕系元素之间。

镁具有放射性，灰白色金属，有延展性能，硬度似铀。已知同位素中，²³¹Pa 寿命最长，发射 α 粒子，半衰期约为 3.2 万年。²³³Pa，发射 β 和 γ 射线，半衰期为 27 天。其他几种同位素 ²²⁶Pa、²³⁷Pa 等，都较"短命"。化学性质与钽相似。常显示 +4 价和 +5 价。镁是第三罕有元素。它在放射衰变过程中产生锕，是锕的"祖先"。

镁在自然界中非常稀少，在地壳中的平均浓度通常为兆分之一，但在一些晶质铀矿的矿床中可能达到百万分之一。镁因为稀少，具有高放射性和高毒性，除了科学研究之外较少有其他用途。由于镁和其他锕系元素的化学和物理特性过于接近，难以分离，故目前研究用的镁主要是从用过的核燃料中提炼。

发现

早在 1871 年，门捷列夫便预测钍和铀之间有元素的存在，并在周期表中预留位置。由于当时锕系元素还没有被发现，所以在 1871 年版门捷列夫周期表的排序方式中，铀位于第Ⅵ族，钍位于第Ⅳ族中，并在第Ⅴ族中的钽以下的位置留空。这样的编排方式一直持续到 20 世纪 50 年代，并造成很长一段时间化学家都积极在寻找与钽相似性质的元素，从而使得发现镁的概率趋近于零。实际上，下一种与钽有相似化学性质的元素为人造元素。

在 1903 年，克鲁克斯从铀分离出强烈的放射性物质镁，然而他不知道他发现了一种新的化学元素，因此将其命名为"铀 -X"。克鲁克斯将硝酸铀酰溶解于乙醚中，发现剩余的水中含有钍 -234 和镁 -234。

1913 年，法扬斯和格林，在研究铀 -238 衰变链：铀 -238 →钍 -234 →镁 -234 →铀 -234 时，发现了镁的 231 号同位素。因为镁 -231 的半衰期仅有 6.7h，他们将这种新元素命名为 brevium（拉丁文，意思是"短暂或短期"），是人类发现的第 86 种元素。

在 1917—1918 年，两组科学家：德国的奥托·哈恩和莉泽·迈特纳，以及英国的索迪和约翰·克兰斯登（John Cranston），发现了镁的另一种同位素镁 -231，半衰期约 3.2 万年。他们将这种元素更名为镁（protoactinium，proto- 源于希腊文 πρῶτος，意思是 "之前"，而 actinium 是锕的英文名），因为镁在铀 -235 衰变链中的位置在锕之前。

用途

英国原子能管理局在 1961 年花了 50 万美元处理了 60 吨的用过的核燃料，提炼出约 125g 纯度为 99.9％ 的镁，并成为多年来世界上唯一的镁来源，提供给各实验室进行科学研究。镁目前的价格非常昂贵，美国橡树岭国家实验室于 2011 年公布 1g 的镁约为 280 美元。

 # 铀（U，uranium）

概述

铀是锕系放射性金属元素，原子序数为 92，原子量为 238.03。铀几乎与钢一样硬，密度高（19.1g/cm³），熔点为 1135℃，沸点为 4134℃。铀原子有 92 个质子和 92 个电子，其中 6 个为价电子。铀具有微放射性，其同位素都不稳定，并以铀 -238（146 个中子）和铀 -235（143 个中子）最为常见。铀在天然放射性核素中原子量第二高，仅次于钍。其密度比铅高出大约 70%，比金和钨低。铀金属具有三种同素异形体。α 型：正交晶系，稳定温度上限为 660℃；β 型：四方晶系，稳定温度区间为 660 ～ 760℃；γ 型：体心立方，从 760℃ 至熔点，此形态的延展性最高。铀是自然界存在的原子序数最高的元素。

钙铀云母

自然界中的铀以三种同位素的形式存在：铀 -238（99.2739% ～ 99.2752%）、铀 -235（0.7198% ～ 0.7202%）和微量的铀 -234（0.0050% ～ 0.0059%）。铀在衰变的时候释放出 α 粒子。铀 -238 的半衰期为 44.7 亿年，铀 -235 的则为 7.04 亿年，因此它们被用于估算地球的年龄。其中以铀 -235 最为重要，是目前核动力的燃料。一个铀 -235 核吸收一个热中子发生裂变时放出约 2.5 个中子，并释放出 207MeV 能量。

1kg 铀 -235 核裂变放出的能量相当于燃烧 2700 吨煤所产生的能量。

铀独特的核子特性有很大的实用价值。铀 -235 是铀元素里中子数为 143 的放射性同位素，是唯一可自发裂变的同位素，也是自然界至今唯一能够发生可控裂变的同位素，因此被广泛地使用于核能发电以及核武器的制造。然而，其在大自然存在的浓度极低，必须经过浓缩方可使用。铀 -238 在快速中子撞击下能够裂变，属于增殖性材料，即能在核反应堆中经核嬗变 [①] 成为可裂变的钚 -239。铀 -233 也是一种用于核科技的可裂变同位素，可从自然钍元素制成。铀 -238 自发裂变的概率极低，仅在快中子撞击下被诱导产生裂变；铀 -235 和铀 -233 可被慢中子撞击而裂变，如果其质量超过临界质量，就能够维持核连锁反应。在核反应过程中的微小质量损失会转化成巨大的能量，这一特性使它们可用于生产核裂变武器与核能发电。耗尽后的铀 -235 发电原料被称为贫铀（含 238U），可用作钢材添加剂，制造贫铀弹和装甲。

自然界存在几百种含铀的矿物，但大多是贫铀矿，所以经济地大量开采很困难。目前，经济上有开采价值的铀矿含 U_3O_8 量为 0.1% 左右。如果发展快中子增殖堆，则铀资源利用率可比压水堆提高 60 ~ 70 倍。铀藏在沥青铀矿中，也藏于云母铀矿、钒钾铀矿和独居石中，主要分布于加拿大、澳大利亚、南非。

发现

铀元素是由德国化学家马丁·克拉普罗特发现的。1789 年，他在位于柏林的实验室中，把沥青铀矿溶解在硝酸中，再用氢氧化钠中和，成功沉淀出一种黄色化合物（可能是重铀酸钠）。马丁·克拉普罗特假设这是一种未知元素的氧化物，并用炭进行加热，得出黑色的粉末。他错误地认为这就是新发现的元素，但其实该粉末是铀的氧化物（1841 年，尤金 - 梅尔希奥·皮里哥（Eugène-Melchior Péligot，公元 1811—1890 年）证明该物质系二氧化铀，随后用钾还原 UCl_4 制备了金属铀）。他以威廉·赫歇尔（Wilhelm Herschel，公元 1738—1822 年）[②] 在八年前发现的天王星（Uranus）来命名这种新元素，而天王星本身是以希腊神话中的天神乌拉诺斯命名的。铀是人类发现的第 28 种元素。同样地，铀之后的镎（neptunium）以海王星（Neptune）命名，其后的钚（plutonium）则以冥王星（Pluto）命名。

1841 年，巴黎中央工艺学校分析化学教授皮里哥把四氯化铀和钾一同加热，首次分离出铀金属。19 世纪时人们意识不到铀的危险性，因此发展了各种铀的日常应用，其中包括历史流传下来的陶瓷和玻璃上色。

---

① 嬗（音 shàn）变：指蜕变、更替。核嬗变是指一种元素通过核反应转化为另一种元素或者一种核素转变为另一种核素。

② 威廉·赫歇尔：英国天文学家，古典作曲家，音乐家。恒星天文学的创始人，英国皇家天文学会第一任会长，法兰西科学院院士。用自己设计的大型反射望远镜发现天王星及其两颗卫星、土星的两颗卫星、太阳的空间运动、太阳光中的红外辐射，编制成第一个双星和聚星表，出版星团和星云表；还研究了银河系结构。

1896 年，亨利·贝可勒尔（Henri Becquerel，公元 1852—1908 年）在位于巴黎的实验室中，使用铀元素发现了放射性，和居里夫妇共同获得 1903 年诺贝尔物理学奖。贝可勒尔将硫酸铀钾盐（$K_2UO_2(SO_4)_2$）放在底片上，并置于抽屉当中。取出之后，他发觉底片出现了雾状影像。他得出结论，铀会发出一种不可见光或射线，在底片上留下了影像。

那时对铀的研究属纯理论性的，铀化合物只用于玻璃和陶瓷的着色。1898 年在铀矿中发现了镭，铀便成为开采镭的副产品。1938 年哈恩和施特拉斯曼用中子轰击铀核发现核裂变同时释放出能量，重新引起了人们对铀的重视。第二次世界大战期间和战后，由于核武器和核动力的需要，加速了铀资源的勘探和开采。

美国为此设立了专门研究原子弹的机构。1945 年 8 月 6 日，美国在日本广岛投下了第一颗钚 -239 原子弹，几天后又在日本长崎投下了一颗铀 -235 原子弹。1954 年，苏联建成了世界上第一座核电站。从此，铀的科研和生产受到世界各国的高度重视，核武器制造和核发电工业便得到迅速发展。

铀能与多种金属生成金属间化合物（合金）。铀具有化学性质活泼、各向异性结构和机械性能较差等缺陷。铀合金的某些性质优于金属铀，这在核燃料元件制造中相当重要。添加适量的其他金属，如铌、铬、钼或锆能改善铀的热导率、晶体结构及金相结构、热处理特性、辐照稳定性和耐蚀性等。

奥托·哈恩（Otto Hahn，公元 1879—1968 年）

奥托·哈恩，德国放射化学家和物理学家，1879 年 3 月 8 日生于法兰克福，1897 年入马尔堡大学，1901 年获博士学位。1904—1905 年，哈恩曾先后在拉姆塞和卢瑟福指导下进修。在拉姆塞的劝导下，他放弃了进入化学工业界的念头，投身放射化学这一新的领域作深入的探索。在拉姆塞的介绍下，他先后跟随大名鼎鼎的卢瑟福和化学家费歇尔学习。1905 年哈恩专程前往加拿大蒙特利尔的麦吉尔大学，向当时公认的镭的研究权威卢瑟福教授求教，并且得以与鲍尔伍德等著名放射化学家一起讨论问题。在卢瑟福这位一生培养出 12 位诺贝尔化学奖获得者的化学大师身边，哈恩学到了许多东西。卢瑟福对科学研究的热忱和充沛的精力，激励了哈恩和他的同事们。

哈恩也曾很认真地为国家卖命，当第一次世界大战爆发后，青年哈恩便应征加入哈伯率领的毒气部队。为了报效祖国，30 多岁的化学博士亲临前线，用自己的身体做实验。"我深感内疚，心情沉重，毕竟我参与了这场悲剧的演出。"回忆当年的经历时，哈恩写道。他深知在毒气战中，自己的罪责有多深。

哈恩的重大发现是"重核裂变反应"。20 世纪 30 年代以后，随着正电子、中子、重氢的发现，使放射化学迅速推进到一个新的阶段。科学家纷纷致力于研究如何使用人工方法来实现核嬗变。正当哈恩和莉泽·迈特纳一起致力于这一研究时，第二次世界大战爆发了。德军占领奥地利后，莉泽·迈特纳因是犹太人，为躲避纳粹的疯狂迫害，只得逃离柏林到瑞典斯德哥尔摩避难。哈恩如失臂膀，但未放弃这方面的努力，他与另一位德国物理学家斯特拉斯曼合作，又开始了新的尝试和探索。1938 年末，当他们用一种慢中子来轰击铀核时，发生了一种异乎寻常的情况：反应不仅迅速强烈、释放出很高的能量，而且铀核分裂为一些原子序数小得多的、更轻的物质成分。难道这就是核裂变？起初哈恩虽然意识到这不是一般的放射性嬗变，但也不敢肯定这就是裂变。他把实验结果和自己的想法写信告诉了莉泽·迈特纳，得到了她的有力支持。她在复信中明确指出："这种现象可能就是我们当初曾设想过的铀核的一种分裂。"后来，哈恩经过多次实验验证，终于肯定了这种反应就是铀 -235 的裂变。核裂变的意义不仅在于中子可以把一个重核打破，关键是在中子打破重核的过程中，同时释放出能量。核裂变的发现无疑是释放原子能的"一声春雷"。在此之前，人们对释放原子能的争议中，怀疑论者还占上风，不少人以为要打破原子核，需要额外供给强大的能量，根本不可能在打破的过程中还能释放出更多的能量。而铀核裂变的发现，当时就被认为"以这项发现为基础的科学成就是十分惊人的，那是因为它是在没有任何理论指导的情况下用纯化学的方法取得的。"

核裂变的发现使世界开始进入原子能时代。

为了不让纳粹政权掌握核能技术，哈恩拒绝参与与其有关的任何研究，只是一如既往地进行放射化学研究。

尽管当时奥托·哈恩发现核裂变还没有他的同胞伦琴教授发现 X 射线的影响大，但就其对于改变人类生活与发展所产生的后果而言，核裂变的意义更为重要。人工核裂变的试验成功，是近代科学史上的一项伟大突破，它开创了人类利用原子能的新纪元，具有划时代的深远历史意义。奥托·哈恩也因此荣获 1944 年诺贝尔化学奖。由于战争的原因，诺贝尔评奖委员会在 1945 年 11 月 15 日宣布：1944 年诺贝尔化学奖授予德国人奥托·哈恩，但他们怎么也联系不上得奖者本人。

1913 年，哈恩和迈特纳在实验室

评委会不知道，66 岁的哈恩正被关押在英国的拘留所里。这是军事秘密，与他关在一起的，还有冯·劳厄和海森伯等。他们被怀疑曾帮助希特勒研制原子弹。

这显然错怪了哈恩。对于发现核裂变的哈恩，无论是上层的当权者，还是科学家，都知道他不是纳粹主义的拥护者。哈恩曾讲过这样的话:"我对你们物理学家们,唯一的希望就是,任何时候也不要制造铀弹。如果有那么一天,希特勒得到了这类武器,我一定自杀。"哈恩不愿让纳粹政权掌握原子能技术,拒绝参与任何研究。早在1935年1月,化学家弗里茨·哈伯去世一周年时,哈恩便不顾纳粹的明令禁止,在纪念哈伯的追悼会上致悼词(哈伯是1918年的诺贝尔化学奖得主。这位犹太人在希特勒上台后不久便逃亡在外,直至逃亡途中客死他乡)。在1938年7月13日,哈恩帮助自己的犹太同事迈特纳逃到荷兰,还把自己母亲留下的钻石戒指送给她,以便于她在必要时贿赂边防警卫。

可哈恩毕竟是德国人,又是核裂变的主要发现者,所以第二次世界大战结束后,他被怀疑参与德国的核武器项目。为了验证猜疑,1945年4月,哈恩和9名主要的德国物理学家(劳厄、海森伯和卡尔·冯·魏茨泽克(Carl von Weizsäcker,公元1912—2007年)等)被拘留在英国剑桥附近的戈德曼农场。无论是在室内还是在室外,他们的每一次谈话,都被隐藏的麦克风录了下来,哈恩因此才洗清了嫌疑。甚至那些监听他的人也不得不承认:哈恩是个见多识广的人。他是教授中最乐于助人的,他的幽默感和常识在许多场合挽救了局面,他对英国和美国都很友好。

1945年8月6日和9日,美国空军分别向广岛和长崎投下了原子弹。消息传来,哈恩崩溃了。他觉得是自己发现的核裂变现象才使得制造原子弹成为可能,因此他个人要对日本成千上万人的死亡负责。他为此甚至考虑过自杀。哈恩对他的同伴们说:"我必须诚实地说,如果我当时有能力,我一定会破坏战争的。"

自从获知原子弹爆炸的消息后,拘留所里的海森伯等,一直担心哈恩会自杀。结果却传来了哈恩获奖的消息,这令他们欢喜不已。这份荣誉实至名归——他在1914—1944年间被提名22次诺贝尔化学奖,在1937—1944年间被提名16次诺贝尔物理学奖。但哈恩则被监管人员清楚地告知,他不能参加12月10日举行的诺贝尔颁奖仪式。

实际上,因为证实了由中子撞击铀产生的钡是核裂变的产物,哈恩获得了1944年的诺贝尔化学奖,原因是"发现重原子核的核裂变"(此奖项在1945年才给哈恩,因为诺贝尔委员会认为1944年化学奖的提名人都不符合诺贝尔的遗愿,此时诺贝尔委员会可以将奖项留到第二年再颁发)。

1946年初,哈恩获释回德国后,担任威廉皇帝学会(1948年改名为马克斯·普朗克学会)会长,重获自由的哈恩才领取了属于自己的诺贝尔奖。

1953年,化学巨头赫希斯特公司和拜耳公司邀请哈恩进入公司的监事会,遭到哈恩的拒绝。两年之后,美国总统艾森豪威尔(Dwight Eisenhower,公元1890—1969年)热情邀请哈恩赴白宫,同样遭到他的拒绝。

而15年前,另一个名人、法国女科学家伊伦·约里奥-居里(Irène Joliot-Curie,公元1897—1956年)也在哈恩这里遭遇尴尬。当时,伊伦把自己第三篇关于用慢中子轰击铀原子核实验的论文寄给了哈恩。此前,哈恩已经认为伊伦的前两篇论文均犯了相同的错误，但考虑到对方是居里夫人的女儿，又是 1935 年的诺贝尔化学奖得主，哈恩没有公开指责伊伦，只是私下给她写了一封信。

现在看到手里的论文依然坚持之前的结论，哈恩怒不可遏，随手把论文扔进了垃圾桶，不再顾及对方的身份。

不过，哈恩很快就发现自己错了。包括他的合作伙伴在内的很多科学家的实验证明，伊伦是正确的。自信的哈恩在亲自做过实验后，不得不承认了自己的错误，并向伊伦郑重致歉。

对哈恩来说，道歉并不是一件容易的事情。在他获得诺贝尔奖前后，哈恩否认曾与迈特纳合作，在外人甚至是迈特纳看来，这是因为他担心承认和犹太人合作会危及自己的工作甚至是生命。但在纳粹下台后，哈恩继续否认迈特纳的贡献，一再声称迈特纳只是自己的实验助手。这不仅令他失去了一个彼此信赖了 30 多年的朋友，也常常为后人所诟病。

而 1959 年，在众人的期待中，哈恩拒绝了周围要他参加联邦德国总统竞选的呼声。这个曾经拒绝了德国元首和美国总统的男人，最终也拒绝了成为总统的可能。

战后，哈恩认识到用来制造武器的科学是扭曲的，他强烈反对科学的军事目的，越来越倾向于成为社会责任的代言人。他和许多诺贝尔奖获得者努力奔走，宣传原子武器的危害，警示世界各国，强烈反对"使用武力作为最后的手段"。1957 年 4 月 13 日，他参与起草了《哥廷根宣言》(Gottingen Manifesto)，与 17 名德国顶尖的原子科学家一起，抗议联邦德国新设武装部队(Bundeswehr)拟议中的核武装。他还在自己撰写的《维也纳呼吁》中写道："今天，战争不再是政治手段，它只会毁灭世界上所有的国家。"

奥托·哈恩于 1968 年 7 月 28 日病逝于丹麦哥廷根。

5 镎（Np，neptunium）

镎，原子序数为 93，原子量为 237，首个超铀元素。银白色金属，有放射性。正交晶系，密度为 18.0 ～ 20.45g/cm³。熔点为 640℃，沸点为 3902℃。在空气中缓慢地被氧化。化学性质与铀相似，溶于盐酸。在水溶液中显示出四种氧化态：Np^{3+}（淡紫色）、Np^{4+}（黄绿色）、NpO^{2+}（绿蓝色）、NpO_2^{2+}（粉红色）。在 50℃可与氢作用生成氢化物。镎在自然界中几乎不存在，这是因为 ^{237}Np 的半衰期是 2.2×10^6 年，比地壳形成的年龄少三个数量级。只有在铀矿中存在极微量，这是由铀衰变后的游荡中子产生的。同位素 ^{239}Np 半衰期仅 2.35 天。

镎具有三种同素异形体。α 型：属于正交晶系，密度为 20.45g/cm³；β 型：出现于 280℃以上，属于四方晶系，313 ℃时密度为 19.36g/cm³；γ 型：出现于 577℃以上，属于立方晶系，600 ℃时密度为 18.0g/cm³。

镎的液态温度区间是所有元素间最高的，其熔点和沸点的温度差为3262。

镎是所有锕系元素中密度最高的，在所有自然产生的元素中密度第5高。

门捷列夫于19世纪70年代出版的元素周期表在铀之后的位置显示的是一条横线"—"，其他当时未发现的元素亦然。1913年，由卡西米尔·法扬斯出版的已知放射性同位素列表中，也同样在铀之后留了空格。

1934年，奥多林·克布利奇（Odolen Koblic）从沥青铀矿的洗涤水中提取了一小部分物质，他认为这就是93号元素，并将其命名为"bohemium"，然而在分析后，他才发现这一物质只是钨和钒的混合物。1934年，费米试图以中子撞击铀，产生93号和94号元素。虽然最后失败了，但是他无意中发现了核裂变。1938年，罗马尼亚物理学家霍里亚·胡卢贝伊（Horia Hulubei，公元1896—1972年）和法国化学家伊维特·哥舒瓦（Yvette Cauchois，公元1908—1999年）声称通过对矿石进行光谱学分析，发现了93号元素，并将其命名为"sequanium"。由于科学家当时认为这一元素必须人工制造，所以他们的发现遭到了反对。现在人们发现镎确实存在于自然界中，因此胡卢贝伊和哥舒瓦两人有可能确实发现了镎元素。

在93号元素被发现之前，当时的元素周期表还没有锕系这一行，因此钍、镤和铀分别位于铪、钽和钨之下，93号元素也在铼之下。根据这一排位推测，93号元素的特性应该与锰和铼相似。这意味着这一元素不可能从矿石中提取出来，尽管人们于1952年在铀矿中探测到镎元素。

费米相信对铀进行中子撞击，再经β衰变后，可产生93号元素。实验产物具有短半衰期，因此费米于1934年宣布发现了新元素，然而这却是错误的。后来人们猜测并证实，当时的产物是中子导致铀进行核裂变所产生的。奥托·哈恩在20世纪30年代末进行的^{239}U衰变实验中，产生了少量的镎。哈恩团队通过实验生产并证实了^{239}U的属性，但未成功分离和探测到镎。

麦克米伦和菲力普·阿贝尔森（Philip Abelson，公元1913—2004年）于1947年在加利福尼亚大学伯克利分校的伯克利辐射实验室正式发现了镎。镎（neptunium）以海王星（Neptune）命名，它的前一元素铀（uranium）则以天王星（Uranus）命名。研究团队以低速中子撞击铀，生成了镎同位素^{239}Np（半衰期为2.4天）。镎是首个被发现，也是首个人工合成的锕系超铀元素，是人类发现的第90种元素。

⑥ 钚（Pu，plutonium）

钚，原子序数为94，原子量为239.1，熔点为640℃，沸点为3328℃，单斜结构，密度为19.82g/cm³，是一种具放射性的超铀元素。半衰期为24.5万年。它属于锕系金属，外表呈银白色，接触空气后容易锈蚀、氧化，在表面生成无光泽的二氧化钚。

钚有六种同位素和四种氧化态，易与碳、卤素、氮、硅起化学反应。钚暴露在潮湿的空气中时会产生氧化物和氢化物，其体积最大可膨胀 70%，屑状的钚能自燃。它也是一种放射性毒物，会于骨髓中富集。因此，操作、处理钚元素具有一定的危险性。

钚在室温下以 α 型存在，是元素最普遍的结构型态（同素异形体），质地如铸铁般坚而易脆，但与其他金属制成合金后又变得柔软而富延展性。钚和多数金属不同，它不是热和电的良好导体。它的熔点很低（640℃），而沸点异常高（3328℃）。

1934 年，费米和罗马大学的研究团队发布消息，表示他们发现了 94 号元素。费米将元素取名 "hesperium"，并曾在他 1938 年的诺贝尔奖演说中提及。然而，他们的研究成果其实是钡、氪等许多其他元素的混合物，但由于当时核分裂尚未被发现，这个误会便一直延续。

1940 年 12 月 14 日，钚（特别是钚 -238）才首次被制造和独立分离。1941 年 2 月 23 日，西博格、麦克米伦、亚瑟·沃尔（Arthur Wahl，公元 1917—2006 年）在加利福尼亚大学伯克利分校的一个 60 英寸（150cm）的回旋加速器中，以氘核撞击铀，首次成功地以物理方法得到钚元素。在 1940 年的实验里，科学家以撞击直接制造出镎 -238，但在二天后产生 β 衰变，后被认定是 94 号元素的形成。 这是人类发现的第 93 种元素。

1941 年 3 月，科学家团队将报告寄给《物理评论》杂志，但由于发现了新元素的同位素（钚 -239）能产生核分裂，可能用于制造原子弹，而在出版前遭到撤回。基于安全因素，直到 "二战" 结束后才顺利登载。

麦克米伦将之前发现的超铀元素以行星海王星（Neptune）命名，并提议以冥王星（Pluto）为系列的下一个元素，即 94 号元素命名。西博格原先属意于 "plutium"，但后来认为它的发音不如 plutonium。他在一次玩笑中选择 "Pu" 作为元素符号，却在没有被事先通知的情况下，意外被正式纳入元素周期表。西博格亦曾因为误信他们已经找到周期表中最后一个可能存在的元素，而考虑过 "ultimium"（意为 "最终"）或 "extremium"（意为 "极度"）等名称。

在理想假设中，仅仅 4kg 的钚原料（甚至更少），只要装配设计精确合理，就可制造出一个原子弹。

"二战" 结束前美军轰炸长崎所用原子弹的内核就是用钚制成的。

9.2.2　人造元素

"新核素"，是指人们在实验室采用人工方法产生或发现的，以前尚未观察到的原子核。人类历史上首次人工合成新核素，要追溯到 1934 年。法国物理学家约里奥 - 居里（Jean Joliot-Curie，公元 1900—1958 年）夫妇用 α 粒子轰击铝时首次产生了人工放射性物质，从此揭开了人工合成新核素的序幕，他们由此获得了 1935 年的诺贝尔化学奖。

20世纪60年代初，核物理学家根据原子核壳层结构的理论模型推算：在质子数 Z=114、中子数 N=184附近，存在一系列寿命较长的核素，形成一个"超重元素稳定岛"。此后，Z>103的超重新元素的合成以及超重新元素性质的研究，成了核物理最具挑战性的前沿课题之一。于是，该领域的研究热热闹闹，甚至在欧美少数几个发达国家中形成了"超重俱乐部"。

镅（Am，americium）

镅是一种放射性超铀元素，原子序数为95，原子量为243，熔点为1176℃，沸点为2607℃，六方晶系，密度为12g/cm³。镅属于锕系元素，在元素周期表中位于镧系元素铕之下。镅是以其发现地所在的美洲大陆（America）命名的。

镅是一种高放射性元素。刚制成的时候，镅外表呈银白色，具金属光泽，但在空气中会随时间失去光泽。镅的密度为12g/cm³，这比铜（13.52g/cm³）和钚（19.8g/cm³）的都低。但比铕（5.264g/cm³）高，这主要是因为镅的原子量更高。镅质软易塑，其体积模量大大低于之前的锕系元素：Th、Pa、U、Np和Pu。镅的熔点为1176℃，这比钚（639℃）和铕（826℃）的明显要高，但比铜（1340℃）要低。

在自然环境条件下，镅主要以最稳定的 α 型存在，具有六方晶系对称结构，空间群为 P63/mmc，晶格参数为 a=346.8pm 及 c=1124pm，每个晶胞有四个原子。镅晶体为六方密排结构，层序为 ABAC，因此与 α 铜等锕系元素及 α 镧同型。

镅的晶体结构会随压力和温度改变。在常温下加压至5GPa时，α 镅会转化为 β 型，具有面心立方对称结构，空间群为 Fm3m，晶格常数为 a=489pm。这种结构是一种层序为 ABC 的密排结构。再加压到23GPa以上后，镅会转变成 γ 型斜方晶系结构，与 α 铀同型。一直到52GPa镅都不再进行转变，但在 10～15GPa 的压力下会显现出单斜晶系相态。

镅从液氦温度到室温以上都呈顺磁性。这与镅旁边的铜极为不同：后者在52K时会转变为反铁磁性。

虽然过去的核反应实验中很可能已经产生了镅元素，但是要直到1944年，加利福尼亚大学伯克利分校的西博格、吉奥索等才首次专门合成并分离出镅。他们的实验使用了1.5m直径回旋加速器。镅的化学辨认是在芝加哥大学的冶金实验室（现阿贡国家实验室）进行的。继更轻的镎、钚和更重的锔之后，镅是第四个被发现的超铀元素。当时西博格重新排列了元素周期表，并将锕系置于镧系之下。因此镅位于铕以下，两者为同系物。铕（europium）是以欧洲大陆（Europe）命名的，镅也因此以美洲大陆（America）命名。镅是人类发现的第95种元素。

镅和锔在1944年的发现与当时旨在制造原子弹的"曼哈顿计划"息息相关。有关其发现的信息一直保密到1945年才公诸于世。在1945年11月11日美国化学学会正式发布镅和锔的发现前5天，美国电台节目"Quiz Kids"（小朋友问答）的一位听众问到，战时除了镎和钚之外还有没有发现其他新的超铀元素，西博格回应时泄露了有关发现镅和锔的消息。第一批锔元素样本只重几微克，肉眼仅仅勉强可见，并需通过其放射性才能测出。1951年，科学家在1100℃高真空中用钡金属还原三氟化锔，产生了可观量的锔金属，为40～200μg。

镅是唯一一种进入日常应用的人造元素。一种常见的烟雾探测器使用二氧化镅（^{241}Am）作为电离辐射源。这种同位素比^{226}Ra优胜，因为它能释放5倍多的α粒子，却释放很少的有害γ辐射。一个新的烟雾探测器一般装有1μCi（微居里）（37kBq）的镅，亦即0.28μg。这一数量随着镅衰变为镎-237而逐渐减少，而镎-237是一种半衰期很长的超铀元素（半衰期约214万年）。探测器内的镅半衰期为432.2年，因此在19年后就含有3%的镎，32年后则有5%。衰变产生的辐射通过电离室，也就是两片电极间充满空气的区间，电极间有着少量的电流。烟雾进入电离室后会吸收辐射出来的α粒子，减少电离的程度，因此改变流通的电流，从而触发警报。相比光学烟雾探测器，电离探测器较为便宜，还能够测得大小不足以产生足够光学散射的烟雾粒子。

② 锔（Cm，curium）

锔，原子序数为96，原子量为247，熔点为1340℃，沸点为3110℃，六方密堆结构，密度为13.51g/cm³。锔是一种放射性人造元素，呈银白色，有延展性，由人工核反应获得，在化合物中呈正三价；在一般社会生活中极不常见，在放射化学实验及特殊的同位素能源中使用较为广泛。

锔是一种放射性人工合成元素，也是质地坚硬、密度高的银白色金属。其物理和化学特性与钆相似。锔的熔点为1340℃，这比前面的超铀元素镎（637℃）、钚（639℃）和镅（1173℃）都要高，而钆的熔点则在1312℃。密度为13.51g/cm³，这比镎（20.45g/cm³）和钚（19.8g/cm³）的密度低，但仍比大部分金属高。锔的两种晶体结构中，α型在标准温度和压力下更稳定。其具有六方对称结构，空间群为P63/mmc，晶格参数a=365pm，c=1182pm，且每个晶胞含四个化学式单位。该晶体具有双六方密排结构，层序为ABAC，并和α镧同型。在23GPa压力以上及室温下，α锔会转变为β锔。β型具有面心立方对称结构，空间群为Fm3m，晶格常数a=493pm。进一步加压到43GPa后，锔会变为属于正交晶系的γ锔结构，与α铀同型，并一直到52GPa都不会再有相变。这三种锔的相态也被称为CmⅠ、Ⅱ和Ⅲ。

锔的磁特性奇特。其旁边的镅元素在不同温度下都不会偏离居里-外斯顺磁性，

但 α 锔会在冷却至 65 ～ 52K 时转变为反铁磁性，而 β 锔在大约 205K 时转变成亚铁磁性。另外，锔和氮族元素的化合物在冷却后会转成铁磁性：^{244}CmN 和 ^{244}CmAs 发生在 109K，^{248}CmP 发生在 73K，^{248}CmSb 发生在 162K。锔的镧系同系物钆以及钆的氮族元素化合物也会在冷却时转变磁性，但稍有不同的是：Gd 和 GdN 变为铁磁性，而 GdP、GdAs 和 GdSb 则具反铁磁性。

虽然过去的核反应实验中很可能已经产生了锔元素，但是要直到 1944 年，加利福尼亚大学伯克利分校的西博格、拉尔夫·詹姆斯（Ralph James）和吉奥索等才首次专门合成并分离出锔。他们的实验使用了 1.5m 直径回旋加速器。锔的化学辨认是在芝加哥大学的冶金实验室（现阿贡国家实验室）进行的。它是第三个被发现的超铀元素，但在元素周期表中却是第四个超铀元素（当时仍未发现镅）。锔是人类发现的第 94 种元素。

锔是以玛丽·居里（Marie Curie，公元 1867—1934 年）和其丈夫皮埃尔·居里（Pierre Curie，公元 1859—1906 年）命名的。两人发现了镭元素，并对放射性作出了相当的贡献。这种命名方法参照了元素周期表中位于锔上方的镧系元素钆：钆是以研究稀土元素的科学家加多林的名字命名的。

玛丽·居里

锔是一种放射性最强的可分离元素，其两种最常见的同位素 ^{242}Cm 和 ^{244}Cm 都是强 α 粒子射源（能量为 6MeV），其半衰期相对较短，分别为 162.8 天和 18.1 年，每克锔的释放功率分别为 120W 和 3W。因此氧化锔可被用于太空船中的放射性同位素热电机。科学家曾研究过如何用 ^{244}Cm 同位素发电，而 ^{242}Cm 则因价格昂贵（每克约 2000 美元）而只好放弃。^{243}Cm 的半衰期约为 30 年，每克功率达到 1.6W，故可用作燃料。

同位素 ^{244}Cm 最实际的用途是在 α 粒子 X 射线光谱仪（APXS）中作 α 粒子射源。"火星探路者"火星车"火星 96""勇气号""火星探测漫游者""机遇号"和"火星科学实验室"都使用了这种仪器来分析火星表面岩石的成分和结构。"测量员 5 号"至"测量员 7 号"月球探测器也使用了 APXS，但所用的 α 粒子源是 ^{242}Cm。

玛丽·居里

玛丽·斯克罗多夫斯卡，1867 年生于当时在俄国占领下的波兰华沙。世称"居里夫人"，法国著名波兰裔物理学家、化学家。

玛丽·居里一生中的伟大事迹极多，所以人们都喜欢像说传奇那样叙述她的历史。她来自于当时被压迫的民族，家境贫寒，姿容美丽。一种强烈的使命感使她离开祖国波兰到巴黎去求学。她在巴黎度过了好几年艰苦孤寂的生活。后来，她遇上了一个像她一样有天才的人，并和他结了婚。他们的幸福，其性质是与众不同的。

玛丽和皮埃尔·居里以最顽强、最枯燥的努力，发现了一种不可思议的物体——镭。这个发现不仅产生了一种新科学和新哲学，还给人类带来了一种治疗可怕疾病的方法。

正当这两位学者誉满全球的时候，玛丽遭到了丧偶的不幸。但是她不顾精神上的痛苦和身体上的疾病，独力继续进行既定的工作，使夫妻俩共同创造的科学大放异彩。

她完全贡献出了自己的余生：她把热诚和健康贡献给在战争中受伤的人，把她的经验、学识和时间贡献给自己的学生，贡献给世界各地去的未来学者。她终身拒绝财富，对于荣誉，也漠然视之。

坚定不移的性格；智力方面锲而不舍的努力；只知贡献一切而不知谋取或接受任何利益的自我牺牲精神；尤其是成功不骄傲、灾祸不能屈的纯洁的灵魂：这些就是玛丽·居里具有的品质，比她的工作或丰富多彩的生活更为难能可贵，希望读者在人生暂时的荣枯浮沉中，能随时加以辨识。

玛丽·居里

1891年，24岁的玛丽来到巴黎求学，她在索邦大学取得了数学和物理两个毕业证书。毕业前不久，玛丽认识了比她大8岁的居里。此时的居里已经是一位小有名气的物理学家。

1877年，年仅18岁的皮埃尔·居里得到了硕士学位，1882年被任命为巴黎市立高等物理化学学院的实验室主任。他在该校任教时间长达22年，他一生的主要成就都是在这里取得的。

居里一生的转折点是他与波兰姑娘玛丽·斯克罗多夫斯卡的婚姻。

1895年两人结婚，玛丽成为居里夫人。婚后的居里夫人在索邦大学读研究生，她也一直在丈夫的实验室做研究。居里也认识到了妻子研究的重要性，他把自己的研究从晶体转到放射性物质上面来。

居里夫妇

1898年7月，居里夫妇从数吨沥青矿中找到一种新元素，它的化学性质与铅相似，但放射性比铀强400倍。居里夫妇把这种新元素命名为"钋"（polonium），以表达对居里夫人的祖国波兰（Poland）的怀念。发现钋元素之后不久，居里夫妇继续进行研究，在同年12月他们得到少量的白色粉末。这种白色粉末在黑暗中闪烁着白光，据此居里夫妇把它命名为镭，它的拉丁语原意是"放射"。

居里夫人与孩子

由于在放射性物质方面的研究成果，居里在1900年被任命为巴黎大学理学院教授，居里夫人也在1903年获博士学位。就在居里夫人获得博士学位的同一年，居里夫妇与贝克勒尔（Antoine Henri Becquerel，公元1852—1908年）因为发现放射性现象而共同获诺贝尔物理学奖。

1906年，居里不幸被马车撞倒而去世。

先贤祠：皮埃尔之墓

居里去世后，居里夫人的生命一度陷入了冰河状态。最终她恢复过来。强悍的意志和工作让她再度站了起来。在这之后她持续工作了 22 年，继续为法国和世界科学做出了巨大的贡献。

居里夫人是历史上第一个获得两项诺贝尔奖的人，而且是在两个不同的领域获得。她一生共获得了上百项荣誉。

居里夫人

爱因斯坦说："在所有的世界名人当中，居里夫人是唯一没有被盛名宠坏的人。""她一生中最伟大的功绩——证明放射性元素的存在并把它们分离出来——所以能够取得，不仅仅是靠大胆的直觉，而且也靠着难以想象的和极端困难的情况下工作的热忱和顽强。这样的困难，在实验科学的历史中是罕见的。居里夫人的品德力量和热忱，哪怕只有一小部分存在于欧洲的知识分子中间，欧洲就会面临一个比较光明的未来。"

居里夫人一生几乎都在和放射性打交道。关于放射性的发现，居里夫人并不是第一人，但她是关键的一人。在她之前，1896 年 1 月，德国科学家伦琴发现了 X 射线，这是人工放射性；1896 年 5 月，法国科学家贝克勒尔发现铀盐可以使胶片感光，这是天然放射性。这都还是偶然的发现，居里夫人却立即提出了一个新问题，其他物质有没有放射性？物质世界里是不是还有另一块全新的领域？

她提出了"放射性"这个词。两年后，她发现了钋，接着发现了镭，冰山露出了一角。为了提出纯净的镭，居里夫妇搞到一吨可能含镭的工业废渣。他们在院子里支起了一口大锅，一锅一锅地进行冶炼。然后再送到化验室溶解、沉淀、分析。而所谓的化验室是一个废弃的、曾停放解剖用尸体的破棚子。玛丽终日在烟熏火燎中搅拌着锅里的矿渣。她衣裙上，双手上，留下了酸碱的点点烧痕。一天，疲劳之极，玛丽揉着酸痛的后腰，隔着满桌的试管、量杯问皮埃尔："你说这镭会是什么样子？"皮埃尔说："我只希望它有美丽的颜色。"终于经过三年又九个月，他们在成吨的矿渣中提炼出了 0.1g 镭。它真的有极美丽的颜色，在幽暗的破木棚里发出略带蓝色的荧光，还会自动放热。

居里夫人在第三届索尔维会议上（前排左三）

旧木棚里这点美丽的淡蓝色荧光，是用一个美丽女子的生命和信念换来的。

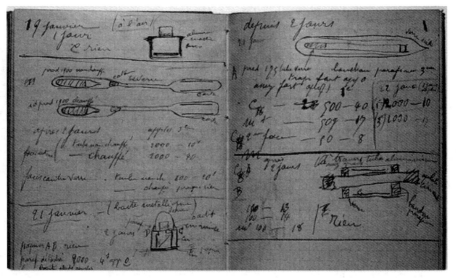

居里夫人的实验笔记本，至今还有放射性，需等到1500年后放射性才能完全消失

3 锫（Bk，berkelium）

锫，原子序数为97，原子量为247，熔点为986℃，沸点为2627℃，六方密堆结构，密度为14.78g/cm³，属于锕系元素和超铀元素。

在一般情况下，锫的结构是最稳定的 α 型。该结构呈六方对称形，空间群为P63/mmc，晶格参数分别为341pm和1107pm。该晶体有着双六方密排结构，层序为ABAC，因此它与 α 镧和镅以后的锕系元素的 α 型晶体同型（具有相似的结构）。这种结构随着压力和温度而变化。在室温下加压到7GPa时，α 锫会转变为 β 型，该结构属于面心立方（fcc）对称型，空间群为Fm3m。当继续加压到25GPa时，锫更会转变为属于正交晶系的γ型结构，与α铀相似。转变后的体积会增加12%，并使5f壳层电子离域。直到57GPa锫都不会再进行相变。

加热后，α锫会变为面心立方结构（但与β锫稍有不同），空间群为Fm3m，晶格常数为500pm。这种结构与层序为ABC的密排结构相同。这是一种亚稳态，并会在室温下缓慢地变回α锫。科学家认为这一相变发生时的温度与锫的熔点非常相近。

1949年12月，西博格、吉奥索和斯坦利·汤普森（Stanley Thompson）使用加利福尼亚大学伯克利分校的1.5m直径回旋加速器，成功合成并分离出锫元素。在1949—1950年同期被发现的还有锎元素（原子序为98）。锫是人类发现的第97种元素。

发现团队在报告中写道："我们建议以发现所在地的伯克利城（Berkeley），将第97号元素命名为berkelium（符号Bk），就像它的化学同系物铽（terbium，65号元素）是以矿物发现所在地瑞典伊特比命名的一样。"

目前锫在基础科学研究之外没有实际的用途。

4 锎（Cf，californium）

锎是一种放射性金属元素，原子序数为98，原子量为251，熔点为900℃，沸点为1743℃，六方晶系，密度为15.1g/cm³。锎属于锕系元素，是第六个被人工合成出来的超铀元素，也是自然界能自行产生的元素中质量最高的元素，所有比锎更重的元素皆必须通过人工合成才能产生。

处于纯金属态时，锎是具延展性的，可以用刀片轻易切开。在真空状态下的锎金属到了300℃以上时便会汽化。在51K以下的锎金属具铁磁性或亚铁磁性，在51～66K时具反铁磁性，而在160K以上时具顺磁性。它与镧系元素能够形成合金，但人们对其所知甚少。

在一个大气压力下，锎有两种晶体结构：在900℃以下为双层六方密排结构（α型），接近室温时密度为15.10g/cm³；而另一种面心立方结构（β型）则在900℃以上出现，密度为8.74g/cm³。在48GPa的压力下，锎的晶体结构会由β型转变为第三种正交晶系结构。锎的体积模量为（50±5）GPa，这与三价的镧系金属相似，但比一些常见的金属低（如铝，70GPa）。

1950年2月9日前后，物理学家汤普森、小肯尼斯·史翠特（Kenneth Street, Jr.）、吉奥索及西博格在加利福尼亚大学伯克利分校首次发现了锎元素。锎是第六个被发现的超铀元素，是人类发现的第98种元素。该新元素以加利福尼亚州和加利福尼亚州大学命名。

此次实验只产生了大约5000个锎原子，半衰期为44min。

能够利用的锎的数量非常少，使其应用受到了限制，可是，它作为裂解碎片源，被用于核研究。该元素是世界上最昂贵的元素，1g 价值 2700 万美元，是金子的 65 万倍。

锎在核医学领域可用来治疗恶性肿瘤。由于锎 -252 中子源可以做得很小很细，这是其他中子源所做不到的，所以把中子源经过软管送到人体腔内器官肿瘤部位，或者植入人体的肿瘤组织内进行治疗。特别是对子宫癌、口腔癌、直肠癌、食管癌、胃癌、鼻腔癌等，锎 -252 中子治疗都有相当好的疗效。

5 锿（Es，einsteinium）

锿是一种人工合成元素，原子序数为 99，原子量为 252，熔点为 860℃，沸点为 996℃，面心立方结构，密度为 8.84g/cm³。锿是第 7 个超铀元素，属于锕系。

锿是一种银白色的放射性金属，有顺磁性。在元素周期表中，锿位于锎之右，镄之左，钬之下。其物理及化学特性与钬有许多共通之处。其密度为 8.84g/cm³，这比锎的密度低（15.1g/cm³），但与钬的密度相约（8.79g/cm³）。锿的熔点（860℃）比锎（900℃）、镄（1527℃）及钬（1461℃）的熔点低。锿是一种柔软的金属，其体积模量只有 15GPa，是非碱金属中该数值最低的元素之一。

与更轻的锕系元素锔、锫、锎及锘不同的是，锿不呈双六方晶体结构，而是呈面心立方结构。其空间群为 Fm3m，点阵常数为 $a=575$pm。但是有研究称，锿能够在室温下形成六方晶体，$a=398$pm，$c=650$pm，但在加热到 300℃之后便转变为面心立方结构。

锿在 1952 年 12 月由吉奥索等于加利福尼亚大学伯克利分校连同阿贡国家实验室和洛斯阿拉莫斯国家实验室合作发现，含有锿的样本采自"常春藤麦克"核试验的辐射落尘。该核试验于 1952 年 11 月 1 日在太平洋埃内韦塔克环礁上进行，是首次成功引爆的氢弹。锿以物理学家爱因斯坦的名字命名，是人类发现的第 99 种元素。

锿除了在基础科学研究中用于制造原子序数更高的超铀元素之外，暂无其他应用。锿除了用于合成新的元素，主要用于发射 X 射线。锿曾在 1955 年用于首次合成钔元素，并一共合成了 17 个钔原子。

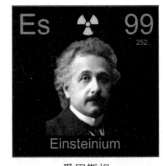

爱因斯坦

6 镄（Fm，Fermium）

镄是一种人工合成元素，原子序数为 100，原子量为 257，熔点为 1527℃，属于锕系元素，具有放射性，为一超铀金属元素。镄是能够用中子撞击较轻元素而产生的最重元素，即是说它是最后一种能够大量制成的元素。然而到目前为止，人们仍没有制成纯镄。镄一共拥有 19 种已知的同位素，其中 ^{257}Fm 存留时间最长，半衰期为 100.5 天。

镄是在 1952 年 11 月 1 日第一颗成功引爆的氢弹"常春藤麦克"的辐射落尘中首次发现的，以诺贝尔奖得主原子核物理学家费米命名，是人类发现的第 100 种元素。

费米

7 钔（Md，Mendelevium）

钔是一个人工合成元素，化学符号为 Md（曾作 Mv），原子序数是 101。钔是锕系元素中具有放射性的超铀金属元素，在锕系元素排倒数第三位、在超铀元素中排第九。它是第一个不能以中子轰击大量的较轻元素来制造的元素，只能通过粒子加速器，以带电粒子轰击较轻元素制成。已知的钔同位素共有 16 种，最稳定的是 ^{258}Md，半衰期达 51 天；不过寿命较短的 ^{256}Md（半衰期 1.17h）反而经常使用于化学用途，因为它可以大量生产。

钔是在 1955 年时，以 α 粒子撞击锿元素时发现的，至今仍是用同样方法制造钔。它的名称 Mendelevium 得自"元素周期表之父"门捷列夫，IUPAC 承认了这个名称，但未接受最初提出的符号 Mv，到 1963 年改用 Md。钔是人类发现的第 101 种元素。

目前钔在基础科学研究之外没有任何实际用途。

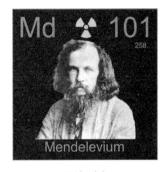

门捷列夫

8 锘（No，nobelium）

锘是一种放射性金属元素，元素符号为 No。属于锕系元素，原子序数为 102，原子量为 259，熔点为 827℃。该元素数量极少，仅能用原子数量来计量。最稳定的同位素：锘 -255。

1957 年在斯德哥尔摩诺贝尔研究所用碳 -12 离子轰击锔 -244 和锔 -246 混合物样品，成功制备出锘 -254，为了纪念诺贝尔（Nobel）而将其命名为 nobelium。 锘是人类发现的第 102 种元素。

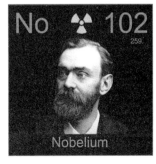

诺贝尔

　　由吉奥索、西博格等组成的伯克利团队于1958年宣称合成第102号元素。该团队使用新的重离子直线加速器（HILAC）并用碳-13和碳-12撞击锔原子（95%锔-244和5%锔-246）而合成锘。而伯克利团队决定采用瑞典团队提出的nobelium作为元素的名称，作为对他们的尊重。

9　铹（Lr，lawrencium）

　　铹，元素周期表第103号元素，1961年在美国加利福尼亚州伯克利市的劳伦斯伯克利国家实验室中由吉奥索、西克兰（T. Sikkeland）、拉希（A. Larsh）等发现。为了纪念著名物理学家欧内斯特·劳伦斯，103号元素被命名为"铹"，是人类发现的第103种元素。

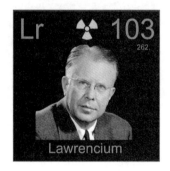

欧内斯特·劳伦斯

第 10 章

超锕元素浅谈

超锕元素，从 104 号到 118 号，全部由人工合成，全部为放射性元素，半衰期极短。从 20 世纪 60 年代合成的铲，发现它们也仅有不到 70 年的时间，因此，对这些元素的性质仍然了解甚少，所以对超锕元素，只能浅谈。

 ## 铲（Rf，rutherfordium）

铲，原子序数为 104，原子量为 267，熔点为 2100℃，沸点为 5500℃。铲的密度为 23g/cm³，相比之下，此前已知密度最高的元素——锇的密度为 22.61g/cm³。这是由铲拥有的高原子量，以及镧系、锕系的收缩和相对论性效应造成的。其最稳定的已知同位素为 ^{267}Rf，半衰期约为 1.3h，是人类发现的第 104 种元素。位于苏联和美国加利福尼亚州的实验室在 20 世纪 60 年代分别制造出少量的 Rf。由于双方发现的先后次序不清，所以苏联和美国科学家们对其命名产生了争议。苏方科学家建议使用 "kurchatovium" 为该新元素命名，而美方科学家则建议使用 rutherfordium。直到 1997 年 IUPAC 才将 Rf 作为该元素的正式名称，以纪念原子核物理的先驱卢瑟福。

欧内斯特·卢瑟福（Ernest Rutherford，公元 1871—1937 年）

卢瑟福，英国著名物理学家、化学家，原子核物理学之父。学术界公认他为继法拉第之后最伟大的实验物理学家。

卢瑟福首先提出放射性半衰期的概念，证实放射性涉及从一个元素到另一个元素的嬗变。他又将放射性物质按照贯穿能力分类为 α 射线与 β 射线，并且证实前者就是氦离子。他关于放射性的研究，确立了放射性是发

欧内斯特·卢瑟福

自原子内部的变化。放射性能使一种原子改变成另一种原子，而这是一般物理和化学变化所达不到的；这一发现打破了元素不会变化的传统观念，使人们对物质结构的研究进入原子内部这一新的层次，为开辟一个新的科学领域——原子物理学，做

了开创性的工作。

原子的有核模型

他通过 α 粒子为物质所散射的研究，无可辩驳地论证了原子的有核模型，因而一举把原子结构的研究引入正确的轨道因此被誉为"原子物理学之父"。由于电子轨道也就是原子结构的稳定性和经典电动力学的矛盾，才导致玻尔提出背离经典物理学的革命性的量子假设，成为量子力学的先驱。

人工核反应的实现是卢瑟福的另一项重大贡献。自从元素的放射性衰变被确证以后，人们一直试图用各种手段，如用电弧放电，来实现元素的人工衰变，而只有卢瑟福找到了实现这种衰变的正确途径。这种用粒子或 γ 射线轰击原子核来引起核反应的方法，很快就成为人们研究原子核和应用核技术的重要手段。在卢瑟福的晚年，他已能在实验室中用人工加速的粒子来引起核反应。

卢瑟福在实验室

因为"对元素蜕变以及放射化学的研究"，他荣获 1908 年诺贝尔化学奖。卢瑟福对自己获得化学奖非常不解，他风趣地说："我一个搞物理的怎么就得了个化学奖呢？""这是我一生中绝妙的一次玩笑！"传说卢瑟福以从事物理研究为荣，瞧不起化学。化学家们为了不让他获得物理奖，抢先授予他化学奖，使得他再也不能获得物理学奖，并且终身戴上化学家的桂冠：还敢瞧不起化学家！

1871 年 8 月 30 日，卢瑟福生于新西兰纳尔逊的一个手工业工人家庭，并在新西兰长大。他进入新西兰的坎特伯雷学院学习，23 岁时获得了三个学位（文学学士、文学硕士、理学学士）。1895 年，在新西兰大学毕业后，获得英国剑桥大学的奖学金进入卡文迪什实验室，成为汤姆孙的研究生，提出了原子结构的行星模型，为原子结构的研究作出很大的贡献。1898 年，在汤姆孙的推荐下，担任加拿大麦吉尔大学的物理教授。他在那里工作了 9 年，于 1907 年返回英国出任曼彻斯特大学的物理系主任。1919 年，接替退休的汤姆孙，担任卡文迪什实验室主任。1925 年当选为英国皇家学会会长。1931 年受封为纳尔逊男爵。1937 年 10 月 19 日因病在剑桥逝世，与牛顿和法拉第并排安葬，享年 66 岁。

他最先成功地在氮与 α 粒子的核反应里将原子分裂，他又在同一实验里发现了质子，并且为质子命名。第 104 号元素为纪念他而命名为"铲"。

当人们评论卢瑟福的成就时，总要提到他"桃李满天下"。在卢瑟福的悉心培养下，他的学生和助手有多人获得了诺贝尔奖：

1921 年，卢瑟福的助手索迪获诺贝尔化学奖；

1922 年，卢瑟福的学生阿斯顿获诺贝尔化学奖；

1922 年，卢瑟福的学生尼尔斯·玻尔获诺贝尔物理奖学；

1927 年，卢瑟福的助手威尔逊（Charles Wilson，公元 1869—1959 年）获诺贝尔物理学奖；

1935 年，卢瑟福的学生查德威克（James Chadwick，公元 1891—1974 年）获诺贝尔物理学奖；

1948 年，卢瑟福的助手布莱克特（Patrick Blackett，公元 1897—1974 年）获诺贝尔物理学奖；

1951 年，卢瑟福的学生约翰·科克拉夫特（John Cockcroft，公元 1897—1967 年）和欧内斯特·瓦耳顿（Ernest Walton，公元 1903—1995 年），共同获得诺贝尔物理学奖；

1978 年，卢瑟福的学生卡皮查获诺贝尔物理奖。

 ## 2 钍（Db，dubnium）

钍，是人类发现的第 105 种元素，原子序数为 105，原子量为 268，属于过渡金属之一。1968 年，苏联杜布纳联合核研究所的弗廖罗夫等首次报道了用重离子回旋加速器加速的氖离子轰击镅靶，反应合成了 105 号元素的质量数分别为 260 和 261 的两种同位素。用重离子直线加速器加速的氮离子轰击铜靶，反应合成了 ^{260}Db。

杜布纳实验组建议将第 105 号元素命名为 Ns，以纪念丹麦物理学家玻尔。伯克利实验组建议将该元素命名为 Ha，以纪念德国核化学家哈恩。按照 IUPAC 以拉丁文和希腊文混合数字词头命名 100 号以上元素的建议，第 105 号元素的英文名为 unnilpentium，符号 Unp。美国化学家最初把它称为"hahnium"。在 1997 年，IUPAC 把它定名为 dubnium，以俄罗斯杜布纳联合核研究所为名。

3 镭（Sg，seaborgium）

镭，是人类发现的第 106 种元素，1974 年，由苏联科学家合成。镭为放射性元素，可能是金属态，原子序数为 106，是过渡金属之一，半衰期为 21s，化学性质不活泼。镭 -266 是最稳定的同位素。seaborgium 名称的由来是为了向诺贝尔奖得主西博格致敬。

4 𨨏（Bh，bohrium）

𨨏，是一种人工合成的放射性化学元素，原子序数是 107，原子量为 262.12，密度为 27.2g/cm³，属于过渡金属之一。𨨏 -262 是最稳定的同位素，它的半衰期只有 102ms。

1976 年，极重元素合成先驱、俄罗斯核物理学家尤里·奥加涅相（Yuri Oganessian，公元 1933—　）等宣称，他们在研究 ^{54}Cr 轰击 ^{209}Bi 反应时观察到两例自发裂变事件，半衰期分别为 1 ～ 2ms 和 5s。5s 半衰期的事件认为是来自于 ^{257}105，而新的 1 ～ 2ms 的自发裂变事件，则被指定为来自于 ^{261}107（Oga76）。1981 年，联邦德国重离子研究所（GSI）小组用"冷熔合"反应，合成了 ^{262}107（Mun81）。他们先后观察到 5 个事件，均是通过反冲谱仪分离后测定时间关联的 α 粒子到已知核而确定的，其中一个衰变到 ^{254}Lr，一个衰变到 ^{246}Cf，两个衰变到 ^{250}Fm，一个衰变到 ^{250}Md。^{262}107（Mun81）的 α 粒子能量为 10.4MeV，衰变半衰期为 2 ～ 5ms。发现者们开始提出的名字以丹麦物理学家尼尔斯·玻尔的名字 Niels Bohr 组成 nielsbohrium（Ns），IUPAC 认为可以以 Niels Bohr 来命名该元素，但建议用 bohrium，理由是，还从来没有一个人的 first name 出现在一个元素的命名中。该元素最终被命名为 bohrium，元素符号为 Bh，是人类发现的第 107 种元素。

5 𨭆（Hs，hassium）

𨭆，是一种人工合成的放射性元素，原子序数为 108，原子量为 265.13，密度约为 28.6g/cm³。^{265}Hs 是其最稳定的同位素，它的半衰期只有 2ms。它被发现有类似四氧化锇的四氧化物，因此被证明是第Ⅷ族元素。hassium 发现于欧洲著名科学城——德国黑森州（Hessen）的达姆施塔特市。黑森州的拉丁语名称为 Hassia，这也就是 hassium 的得名来源了。1984 年，𨭆由德国明岑贝格（G. Münzenberg）等合成，𨭆是人类发现的第 109 种元素。

6 鿏（Mt，meitnerium）

鿏，金属元素，原子序数为 109，原子量为 266.13，密度为 28.2g/cm³，是人工合成的第六个超锕系元素。1982 年 8 月，联邦德国重离子研究所用铁 -58 跟铋 -209 在粒子加速器中合成了第 109 号元素。它的半衰期约为五千分之一秒。

鿏是一种由重离子轰击法人工合成的强放射性化学元素，属于过渡金属之一。可能是金属态，呈银白色或灰色。化学性质近似于铱。1982 年，联邦德国重离子研究所的 G. 明岑贝格等用离子加速器加速的铁离子（Fe）轰击铋靶，通过 Bi（Fe,n）109 核反应合成鿏，是人类发现的第 108 种元素。

1994 年 5 月，IUPAC 通过一项决议，建议把第 109 号元素命名为 meitnerium，以纪念核物理学家 Lise Meitner（莉泽·迈特纳）。

莉泽·迈特纳（Lise Meitner，公元 1878—1968 年）[1]

莉泽·迈特纳，奥地利 - 瑞典原子物理学家。她的众多成绩中最重要的是她第一个理论解释了奥托·哈恩 1938 年发现的核裂变。

1878 年，莉泽·迈特纳出生于奥地利首都维也纳第二区的利奥波德城。

原本无法就读大学而打算当法语老师的她，几经努力，获得物理大师路德维希·玻尔兹曼（Ludwig Boltzmann，公元 1844—1906 年）和普朗克的指导，逐

年轻时的莉泽·迈特纳

渐成为独当一面的科学家。当事业如日中天，却连续多年没有工作和薪水，连出入研究室都因性别身份备受限制；又因犹太人血统必须舍弃一切。她在陌生国度做出毕生最大贡献，却因缘际会与诺贝尔奖失之交臂；同时，她好相处、与人为善、爱好和平，也是第二次世界大战期间唯一拒绝参与原子弹研发的核物理专家。

莉泽大学二年级的时候，曾一度担任维也纳大学教授的玻尔兹曼回到维也纳授课，听众挤爆会场，连报社都派了记者出席。莉泽事后回忆："他的讲座是我听过的最杰出、最激励人心的。他对教给我们的一切，都抱持相当大的热情，每次当我们听完离开时都感觉到全新、惊奇的世界就展现在眼前。"

受到玻尔兹曼的启发，莉泽选择了原子核物理的道路。1906 年，获得博士学位后，莉泽来到柏林进修，除了沟通方便，以及玻尔兹曼长年旅居德国的因素之外，更为了大名鼎鼎的普朗克。

德国的大学虽然不收女学生，但普朗克慷慨答应了莉泽旁听的请求。普朗克是继玻尔兹曼之后，对莉泽产生重要影响的物理学家，后来亦成为她的良师益友。莉泽在柏林的艰困生活，幸得普朗克的温暖支持。莉泽性格谦虚，性情含蓄。她在柏

---

① 本节主要参考网络佚名作者文章："核子下的人性物理学家：莉泽·迈特纳。"

林认识了一群年轻物理学家，并成为终生的朋友。包括日后的诺贝尔物理奖得主詹姆斯·弗兰克（James Frank，公元 1882—1964 年）[1] 和冯·劳厄。冯·劳厄不但珍视和莉泽的友谊，在纳粹统治德国期间，也常和莉泽互相支持、打气。

另外还有一位 1906 年才离开卢瑟福研究团队回到德国的奥托·哈恩。他热爱交际、不拘礼数，热情邀莉泽一起进行放射性研究。她后来回忆说："哈恩和我年纪相仿、非常不拘小节。我察觉，不管自己需要知道什么都能够尽情询问他。更何况，他在放射性领域声誉卓著；我相信他能教我很多。"

合作关系中的两人，地位相当不对等。哈恩在柏林大学化学系担任助理，莉泽却连大门都进不去——系主任费歇尔担心"长发容易引发火灾"，严格禁止女性出入。在哈恩苦心劝说下，费歇尔才勉为其难地让莉泽在地下室、有独立出入口的房间工作；莉泽不但无法踏足其他地方，连研究所的卫生间都不得使用，只能到街上餐厅借厕所。一直到 1909 年德国开放女性就读大学，莉泽才可以自由出入，化学研究所也才终于有了女卫生间。

莉泽在柏林的前五年，发表将近 20 篇论文（大多是和哈恩合作），在此期间她不但没有职位，也没有薪水，仅靠父母的微薄资助过活。1912 年，柏林近郊的威廉皇帝化学研究所（Kaiser Wilhelm Institute）成立，哈恩受聘为研究人员，并担任放射性小组的组长。直到这时莉泽才终于得到第一份有薪水的工作——担任普朗克的助手，给学生考卷打分数。此时的莉泽，仍处在学术巨塔的底层。

来年，莉泽获聘为威廉皇帝化学研究所正式员工后，又得到布拉格去工作的机会（还有升迁的可能）。研究所所长费歇尔从普朗克那里获悉此事，以加倍薪水挽留住莉泽。尽管如此，职称和哈恩相同的莉泽，薪水却还是比哈恩低了许多。无论如何，莉泽的工作和生活终于步上正轨。她在给朋友的信中写道："我全心全意喜爱物理，我无法想象它不在我的生活中。"

1920 年的莉泽和玻尔等

① 詹姆斯·弗兰克：德国物理学家，因"发现支配电子与原子相互碰撞的定律"（弗兰克 - 赫兹实验），于 1925 年与年轻同事古斯塔夫·赫兹（Gustav Hertz）获得诺贝尔物理学奖。"曼哈顿计划"期间，弗兰克与著名物理学家费米、康普顿等一起建立了人类第一座核反应堆，人类从此迈入原子能时代。1964 年 5 月 21 日，弗兰克突发心脏病在哥廷根逝世，享年 82 岁，后与第一任妻子一同葬于美国芝加哥。

1914 年，第一次世界大战爆发，哈恩被军队的研发单位征召，莉泽则志愿担任奥地利军操作 X 光的护士，照料在前线严重受伤的士兵。1916 年，莉泽回到柏林继续研究工作，并在来年得以组织自己的团队。战争期间，哈恩只能偶尔休假返回柏林，所以基本上，大多时候莉泽都是独自工作。皇天不负苦心人，努力最终得到回报——他们成功分离并辨识出新元素"镤"，并在 1918 年的论文中发表这项成就。

20 世纪 20 年代，莉泽另辟蹊径，将研究重心转向蓬勃发展的核物理领域，跟哈恩专长的放射性化学区分开来。虽然这个选择是基于科学考虑，但对她的专业也有好处：少了哈恩的光芒，莉泽才得以树立自己独立科学家的身份。在此期间，莉泽靠着自己的研究工作，逐渐跻身世界一流科学家之列。因为她和哈恩的贡献，使得威廉皇帝化学研究所受到全世界的广泛认可。

莉泽和哈恩（摄于 1935 年左右）

纳粹在 1933 年掌权后，莉泽即被柏林大学免职，连柏林大学举办的学术会议都不得参加；虽然研究所的工作最终保住，但此时全德国风声鹤唳，许多犹太科学家都被迫辞职，莉泽也不由得开始思考离开德国的可能。

莉泽是奥地利公民，加上普朗克、冯·劳厄和哈恩是反对纳粹的，某种程度上还能保护她。但随着 1938 年 3 月德奥合并，她的处境就更难了。哈恩因为莉泽，长期遭到纳粹支持者攻击，这下子他也无法再承担那股压力，不得不要求莉泽离开。"他可说是把我抛开了。"莉泽在日记写道。

莉泽被迫离开，却连可用的护照都没有；纳粹也早已发布禁令，禁止任何技术、学术人员离开德国。她的国外朋友们想方设法运用各种渠道，要将莉泽救援出来。为了莉泽的逃亡计划，彼得·德拜（Peter Debye，公元 1884—1966 年）[①] 用暗语写了信息给荷兰物理学家迪尔克·科斯特，请他火速赶来柏林，1938 年 7 月，莉泽草草收拾细软，只带了两个小行李箱和 10 马克，以及哈恩在道别时塞给她作盘缠的钻戒，与科斯特到达荷兰与德国交界——科斯特早已将边境守卫打点好，解决了出

---

① 彼得·德拜：美国物理化学家早期从事固体物理的研究工作。1912 年他改进了爱因斯坦的固体比热容公式，得出在常温时服从杜隆 - 珀替定律，在温度 $T \rightarrow 0$ 时与 T^3 成正比的正确比热容公式。他在导出这个公式时，引进了德拜温度 Θ_D 的概念。每种固体都有自己的德拜温度。德拜因"通过对偶极矩以及气体中的 X 射线和电子的衍射的研究来了解分子结构"，获得 1935 年度诺贝尔化学奖。

入境的难题。

虽然莉泽暂时安全了，事情却未尘埃落定；一旦德军攻占荷兰，逃亡情节就要再度上演。在大名鼎鼎的丹麦物理学家玻尔的安排下，1938 年 8 月 1 日，莉泽赴任由斯德哥尔摩诺贝尔物理研究所仓促安排的职位。

负责接待莉泽的是物理学家曼内·西格巴恩（Manne Siegbahn，公元 1886—1978 年）。因为研究领域相近，莉泽原本以为西格巴恩会欢迎她的到来。怎知，比莉泽年轻八岁的西格巴恩，研究风格与莉泽迥异，既没有邀请莉泽加入研究团队，也没有任何资源给她——对西格巴恩而言，莉泽可能不再是很有价值的合作者。莉泽虽然拥有自己的实验室，但没有人手、没有设备、没有技术支持，甚至连钥匙都不齐全——情况跟她当初在德国地下室的时期像极了。

物理研究所支付给莉泽的薪水相当微薄，她在德国的账户也被冻结，存款无法提取。莉泽只能借钱度日，并和哈恩密集通信，一方面讨论研究，另一方面互吐苦水。

同年稍晚，哈恩和才加入化学研究所没几年的弗里兹·史特劳斯曼（Fritz Strassmann，公元 1902—1980 年）以中子撞击铀，得到了钡（barium）——这下子让哈恩伤透了脑筋。根据当时理论，若以中子撞击铀原子核，顶多使铀原子核释出少数质子，并变成较轻一点的元素（如镭），没想到却出现比铀要轻太多的钡！似乎铀原子核被中子撞得分裂了，这怎么可能？哈恩丈二金刚摸不着头脑，请求莉泽帮他解释这究竟是怎么回事。

前几年，年轻物理学家乔治·伽莫夫（George Gamow，公元 1904—1968 年）[①]提出液滴模型（Liquid Drop Model），将原子核形容成水滴；如同水滴靠表面张力凝聚，原子核内部也存在某种内聚力，能够将质子和中子结合在一起。莉泽和外甥奥托·傅里胥（Otto Frisch，公元 1904—1979 年）穿着雪鞋在初冬的雪地里散步，这时一个画面从她脑中一闪而过：原子将自身撕裂开来。这个画面来得那么生动、惊人和强烈，她几乎从想象中就能感到原子核的跳动，能听到原子撕裂时发出的"咝咝"声。他们想象，铀原子核内部的电磁斥力相当强大，几乎足以将凝聚原子核的力全部抵销——铀原子核就像极度不稳定的水滴，只要稍微受到一点刺激就可能分裂。

她立即认识到已经找到了答案：质子的增加使铀原子核变得很不稳定，从而发生分裂。他们又做了一个实验，证明当游离的质子轰击放射性铀时，每个铀原子都

---

① 乔治·伽莫夫出生于俄国，美国核物理学家、宇宙学家。1928 年，提出用质子代替 α 粒子轰击原子核，对核物理学发展具有重要意义。伽莫夫把核物理学用于解决恒星演化问题，1939 年提出超新星的中微子理论，1942 年提出红巨星的壳模型。1940 年代，伽莫夫与他的两个学生——拉尔夫·阿尔菲和罗伯特·赫尔曼一道，将相对论引入宇宙学，提出了热大爆炸宇宙学模型。热大爆炸宇宙学模型认为，宇宙最初开始于高温高密的原始物质，温度超过几十亿度。随着宇宙膨胀，温度逐渐下降，形成了现在的星系等天体。他们还预言了宇宙微波背景辐射的存在。1948 年提出新的化学元素起源理论，认为各种元素是在中子连续俘获过程产生的。其科普著作深入浅出，对抽象深奥的物理学理论的传播起到了积极的作用。

分裂成了两部分，生成了钡和氪。这个过程还释放出巨大的能量。

就这样迈特纳发现和解释了核裂变的过程。

事情还没结束。莉泽计算了原子核分裂前后的质量差异，发现生成物的质量总和将比原来的铀原子核稍轻一些；这少掉的质量用爱因斯坦著名的质能互换公式 $E=mc^2$ 换算，正好跟新生成原子核的运动能量相符！一切都天衣无缝地接上了！当莉泽的外甥傅里胥来到哥本哈根，将热腾腾的研究成果告知玻尔，只见玻尔敲着自己的额头："喔！我们是有多蠢呀！喔！这太美妙了！"

莉泽和傅里胥合著了这篇革命性论文，并借用生物学里细胞分裂的概念，将此过程取名为 fission（分裂）。从此，核分裂（nuclear fission）的概念诞生了。

史特劳斯曼日后回忆，当初多亏莉泽的强烈要求，他跟哈恩才完成惊天动地的核分裂实验。可惜的是，莉泽身为研究合作者，却被逼得逃离德国，无法亲身参与实验；不仅如此，因为德国肃杀的政治气氛，哈恩可能担心莉泽的犹太人身份太过敏感，在论文中不但没有将莉泽列为共同作者，也没有感谢莉泽的贡献。为此，莉泽虽然参与了实验前、中期工作，却没有得到回馈；哈恩则在 1944 年因为发现核分裂独得诺贝尔化学奖——况且，核分裂理论还是莉泽跟傅里胥提出来的！

第二次世界大战一触即发，人们很快意识到可以利用核分裂制作炸弹。德国以海森伯为首，召集一批科学家（包括哈恩）研发原子弹。1943 年，莉泽接到同盟国研发核武的邀请，但她却断然拒绝了——她也是唯一拒绝参与研发原子弹的核物理学家。虽然这是一个离开瑞典，并跟其他物理学家朋友一起工作的机会，"我绝不会和核弹扯上关系。"她这么宣称。

战争结束后，一些人将莉泽形容为"原子弹的犹太母亲"，让莉泽颇为苦恼；好莱坞甚至根据以讹传讹的故事写了电影剧本，将莉泽描绘成冒着风险携带原子弹机密从德国偷渡到瑞典的核物理学家。"从头到尾都在胡闹"，莉泽说。

即使抱着些许遗憾，当哈恩到斯德哥尔摩领取诺贝尔奖时，莉泽还是在当起地接待老伙伴。在她写给朋友的信件中，沮丧之情显露无遗："当发现哈恩在访谈中完全没提起我，也没讲到我们合作三十年的事，让我相当难受。"尽管如此，他们的友谊仍持续了一辈子。

1947 年，莉泽离开诺贝尔物理研究所，但仍继续在其他单位进行研究，包括协助瑞典研发第一座实验性核子反应炉。她从未结婚也没有子女，在瑞典待了二十九年后，1960 年搬到英国剑桥，和傅里胥一家就近互相照应。1968 年 10 月 27 日，莉泽与世长辞，葬在英国乡间的教堂庭院里，享年八十九岁。

在科学成就上，莉泽曾获得 46 次诺贝尔奖提名（其中一次正是哈恩提名的），超过哈恩的 39

柏林的莉泽·迈特纳纪念雕像

次。为了纪念她，元素䥑（meitnerium，Mt）就是以她的名字命名。她生前曾说："我常常感到自责，但作为物理学家，我没有一丁点愧对良心的地方。"她的墓志铭如同呼应一般，写着："莉泽·迈特纳：从未失去人性的物理学家。"

7 鿏（Ds，darmstadtium）

鿏，是一种人工合成的放射性元素，原子序数为 110，原子量为 281，密度为 27.4g/cm³。它是第Ⅷ B 族最重的元素，属于超重元素、锕系后元素。

鿏由西格·霍夫曼（Sigurd Hofmann，1944— ）等于 1994 年首次合成，是人类发现的第 111 种元素。2003 年 8 月，IUPAC 正式将其命名为 darmstadtium，以纪念发现这种元素的德国重离子研究所所在地达姆施塔特（Darmstadt）。Ds 的放射性极强，其最重也是最稳定同位素为 ²⁸¹ᵃDs，半衰期约为 11s。有证据显示其存在着另一个同核异构体 ²⁸¹ᵇDs，其半衰期为 3.71min。

8 䲭（Rg，roentgenium）

䲭，是一种人工合成的放射性化学元素，原子序数为 111，原子量为 272，密度为 24.4g/cm³。䲭属于超铀元素、锕系后元素。䲭的放射性极强，已知最稳定的䲭同位素为 ²⁸²Rg，其半衰期约为 2.1min，之后衰变成为第 109 号元素䥑。䲭系过渡金属第ⅠB 族的成员，所以其化学性质预计和金、银、铜等第ⅡB 族金属类似，有可能会是铜红色、银白色或金黄色等有色彩的固体金属。

䲭是由德国达姆施塔特的重离子研究所霍夫曼教授领导的国际科研小组于 1994 年，在线性加速器内利用镍 -64 轰击铋 -209 而合成的，是人类发现的第 110 种元素。该元素放射性强，半衰期为 0.0015s。2004 年被命名为 roentgenium（Rg），以纪念 1895 年发现 X 射线的科学家威廉·伦琴。根据 IUPAC 元素系统命名法，第 111 号元素原称 "unununium"，源自 111 的拉丁语写法。

威廉·伦琴

9 鿔（Cn，copernicium）

Cn，原子序数为 112，原子量为 285，密度为 23.7g/cm³。鿔的放射性极强，会通过 α 衰变成为 ²⁷³Ds，半衰期最长的鿔同位素为 ²⁸⁵Cn，有 29s。1996 年，德国重离子研究所的霍夫曼和维克托·尼诺夫（Victor Ninov，公元 1959— ）研究团队首次合成，是人类发现的第 112 种元素。2002 年，德国重离子研究所重复相同实验再次得到一个镉原子。2004 年，日本一家研究机构也合成出了两个镉原子。

　　为纪念著名天文学家哥白尼（Nicolaus Copernicus，公元 1473—1543 年），德
国重离子研究所于 2009 年 7 月向 IUPAC 提出了命名
建议，该团队提议将第 112 号元素命名为 copernicium，
缩写"Cp"。他们称，将其命名为"Cp"的原因是，由
哥白尼所提出的日心说与化学中的原子结构（卢瑟福模
型）有很多相似之处。2009 年 9 月，有人在《自然》杂
志上发表文章指出，符号"Cp"曾是元素镥（lutetium）
的旧称（cassiopeium），在配位化学中亦用于指环戊二
烯（茂，cyclopentadiene）配体。根据 IUPAC 对元素

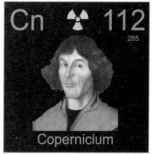

哥白尼

的命名规则，新元素的提议名称是不得与其他元素名称或符号重复的。考虑到上述
情况，为了避免歧义，IUPAC 把已提议中的符号"Cp"改为 Cn（copernicium），
选择 2 月 19 日为新元素正式冠名，因为这一天是哥白尼的生日。

　　根据 IUPAC 元素系统命名法，在第 112 号元素未有正式名称时，其临时名称
为 Uub（ununbium）。

10　鿭（Nh，nihonium）

　　鿭，是一种不稳定的超重元素。其原子核包含 113 个质子和 173 个中子。最
初在 2003 年，由俄罗斯与美国科学家合作在俄罗斯杜布纳联合核研究所（Joint
Institute for Nuclear Research，JINR）发现，且于 2004 年日本埼玉县和光市的理
化学研究所（理研）科学家团队也有相关发现。随后几年，包含美国、德国、瑞典
和中国工作的独立科学家团队，以及俄罗斯和日本的团队都认为他们是最初的发现
者。2015 年，IUPAC 联合工作组确认了该元素，并将该元素的发现和命名权分配
给理研，因为联合工作组判断理研团队在 JINR 团队之前已经观察到第 113 号元素。
这是人类发现的第 116 种元素。理研团队在 2016 年提出了 nihonium 的名称，并于
同年获得批准，而这个名字是源自"日本"的日文读音（nihon）。ununtrium（Uut）
是 IUPAC 所赋予的临时系统命名。

11　鈇（Fl，flerovium）

　　鈇，是一种人工合成的放射性化学元素，原子序数为 114，原子量为 289，位于
周期表 p 区，位于第 7 周期，第ⅣA 族，属于弱金属之一。

　　1998 年 12 月，位于俄罗斯杜布纳联合核研究所（JINR）的科学家使用 ^{48}Ca 离
子撞击 ^{244}Pu 目标体，合成一个鈇原子。该原子以 9.67MeV 的能量进行 α 衰变，半

衰期为30s。该原子其后被确认为是 ^{289}Fl 同位素。这项发现在1999年1月公布。然而，之后的实验未能重现所观测到的衰变链。因此这颗原子的真正身份仍待确认，有可能是稳定的同核异构体 ^{289m}Fl。

1999年3月，同一个团队以 ^{242}Pu 代替 ^{244}Pu 目标体，以合成其他的铁同位素。这次，他们成功合成两个铁原子，原子以10.29MeV的能量进行 α 衰变，半衰期为5.5s。这两个原子确认为 ^{287}Fl。其他的实验同样未能重现这次实验的结果，因此真正产生的原子核身份一样不能被确定，但有可能是稳定的同核异构体 ^{287m}Fl。

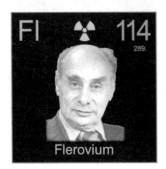

格奥尔基·弗廖罗夫

杜布纳的团队在1999年6月进行实验，成功制成铁。这项结果是受到公认的。他们重复进行 ^{244}Pu 的反应，并产生两个铁原子，原子以9.82MeV能量进行 α 衰变，半衰期为2.6s。

铁是人类发现的第114种元素。flerovium（Fl）是 IUPAC 在2012年5月30日正式采用的，以纪念苏联原子物理学家格奥尔基·弗廖罗夫（Georgy Flyorov，公元1913—1990年）。此前根据 IUPAC 元素系统命名法所产生的临时名称为 ununquadium（Uuq）。

12 镆（Mc，moscovium）

镆，是一种人工合成的放射性金属元素，原子序数是115，原子量为288，密度为（预测）11g/cm³，属于弱金属之一。Mc 是元素周期表第 V A 族中最重的元素，但是由于还没有足够稳定的 Mc 同位素，因此并未能通过化学实验来验证其特性。它具有高放射性，会在不到1s时间内衰变成其他元素。

2004年2月2日，由杜布纳联合核研究所和劳伦斯利弗莫尔国家实验室联合组成的科学团队在《物理评论快报》上表示成功合成了 Mc。他们使用钙离子撞击镅原子，产生了4个镆原子。这些原子通过发射 α 粒子，衰变为 Nh，所需时间约为100ms。

美俄科学家的这次合作计划也对衰变产物 Db 进行了化学实验，并证实发现了 Uut。科学家在2004年6月和2005年12月的实验中，通过度量自发裂变成功确认了同位素。数据中的半衰期和衰变模式都符合理论中的 Db，证实了衰变来自于原子序数为115的镆原子核。

2016年6月8日，IUPAC 宣布，将合成化学元素第115号（Mc）提名为化学新元素。该元素由劳伦斯利弗莫尔国家实验室、橡树岭国家实验室和俄罗斯的科学家联合合成，他们将第115号元素以"莫斯科"英文地名命名为 moscovium（符号 Mc）。镆是人类发现的第115种元素。

化学元素是具有相同核电荷数的同一类原子的总称。序号在 92 以后的重元素在自然界中难以稳定存在，只能人工合成。Nh、Mc、Ts、Og 这 4 种新元素将完成元素周期表中第七周期元素的排列，并为寻找元素"稳定岛"提供证据。元素周期表只有七行，其中第七行中原子序数在 93 号及以上的元素都在自然界中不稳定，是人工合成的。然而核物理学家早就预言说，可能存在一个超重"稳定岛"，岛内元素原子的质子和中子数量超越元素周期表内的元素，但十分稳定。

13 铊（Lv，livermorium）

铊，金属元素，原子序数为 116，原子量为 293，密度为 $12.9g/cm^3$（预测）。是一种放射性人造元素。属于弱金属之一，它是极具放射性的元素，目前只在实验室被制造出来，没有在自然中观察到的记录。它有四种已知的同位素，质量数为 $290 \sim 293$，其中最稳定的是铊 -293，它的半衰期约为 $60\mu s$。

铊是元素周期表中的 p 区锕系后元素。它是第 7 周期的成员，且位于第 VIA 族，是最重的氧族元素，但它尚未被证实是比氧族元素钋还重的同系物。计算已经得出它的一些性质与较轻的同系物（氧、硫、硒、碲、钋）相近，且为后过渡金属。但它与那些较轻的同系物也应有一些重大的不同。

科学家至今才成功合成约 30 个原子。这些原子都是直接合成或是核衰变的产物。由于没有足够稳定的同位素，因此目前无法用实验来研究它的特性。

2000 年 7 月 19 日，科学家首次直接在加速器上合成了第 116 号元素，但该元素存在了 0.05s 后便衰变成了其他元素。铊是人类发现的第 113 种元素。

铊的拉丁文名称 livermorium（Lv），是 IUPAC 在 2012 年 5 月 30 日正式命名的。之前 IUPAC 根据系统命名法将之命名为 ununhexium（Uuh）。科学家通常称之为"元素 116"（或 E116）。

此前铊被提议以俄罗斯莫斯科州（Moscow Oblast）名为"moscovium"，但由于 114 号元素和 116 号元素是俄罗斯与美国劳伦斯利弗莫尔国家实验室研究人员合作的产物，而 114 号元素已经根据俄罗斯的要求命名，因此 116 号元素最后以劳伦斯利弗莫尔实验室所在地美国利弗莫尔市（Livermore）命名为 livermorium（Lv）。

14 鿬（Ts，Tennessine）

鿬，原子序数为 117，原子量为 294，属于卤素之一。由于相对论效应，鿬的化学性质（如键长）会和根据周期表上卤素的趋势推算的不同，它会拥有类金属属性，与砹相似。

2010 年，杜布纳联合核研究所成功合成了第 117 号新元素——在实验室人工创造的最新的超重元素。一篇描述了这一新发现的论文已经被《物理评论快报》接受发表。2012 年，俄罗斯科研小组再次成功合成第 117 号元素，从而为第 117 号元素正式加入元素周期表扫清了障碍。Ts 是人类发现的第 118 种元素。新元素于 2017 年以前尚未被命名，放入元素周期表的 116 号元素和 118 号元素之间的位置，这两者都已经被发现。这种超重元素通常具有非常强的放射性，并且合成后几乎立即会发生衰变。但是，许多研究人员认为甚至更重的元素也可能占据一个可以让超重原子坚持一段时间的"稳定岛"。新的工作进一步支撑了一观点。对新元素进行放射性衰变分析后，尤里·奥加涅相的研究小组在新的论文中写道："为预测超重元素'稳定岛'的存在提供了实验验证"。由俄罗斯杜布纳联合核研究所的尤里·奥加涅相领导的研究小组报告称，他们用含有 97 个质子和 152 个中子的 ^{249}Bk 轰击钙 ^{48}Ca——生成一种有 20 个质子和 28 个中子组成的 ^{40}Ca 的同位素。撞击会生成两种拥有 117 个质子的同位素，其中一种核素有 176 个中子，而另一种核素有 177 个中子。

最新实验在德国亥姆霍兹（Hermann von Helmholtz，公元 1821—1894 年）重离子研究中心进行，欧洲、美国、印度、澳大利亚和日本等多国研究人员参与其中。他们在粒子加速器中，用钙离子轰击放射性元素锫，成功生成第 117 号元素。第 117 号元素很快又衰变成第 115 号元素和第 113 号元素。

这一成果发表在新一期《物理学评论通讯》上。研究人员接下来将把成果提交给 IUPAC 审核，该联合会将会决定是否还需进一步验证。如果审核通过，该联合会还将决定哪个机构拥有第 117 号元素的命名建议权。

根据门捷列夫对未发现元素的命名方法，第 117 号元素可称为"eka-砹"或"dvi-碘"。1979 年，IUPAC 发布了有关新元素命名的建议，根据这一规则第 117 号元素应称为"ununseptium"，符号为 Uus。在元素被发现并获得正式永久命名之前，都会先以元素系统命名法命名。但科学家一般称之为 117 号元素、（117）或 117。根据 IUPAC 目前的指引，所有新ⅦA 族元素的正式命名都要以"-ine"结尾。IUPAC 于 2016 年 6 月 8 日建议将此元素命名为 tennessine（Ts），源于橡树岭国家实验室、范德堡大学和田纳西大学所在的田纳西州，此名称于 2016 年 11 月 28 日正式获得认可。中文名称为础。用"tennessine"为 117 号元素命名还有一个原因，该元素在周期表中属于卤族元素，卤族元素在周期表中的英文名称都是以 -ine 结尾，比如氟为 fluorine、氯为 chlorine，这样可保持卤族元素名称的一致性。

在元素周期表中，Ts 位于第ⅦA 族、所有卤素以下。Ts 的性质很可能和卤素有显著的差异，但其熔点、沸点和第一电离能则预计遵从周期表的规律。

氮（Og，oganesson）

氮，是一种人工合成的稀有气体元素，原子序数为 118，原子量为 295（预测）。在元素周期表上，它位于 p 区，属于 0 族，是第 7 周期中的最后一个元素，其原子序数和原子量为所有已发现元素中最高的，是人类已合成的最重元素。Og 是人类发现的第 117 种元素。

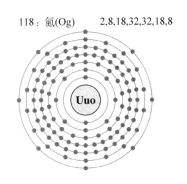

118：氮(Og)　　2,8,18,32,32,18,8

Og 是原子序数和原子量最高的已知元素。Og 原子具有极高的放射性，极不稳定。自 2005 年起，科学家只成功合成了五个（亦有可能为六个）^{294}Og 原子。正因为如此，科学家很难通过实验来判断其性质以及可能存在的化合物。不过，科学家仍然能够通过理论计算作出不少的预测，其中包括一些出人意料的性质。例如，0 族元素的其他元素均为反应性低的稀有气体，但同族的 Og 却可能有非常高的反应性。科学家曾经认为 Og 在标准状况下是一种气体，但因相对论效应，Og 在标准状况下应该是一种固体。

最早猜测第 118 号元素有可能存在的，是丹麦物理学家尼尔斯·玻尔。他在1922 年写道，这一元素在元素周期表上应位于氡以下，成为第七种稀有气体。阿里斯蒂德·冯·格罗塞（Aristid von Grosse，公元 1905—1985 年）在 1965 年发表的论文中预测了 118 号元素的性质。人工合成元素的方法在 1922 年还未被研发出来，同样，在 1965 年还没有出现"稳定岛"这一理论概念，因此这两项是具有先见之明的理论预测。从玻尔预测至 Og 终于被成功合成，经过了 80 年。不过，Og 的化学性质是否遵循同族元素的规律，仍有待揭晓。

2002 年，一个由美国和俄罗斯科学家所组成的团队在俄罗斯杜布纳联合核研究所首次真正探测到 Og 原子的衰变。团队由亚美尼亚裔俄籍核物理学家尤里·奥加涅相领导，成员包括来自美国加利福尼亚州劳伦斯利弗莫尔国家实验室的科学家。但团队并没有即时公布此项发现，因为 ^{294}Og 的衰变能量与 ^{212m}Po 吻合，而后者是超重元素合成过程中聚变反应的常见杂质。直到 2005 年再一次实验证实之后，该团队才正式宣布发现新元素。研究人员在 2006 年 10 月 9 日宣布间接地探测到一共三个（可能为四个）^{294}Og 原子核：包括 2002 年探测到的一个（或两个），以及 2005年探测到的另外两个。

门捷列夫为有待命名或尚未发现的元素发明了一套命名法，根据这套命名法，Og 应称为 "eka- 氡"。1979 年，IUPAC 订下了一套元素系统命名法，第 118 号元素应称为 "ununoctium"，化学符号为 "Uuo"。IUPAC 建议在元素经证实发现之前，应该以此名称代替。尽管各级化学教科书都广泛使用着 IUPAC 的命名，但行内的科学家却一般称之为 "118 号元素"，化学符号为 "E118""(118)" 或 "118"。

除氦（helium）以外，稀有气体的名称均以 "-on" 结尾：氖（neon）、氩（argon）、氪（krypton）、氙（xenon）和氡（radon）。在 Og 发现当时，IUPAC 规定所有新元素名称都必须以 "-ium" 结尾，一般以 "-ine" 结尾的卤素和一般以 "-on" 结尾的稀有气体元素也不例外。作临时代替之用的系统命名 "ununoctium" 就符合这项规定。不过，IUPAC 在 2016 年又公布了新的命名建议：新的 0 族元素，无论性质是否属于稀有气体，其名称都要以 "-on" 结尾。

2016 年 6 月，IUPAC 宣布 118 号元素的发现者考虑把它命名为 oganesson（符号 Og），以肯定亚美尼亚裔俄籍核物理学家尤里·奥加涅相在超重元素研究上的重大贡献。奥加涅相投身核物理研究 60 年，106 ~ 118 号元素就是直接利用他和他的团队所研发的方法来合成的。2016 年 11 月 28 日，oganesson 成为第 118 号元素的正式名称。奥加涅相事后对新元素以他的名字命名表达了以下的感想：

> 这对我来说是一项荣誉。118 号元素是由俄罗斯联合核研究所以及美国劳伦斯利弗莫尔国家实验室的科学家们发现的，oganesson 这个名字也是我的同事们所提出的。我的子孙都已在美国定居多年，但我的女儿给我写了信，说她在听闻这个消息之后，一宿未眠，因为她一直在哭。
>
> ——尤里·奥加涅相

附录 1 元素发现的顺序

发现顺序	元素名称原子序数	发现年代	发现人	国籍	发现过程
1	碳（C，6）	远古			远古已知有木炭和烟炱，1789 年拉瓦锡才明确指出碳是一种元素。
2	金（Au，79）	古代			80 多个世纪前被发现，公元前 3000 年古埃及人已会采金。
3	银（Ag，47）	古代			大约发现于 6000 多年前，公元前 3000 年古埃及人已开采出自然银。
4	锡（Sn，50）	古代			大约发现于公元前 3000 多年前，公元前 1200 年中国已经有镀锡铜器。
5	铜（Cu，29）	古代			公元前二千多年中国齐家文化遗址中发掘出的红铜器表明当时已会铸铜。
6	铅（Pb，82）	古代			公元前二千多年中国人已使用铅化合物。
7	铁（Fe，26）	古代			公元前 14 世纪小亚细亚的赫梯人、公元前 6 世纪中国古人都已掌握炼铁技术。
8	硫（S，16）	古代			古代已发现天然硫。
9	汞（Hg，80）	古代			公元前 1200 年中国古人就开始使用汞的化合物。
10	锌（Zn，30）	古代			中国宋应星著《天工开物》：在密闭的罐中用炭还原甘石（碳酸锌）制得金属锌。
11	砷（As，33）	1250	马格努斯	德国	将雄黄和肥皂共煮，制得单质砷。
12	铋（Bi，83）	1530	阿格里科拉	德国	用火分解铋矿，得到一小块金属铋。
13	锑（Sb，51）	1546	阿格里科拉	德国	在《论化石的本质》指出锑是一种金属。
14	磷（P，15）	1669	H.布兰德	德国	尿液经加热蒸发后发现。
15	铂（Pt，78）	1735	乌罗阿	西班牙	从秘鲁金矿中发现铂。
16	钴（Co，27）	1735	G.布兰特	瑞典	用木炭还原辉钴矿制得金属钴。
17	镍（Ni，28）	1751	克龙斯泰特	瑞典	用木炭还原红砷镍矿（尼客尔铜）制得金属镍。
18	氢（H，1）	1766	卡文迪什	英国	用铁或锌与盐酸或硫酸作用制得氢气。
19	氟（F，9）	1771	舍勒	瑞典	用硫酸、盐酸等与萤石混合制得氢氟酸。
20	氧（O，8）	1772	舍勒	瑞典	分解硝酸盐、氧化物、碳酸盐制得氧气。
21	氮（N，7）	1772	舍勒	瑞典	在空气中燃烧磷，从剩余的气体发现氮。

发现顺序	元素名称原子序数	发现年代	发现人	国籍	发现过程
22	锰（Mn，25）	1774	甘恩	瑞典	将软锰矿与炭粉放在一起焙烧，制得金属锰。
23	氯（Cl，17）	1774	舍勒	瑞典	用软锰矿与浓盐酸加热制得氯气。
24	钼（Mo，42）	1778	舍勒	瑞典	用硝酸分解辉钼矿，发现钼盐。
25	碲（Te，52）	1782	缪勒	奥地利	从金矿中提炼出单质碲。
26	钨（W，74）	1783	德·鲁亚尔	西班牙	用硝酸分解钨矿得钨酸，用木炭还原钨酸得金属钨。
27	锆（Zr，40）	1789	克拉普罗特	德国	分析锡兰（今斯里兰卡）产的锆英石时发现锆土（氧化锆）。
28	铀（U，92）	1789	克拉普罗特	德国	从沥青铀矿的硝酸提取液中得到氧化铀。
29	钛（Ti，22）	1791	格雷戈尔	英国	分析钛铁矿时发现钛。
30	钇（Y，39）	1794	加多林	芬兰	从硅铍钇矿中分离出氧化钇。
31	铬（Cr，24）	1797	沃克兰	法国	从红铅矿中提取出三氧化铬，与木炭混合后加热，制得金属铬。
32	铍（Be，4）	1798	沃克兰	法国	分析绿柱石和祖母绿时发现铍。
33	铌（Nb，41）	1801	哈切特	英国	分析美洲铌铁矿时发现铌，当时定名为钶（columbium）。
34	钽（Ta，73）	1802	埃克伯格	瑞典	分析芬兰的钽矿和瑞典的铌钽矿时发现。
35	铈（Ce，58）	1803	克拉普罗特	德国	从铈硅石中分离出氧化铈。
36	铑（Rh，45）	1803	沃拉斯顿	英国	从粗铂中分离出氯铑酸钠，用氢气还原制得金属铑。
37	钯（Pd，46）	1803	沃拉斯顿	英国	从粗铂制取氰化钯，灼烧后制得金属钯。
38	铱（Ir，77）	1804	台奈特	英国	从粗铂用王水溶解后的残渣中分离出铱。
39	锇（Os，76）	1804	台奈特	英国	从粗铂用王水溶解后的残渣中分离出锇。
40	钾（K，19）	1807	戴维	英国	电解熔融的氢氧化钾制得金属钾。
41	钠（Na，11）	1807	戴维	英国	电解熔融的苛性苏打制得金属钠。
42	硼（B，5）	1808	戴维 盖-吕萨克	英国 法国	用金属钾还原无水硼酸制得硼。
43	钙（Ca，20）	1808	戴维	英国	电解石灰与氧化汞的混合物，蒸去汞，得金属钙。
44	镁（Mg，12）	1808	戴维	英国	电解汞和氧化镁的混合物，得到镁汞齐，蒸去汞获金属镁。
45	钡（Ba，56）	1808	戴维	英国	电解重晶石和氧化汞的混合物，制得钡汞齐，蒸去汞，得金属钡。
46	锶（Sr，38）	1808	戴维	英国	电解氧化锶和氧化汞的混合物，制得锶汞齐，蒸去汞，得到金属锶。
47	碘（I，53）	1811	库尔图瓦	法国	用浓硫酸处理海藻灰母液，制得单质碘。
48	锂（Li，3）	1817	阿韦德松	瑞典	分析Utö岛的透锂长石时发现锂。
49	镉（Cd，48）	1817	斯特罗迈尔	德国	用木炭还原氧化镉制得金属镉。
50	硒（Se，34）	1817	贝采里乌斯	瑞典	从硫酸厂铅室底部的红色黏性沉淀物中发现硒。
51	硅（Si，14）	1823	贝采里乌斯	瑞典	用金属钾还原四氟化硅制得单质硅。
52	溴（Br，35）	1824	巴拉尔	法国	将提取食盐后的海水母液用氯气饱和后，蒸馏出溴。

发现顺序	元素名称原子序数	发现年代	发现人	国籍	发现过程
53	铝（Al，13）	1825	厄斯泰德	丹麦	用钾汞齐还原无水氯化铝制得不纯的金属铝。
54	钍（Th，90）	1828	贝采里乌斯	瑞典	用金属钾还原氟钍酸钾，制得金属钍。
55	钒（V，23）	1830	塞夫斯特伦	瑞典	用酸溶解铁时，在残渣中发现钒。
56	镧（La，57）	1839	莫桑德尔	瑞典	从铈土中分离出氧化镧。
57	铽（Tb，65）	1843	莫桑德尔	瑞典	用氨水中和硝酸钇的酸性溶液，沉淀出氧化铽。
58	铒（Er，68）	1843	莫桑德尔	瑞典	用氨水中和硝酸钇的酸性溶液，沉淀出氧化铒。
59	钌（Ru，44）	1844	克劳斯	俄罗斯	从亮锇铱矿中分离出氧化钌。
60	铯（Cs，55）	1860	本生、基尔霍夫	德国	用光谱分析鉴定矿泉水，发现铯的谱线。
61	铷（Rb，37）	1861	本生、基尔霍夫	德国	对从锂云母中提取出来的氯铂酸铷进行光谱分析，发现铷。
62	铊（Tl，81）	1861	克鲁克斯	英国	用光谱分析鉴定硫酸厂的残渣，发现铊。
63	铟（In，49）	1863	赖希、李希特	德国	研究闪锌矿时，用光谱分析发现了铟的谱线。
64	氦（He，2）	1868	詹森洛克耶	英国法国	从日冕光谱中发现氦的存在。
65	镓（Ga，31）	1875	布瓦博德朗	法国	对从闪锌矿得到的提取物进行光谱分析，发现镓。
66	镱（Yb，70）	1878	马里尼亚	瑞士	从不纯的氧化铒中分离出氧化镱。
67	钪（Sc，21）	1879	尼尔森	瑞典	分析黑稀金矿时发现钪。
68	钬（Ho，67）	1879	克利夫	瑞典	从不纯的氧化铒中分离出氧化钬。
69	铥（Tm，69）	1879	克利夫	瑞典	从不纯的氧化铒中分离出氧化铥。
70	钐（Sm，62）	1879	布瓦博德朗	法国	从混合稀土中分离出钐。
71	镨（Pr，59）	1885	威尔斯巴赫	奥地利	从混合稀土中分离出镨。
72	钕（Nd，60）	1885	威尔斯巴赫	奥地利	从混合稀土中分离出钕。
73	钆（Gd，64）	1886	布瓦博德朗	法国	从不纯的氧化钐中分离出氧化钆。
74	镝（Dy，66）	1886	布瓦博德朗	法国	用分级沉淀法从不纯的氧化钬中分离出氧化镝。
75	锗（Ge，32）	1886	温克勒	德国	分析硫银锗矿时发现锗，并用氢气还原硫化锗制得金属锗。
76	氩（Ar，18）	1894	拉姆塞、瑞利	英国	将空气中的氧气和氮气除去，用光谱分析鉴定剩余气体，发现氩。
77	铕（Eu，63）	1896	德马尔赛	法国	从不纯的氧化钐中分离出氧化铕。
78	氪（Kr，36）	1898	拉姆塞特拉威斯	英国	对液态空气蒸发后的残留气体行光谱分析时，发现氪。
79	氖（Ne，10）	1898	拉姆塞特拉威斯	英国	蒸发液态氩，收集最先逸出的气体，用光谱分析发现氖。
80	氙（Xe，54）	1898	拉姆塞特拉威斯	英国	对液态空气的分馏物进行光谱分析，发现氙。
81	钋（Po，84）	1898	居里夫妇	法国	用金属铋从沥青铀矿的提取液中分离出金属钋。

发现顺序	元素名称原子序数	发现年代	发现人	国籍	发现过程
82	镭（Ra, 88）	1898	居里夫妇	法国	从沥青铀矿中分离出镭盐，用放射性鉴定出镭的存在。
83	锕（Ac, 89）	1899	德比尔纳	法国	从沥青铀矿中分离出锕，并进行了放射性鉴定。
84	氡（Rn, 86）	1900	道恩	德国	研究镭的放射性时发现氡。
85	镥（Lu, 71）	1904	于尔班	法国	从不纯的氧化镱中分离出氧化镥。
86	镤（Pa, 91）	1913	法扬斯格林	美国	从沥青铀矿中发现镤。
87	铪（Hf, 72）	1923	科斯特赫维西	荷兰匈牙利	对锆矿石进行X射线分析，发现铪的谱线。
88	铼（Re, 75）	1925	诺达克夫妇、柏格	德国	从铌铁矿和铂矿中分离出氧化铼，并用X射线光谱鉴定了铼的存在。
89	锝（Tc, 43）	1937	佩里埃、塞格雷	意大利	用氘核轰击金属钼制得锝。
90	镎（Np, 93）	1939	麦克米伦、阿贝尔森	美国	用热中子照射铀，制得镎的同位素^{239}Np。
91	钫（Fr, 87）	1939	佩里	法国	在铀的天然放射系中发现了钫。
92	砹（At, 85）	1940	塞格雷	意大利	用α粒子轰击铋得到砹。
93	钚（Pu, 94）	1940	西博格等	美国	用氘核轰击铀制得钚。
94	锔（Cm, 96）	1944	西博格等	美国	用氦离子轰击钚制得锔。
95	镅（Am, 95）	1945	西博格等	美国	用快中子轰击钚制得镅。
96	钷（Pm, 61）	1945	马林斯基、格伦丁宁、克里尔	美国	从反应堆铀核裂变产物中分离出钷。
97	锫（Bk, 97）	1949	西博格等	美国	用氦离子轰击镅制得锫。
98	锎（Cf, 98）	1950	西博格等	美国	用氦离子轰击锔制得锎。
99	锿（Es, 99）	1952	吉奥索等	美国	从热核爆炸产物中发现锿。
100	镄（Fm, 100）	1952	吉奥索等	美国	从热核爆炸产物中发现镄。
101	钔（Md, 101）	1955	西博格等	美国	用α粒子轰击锿制得钔。
102	锘（No, 102）	1958	吉奥索、西博格	美国	用碳离子轰击锔制得锘。
103	铹（Lr, 103）	1961	吉奥索等	美国	用硼核轰击锎制得铹。
104	𬬻（Rf, 104）	1968	乔克等	苏联、美国	用碳离子轰击锎制得𬬻。
105	𬭊（Db, 105）	1970	乔克等	苏联、美国	用^{15}N离子轰击锎制得𬭊。
106	𬭁（Sg, 106）	1974	乔克等	美国	用^{18}O离子轰击锎制得𬭁。
107	𬭛（Bh, 107）	1976	奥加涅相	苏联	用^{54}Cr轰击铋，制得𬭛。
108	䥑（Mt, 109）	1982	明岑贝格	德国	用^{58}Fe轰击铋，制得䥑。
109	𬭶（Hs, 108）	1984	明岑贝格	德国	用^{58}Fe轰击铅，制得𬭶。
110	𬬭（Rg, 111）	1994	霍夫曼等	德国	用^{64}Ni轰击铋，制得𬬭。
111	𫟼（Ds, 110）	1994	霍夫曼等	德国	用^{62}Ni轰击铅，制得𫟼。
112	鿔（Cn, 112）	1996	霍夫曼等	德国	用锌原子束轰击铅靶，得到鿔。

发现顺序	元素名称原子序数	发现年代	发现人	国籍	发现过程
113	铊（Lv，116）	2000	俄、美科学家	俄罗斯、美国	用钙离子轰击锔，得到铊。
114	铁（Fl，114）	2000	俄、美科学家	俄罗斯、美国	用钙原子束轰击钚，得到铁。
115	镆（Mc，115）	2003	俄、美科学家	俄罗斯、美国	用钙离子撞击镅原子，产生了 4 个镆原子。
116	钦（Nh，113）	2004	科学家集体	日本	用锌原子轰击铋原子得到钦。
117	氭（Og，118）	2006	俄、美科学家	俄罗斯、美国	用回旋加速器，合成了超重元素氭。
118	础（Ts，117）	2010	科学家集体	俄罗斯	用 ^{249}Bk 轰击 ^{48}Ca，得到础。

附录2　化学元素的命名

19世纪初，随着越来越多的化学元素的发现和各国间科学文化交流的日益扩大，化学家们开始意识到有必要统一化学元素的命名。瑞典化学家贝采里乌斯首先提出，用欧洲各国通用的拉丁文来统一命名元素，从此改变了元素命名上的混乱状况。

化学元素的拉丁文名称，在命名时都有一定的含义，或是纪念发现地点、发现者的国家，或是纪念某科学家，或是借用星宿名和神名，或是表示这一元素为某一特性。这些拉丁文名称翻译成中文时，也有多种做法。一是沿用古代已有的名称，二是借用古字，而最多的则是另创新字。在这些大量新造汉字中，大致又可分为形声造字和会意造字两种。

1. 以地名命名

其占元素总数的近四分之一。这些元素的中文名称大多数是从拉丁文名称的第一（或第二）音节音译而来，采用的是形声造字法。如：

镁——拉丁文意是"美格里西亚"，为一希腊城市。

钪——拉丁文意是"斯堪的纳维亚"。

锶——拉丁文意是"思特朗提安"，为苏格兰地名。

镓——拉丁文意是"家里亚"，为法国古称。

铪——拉丁文意是"哈夫尼亚"，为哥本哈根古称。

铼——拉丁文意是"莱茵"，欧洲著名的河流。

镅——拉丁文意是"美洲"。

有个别的元素的中文名称是借用古汉字的，如87号元素钫，拉丁文意是"法兰西"，音译成钫。而"钫"在古代原是指盛酒浆或粮食的青铜器品，其古义现已不再使用。

2. 以人名命名

这类元素的中文名称也多取音译后形声造字的方法。如：

钐——拉丁文意是"杉马尔斯基"，俄国矿物学家。

锿——拉丁文意是"爱因斯坦"。

镄——拉丁文意是"费米"，美国物理学家。

钔——拉丁文意是"门捷列夫"。

锘——拉丁文意是"诺贝尔"。

铹—拉丁文意是"劳伦斯"，回旋加速器的发明人。

还有一个纪念居里夫妇的"锔"，是借用的汉字。从音译的角度来看，借用"锯"字是较理想的，但"锯"是一常用汉字，不合适。现在借用的"锔"字，汉语中原用于"锔碗""锔锅"等场合。虽然现在仍在使用，但使用率不高，一般不至于混淆。

3. 以神名命名

形声造字，如：

钒——拉丁文意是"凡娜迪丝"，希腊神话中的女神。

钷——拉丁文意是"普罗米修斯"，即希腊神话中偷火种的英雄。

钍——拉丁文意是"托尔"，北欧传说中的雷神。

钽——拉丁文意是"坦塔罗斯"，希腊神话中的英雄。

铌——拉丁文意是"尼俄柏"，即坦塔罗斯的女儿。

说来有趣的是钽、铌两种元素性质相似，在自然界中往往共生在一起，而铌元素也正是从含钽的矿石中被分离发现的，分别用父、女的名字来命名它们。

4. 以星宿命名

这类元素的中文名称均是形声造字的新字。

碲—拉丁文意是"地球"。

硒—拉丁文意是"月亮"。

氦—拉丁文意是"太阳"。

铈—拉丁文意是"谷神星"。

铀—拉丁文意是"天王星"。

镎—拉丁文意是"海王星"。

钚—拉丁文意是"冥王星"。

其中的铀、镎、钚分别是 92、93、94 号元素，在周期表中紧挨在一起。铀最先于 1781 年发现，因当时天王星新发现不久，故以其命名。到镎、钚分别于 1934 年和 1940 年发现时，也就顺理成章地用太阳系中紧挨着天王星的海王星、冥王星来命名了。

5. 以元素特性命名

这是最多的一类，命名时，或是根据元素的外观特性，或是根据元素的光谱谱线颜色；或是根据元素某一化合物的性质。这类元素的中文名称命名除采用根据音译的形声造字外，还有其他多种做法。

（1）沿用古代已有名称。

有许多元素，我国古代早已发现并应用，这些元素的名称屡见于古籍。在命名时，就不再造字，而沿用其古名，如：

金—拉丁文意是"灿烂"。

银—拉丁文意是"明亮"。

锡—拉丁文意是"坚硬"。

硫—拉丁文意是"鲜黄色"。

硼—拉丁文意是"焊剂"。

（2）借用古字。

如：

镁—拉丁文意是"最初的铜",而"镁"在古汉语中指未经炼制的铜铁。

铍—拉丁文意是"甜",而"铍"在古汉语中指两刃小刀或长矛。

铬—拉丁文意是"颜色",而"铬"在古汉语中指兵器或剃发。

钴—拉丁文意是"妖魔",而"钴"在古汉语中指熨斗。

镉—拉丁文意是一种含镉矿物的名称,而"镉"在古汉语中指一种圆口三足的炊器。

铋—拉丁文意是"白色物质",而"铋"在古汉语中指矛柄。

借用这些字是因为这些字的发音与其拉丁文名称的第一(或第二)音节的发音接近。

另有一个元素"磷",拉丁文意是"发光物"。此元素我国古称"粦",现因规定固体非金属须有"石"旁,遂用"磷"。而"磷"在古汉语中则是用来形容玉石色泽的。当然,以上这类字的古义现在都是基本不用了。

(3)形声造字。

如:

铷——拉丁文意是"暗红",是其光谱谱线的颜色。

铯——拉丁文意是"天蓝",是其光谱谱线的颜色。

锌——拉丁文意是"白色薄层"。

镭——拉丁文意是"射线"。

氩——拉丁文意是"不活泼"。

碘——拉丁文意是"紫色"。

(4)会意造字

我国化学新字的造字原则是"以形声为主,会意次之"。这类字数比起形声一类来要少得多。如:

氮—拉丁文意是"不能维持生命"。我国曾译作"淡气",意为冲淡空气。后以"炎"入"气"成"氮"。

氯—拉丁文意是"绿色"。我国曾译作"绿气",意谓"绿色的气体"。后以"录"入"气"成"氯"。

氢—拉丁文意是"水之源"。我国曾译作"轻气",喻其密度很小。后以"圣"入"气"成"氢"。

氧—拉丁文意是"酸之源"。我国曾译作"养气",意谓可以养人。也曾以"养"入"气"成"氧",再由"氧"形声,造为"氧",但现在仍读"养"音。

钾—拉丁文意指海草灰中的一种碱性物质。我国因其在当时已经发现的金属中性质最为活泼,故以"甲"旁"金"而成"钾"。

钨—拉丁文意是"狼沫"。我国因其矿石呈乌黑色,遂以"乌"合"金"而成"钨"。

碳—拉丁文意是"煤"。因我国古时称煤为"炭",遂造为"碳"。

也有些元素开始曾用形声造字,后又转为会意造字的。如:

硅—拉丁文意是"石头"。我国在很长的一段时间内曾从拉丁文音译，形声造为"矽"。后因"矽"与"锡"同音，多有不便，遂改为"硅"，取"圭"音。因古时，圭指玉石，即是硅的化合物。不过，至今在不少地方（特别是在物理学教材中）还有用"矽"的。

我国对元素符号的拉丁字母读音习惯上是按英文字母发音。而新造汉字读音，一般是读声旁，如氪（克）、镁（美）、碘（典）。但并非完全如此，如氙（仙）、钽（坦）等。

附录3 历届诺贝尔化学奖获得者

年度	获奖者及获奖原因	国籍	生卒年
1901	范特霍夫（Jacobus Hendricus Van't Hoff） "发现了化学动力学法则和溶液渗透压"	荷兰	1852—1911
1902	费歇尔（Emil Fischer） "在糖类和嘌呤合成中的工作"	德国	1852—1919
1903	阿伦尼乌斯（Svante August Arrhenius） "提出了电离理论"	瑞典	1859—1927
1904	威廉·拉姆塞（William Ramsay） "发现了空气中的惰性气体元素并确定了它们在元素周期表里的位置"	英国	1852—1916
1905	阿道夫·冯·拜耳（贝耶尔，Adolf von Baeyer） "对有机染料以及氢化芳香族化合物的研究促进了有机化学与化学工业的发展"	德国	1835—1917
1906	亨利·莫瓦桑（Henri Moissan） "研究并分离了氟元素，并且使用了后来以他名字命名的电炉"	法国	1852—1907
1907	爱德华·毕希纳（Eduard Buchner） "生物化学研究中的工作和发现无细胞发酵"	德国	1860—1917
1908	欧内斯特·卢瑟福（Ernest Rutherford） "对元素的蜕变以及放射化学的研究"	英国	1871—1937
1909	威廉·奥斯特瓦尔德（Wilhelm Ostwald） "对催化作用的研究工作和对化学平衡以及化学反应速率的基本原理的研究"	德国	1853—1932
1910	奥托·瓦拉赫（Otto Wallach） "在脂环族化合物领域的开创性工作促进了有机化学和化学工业的发展的研究"	德国	1847—1931
1911	玛丽·居里（Marie S.Curie） "发现了镭和钋元素，提纯镭并研究了这种引人注目的元素的性质及其化合物"	法籍波兰人	1867—1934
1912	维克多·格林尼亚（Victor Grignard） "发明了格氏试剂"	法国	1871—1935
	保尔·萨巴蒂埃（Paul Sabatier） "发明了在细金属粉存在下的有机化合物的加氢法"		1854—1941
1913	阿尔弗雷德·维尔纳（Alfred Werner） "对分子内原子连接的研究，特别是在无机化学研究领域"	瑞士籍法国人	1866—1919
1914	西奥多·理查兹（Theodore William Richards） "精确测定了大量化学元素的原子量"	美国	1868—1928
1915	理查德·威尔斯泰特（Richard Willstatter） "对植物色素的研究，特别是对叶绿素的研究"	德国	1872—1942
1916—1917	"一战"，空缺		

年度	获奖者及获奖原因	国籍	生卒年
1918	弗里茨·哈伯（Fritz Haber） "对从单质合成氨的研究"	德国	1868—1934
1919	空		
1920	瓦尔特·能斯特（Walther Nernst） "对热化学的研究"	德国	1864—1941
1921	弗雷德里克·索迪（Frederick Soddy） "对人们了解放射性物质的化学性质上的贡献，以及对同位素的起源和性质的研究"	英国	1877—1956
1922	弗朗西斯·阿斯顿（Francis Aston） "使用质谱仪发现了大量非放射性元素的同位素，并且阐明了整数法则"	英国	1877—1945
1923	弗里茨·普雷格尔（Fritz Pregl） "创立了有机化合物的微量分析法"	奥地利	1869—1930
1924	空		
1925	理查德·席格蒙迪（Richard Zsigmondy） "阐明了胶体溶液的异相性质，并创立了相关的分析法"	德国	1865—1929
1926	西奥多·斯维德伯格（Theodor Svedberg） "对分散系统的研究"	瑞典	1884—1971
1927	海因里希·维兰德（Heinrich Wieland） "对胆汁酸及相关物质的结构的研究"	德国	1877—1957
1928	阿道夫·温道斯（Adolf Windaus） "对甾类的结构以及它们和维他命之间的关系的研究"	德国	1876—1959
1929	阿瑟·哈登（Arthur Harden） 奥伊勒-切尔平（Hans von Euler-Chelpim） "对糖类的发酵以及发酵酶的研究"	英国 德国	1865—1940 1873—1964
1930	汉斯·费歇尔（Hans Fischer） "对血红素和叶绿素的组成的研究，特别是对血红素的合成的研究"	德国	1881—1945
1931	卡尔·博施（Carl Bosch） 弗里德里希·贝吉乌斯（Friedrich Bergius） "发明与发展化学高压技术"	德国	1874—1940 1884—1949
1932	欧文·朗格缪尔（Irving Langmuir） "对表面化学的研究与发现"	美国	1881—1957
1933	空		
1934	哈罗德·克莱顿·尤里（Harold Clayton Urey） "发现了重氢"	美国	1893—1981
1935	弗雷德里克·约里奥-居里（Frderic Joliot-Curie） 伊伦·约里奥-居里（Irene Joliot-Curie） "合成了新的放射性元素"	法国	1900—1958 1897—1956
1936	彼得·德拜（Peter Debye） "通过对偶极矩以及气体中的X射线和电子的衍射的研究来了解分子结构"	美籍荷兰人	1884—1966
1937	瓦尔特·N·霍沃思（Walter N.Haworth） "对碳水化合物和维生素C的研究" 保罗·卡勒（Paul Karrer） "对类胡萝卜素、黄素、维生素A和维生素B2的研究"	英国 瑞士	1883—1950 1889—1971

大师的发现——118种化学元素漫谈

年度	获奖者及获奖原因	国籍	生卒年
1938	理查德·库恩（Richard Kuhn） "对类胡萝卜素和维生素的研究"	德国	1900—1967
1939	阿道夫·布泰南特（Adolf Butenandt） "对性激素的研究" 利奥波德·鲁齐卡（Leopold Ruzicka） "对聚亚甲基和高级萜烯的研究"	德国 瑞士藉	1903—1995 1882—1976
1940— 1942	空		
1943	盖奥尔格·冯·赫维西（Georg von Hevesy） "在化学过程研究中使用同位素作为示踪物"	瑞典	1885—1966
1944	奥托·哈恩（Otto Habn） "发现重核的裂变"	德国	1879—1968
1945	阿尔图里·魏尔塔宁（Arturi Virtanen） "对农业和营养化学的研究发明，特别是提出了饲料储藏方法"	芬兰	1895—1973
1946	詹姆斯·萨姆纳（James Sumner） "发现了酶可以结晶" 约翰·诺思罗普（John Nothrop） 温德尔·斯坦利（Wendell Stanley） "制备了高纯度的酶和病毒蛋白质"	美国 美国	1887—1955 1891—1987 1904—1971
1947	罗伯特·鲁宾逊（Robert Robinson） "对具有重要生物学意义的植物产物，特别是生物碱的研究"	英国	1886—1975
1948	阿恩·蒂塞留斯（Arne Tiselius） "对电泳现象和吸附分析的研究，特别是对于血清蛋白的复杂性质的研究"	瑞典	1902—1971
1949	威廉·吉奥克（William Giauque） "在化学热力学领域的贡献，特别是对超低温状态下的物质的研究"	美国	1895—1982
1950	奥托·第尔斯（Otto Diels） 库特·阿尔德（Kurt Alder） "发现并发展了双烯合成法"	德国	1876—1954 1902—1958
1951	艾德温·麦克米伦（Edwin M. McMillan） 格伦·西博格（Glenn Thedore Seaborg） "发现了超铀元素"	美国	1907—1991 1912—1999
1952	阿切尔·J.P. 马丁（Archer J.P. Martin） 理查德·L.M. 辛格（Richard L.M.Synge） "发明了分配色谱法"	英国	1910—2002 1914—1994
1953	赫尔曼·施陶丁格（Hermann Staudinger） "在高分子化学领域的研究发现"	德国	1881—1965
1954	莱纳斯·鲍林（Linus C.Pauling） "对化学键的性质的研究以及在对复杂物质的结构的阐述上的应用"	美国	1901—1994
1955	文森特·杜·维尼奥（Vincent du Vigneaud） "对具有生物化学重要性的含硫化合物的研究，特别是首次合成了多肽激素"	美国	1901—1978

年度	获奖者及获奖原因	国籍	生卒年
1956	西里尔·N. 欣谢尔伍德（Cyril N.Hinshelwood） 尼古拉·N. 谢苗诺夫（Nikolai N.Semenov） "对化学反应机理的研究"	英国 苏联	1897—1967 1896—1986
1957	亚历山大·托德（Alexander Todd） "在核苷酸和核苷酸辅酶研究方面的工作"	英国	1907—1997
1958	弗雷德里克·桑格（Fnederick Sanger） "对蛋白质结构组成的研究，特别是对胰岛素的研究"	英国	1918—2013
1959	雅罗斯拉夫·海洛夫斯基（Jaroslav Heyrovsky） "发现并发展了极谱分析法"	捷克	1890—1967
1960	威拉德·利比（Willard Libby） "发展了使用碳 -14 同位素进行年代测定的方法，被广泛使用于考古学、地质学、地球物理学以及其他学科"	美国	1908—1980
1961	梅尔文·卡尔文（Melvin Calvin） "对植物吸收二氧化碳的研究"	美国	1911—1997
1962	马克斯·佩鲁茨（Max Perutz） 约翰·肯德鲁（John Cowdery Kendrew） "对球形蛋白质结构的研究"	英国	1914—2002 1917—1997
1963	卡尔·齐格勒（Karl Ziegler） 久里奥·纳塔（Giulio Natta） "在高聚物的化学性质和技术领域中的研究发现"	德国 意大利	1898—1973 1903—1979
1964	多罗西·霍奇金（Dorothy Crowfoot Hodgkin） "利用 X 射线技术解析了一些重要生化物质的结构"	英国（女）	1910—1994
1965	罗伯特·伍德沃德（Robert Bruns Woodward） "在有机合成方面的杰出成就"	英国	1917—1979
1966	罗伯特·马利肯（Robert Mulliken） "利用分子轨道法对化学键以及分子的电子结构所进行的基础研究"	美国	1896—1982
1967	曼弗雷德·艾根（Manfred Eigen） 罗纳德·诺里什（Ronald G. W. Norrish） 乔治·波特（George Porter） "利用很短的能量脉冲对反应平衡进行扰动的方法，对高速化学反应的研究"	德国 英国 英国	1927—2019 1897—1978 1920—2002
1968	拉斯·翁萨格（Lars Onsager） "发现了以他的名字命名的倒易关系，为不可逆过程的热力学奠定了基础"	美籍挪威人	1903—1976
1969	德里克·巴顿（Derek Harold Richard Barton） 奥德·哈塞尔（Odd Hassel） "发展了构象的概念及其在化学中的应用"	英国 挪威	1918—1998 1897—1981
1970	卢伊斯·莱洛伊尔（Luis Leloir） "发现了糖核苷酸及其在碳水化合物的生物合成中所起的作用"	阿根廷	1906—1987
1971	格哈特·赫兹伯格（Gerbard Herzberg） "对分子的电子构造与几何形状，特别是自由基的研究"	加拿大籍德国人	1904—1999

年度	获奖者及获奖原因	国籍	生卒年
1972	克里斯廷·安芬森（Christian Boehmer Anfisen） "对核糖核酸酶的研究，特别是对其氨基酸序列与生物活性构象之间的联系的研究" 斯坦福·穆尔（Stanford Moore） 威廉·斯坦（William Stein） "对核糖核酸酶分子的活性中心的催化活性与其化学结构之间的关系的研究"	美国	1916—1995 1913—1981 1911—1980
1973	恩斯特·费歇尔（Ernst Fisher） 杰弗里·威尔金森（Geoffrey Wilkinson） "对金属有机化合物，又被称为夹心化合物，的化学性质的开创性研究"	德国 英国	1918—2007 1921—1996
1974	保尔·弗洛里（Paul Flory） "高分子物理化学的理论与实验两个方面的基础研究"	美国	1910—1985
1975	约翰·康福思（John Cornforth） "酶催化反应的立体化学的研究" 弗拉基米尔·普赖洛格（Vladimir Prelog） "有机分子和反应的立体化学的研究"	英国 瑞士籍	1917—2013 1906—1998
1976	威廉·利普斯科姆（William Lipscomb） "对硼烷结构的研究，解释了化学成键问题"	美国	1919—2011
1977	伊利亚·普里高津（Iiya Prigogine） "对非平衡态热力学的贡献，特别是提出了耗散结构的理论"	比利时	1917—2003
1978	彼得·米切尔（Peter Dennis Mitchell） "利用化学渗透理论公式，为了解生物能量传递作出贡献"	英国	1920—1992
1979	赫尔伯特·布朗（Herbert Charles Brown） 吉奥格·维蒂希（Georg Wittig） "分别将含硼和含磷化合物发展为有机合成中的重要试剂"	美国 德国	1912—2004 1897—1987
1980	保罗·伯格（Paul Berg） "对核酸的生物化学研究，特别是对重组DNA的研究" 沃尔特·吉尔伯特（Walter Gilbert） 弗雷德里克·桑格（Fnederick Sanger） "对核酸中DNA碱基序列的确定方法"	美国 美国 英国	1926— 1932— 1918—2013
1981	福井谦一 罗阿尔德·霍夫曼（Roald Hoffmann） "通过他们各自独立发展的理论来解释化学反应的发生"	日本 美国	1918—1998 1937—
1982	阿龙·克卢格（Aaron Klug） "发展了晶体电子显微术，并且研究了具有重要生物学意义的核酸-蛋白质复合物的结构"	英国籍立陶宛人	1926—2018
1983	亨利·陶布（Henry Taube） "对特别是金属配合物中电子转移反应机理的研究"	美国	1915—2005
1984	罗伯特·梅里菲尔德（Robert Merrifield） "开发了固相化学合成法"	美国	1921—2006

年度	获奖者及获奖原因	国籍	生卒年
1985	吉罗姆·卡尔勒（Jerome Karle） 赫尔伯特·豪普特曼（Herbert Aaron Hauptman） "在发展测定晶体结构的直接法上的杰出成就"	美国	1918—2013 1917—2011
1986	达德利·赫希巴奇（Dudley Herschbach） 李远哲 约翰·波利亚尼（John Polanyi） "对研究化学基元反应的动力学过程的贡献"	美国 中国台湾 加拿大	1932— 1936— 1929—
1987	查尔斯·佩德森（Charles Pedersen） 唐纳德·克拉姆（Donald Cram） 让-马里·莱恩（Jean-Marie Lehn） "发展和使用了可以进行高选择性结构特异性相互作用的分子"	美国 美国 法国	1904—1989 1918—2001 1939—
1988	约翰·戴森霍弗（Johann Deisenhofer） 罗伯特·胡贝尔（Robert Huber） 哈特穆特·米歇尔（Hartmut Michel） "对光合反应中心的三维结构的测定"	德国	1943— 1937— 1948—
1989	西德尼·奥尔特曼（Sidney Altman） 托马斯·切赫（Thomas Cech） "发现了 RNA 的催化性质"	美国	1939— 1947—
1990	艾里亚斯·科里（Elias Corey） "发展了有机合成的理论和方法学"	美国	1928—
1991	理查德·恩斯特（Richard Robert Ernst） "对开发高分辨率核磁共振（NMR）谱学方法的贡献"	瑞士	1933—
1992	鲁道夫·马库斯（Rudolph A. Marcus） "对化学体系中电子转移反应理论的贡献"	美国	1923—
1993	卡里·穆利斯（Kary B. Mullis） "发展了以 DNA 为基础的化学研究方法，开发了聚合酶链锁反应（PCR）" 米切尔·史密斯（Michael Smith） "发展了以 DNA 为基础的化学研究方法，对建立寡聚核苷酸为基础的定点突变及其对蛋白质研究的发展的基础贡献"	美国 加拿大	1944— 1932—
1994	乔治·安德鲁·欧拉（George Andrew Olah） "对碳正离子化学研究的贡献"	美籍匈牙利人	1927—2017
1995	保罗·克鲁岑（Paul Crutzen） 马里奥·莫利纳（Mario Molina） 弗兰克·罗兰德（Frank Rowland） "对大气化学的研究，特别是有关臭氧分解的研究"	德国 美国 美国	1933— 1943— 1927—
1996	罗伯特·柯尔（Robert Curl Jr） 理查德·斯莫利（Richard E.Smalley） 哈罗德·克罗托（Harold Kroto） "发现富勒烯"	美国 美国 英国	1933— 1943—2005 1939—2016
1997	保罗·波耶尔（Paul D. Boyer） 约翰·沃克（John Walker） 延斯·斯科（Jens Skou） "阐明了三磷酸腺苷（ATP）合成中的酶催化机理"	美国 英国 丹麦	1918—2018 1941— 1918—2018

年度	获奖者及获奖原因	国籍	生卒年
1998	沃尔特·科恩（Walter Kohn） "创立了密度泛函理论"	美国	1923—2016
	约翰·波普尔（John Anthony Pople） 发展了量子化学中的计算方法	英国	1925—2004
1999	艾哈迈德·泽维尔（Ahmed Zewail） "用飞秒光谱学对化学反应过渡态的研究"	埃及	1946—2016
2000	艾伦·黑格（Alan J. Heeger）	美国	1936—
	艾伦·马克迪尔米德（Alan G. MacDiarmid）	美国	1927—
	白川英树 "发现和发展了导电聚合物"	日本	1936—
2001	野依良治	日本	1938—
	威廉·诺尔斯（William S. Knowles）	美国	1917—2012
	巴里·夏普莱斯（Barry Sharpless） "对手性催化氢化反应的研究"	美国	1941—
2002	约翰·芬恩（John Bennett Fenn）	美国	1917—2010
	田中耕一 "发展了对生物大分子进行鉴定和结构分析的方法，建立了软解析电离法对生物大分子进行质谱分析"	日本	1959—
	库尔特·维特里希（Kurt Wüthrich） "发展了对生物大分子进行鉴定和结构分析的方法，建立了利用磁共振光谱来解析溶液中生物大分子三维结构的方法"	瑞士	1938—
2003	彼得·阿格雷（Peter Agre） 对细胞膜中的离子通道的研究，发现了水通道"美国	美国	1949—
	罗德里克·麦金农（Roderick MacKinnon） "对细胞膜中的离子通道的研究，对离子通道结构和机理的研究"		1956—
2004	阿龙·切哈诺沃（Aaron Ciechanover）	以色列	1947—
	阿夫拉姆·赫什科（Avram Hershko）	以色列	1937—
	欧文·罗斯（Irwin Rose） "发现了泛素介导的蛋白质降解"	美国	1926—2015
2005	伊夫·肖万（Yves Chauvin）	法国	1930—
	罗伯特·格拉布（Robert H. Grubbs）	美国	1942—
	理查德·施罗克（Richard R. Schrock） "发展了有机合成中的复分解法"	美国	1945—
2006	罗杰·科恩伯格（Roger David Kornberg） "对真核转录的分子基础的研究"	美国	1947—
2007	格哈德·埃特尔（Gerhard Ertl） "对固体表面化学反应的研究"	德国	1936—
2008	下村修（Osamu Shimomura）	日本	1928—2008
	马丁·查尔菲（Martin Chalfie）	美国	1947—
	钱永健 "发现和改造了绿色荧光蛋白（GFP）"	美籍华裔	1952—2016
2009	文卡特拉曼·拉马克里希南（Venkatraman Ramakrishnan）	美国	1952—
	托马斯·施泰茨（Thomas A. Steitz）	美国	1940—
	阿达·约纳什（Ada E. Yonath） "对核糖体结构和功能方面的研究"	以色列（女）	1939—

年度	获奖者及获奖原因	国籍	生卒年
2010	理查德·赫克（Richard Fred Heck） 根岸荣一 铃木章 "对有机合成中钯催化偶联反应的研究"	美国 日本 日本	1931—2015 1935— 1930—
2011	丹尼尔·舍特曼（Daniel Shechtman） "准晶体的发现"	以色列	1941—
2012	罗伯特·洛夫科维茨（Robert J. Lefkowitz） 布莱恩·克比尔卡（Brian K. Kobilka） "对 G 蛋白偶联受体的研究"	美国 美国	1943— 1955—
2013	马丁·卡普拉斯（Martin Karplus） 迈克尔·莱维特（Michael Levitt） 亚利耶·瓦谢尔（Arieh Warshel） "为复杂化学系统创造了多尺度模型"	美国 美国 美国	1930— 1947— 1940—
2014	埃里克·本茨格（Eric Betzig） 威廉·默尔纳（William E. Moerner） 史蒂芬·赫尔（Stefan W. Hell） "在超分辨率荧光显微技术领域取得的成就"	美国 美国 德国	1960— 1953— 1962—
2015	托马斯·林道尔（Tomas Lindahl） 保罗·莫德里奇（Paul Modrich） 阿奇兹·桑卡（Aziz Sancar） "DNA 修复的细胞机制方面的研究"	瑞典 美国 美国 / 土耳其	1938— 1946— 1946—
2016	让 - 皮埃尔·索维奇（Jean-Pierre Sauvage） 詹姆斯·斯托达特（James Stoddart） 伯纳德·费林加（Bernard Feringa） "设计与合成分子机器的贡献"	法国 美国 荷兰	1944— 1942— 1951—
2017	雅克·杜本内（Jacques Duboche） 乔基姆·弗兰克（Joachim Frank） 理查德·亨德森（Richard Henderson） "设计出酶的定向进化"	瑞士 美国 英国	1942— 1940— 1945—
2018	弗朗西丝·阿诺德（Frances H. Arnold） 乔治·史密斯（George Smith） 格雷戈里·温特（Gregory Winter） "研制出肽和抗体的噬菌体展示技术"	美国（女） 美国 英国	1956— 1941— 1951—
2019	约翰·古迪纳夫（John Goodenough） 斯坦利·威廷汉（Stanley Whittingham） 吉野彰（Akira Yoshino） "开发出锂离子电池"	美国 美国 日本	1922— 1941— 1948—
2020	埃玛纽埃勒·沙尔庞捷（Emmanuelle Charpentier） 珍妮弗·道德纳（Jennifer Doudna） "开发了一种基因组编辑方法"	法国 美国	1968— 1964—

附录4　金属元素之最

金属之"最"一经发现，很快就在科学技术的太空中，爆开五彩缤纷的礼花！当人们发现了最难熔的金属——钨之后，1910年第一个钨丝灯泡就问世了，成为人类征服黑暗的一个划时代成就。1947年，比强度（强度和比重的比值）最高的金属——纯钛被较多地提炼出来后，天空很快出现了飞行速度超过声速2、3倍的飞机，接着又出现了探索宇宙奥秘的飞船……所以，探讨一下金属之"最"，它们的超群特性是很有意思的。

密度最大的金属：锇（超锕元素除外）

锇（Os）是一种银白带浅蓝色的金属，硬而脆。锇是密度最大的金属单质，密度为 $22.59g/cm^3$（密度第二大的为它的邻居铱，密度为 $22.56g/cm^3$）。金属锇极脆，放在铁臼里捣，就会很容易地变成粉末，锇粉呈蓝黑色。

密度最小的金属：锂

锂（Li）是一种银白色的金属元素，质软，是密度最小的金属，密度仅为 $0.534g/cm^3$。因为锂原子半径小，故它比起其他的碱金属元素，压缩性最小，硬度最大，熔点最高。自然界中主要的锂矿物为锂辉石、锂云母、透锂长石和磷铝石等。在人和动物机体、土壤和矿泉水、可可粉、烟叶、海藻中都能找到锂。

地壳中含量最高的金属：铝

铝（Al）是一种银白色的轻金属。铝元素在地壳中的含量仅次于氧和硅，居第三位，是地壳中含量最丰富的金属元素。铝具有良好的延展性。商品常制成棒状、片状、箔状、粉状、带状和丝状。在潮湿空气中能形成一层防止金属腐蚀的氧化膜。铝粉和铝箔在空气中加热能猛烈燃烧，并发出眩目的白色火焰。易溶于稀硫酸、硝酸、盐酸、氢氧化钠和氢氧化钾溶液，难溶于水。航空、建筑、汽车三大重要工业的发展，要求材料特性具有铝及其合金的独特性质，这就大大有利于这种轻金属铝的生产和应用。

人体中含量最高的金属：钙

钙（Ca）在人体中含量最高，是人体不可缺少的元素之一。99%的钙分布在骨骼和牙齿中，1%的钙分布在血液、细胞间液及软组织中。保持血钙的浓度对维持人体正常的生命活动有着至关重要的作用。缺钙会降低软组织的弹性和韧性：皮肤缺弹性显得松垮，衰老；眼睛晶状体缺弹性，易近视、老花；血管缺弹性易硬化。

年产量最高的金属：铁

铁（Fe）是一种银白色的金属，质软。铁是年产量最高的金属，2021年全球粗钢产量达到19.51亿吨。同时，铁也是地壳含量第二高的金属元素。

硬度最高的金属：铬

铬（Cr）是一种银白色金属，质极硬而脆。铬是硬度最高的金属，莫氏硬度为9，仅次于钻石。因此铬具有很高的耐腐蚀性，在空气中，即便是在炽热的状态下，氧化也很慢。

硬度最小的金属：铯

其莫氏硬度为 0.2，室温下可用小刀切割。

导电性和导热性最好的金属：银

在所有金属中，银的导电性是最好的。在常温下（20℃）银的电导率为 $6.3 \times 10^7 S/m$，而排名第二的铜的电导率仅为 $5.9 \times 10^7 S/m$。银的热导率为 $429W/(m \cdot K)$，而铜、金、铝、铁的热导率分别为 $401W/(m \cdot K)$、$317W/(m \cdot K)$、$237W/(m \cdot K)$、$80W/(m \cdot K)$。

熔点最高的金属：钨

钨（W）是熔点最高的金属，它的熔点高达 3380℃，沸点是 5927℃。在 2000～2500℃高温下，蒸气压仍很低。钨的硬度大，密度高，高温强度好。

熔点最低的金属：汞

汞（Hg）俗称水银，是熔点最低的金属，也是常温常压下唯一以液态存在的金属（从严格的意义上说，镓（Ga，31 号元素）和铯（Cs，55 号元素）在室温下（29.76℃和 28.44℃）也呈液态）。

金属性最强的金属：铯

铯（Cs）的化学性质极为活泼，铯在空气中极易被氧化，生成一层灰蓝色的氧化铯，不到 1min 就可以自燃起来，发出深紫红色的火焰，生成很复杂的铯的氧化物。在潮湿空气中，氧化的热量足以使铯熔化并燃烧。铯不与氮反应，但在高温下能与氢化合，生成相当稳定的氢化物。铯能与水发生剧烈的反应，如果把铯放进盛有水的水槽中，马上就会发生爆炸。甚至与温度低到 −116℃的冰均可发生猛烈反应而产生氢气、氢氧化铯，生成的氢氧化铯是无放射性的氢氧化碱中碱性最强的。铯与卤素也可生成稳定的卤化物，这是由它的离子半径大所带来的特点。铯和有机物也会发生同其他碱金属相类似的反应，因铯很活泼。

延展性最强的金属：金

金（Au）是延性及展性最高的金属。1g 金可以打成 $1m^2$ 的薄片，或者说一盎司金可以打成 300 平方英尺的薄片。金叶甚至可以被打薄至半透明状态，透过金叶的光会显露出蓝绿色，因为金反射黄色光及红色光能力很强。

最昂贵的金属：锎

锎（Cf）是一种放射性金属元素，是世界上最昂贵的元素，1g 价值 2000 多万美元。

最小液态温度区间的金属：镱

镱（Yb）的液态温度范围最小，只有 372℃（熔点：824℃，沸点：1196℃）。其次是汞：396℃。

最大液态温度范围的金属：镎

镎（Np）的液态温度范围最大，达到 3262℃（熔点为 640℃，沸点 3902℃）。

最怕冷的金属：锡

锡（Sn）在温度低于 −13.2℃时，锡便开始崩碎；当温度范围为 −30 ～ −40℃，会立即变成粉末，这种现象常称"锡疫"。

最耐腐蚀的金属：铱

铱（Ir）对酸的化学稳定性极高，不溶于酸，只有海绵状的铱才会缓慢地溶于热王水中，如果是致密状态的铱，即使是沸腾的王水，也不能腐蚀。

[1] J. R. 柏廷顿 . 化学简史 [M]. 胡作玄，译 . 北京：中国人民大学出版社，2010.

[2] Jackson T. 化学元素之旅 [M]. 李莹，丁伟华，沙乃怡，等译 . 北京：人民邮电出版社，2014.

[3] 左卷健男 . 奇妙的化学元素 [M]. 吴宣劭，译 . 北京：煤炭工业出版社，2015.

[4] 施普林格 · 自然旗下的自然科研 . 自然的音符——118 种化学元素的故事 [M]. Nature 自然科研，译 . 北京：清华大学出版社，2020.

[5] 徐德海，李绍山 . 化学元素知识简明手册 [M]. 北京：化学工业出版社，2012.

[6] 叶铁林 . 化学元素百宝箱 [M]. 北京：化学工业出版社，2011.

[7] 凌永乐 . 化学元素的发现 [M]. 北京：商务印书馆，2009.

[8] 全俊 . 在炼金术之后 [M]. 重庆：重庆出版社，2006.

[9] 依 · 尼查叶夫 . 元素的故事 [M]. 小袋鼠工作室，译 . 哈尔滨：黑龙江科学技术出版社，2019.

[10] 山姆 · 基恩 . 元素的盛宴 [M]. 杨蓓，阳曦，译 . 南宁：接力出版社，2013.

[11] 王云生 . 化学世界漫步 [M]. 北京：化学工业出版社，2019.

[12] 彼得 · 阿特金斯 . 化学元素周期王国 [M]. 张瑚，张崇寿，译 . 上海：上海科学技术出版社，2012.

[13] 李绍山，王斌，王衍荷 . 化学元素周期表漫谈 [M]. 北京：化学工业出版社，2011.

[14] 凌永乐 . 化学元素周期系史话 [M]. 北京：化学工业出版社，2012.

[15] 德里克 · B. 罗威 . 化学之书 [M]. 重庆：重庆大学出版社，2019.

[16] 自然辩证法通讯杂志社 . 科学精英：求解斯芬克斯之谜的人们 [M]. 北京：世界图书出版公司，2015.

[17] 吴军 . 全球科技通史 [M]. 北京：中信出版集团，2019.

[18] 朱文祥 . 稀土元素的发现与应用 [M]. 南宁：广西教育出版社，1993.

[19] 李梅，柳召刚，吴锦秀，等 . 稀土元素及其分析化学 [M]. 北京：化学工业出版社，2019.

[20] 叶信宇 . 稀土元素化学 [M]. 北京：冶金工业出版社，2019.

[21] 易宪武，黄春辉，王慰，等 . 无机化学丛书（第七卷：钪、稀土元素）[M]. 北京：科学出版社，1992.

[22] 唐任寰，刘元方，张青莲，等 . 无机化学丛书（第十卷：锕系、锕系后元素）[M]. 北京：科学出版社，1990.

[23] 周嘉华，王德胜，乔世德 . 化学家传 [M]. 长沙：湖南教育出版社，1989.

[24] 马向于 . 诺贝尔化学奖获得者传奇故事 [M]. 郑州：河南人民出版社，2016.

[25] 郭豫斌 . 诺贝尔化学奖明星故事 [M]. 西安：陕西人民出版社，2009.

[26] 解启阳 . 世界著名科学家传略 [M]. 北京：金盾出版社，2010.

[27] 史蒂文·约翰逊.发现空气的人：普利斯特利传 [M].闫先宁，译.上海：上海科技教育出版社，2012.

[28] 丹皮尔 W C.科学史 [M].李珩，译.北京：中国人民大学出版社，2010.

[29] 李约瑟.中国科学技术史.第 5 卷第 2 分册，"炼丹术的发明和发展：金丹与长生" [M].周曾雄，译.北京：科学出版社，2016.

[30] 陈国符.中国外丹黄白法考 [M].上海：上海古籍出版社，1997.

[31] 金正耀.道教与炼丹术论 [M].北京：宗教文化出版社，2001.

[32] 赵怀志，宁远涛.金 [M].长沙：中南大学出版社，2003.

[33] 李鹏.黄金的历史 [M].哈尔滨：哈尔滨出版社，2009.

[34] 詹姆斯·莱德贝特.黄金的故事 [M].傅莹，袁靖，译.北京：中信出版集团，2020.

[35] 王强.黄金价值论 [M].北京：中国经济出版社，2009.

[36] 赵怀志，宁远涛.银 [M].长沙：中南大学出版社，2005.

[37] 威廉·L.西尔伯.银的故事 [M].刘军，译.北京：中信出版集团，2019.

[38] 劳伦斯·普林西比.炼金术的秘密 [M].张卜天，译.北京：商务印书馆，2019.

[39] 徐德伟.炼金术 [M].哈尔滨：哈尔滨出版社，2006.

[40] 宋心琦.点石成金——神奇的碳 [M].长沙：湖南教育出版社，1998.

[41] 魏昕宇.塑的世界 [M].北京：科学出版社，2019.

[42] 苏珊·福来恩克尔.塑料之战 [M].上海：上海科学技术文献出版社，2020.

[43] 苏珊·弗赖恩克尔.塑料的秘史：一个有毒的爱情故事 [M].龙志超，张楠，译.上海：上海科学技术文献出版社，2013.

[44] 刘峰，王世哲.大师的巅峰时刻：科学家卷 [M].石家庄：花山文艺出版社，2015.

[45] 杨义先，钮心忻.科学家列传 [M].北京：人民邮电出版社，2020.

[46] 艾芙·居里.居里夫人传 [M].北京：商务印书馆，2017.

[47] 宋德生，李国栋.电磁学发展史 [M].南宁：广西人民出版社，1987.

[48] 西蒙·温切斯特.爱上中国的人：李约瑟传 [M].北京：北京出版社，2016.

[49] 王钱国忠.李约瑟传 [M].上海：上海科学普及出版社，2007.

元素索引

按原子序数